入門 小樹盆栽技法

插畫家一群 境介

～枇杷盆栽的栽培過程～

A bonsai loquat tree from seed to fruit.

枇杷果實
It's a loquat.
大快朵頤
Crunch.
呸
Patoo
種子 Seed
發芽
plop
對不起！
I'm sorry
唉呀
Oops,
壓扁了
Squish!
驀地爬起
Ja, Dah!
哇喔！！
Wo!
挖回家！
I pulled it out!
這…怎麼辦？
but… Oh, No.
栽種
I planted it,
繼續澆水……
Just keep watering…
開花了
And it will bloom…
長出枇杷了！
And bear fruit!
欣賞！
Appreciate its beauty!
大快朵頤
Crunch.
呸
Patoo
種子 Seed
哇噢！！
Aaah. Uuuh
劇終
The end.

瑞昇文化

目錄

小小盆栽的神奇力量

在現代化空間中，有小盆栽為伴的生活景象——。
本書中將透過圖片與前輩們的栽培心得，為您傳達小盆栽的無窮魅力。

「山野間的樹木不斷地朝著外界釋放氣體與能量，相對地，盆栽給人的感覺則是非常內斂地凝聚著能量。花木不論種在多小的花盆裡，或纏金屬線來進行矯正，都能夠默默地接受著一切，那種自我提昇，期望達到藝術境界的強韌，更向人們展現出它們旺盛的生命力。」

於東京都世田谷區經營瑜珈教室的美國人潔西李派克（Jesse Lee Parker）（盆栽經歷四年），娓娓道出他的盆栽創作心得。

「即便是窗邊的一小塊空間，有了盆栽就讓人感到很紓壓，連學員們都讚不絕口。」

目前，熱愛盆栽（BONSAI）的鑑賞家（愛好者）已經遍及全世界。

「小的花盆就能藉由植物的盎然生命力培育出氣勢磅礴的樹型。其中又以終年常綠，生命力特別旺盛的松樹類等盆栽的樹姿最吸引人。此外，我們也能從中感受到因工作忙碌而沒察覺到的四季。」

這是住在東京都港區的熊西弘（盆栽經歷十年）的栽培心得。

雖然熊西家的植栽棚架設置在陽光並不充足的露台上，但他們利用植物栽培燈彌補日照的不足，因此不僅沒有枯萎，還能盡情享受栽培的樂趣。熊西太太有時也會幫忙照料，假日時兩人就一起在這度過美好的休閒時光。

▶在瑜珈教室的冥想時間，置身於有盆栽的室內空間裡，心情就格外放鬆，潔西李派克這麼表示。
▲接觸到小巧卻充滿生命力的盆栽，就能從喧囂擾攘的都市與緊張忙碌的日常生活中解放出來，感觸良多的熊西弘夫婦。
◀適合裝飾易顯枯燥的大樓玄關等現代化空間的小品盆栽（20cm以下的盆栽）。

「都都是一些充滿日本風味的觀葉植物。我並不認為自己是在栽培盆栽，但覺得每一盆植物的主幹、枝條彎曲程度就像人一樣各有不同，因而深深地被吸引。」

住在東京都杉並區的金子留都子（栽培盆栽經歷6年）聊著栽培盆栽的心情。

會在獨自一人過著ＯＬ生活的大樓住處擺放植物，是希望在結束一天的繁忙工作後能夠放鬆身心。最初是西洋觀葉植物，之後逐漸變成和洋風格交錯。每當花苞膨起的那一刻，她便開始天天拍攝照片，享受綻放之前的鑑賞樂趣。對她而言，盆栽已經家中理所當然的存在，成為生活中的一部分了。

即使只有一點點空間，擺放盆栽就能布置成充滿生命力的空間，盡情地享受著盆栽創作樂趣的金子留都子。當生活周遭都是自己最喜愛的植物時，連精神面都會感到特別富足。

「不重數量，只想栽培出獨樹一格的樹木。今後會把心力投注到裝飾上，希望栽培出來的盆栽能夠送往展覽會場參展。」

住在千葉縣市原市的梅澤芳人（栽培盆栽經歷10年）述說著心路歷程。

他曾在住家附近的盆栽園學了十年的栽培技術。二十多歲時買下一戶日照充足、附帶庭院的大樓住家後，就一頭栽入正式的植栽生活。

面向東南方的場所設置了植栽棚架，面積為６×４平方公尺，是一處陽光普照的庭院。

「尋找優良樹種也很重要，但希望將來能自己培育素材。」

栽培盆栽是越早越好，倘若和每株植物都能長久相處，往後的樂趣一定不同凡響。在這個圈子，50多歲還算是資淺，仍是一個要以四、五十年後為目標，持續步上深造之路的希望新星。

將生活重心擺在盆栽上，深深感受著四季變遷，每天的話題都離不開盆栽。對於梅澤夫婦而言，嘴裡聊著盆栽話題，手上整理著盆栽，是內心感到最輕鬆愉快的時刻。

以盛開的花朵為主要特色的人氣盆栽樹種

維護管理方法 花卉類盆栽

最令人著迷的當然是花。但「根盤」與「主幹」等部位在盆栽風格中也深具魅力。
先以喜愛的樹種實際栽培看看吧！

挑選出喜愛的樹種，先學習栽培技巧吧！

在一棵小樹上綻放美麗嬌豔花朵的「花卉類」盆栽，總是率先捎來季節的消息，讓整個空間充滿著華麗熱鬧的氣氛。

「何謂盆栽？」，這個難解話題暫且擱在一旁，這是一本教您如何實際地接觸、照顧盆栽的入門書。

本書匯集插畫家群境介多年來累積的豐富育成經驗，主要以高度20公分以下的「小品盆栽」為教學範例。當然，更大型的盆栽培育技巧基本上也大同小異。

生活中有盆栽，就能深深地感受到生命的變化。因此，日常的維護管理工作是栽培盆栽絕對不可或缺的。

先挑選出喜愛的樹種，再參考樹種別栽培行事曆，別怕失敗，盡情地感受、享受舉世聞名的日本盆栽文化吧！

關於盆栽的基本知識，請一邊參考１５１頁起的「盆栽鑑賞」和１８０頁起的「盆栽用語解說」，一邊閱讀本書吧！

梅花

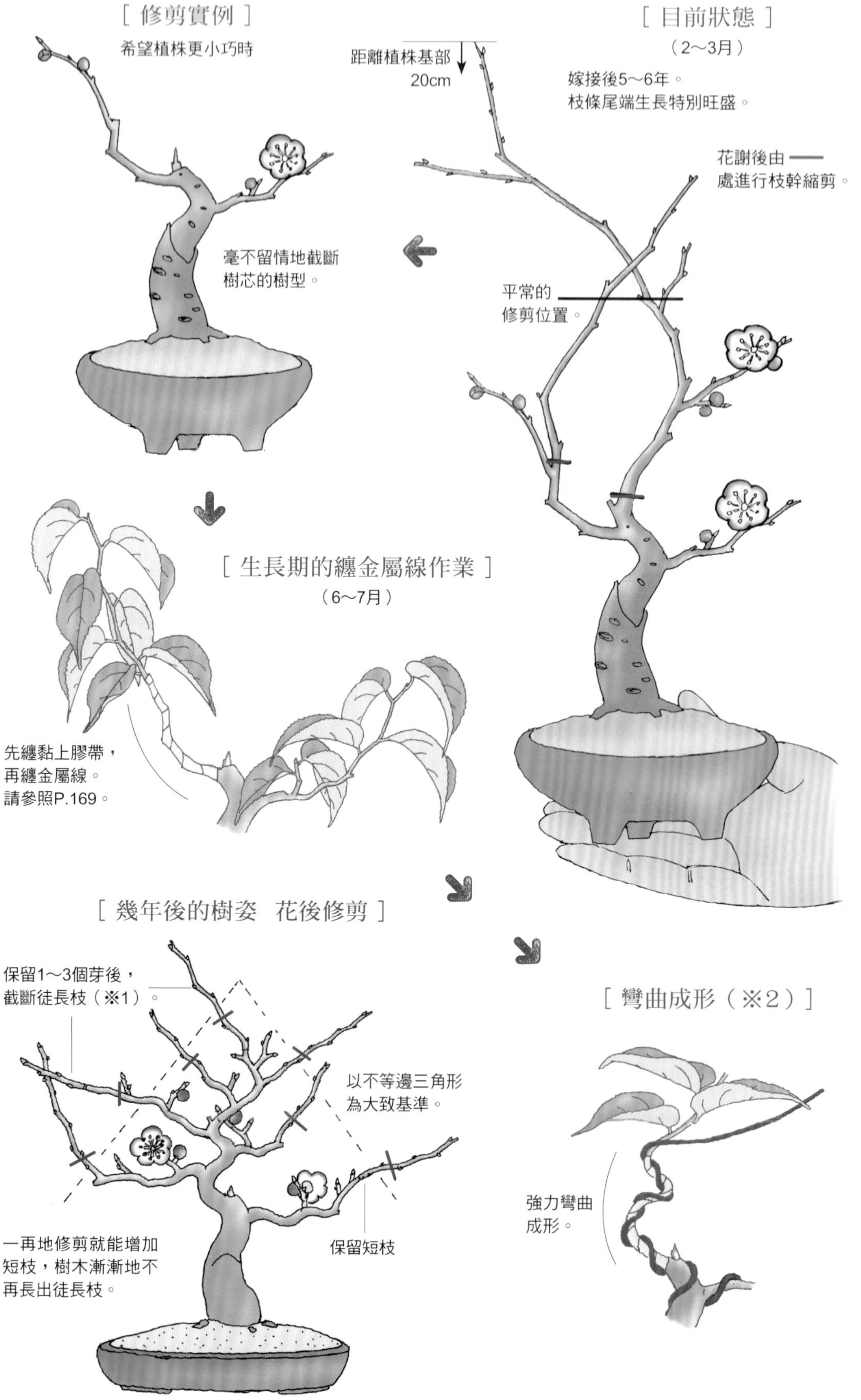
[修剪實例]
希望植株更小巧時
毫不留情地截斷
樹芯的樹型。
[目前狀態]
（2～3月）
距離植株基部
20cm
嫁接後5～6年。
枝條尾端生長特別旺盛。
花謝後由
處進行枝幹縮剪。
平常的
修剪位置。
[生長期的纏金屬線作業]
（6～7月）
先纏黏上膠帶，
再纏金屬線。
請參照P.169。
[幾年後的樹姿　花後修剪]
保留1～3個芽後，
截斷徒長枝（※1）。
以不等邊三角形
為大致基準。
一再地修剪就能增加
短枝，樹木漸漸地不
再長出徒長枝。
保留短枝
[彎曲成形（※2）]
強力彎曲
成形。

日文名	梅
別名	好文木、春告草等
學名	*Prunus mume*
分類	薔薇科 （落葉闊葉樹／小喬木）
花語	「忠實」「獨立」
花期	2～3月

於百花爭艷前的早春時節綻放，散發芳香味道的五瓣花朵。花色為白色、緋紅、紅色，色彩豐富多元。在奈良時代隨遣唐使進入日本，花朵具觀賞價值，果實可供食用、藥用等，適合修剪時期為休眠期。

※1　徒長枝：長勢旺盛，生長狀態不協調，通常由不定芽長出，成長後容易影響樹型的枝條。

※2　彎曲成形：主幹或枝條纏金屬線等以形成理想曲線的作業。樹木具有不去干涉加工就會筆直往上生長的特性，因此，維持良好的日照與通風以促進生長，栽培出姣好樹型的植物調教工作，是栽培盆栽時最重要的作業。（請參照P.171）。

花後修剪②

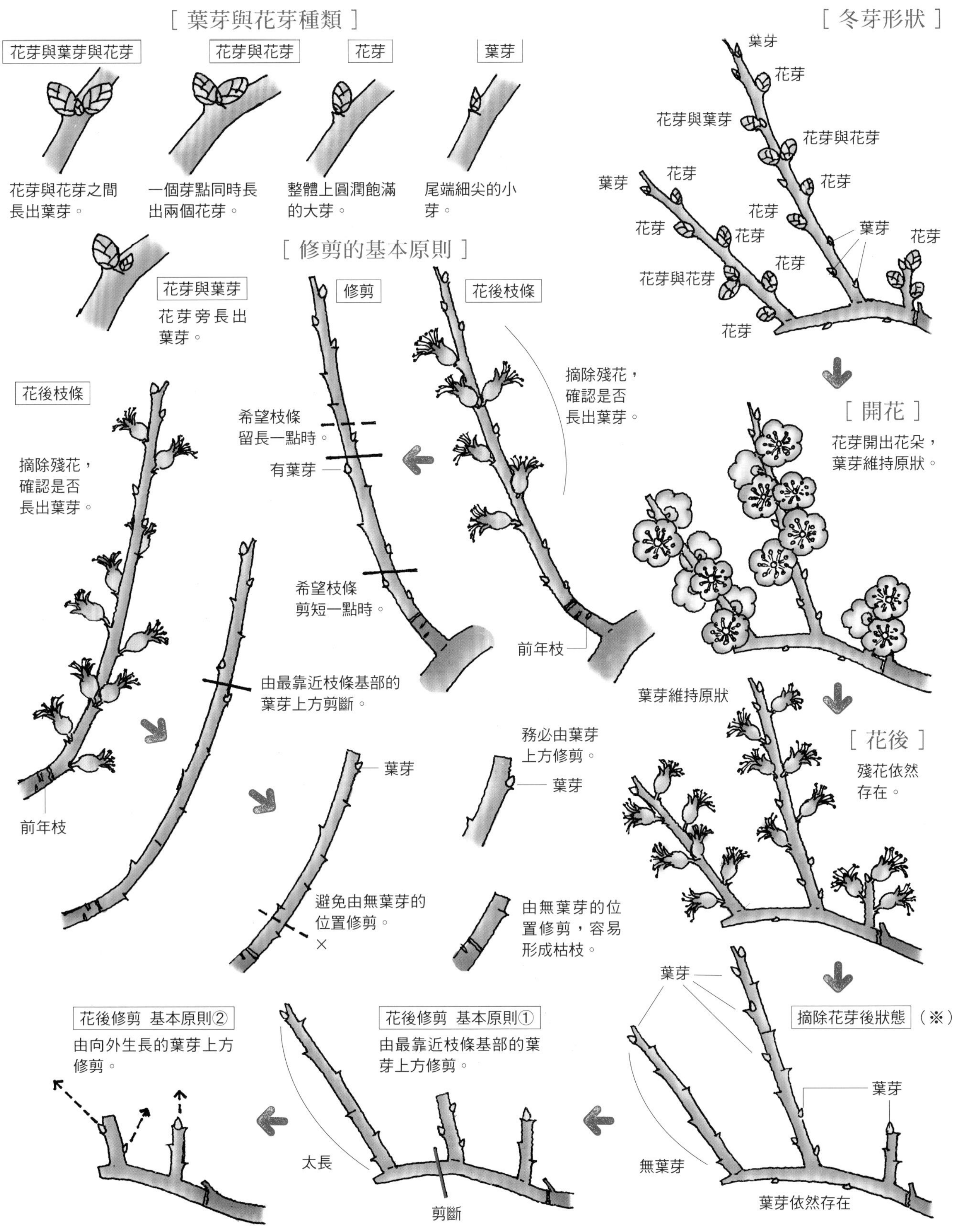

摘除殘花：若目的不在於結果實，花卉觀賞期結束後趁結果前摘除花朵的作業。

栽培行事曆

月	生長狀態	移植	消毒	整姿	維護管理	肥料	澆水	繁殖
1月	休眠期・開花（2～3月）							
2月			冬季期間	修剪	保護室		一週1～2次	嫁接
3月								實生
4月			生長期	摘芽（4～5月）・纏金屬線			一天2～3次	
5月	生長期・花芽分化（6～8月）					置肥		
6月								扦插
7月					遮光	液肥	一天3～4次	
8月								
9月								
10月	充實期					置肥	一天2～3次	
11月								
12月			冬季期間					

生長期的維護管理（新梢橫伏・摺曲新梢）

適期／新梢橫伏・5月中旬～6月上旬　摺曲新梢：6月

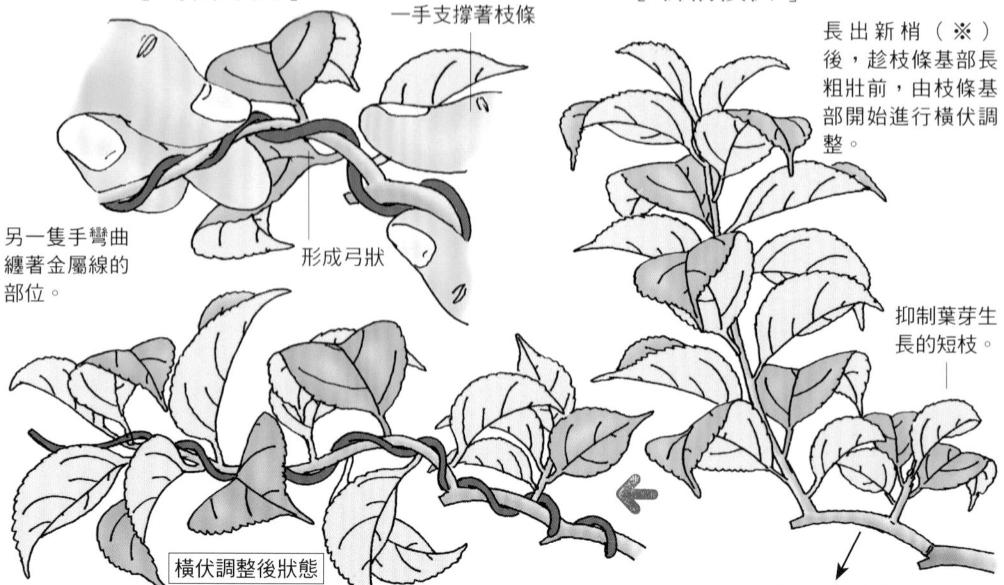

［彎曲方法］
一手支撐著枝條
另一隻手彎曲纏著金屬線的部位。
形成弓狀
橫伏調整後狀態
橫伏調整即可抑制枝條生長，促進花芽長出。
［新梢橫伏］
長出新梢（※）後，趁枝條基部長粗壯前，由枝條基部開始進行橫伏調整。
抑制葉芽生長的短枝。
摘除向下生長的葉芽

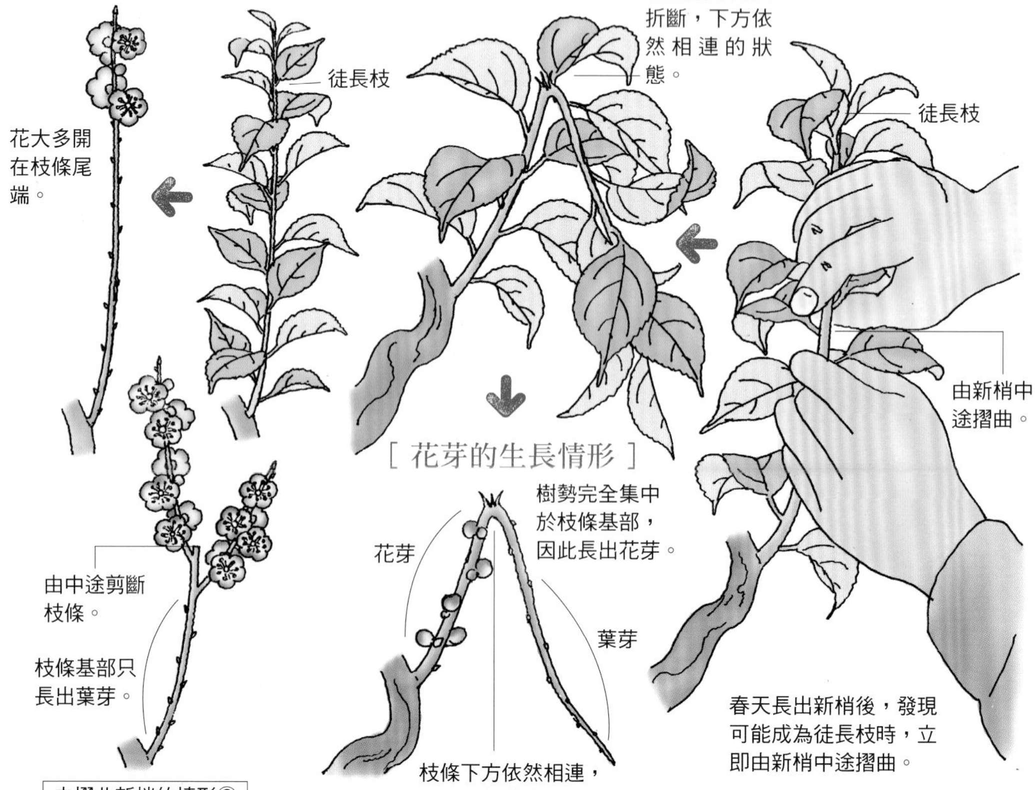

未摺曲新梢的情形①
徒長枝
花大多開在枝條尾端。
由中途剪斷枝條。
枝條基部只長出葉芽。
未摺曲新梢的情形②
［摺曲新梢後］
枝條上方完全折斷，下方依然相連的狀態。
［花芽的生長情形］
花芽
樹勢完全集中於枝條基部，因此長出花芽。
葉芽
枝條下方依然相連，因此可繼續生長。
［摺曲新梢］
徒長枝
由新梢中途摺曲。
春天長出新梢後，發現可能成為徒長枝時，立即由新梢中途摺曲。

※新梢：今年長出的枝條。春天長出葉芽後成長的枝條＝1年枝。第二年的枝條稱為2年枝。

黃金雀

日文名	群雀
別名	金雀花、*Caragana*
學名	*Caragana chamlagu*
分類	豆科 （落葉闊葉樹／小灌木）
花語	「團聚」 「自由的生活方式」
花期	4～5月

開花時猶如一大群雀鳥停在枝頭上。開出2.5cm長的黃色蝶狀花後，逐漸轉變成略帶紅色的花。適合修剪時期為休眠期或花後，以匍匐根繁殖法（※）效果最好。剪下盆內粗根後埋入土裡，就會發芽長出新植株。

［移植　6年後］
（3月上旬）

樹高14cm

每年都增加截短的長枝數目，這次正式移植換盆。

［修剪徒長枝］

開始栽培時狀態，改作第二年。
（11月下旬）

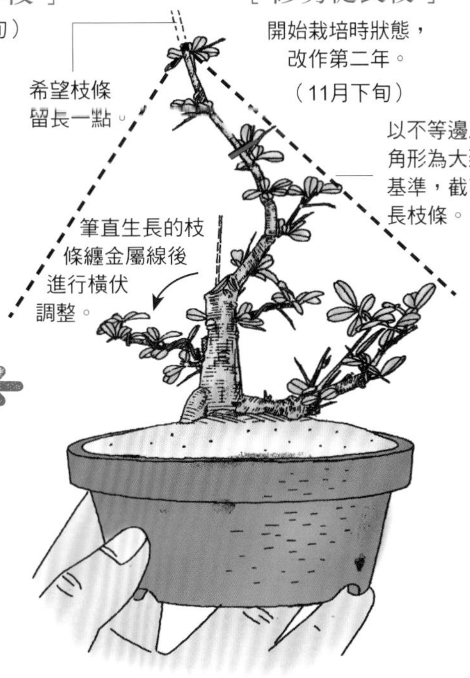
希望枝條留長一點。
以不等邊三角形為大致基準，截剪長枝條。
筆直生長的枝條纏金屬線後進行橫伏調整。

［修剪根部後］
（3月）

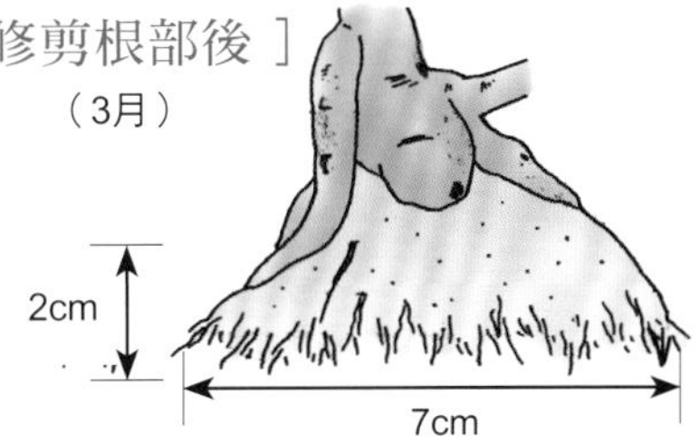
2cm
7cm

［賞花］
（4～5月）

短枝上綻放出黃色蝶形花。開花後逐漸轉變成略帶紅色的花。

［開花情形］

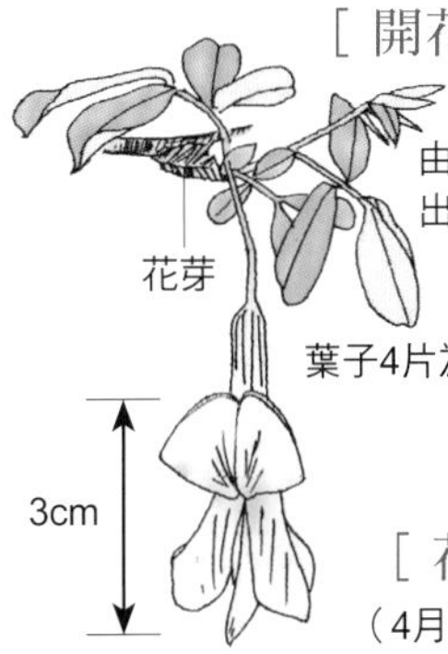
由中心長出新芽。
花芽
葉子4片為1組
3cm

［花］
（4月下旬）

12月	11月	10月	9月	8月	7月	6月	5月	4月	3月	2月	1月	栽培行事曆
	充實期			生長期・開花（4～6月）						休眠期		生長狀態
												移植
冬季期間						生長期				冬季期間		消毒
					纏金屬線					修剪		整姿
				遮光						保護室		維護管理
		置肥		液肥		置肥						肥料
		一天2～3次		一天3～4次		一天2～3次				一星期1～2次		澆水
					扦插・壓條				扦插			繁殖

※繁殖法請參照P.162～P.165「素材的繁殖方法」（以下同）。

長壽梅

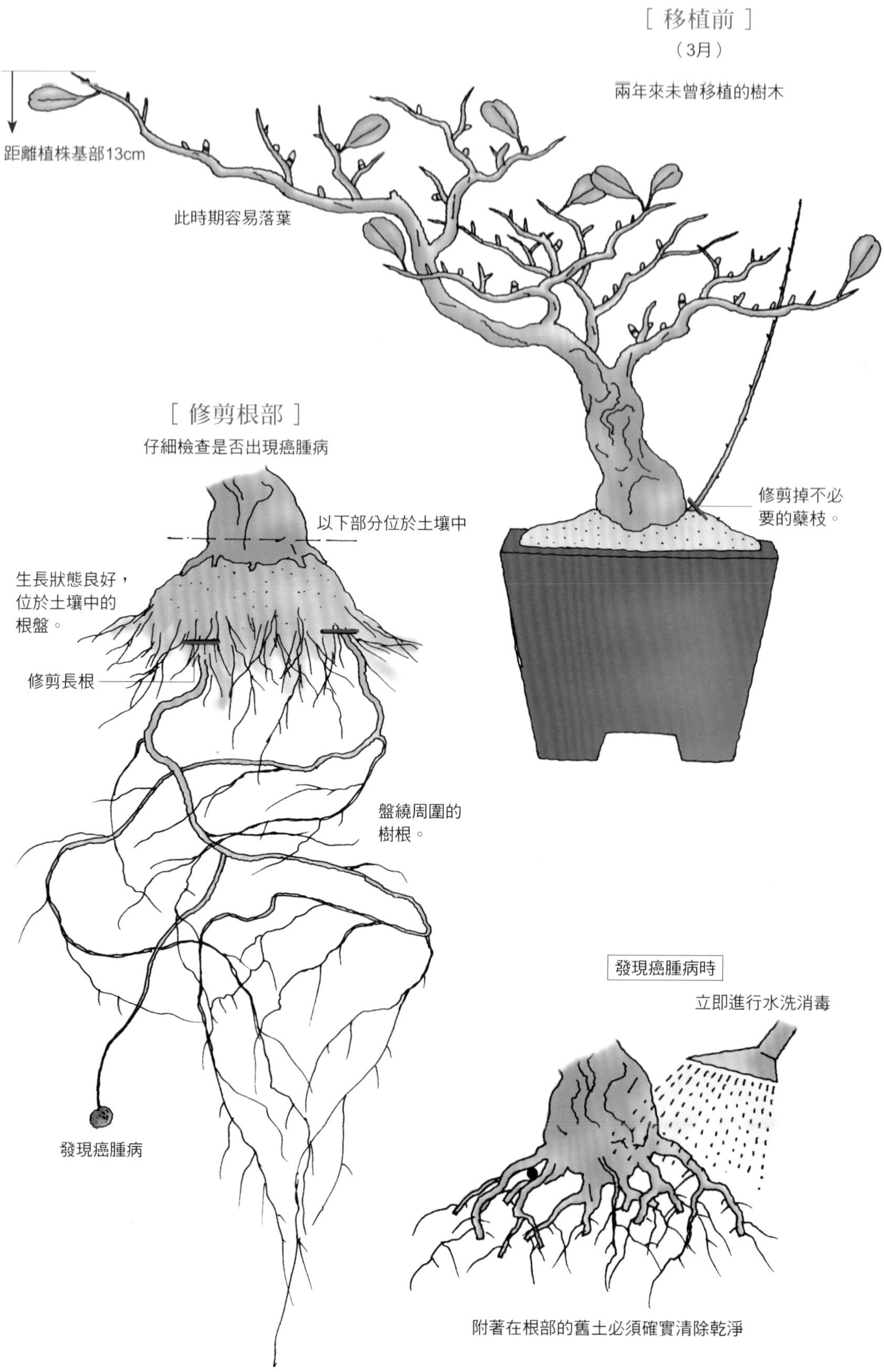
[移植前]
（3月）
兩年來未曾移植的樹木
距離植株基部13cm
此時期容易落葉
修剪掉不必要的蘗枝。
[修剪根部]
仔細檢查是否出現癌腫病
以下部分位於土壤中
生長狀態良好，位於土壤中的根盤。
修剪長根
盤繞周圍的樹根。
發現癌腫病
發現癌腫病時
立即進行水洗消毒
附著在根部的舊土必須確實清除乾淨

日文名	長寿梅
別名	淀木瓜、放春花
學名	*Chaenomeles speciosa* '*Chojubai*'
分類	薔薇科 （落葉闊葉樹／灌木）
花語	
花期	3～4月

具四季開花（※）特性，一年開三至五次花。花朵為緋紅或橘色等，花謝後可欣賞美麗的樹葉。一年落葉數次，但落葉後很快就會長出新芽。花後摘除殘花與追肥，就是再次開花的關鍵。

※四季開花特性：植株健康地成長，氣溫達到植物生長所需的最低溫度時，一年四季都能開花的特性。通常於春、秋季節開花。

栽培行事曆

	生長狀態	移植	消毒	整姿	維護管理	肥料	澆水	繁殖
1月	休眠期・開花（3～4月）							
2月			冬季期間	修剪	保護室		一週1～2次	
3月								扦插
4月								
5月						置肥	一天2～3次	
6月				纏金屬線				扦插
7月	生長期		生長期					
8月					遮光・修剪（9月）	液肥	一天3～4次	
9月								
10月						置肥	一天2～3次	
11月	充實期							
12月			冬季期間					

[栽種方法]

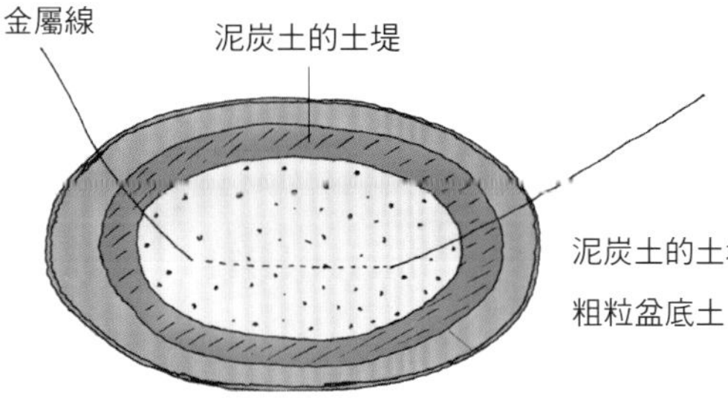
金屬線
泥炭土的土堤

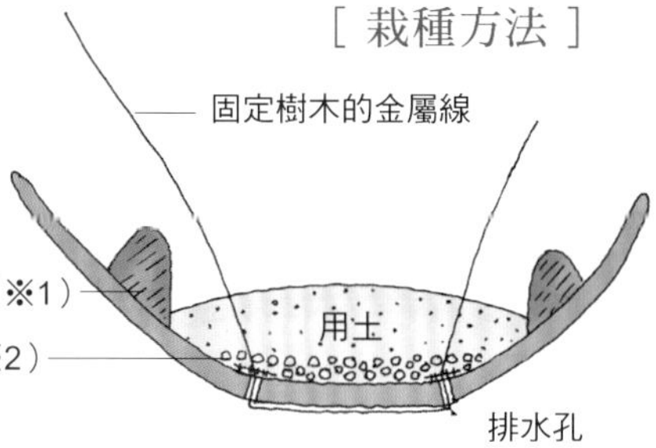
固定樹木的金屬線
泥炭土的土堤（※1）
粗粒盆底土（※2）
用土
排水孔

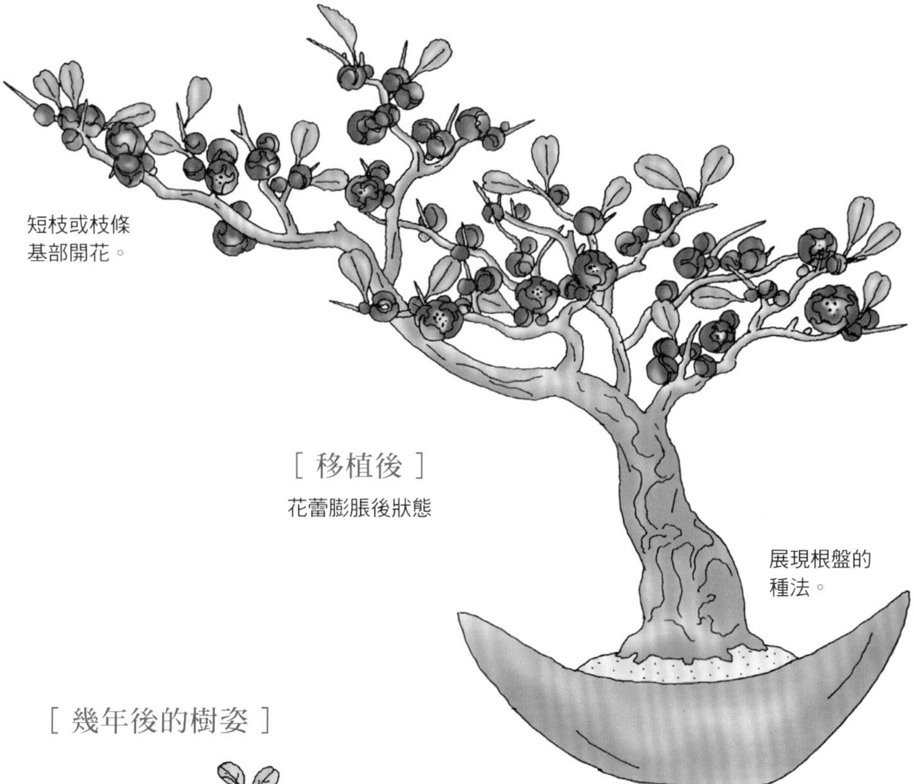
短枝或枝條
基部開花。
[移植後]
花蕾膨脹後狀態
展現根盤的
種法。

[幾年後的樹姿]

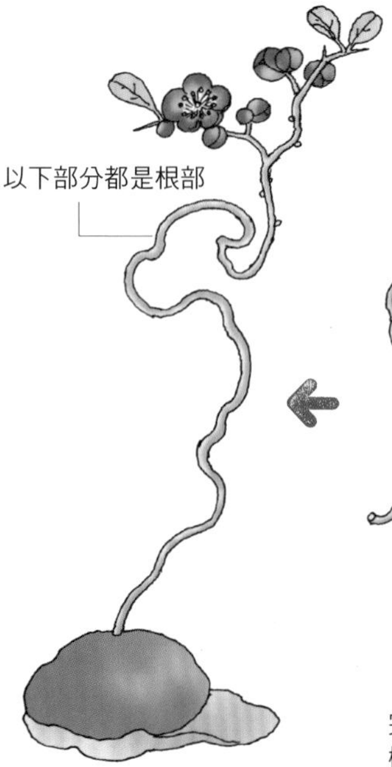
以下部分都是根部

[栽種方法]　[匍匐根繁殖法] ※（請參照P.162）

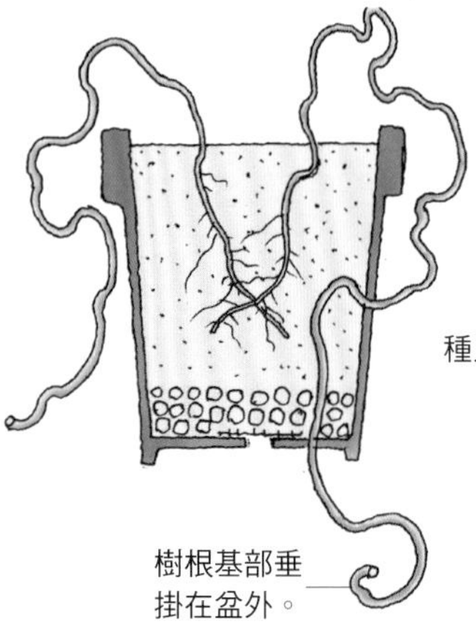
種入根部尾端
樹根基部垂
掛在盆外。

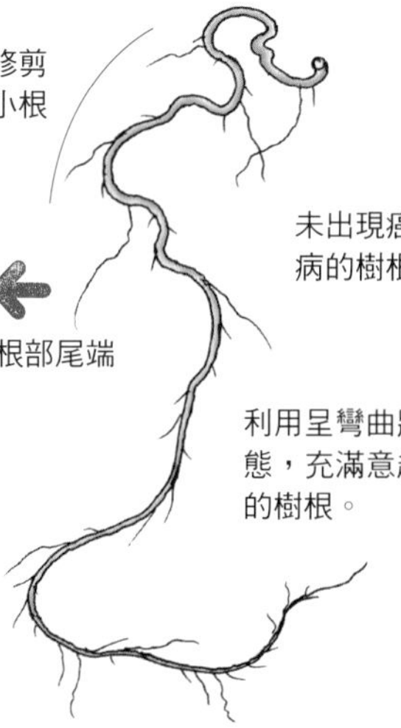
修剪
小根
未出現癌腫
病的樹根。
利用呈彎曲狀
態，充滿意趣
的樹根。

完成主幹彎曲纖細的「文人木」樹型。（請參照P.157）。

※1　泥炭土：自生於河川、濕地等地區的植物（以蘆葦為主）等堆積後形成的黏質土。富含纖維，最適合用於栽培附石型盆栽或製作苔球。
※2　粗粒盆底土：又稱底土，是盆栽用土中顆粒最大（直徑約7～10mm）的。常用於促進盆底排水作用。

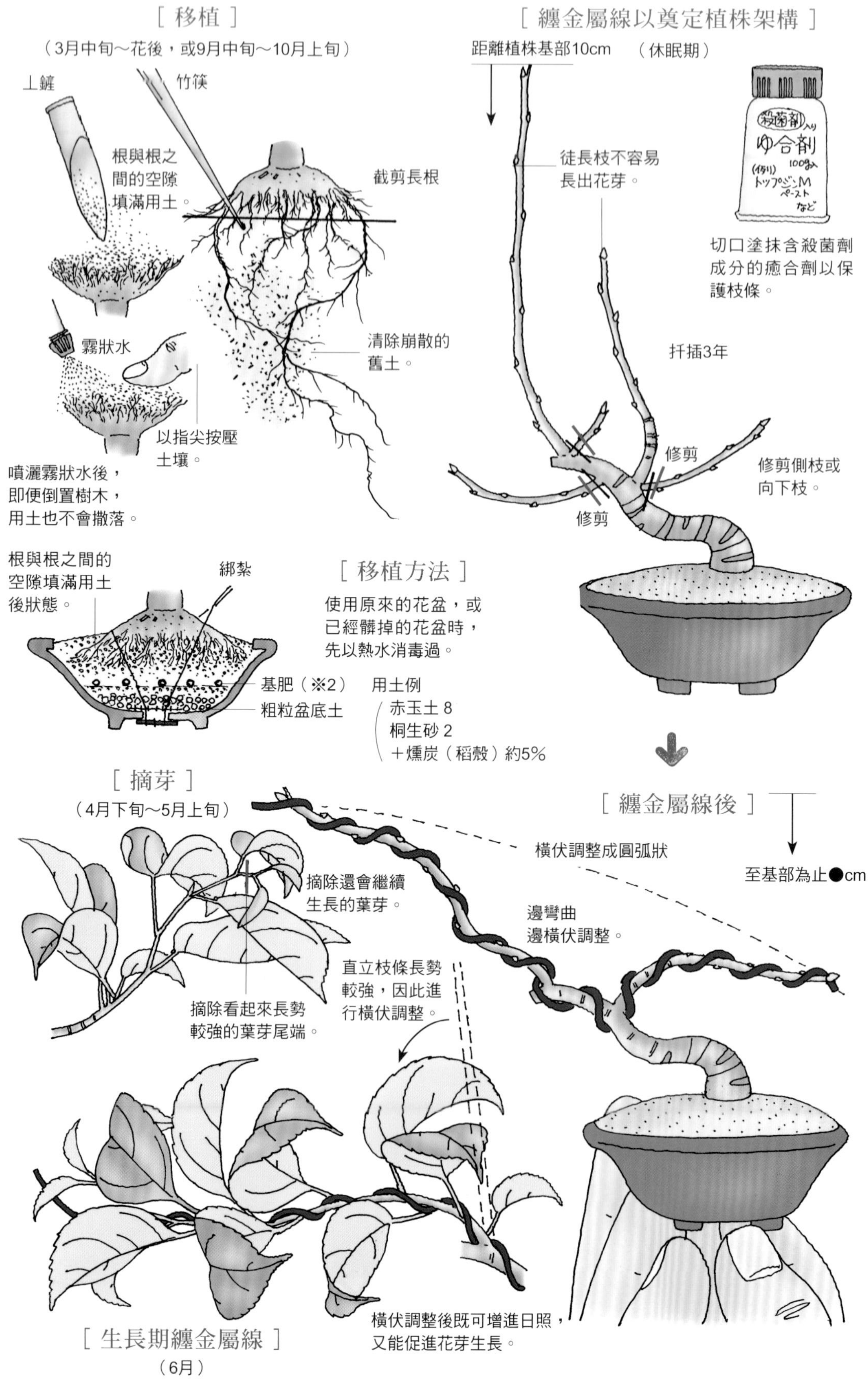

［ 移植 ］
（3月中旬～花後，或9月中旬～10月上旬）
土鏟
竹筷
根與根之間的空隙填滿用土。
截剪長根
霧狀水
清除崩散的舊土。
以指尖按壓土壤。
噴灑霧狀水後，即便倒置樹木，用土也不會撒落。
根與根之間的空隙填滿用土後狀態。
綁紮
［ 移植方法 ］
使用原來的花盆，或已經髒掉的花盆時，先以熱水消毒過。
基肥（※2）
粗粒盆底土
用土例
赤玉土 8
桐生砂 2
＋燻炭（稻殼）約5%
［ 纏金屬線以奠定植株架構 ］
距離植株基部10cm
（休眠期）
殺菌剤入り
ゆ合剤
100g入
（例り）
トップジンM
ペースト
など
徒長枝不容易長出花芽。
切口塗抹含殺菌劑成分的癒合劑以保護枝條。
扦插3年
修剪
修剪側枝或向下枝。
修剪
［ 纏金屬線後 ］
橫伏調整成圓弧狀
至基部為止●cm
邊彎曲邊橫伏調整。
［ 摘芽 ］
（4月下旬～5月上旬）
摘除還會繼續生長的葉芽。
摘除看起來長勢較強的葉芽尾端。
直立枝條長勢較強，因此進行橫伏調整。
橫伏調整後既可增進日照，又能促進花芽生長。
［ 生長期纏金屬線 ］
（6月）

富士櫻

日文名	豆桜
別名	富士櫻、箱根櫻
學名	*Cerasus insica Thunb. ex Murray*
分類	薔薇科（落葉闊葉樹／小喬木）
花語	「優美」「高雅」
花期	4月

開白色或淡紅色花。生於日本本州・中部地方的山區、富士山與箱根附近。基本上，栽培櫻花都必須進行植株基部疏剪（※1）。由枝條中途剪斷時，容易形成枯枝，建議纏金屬線後進行橫伏調整以抑制生長。

※1　植株基部疏剪：由基部（植株基部）剪斷的修剪方法。由枝條中途剪斷時稱「縮剪枝幹」、「回縮修剪」。
※2　基肥：栽種前事先施用生長所需肥料的作業，通常以緩效性有機質肥料為基肥。

栽培行事曆	生長狀態	移植	消毒	整姿	維護管理	肥料	澆水	繁殖
1月								
2月	休眠期		冬季期間		保護室		一週1～2次	
3月								扦插
4月				修剪				
5月	生長期・開花（4月）、花芽分化（7～8月）					置肥	一天2～3次	
6月			生長期	纏金屬線				壓條、扦插
7月						液肥	一天3～4次	
8月					遮光			
9月								
10月	充實期					置肥	一天2～3次	
11月								
12月			冬季期間					

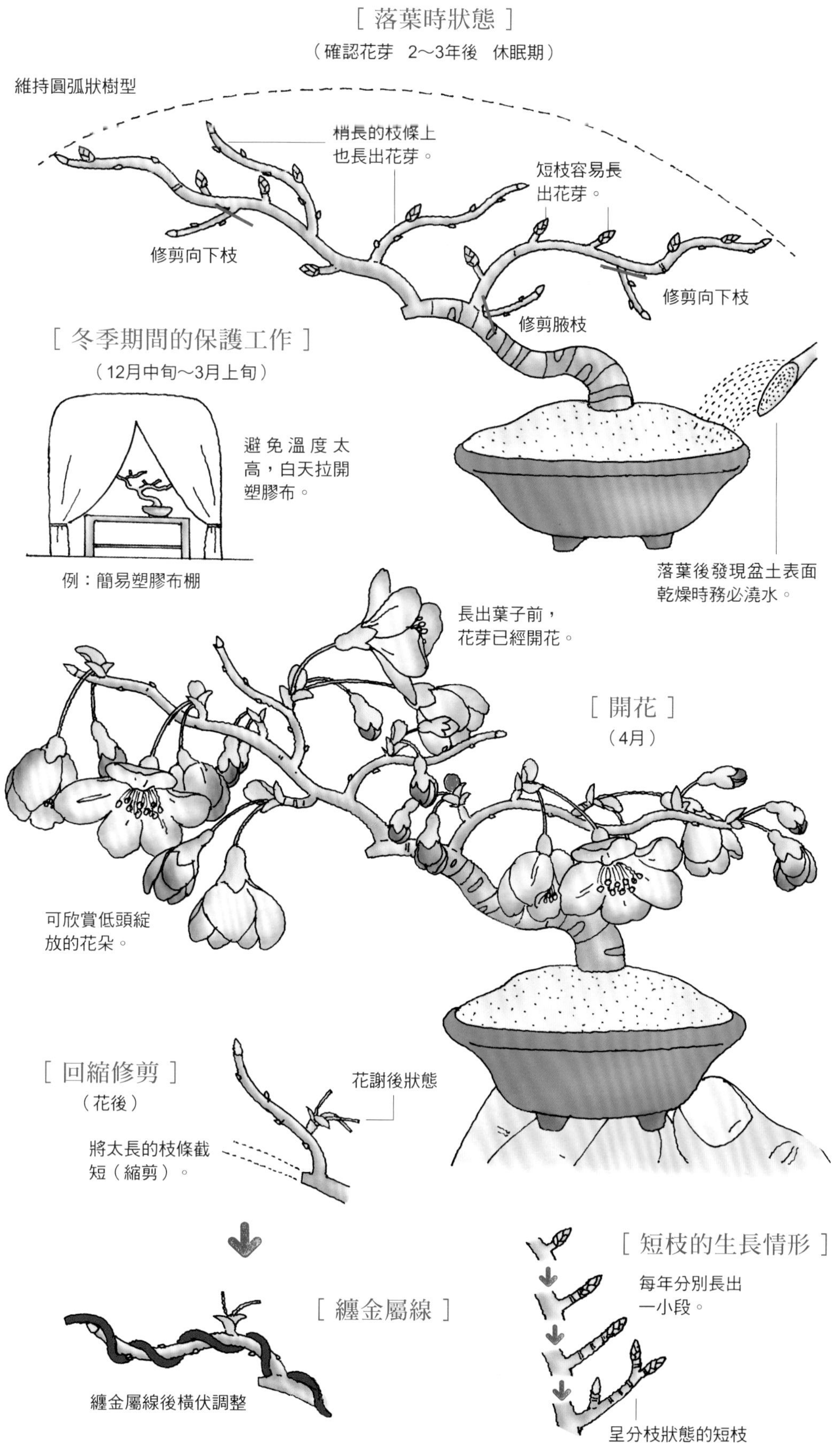
［落葉時狀態］
（確認花芽 2～3年後 休眠期）
維持圓弧狀樹型
梢長的枝條上
也長出花芽。
短枝容易長
出花芽。
修剪向下枝
修剪向下枝
修剪腋枝
落葉後發現盆土表面
乾燥時務必澆水。
［冬季期間的保護工作］
（12月中旬～3月上旬）
避免溫度太
高，白天拉開
塑膠布。
例：簡易塑膠布棚
長出葉子前，
花芽已經開花。
［開花］
（4月）
可欣賞低頭綻
放的花朵。
［回縮修剪］
（花後）
花謝後狀態
將太長的枝條截
短（縮剪）。
［纏金屬線］
纏金屬線後橫伏調整
［短枝的生長情形］
每年分別長出
一小段。
呈分枝狀態的短枝

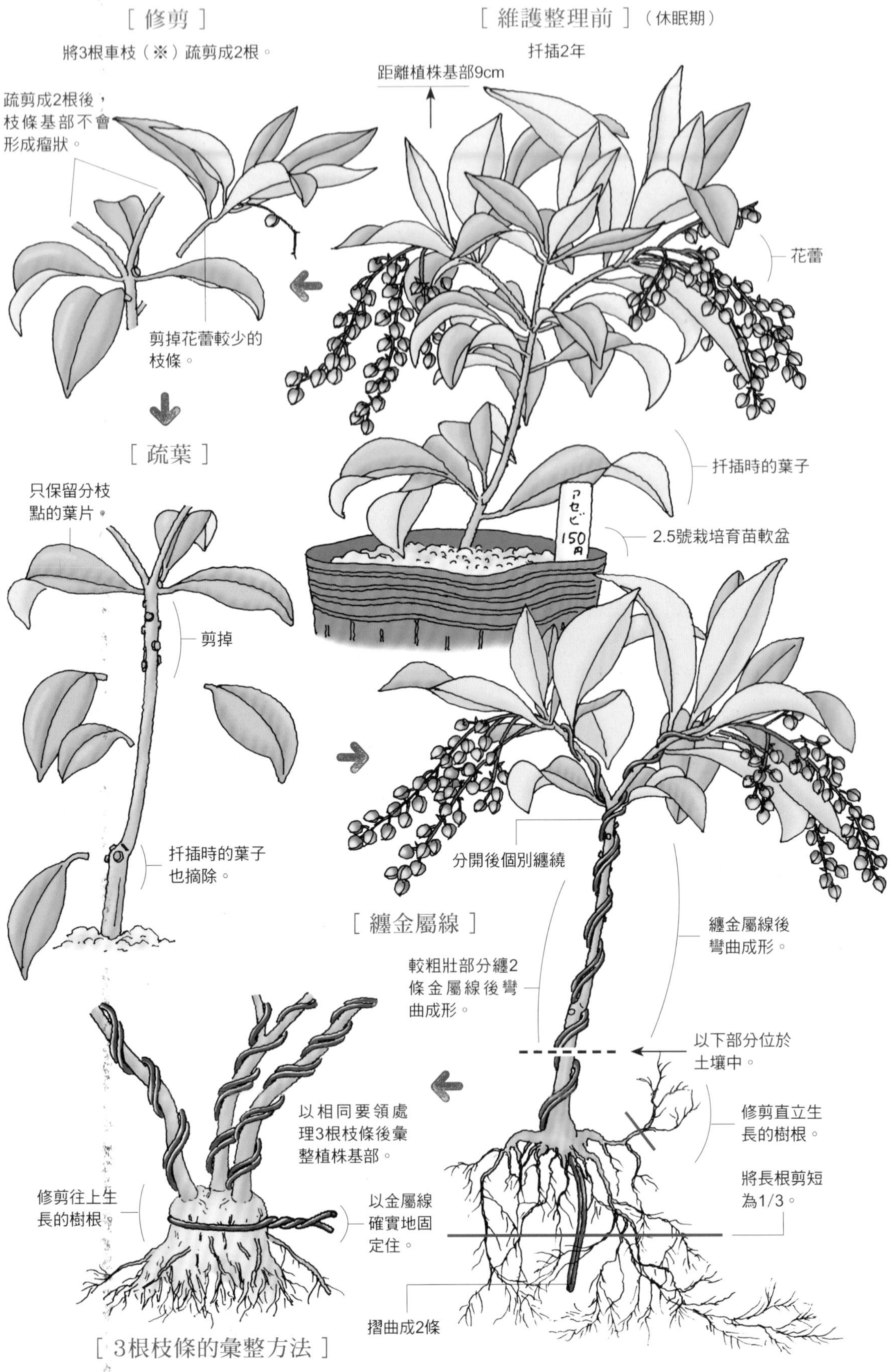

[修剪]
將3根車枝（※）疏剪成2根。
疏剪成2根後，枝條基部不會形成瘤狀。
剪掉花蕾較少的枝條。
[疏葉]
只保留分枝點的葉片。
剪掉
扦插時的葉子也摘除。
[維護整理前]（休眠期）
扦插2年
距離植株基部9cm
花蕾
扦插時的葉子
アセビ 150円
2.5號栽培育苗軟盆
分開後個別纏繞
[纏金屬線]
纏金屬線後彎曲成形。
較粗壯部分纏2條金屬線後彎曲成形。
以下部分位於土壤中。
修剪直立生長的樹根。
將長根剪短為1/3。
摺曲成2條
以相同要領處理3根枝條後彙整植株基部。
修剪往上生長的樹根。
以金屬線確實地固定住。
[3根枝條的彙整方法]

馬醉木

日文名	馬酔木
別名	台灣馬醉木、日本馬醉木、梫木
學名	*Pieris japonica*
分類	杜鵑花科（常綠闊葉樹／灌木）
花語	「獻身」「清純的心」
花期	3～4月

枝頭上開滿鈴蘭般白色或粉紅色的小花。杜鵑花科灌木，自生於日本的山區，廣泛作為庭園樹木所用。整個植株都含有毒成分，連動物或昆蟲都不食用，生長狀況良好的植物。

※車枝：主幹上的某個位置同時長出3根以上枝條，形成車輛輪輻狀的枝條生長狀態。

栽培行事曆

	生長狀態	移植	消毒	整姿	維護管理	肥料	澆水	繁殖
1月								
2月	休眠期		冬季期間	修剪	保護室		一週1～2次	嫁接
3月								實生・分株
4月								
5月	生長期、開花（3～4月）		生長期			置肥	一天2～3次	
6月				纏金屬線				扦插
7月						液肥	一天3～4次	
8月					遮光			
9月								
10月	充實期					置肥	一天2～3次	
11月								
12月			冬季期間					

[栽種方法]

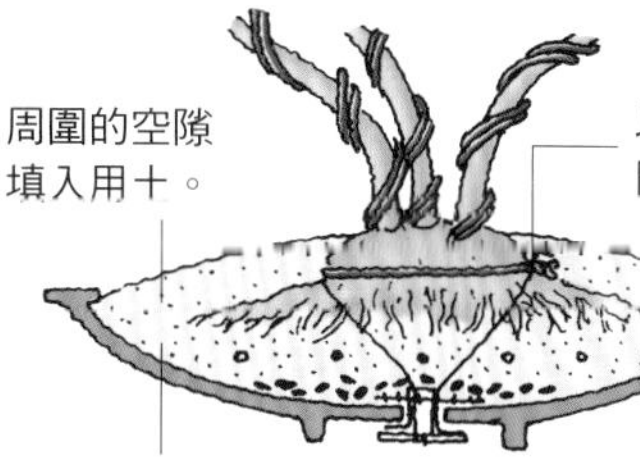
周圍的空隙
填入用土。
以金屬線確實
固定住。
用土例
赤玉土 8
桐生砂 2

[準備植床]

將用土堆成中高（※1）狀態，採高植（※2）方式。

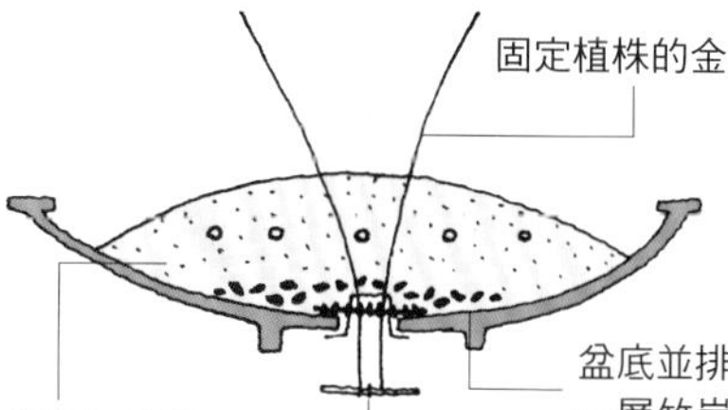
固定植株的金屬線
盆底並排
一層竹炭。
以骨粉等為基肥
纏在較粗的金屬線上

[栽種後]

栽培成多幹型，與單幹型大異其趣的樹木。

[扦插]

以剪下的枝條為插穗（※3）善加利用。

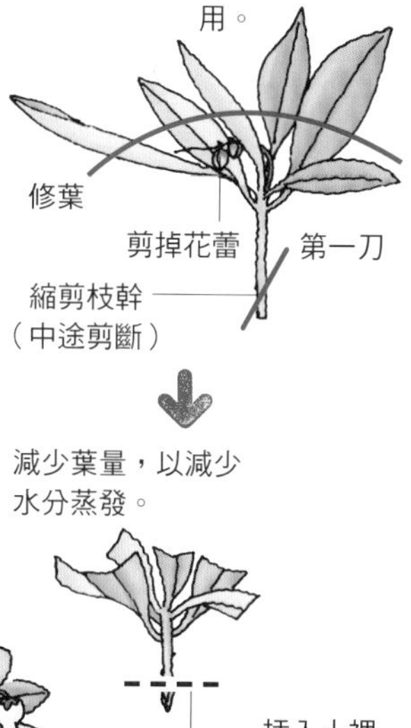
修葉
剪掉花蕾
第一刀
縮剪枝幹
（中途剪斷）
減少葉量，以減少
水分蒸發。
插入土裡
約1cm。

[開花]

（3～4月）

正面例

花
花盆

可欣賞花朵低頭綻放的風情。

白色壺狀花

俯瞰圖

※1　中高狀態：花盆裝入用土後，堆高成盆中央高於盆緣的狀態。
※2　高植：堆高盆土後種入植株，整體而言，植株高於盆緣的狀態。
※3　扦插：剪下未長根的樹木枝條，插入土壤裡，促使長出根部的植物繁殖方法。（請參照P.165）。

多花薔薇

日文名	野茨
別名	野薔薇
學名	*Rosa multiflora*
分類	薔薇科（落葉闊葉樹／灌木）
花語	「樸素的愛」
花期	5～6月

散發淡淡香氣，開白色或淺粉紅色花。花朵直徑約2.5cm，五枚花瓣。自生於陽光充足的丘陵地、山區，最具代表性的野生薔薇樹種。因為是野生種而樹性強，建議以扦插方式繁殖。

［開花］
（6月）

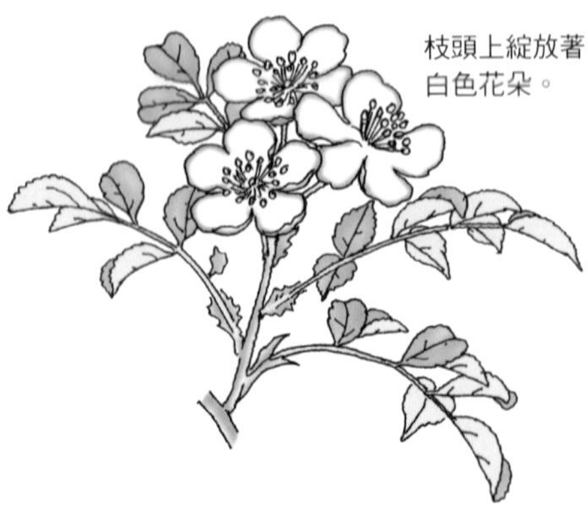
枝頭上綻放著
白色花朵。

［目前狀態］（2～3月）
購買後3～4年

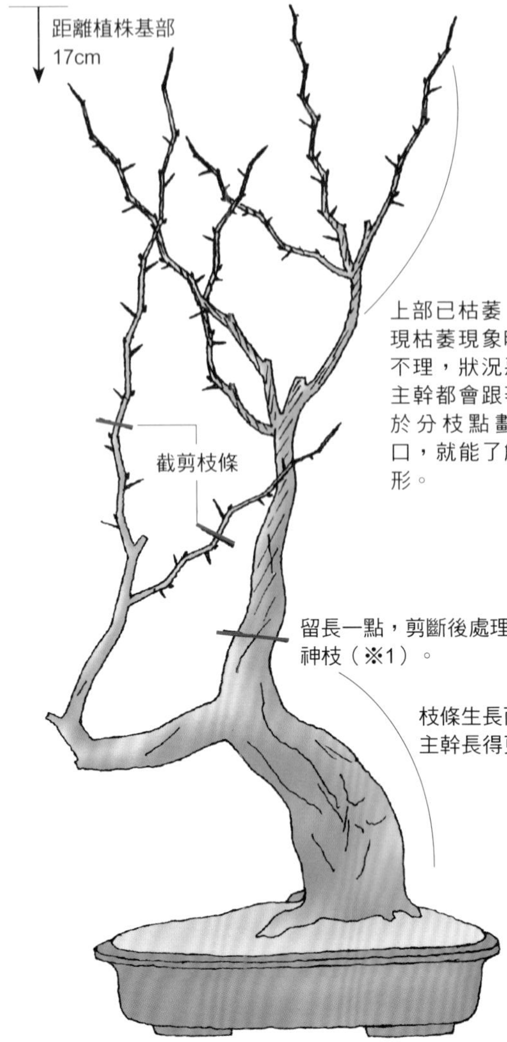
距離植株基部
17cm
上部已枯萎。植株出現枯萎現象時若置之不理，狀況惡化後連主幹都會跟著枯掉。於分枝點劃一道切口，就能了解死活情形。
截剪枝條
留長一點，剪斷後處理成神枝（※1）。
枝條生長而促使主幹長得更粗壯。

［結果］
（9月）

成熟的紅色果實
球狀果實
9mm
種子

［彎曲枝條的防護對策］

再將金屬線纏
在拉菲草上。
彎曲枝條前先纏上
拉菲草（※2）。
一起纏繞
拉菲草鬆開後才捲繞

［切口的處理方法］

剪斷位置
於分枝點劃
一道切口。
剝掉樹皮
尾端削尖
形成神枝

※1　神枝：枝條枯萎後呈現白骨化現象。松柏類盆栽需要營造古樹感，可能以人工方式剝除樹芯或枝條的樹皮後形成神枝。其次，修剪不必要的枝條時，枝條基部留長一點以形成神枝，亦可表現古樹感。順便一提，「舍利」是指主幹上呈現白骨化的部分。請參照P.172。

※2　拉菲草：以椰子葉處理而成的纖維，園藝常用線繩。

栽培行事曆

月	生長狀態	移植	消毒	整姿	維護管理	肥料	澆水	繁殖
1月								
2月	休眠期		冬季期間	修剪	保護室		一週1~2次	扦插
3月								
4月						置肥		
5月							一天2~3次	
6月	生長期・開花（5~6月）		生長期	纏金屬線				壓條・扦插
7月								
8月					遮光	液肥	一天3~4次	
9月								
10月	充實期・結果（10~11月）					置肥	一天2~3次	
11月								實生
12月			冬季期間					

[移植]
（9月）

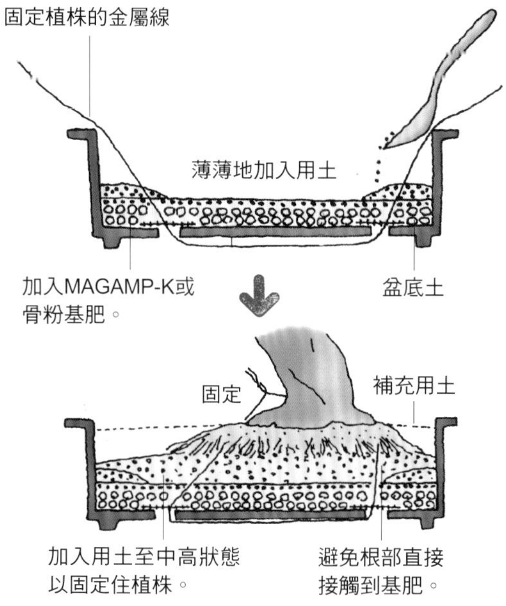
固定植株的金屬線
薄薄地加入用土
加入MAGAMP-K或
骨粉基肥。
盆底土
固定
補充用土
加入用土至中高狀態
以固定住植株。
避免根部直接
接觸到基肥。

[整枝後]

邊形成曲線，邊朝著
主幹中心往回拉。
神枝
透過金屬線的牽引，
避免枝條恢復
原來狀態。

[未來的樹姿]
（6月）

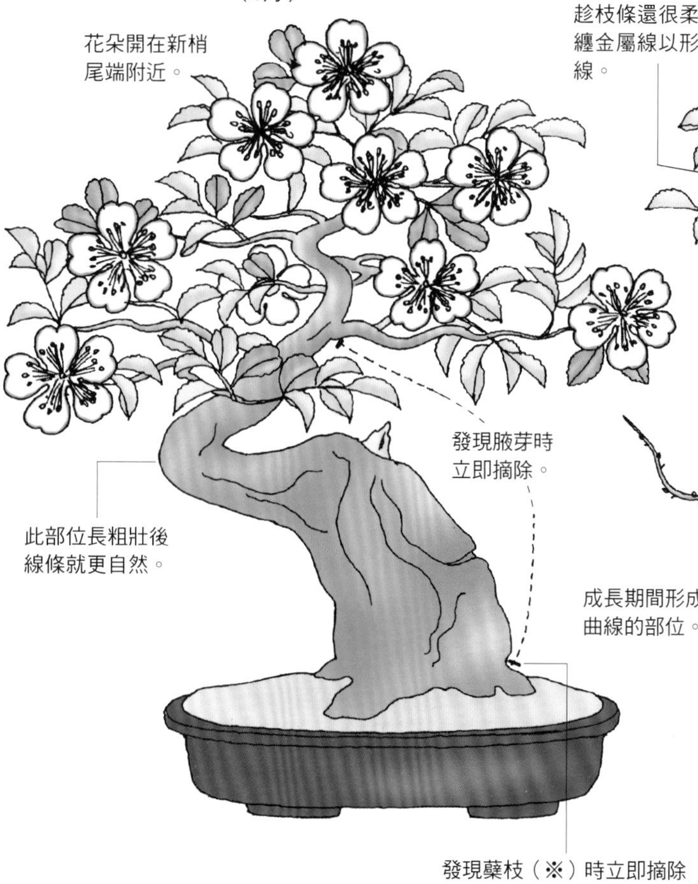
花朵開在新梢
尾端附近。
發現腋芽時
立即摘除。
此部位長粗壯後
線條就更自然。
發現櫱枝（※）時立即摘除

[纏金屬線]
（6月）

趁枝條還很柔軟時
纏金屬線以形成曲
線。
摘除
由枝條基部長出
的強勢不定芽，
必須摘除。
保留2～3片樹葉後
截剪枝條。
成長期間形成
曲線的部位。
成長期間形成
曲線的部位。

[修剪]
（落葉期）

※櫱枝：由樹木的植株基部長出的不定芽，容易長成徒長枝。＝幹生枝。

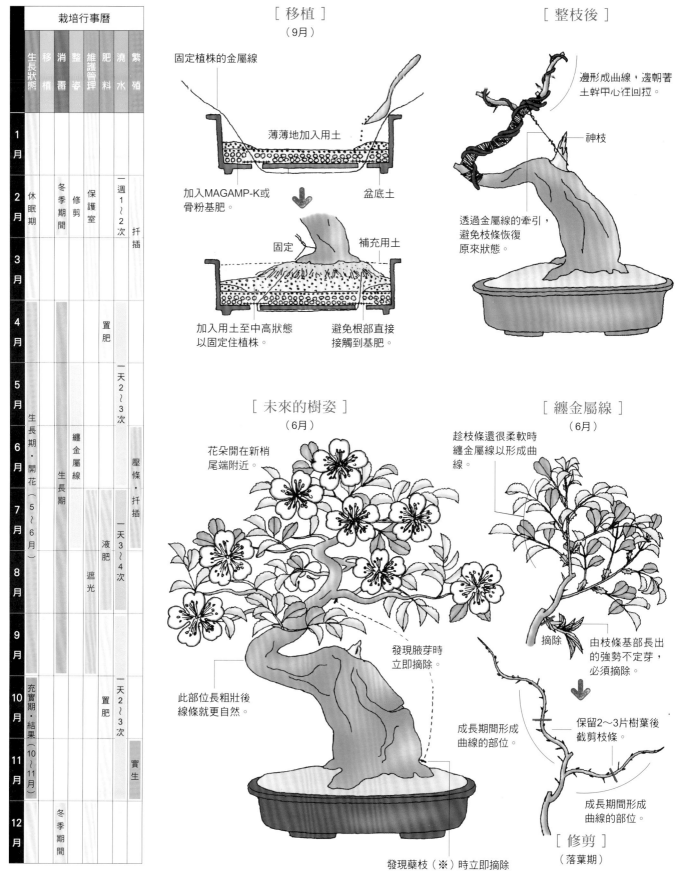

木瓜梅

日文名	木瓜
別名	皺皮木瓜
學名	*Chaenomeles japonica*
分類	薔薇科（落葉闊葉樹／灌木）
花語	「平凡」「熱情」
花期	3～5月

乍暖還寒時節就開花，梢來春天消息的花。長出樹葉前就開出紅色、粉紅、白色等顏色的花朵。花徑2～5cm，五枚花瓣。具四季開花特性。緋色稱「緋木瓜」，白色稱「白木瓜」。在日本也會被選作家徽的花卉。

[以粗枝為插穗]

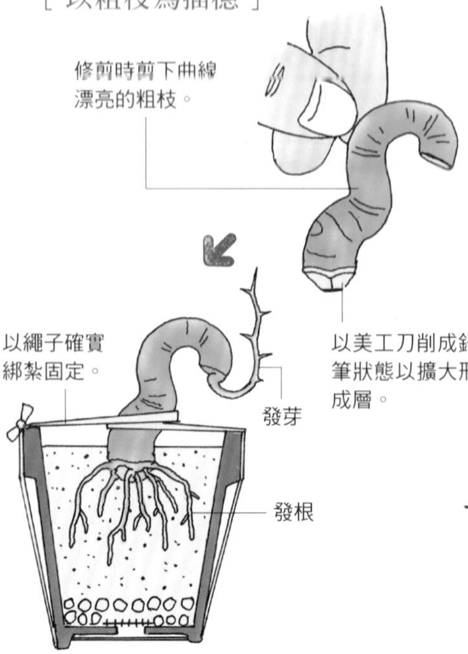
修剪時剪下曲線
漂亮的粗枝。
以美工刀削成鉛
筆狀態以擴大形
成層。
以繩子確實
綁紮固定。
發芽
發根

[目前狀態]（3～4月）

扦插後4年。邊賞花、邊栽培，不知不覺中植株已經長大。有時候如圖中作法進行大幅度截剪，以維持樹姿，這點相當重要。

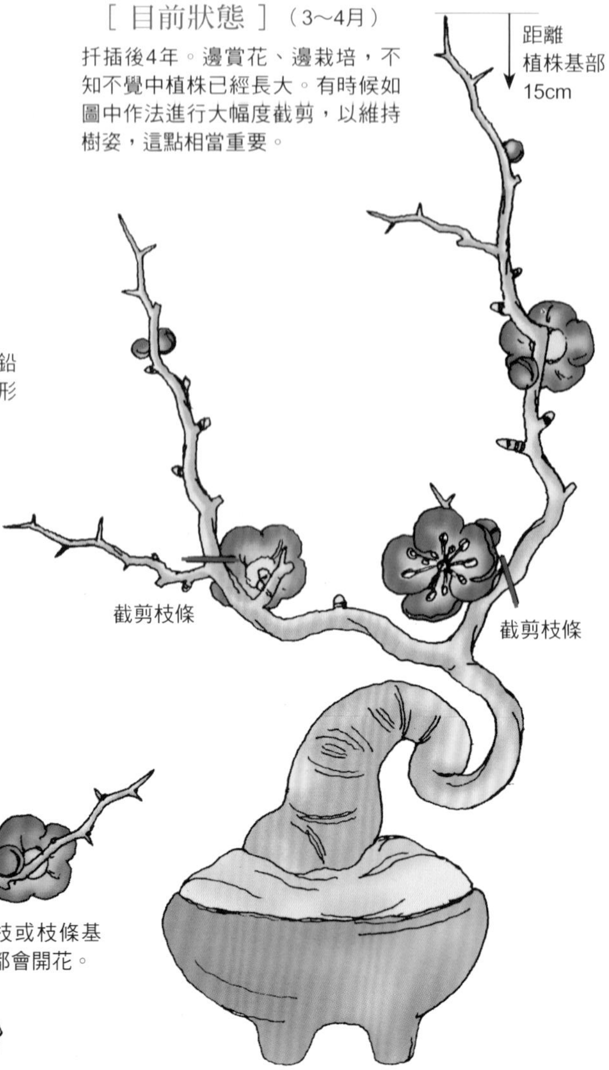
距離
植株基部
15cm
截剪枝條
截剪枝條

[以前的狀態]

有白色或淺粉紅色等
花色的品種。
短枝或枝條基
部都會開花。
本體是粗幹插
穗（※）栽培
而成。
由1根枝條成長後，經過彎曲
而形成柔美曲線的枝條。

※「粗幹插穗」是指以拇指粗細的枝條為插穗，栽培成植株。使用粗壯插穗會比較容易存活，修剪枝條後別丟棄，可處理成插穗善加利用。

[花芽的生長情形]

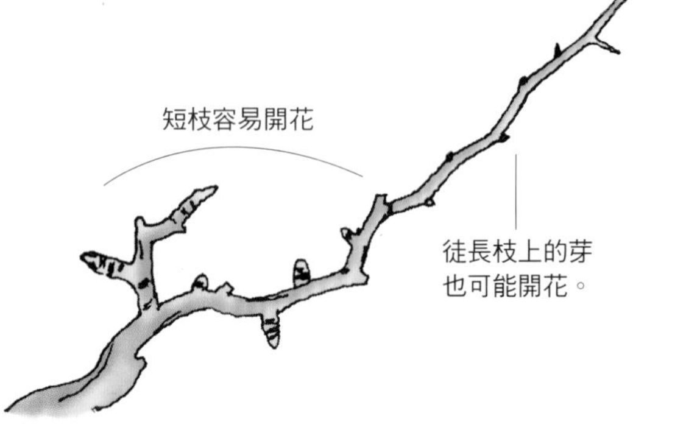
短枝容易開花
徒長枝上的芽
也可能開花。

栽培行事曆

月	生長狀態	移植	消毒	整姿	維護管理	肥料	澆水	繁殖
1月								
2月	休眠期		冬季期間	修剪	保護室		一週1~2次	扦插
3月								
4月				修剪				
5月							一天2~3次	
6月	生長期・開花（3~4個月）		生長期	纏金屬線		置肥		壓條・扦插
7月								
8月					生長期	液肥	一天3~4次	
9月								
10月						置肥	一天2~3次	
11月	充實期							
12月			冬季期間					

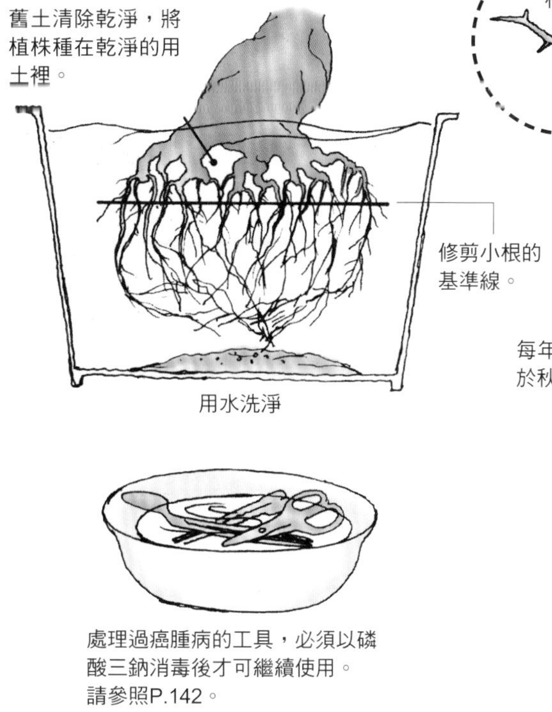
[移植]
舊土清除乾淨，將植株種在乾淨的用土裡。
修剪小根的基準線。
用水洗淨
處理過癌腫病的工具，必須以磷酸三鈉消毒後才可繼續使用。請參照P.142。

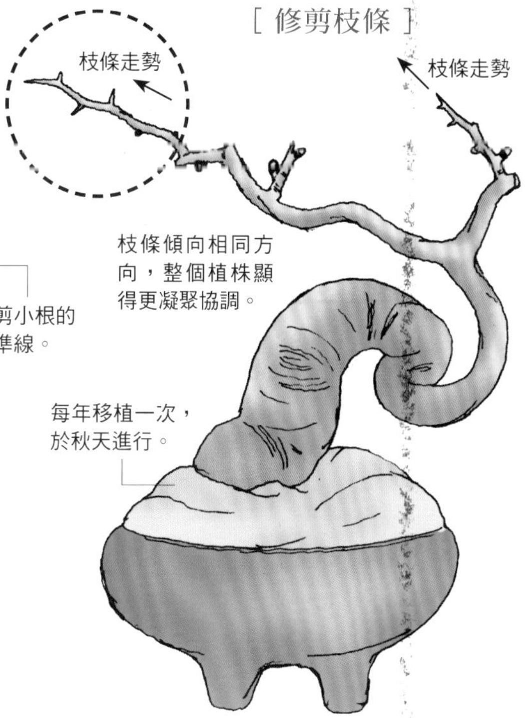
[修剪枝條]
枝條走勢
枝條走勢
枝條傾向相同方向，整個植株顯得更凝聚協調。
每年移植一次，於秋天進行。

[5年後的樹姿]
造枝時，避免枝條往上竄升，希望植株如同圓弧線般，始終維持理想狀態。
主幹長粗壯後，彎曲部位就變小。
琉璃、白或黃色等顏色的正方形花盆。

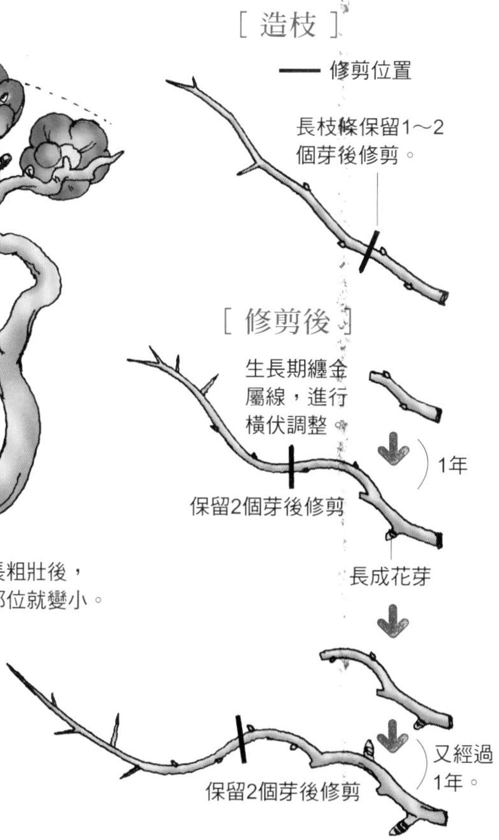
[造枝]
修剪位置
長枝條保留1～2個芽後修剪。
[修剪後]
生長期纏金屬線，進行橫伏調整
1年
保留2個芽後修剪
長成花芽
又經過1年。
保留2個芽後修剪

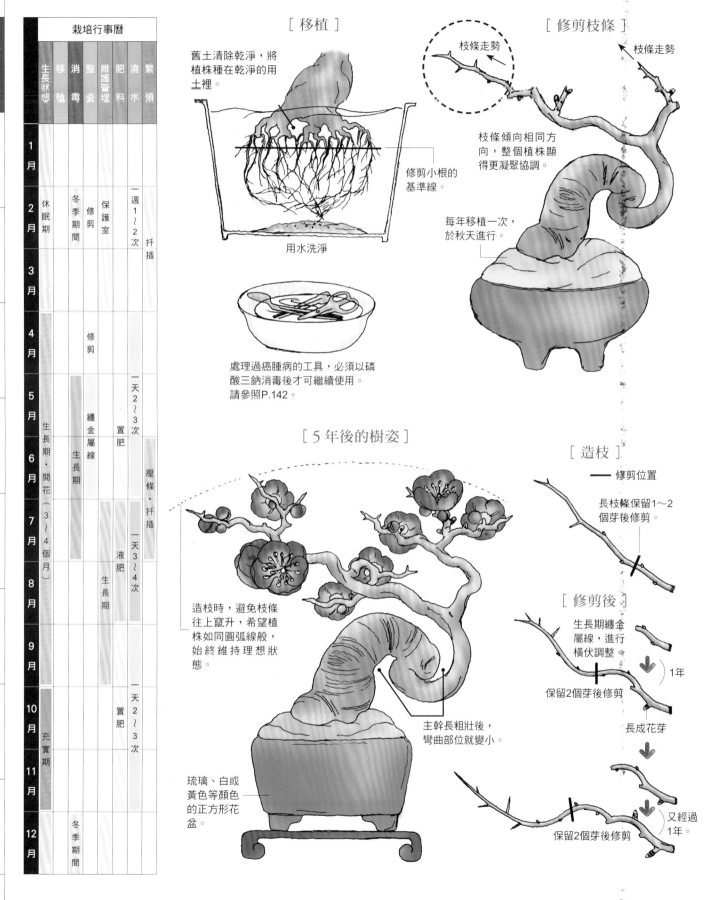

小手毬

日文名	小手毬
別名	麻葉繡球
學名	*Spiraea cantoniensis*
分類	薔薇科（落葉闊葉樹／灌木）
花語	「優雅」「努力」
花期	4～5月

五枚花瓣，開花時，白色小花聚集成半圓形。枝頭上隨處可見團狀花序，狀似小手毬而得名。樹性強，建議以扦插方式繁殖。

[插穗]

減少葉量後扦插

修剪下葉
扦插至節點埋入土裡。

扦插方法

中央筆直插入，四周斜插，以便充分照射陽光。
用土例：
細粒赤玉土、
細粒鹿沼土等。
粗粒盆底土

[扦插]

（6月）

剪斷
以生長狀況良好的徒長枝為插穗。
剪下的枝條分別修剪成5～6節（※1）的插穗後扦插。

[開花]

（5月）

枝頭上開著白色團狀花。

2.5～3cm
花形
直徑約
1.2cm的白花。

[葉形]

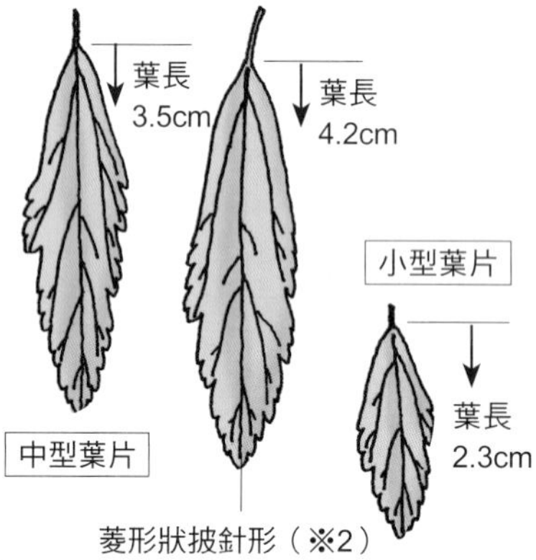
大型葉片
葉長
3.5cm
葉長
4.2cm
小型葉片
葉長
2.3cm
中型葉片
菱形狀披針形（※2）

[造枝、纏金屬線]

（6月）

徒長枝
短枝
修剪向下枝

徒長枝先進行橫伏調整
多造短枝以促進花芽生長

[移植]

（隔年3月）

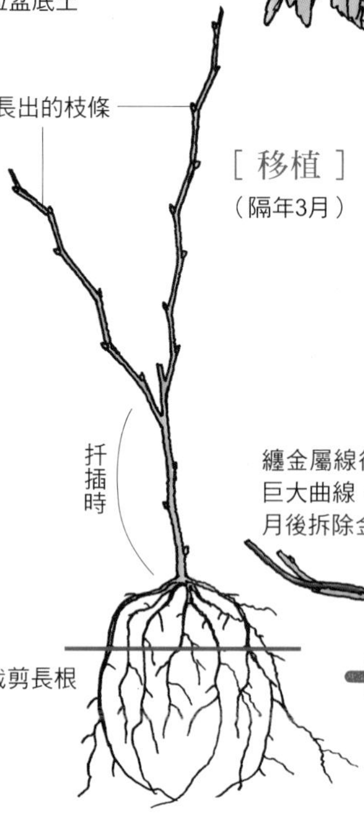
扦插後長出的枝條
扦插時
截剪長根
纏金屬線後，形成巨大曲線。3～4個月後拆除金屬線。

[纏金屬線與栽種方法]

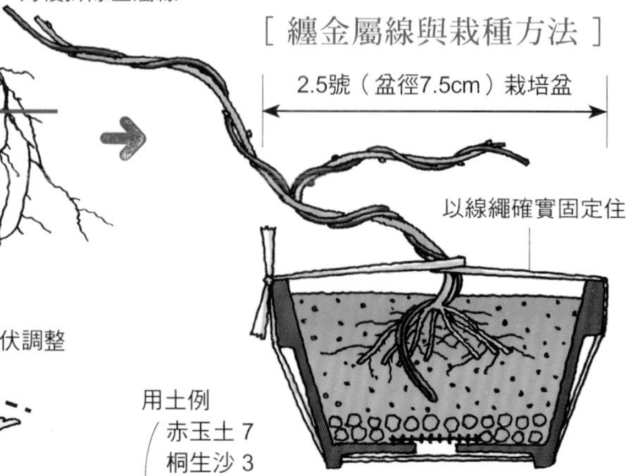
2.5號（盆徑7.5cm）栽培盆
以線繩確實固定住
用土例
赤玉土 7
桐生沙 3
（1～4mm顆粒）
＋竹炭約5%

※1　節：葉片連結莖部，或主幹長出枝條的位置。
※2　菱形狀披針形：請參照P.192「葉形的種類」。

栽培行事曆	生長狀態	移植	消毒	整姿	維護管理	肥料	澆水	繁殖
1月								
2月	休眠期		冬季期間	修剪	保護室		一週1～2次	
3月								分株・扦插
4月								
5月	生長期・開花（4～5月）					置肥	一天2～3次	
6月				纏金屬線				扦插
7月			生長期			液肥	一天3～4次	
8月					遮光			
9月								
10月	充實期・花芽分化（※2）（10月）					置肥	一天2～3次	
11月								
12月			冬季期間					

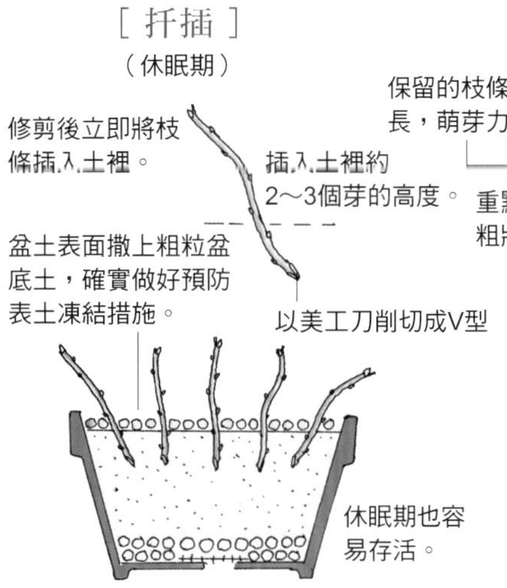

［扦插］
（休眠期）
修剪後立即將枝條插入土裡。
插入土裡約2～3個芽的高度。
盆土表面撒上粗粒盆底土，確實做好預防表土凍結措施。
以美工刀削切成V型
休眠期也容易存活。

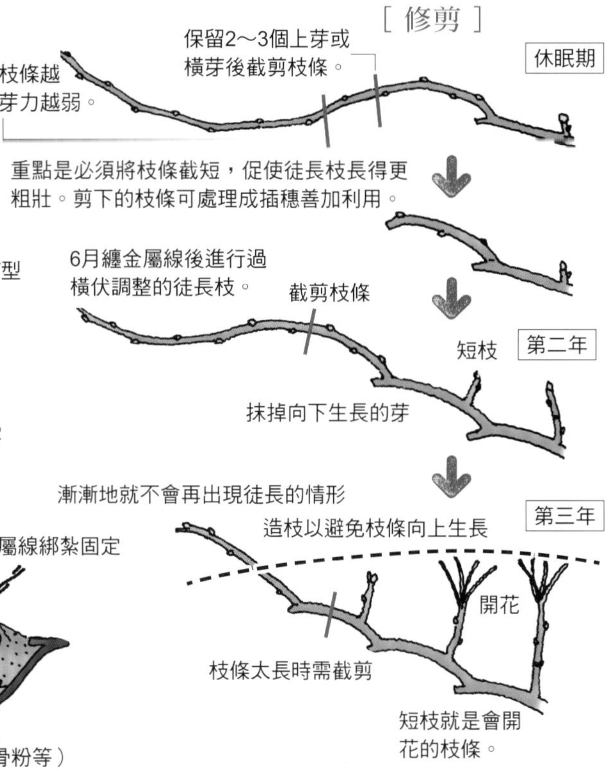

［修剪］
休眠期
保留2～3個上芽或橫芽後截剪枝條。
保留的枝條越長，萌芽力越弱。
重點是必須將枝條截短，促使徒長枝長得更粗壯。剪下的枝條可處理成插穗善加利用。
6月纏金屬線後進行過橫伏調整的徒長枝。
截剪枝條
短枝
第二年
抹掉向下生長的芽
漸漸地就不會再出現徒長的情形
第三年
造枝以避免枝條向上生長
開花
枝條太長時需截剪
短枝就是會開花的枝條。

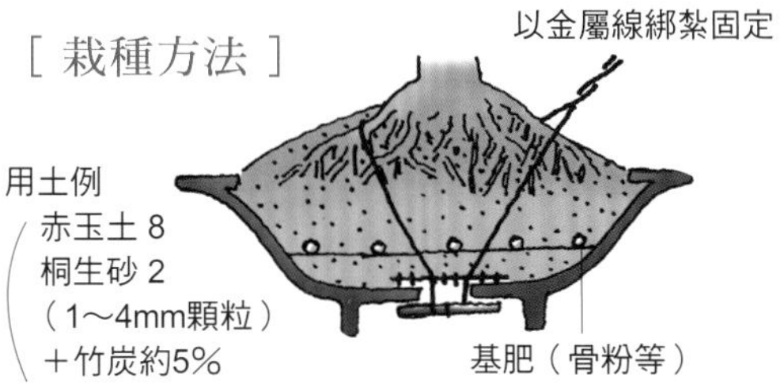

［栽種方法］
以金屬線綁紮固定
用土例
赤玉土 8
桐生砂 2
（1～4mm顆粒）
＋竹炭約5%
基肥（骨粉等）

幾年後的樹姿

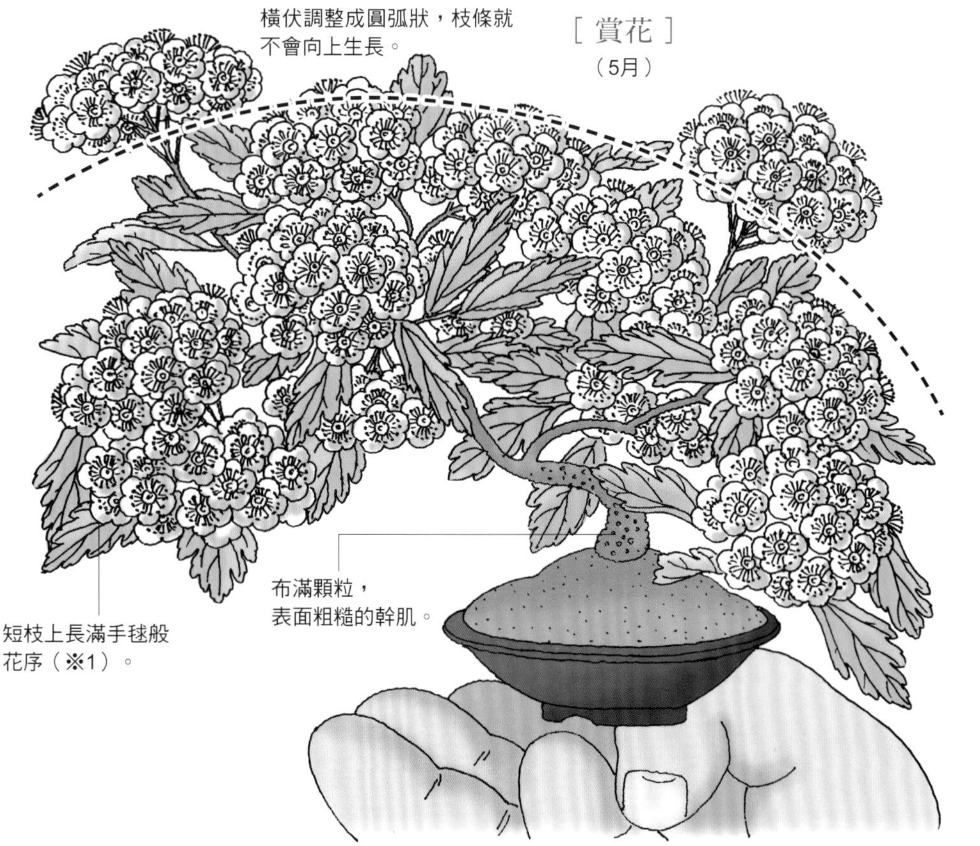

橫伏調整成圓弧狀，枝條就不會向上生長。
［賞花］
（5月）
布滿顆粒，
表面粗糙的幹肌。
短枝上長滿手毬般花序（※1）。

※1　花序：一個花軸上長出許多花朵的狀態。請參照P.191。
※2　花芽分化：植物發芽長出枝葉，成長至一個階段後，為了繁衍下一代而萌發可開出花朵的芽。

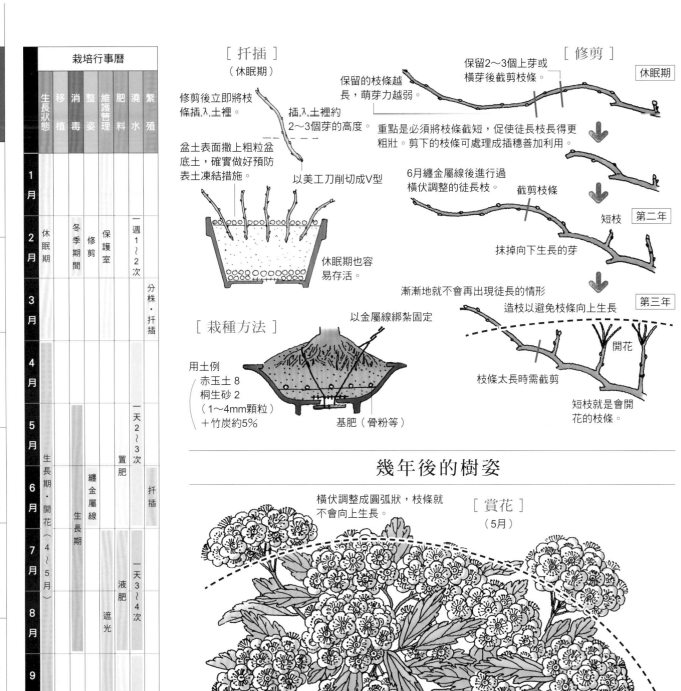

皐月杜鵑

日文名	皐月
別名	五月杜鵑
學名	*Rhododend ronindicum*
分類	杜鵑花科 （常綠闊葉樹／灌木）
花語	「節制」
花期	5～6月

於農曆皐月（國曆5月下旬至7月上旬）開花而得名。相對於一般杜鵑先開花後長葉，皐月杜鵑是長出新梢後，才開出深紫紅色的小花。建議以扦插方式繁殖。

[維護整理前]

扦插10年

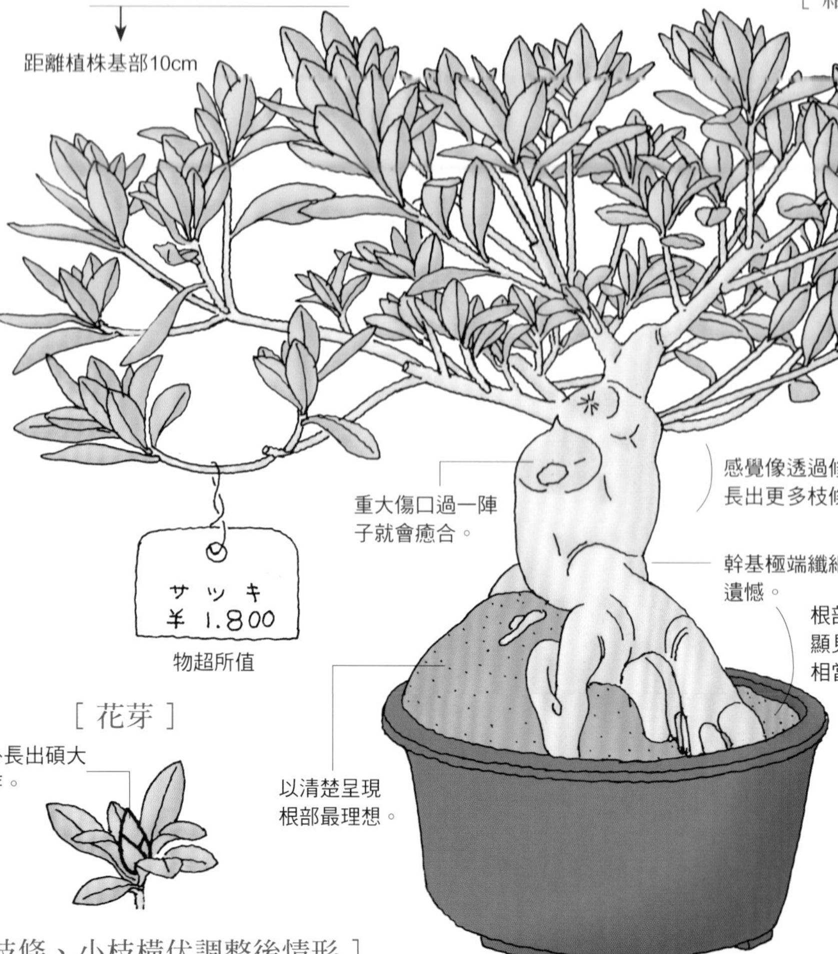
距離植株基部10cm
サツキ
¥ 1.800
物超所值
重大傷口過一陣子就會癒合。
感覺像透過修剪促使植株重新長出更多枝條（※1）。
幹基極端纖細（※2）而令人遺憾。
根部狀態漸入佳境，顯見栽培期間（※3）相當長久。
以清楚呈現根部最理想。
[花芽]
中心長出碩大花芽。

[枝條、小枝橫伏調整後情形]

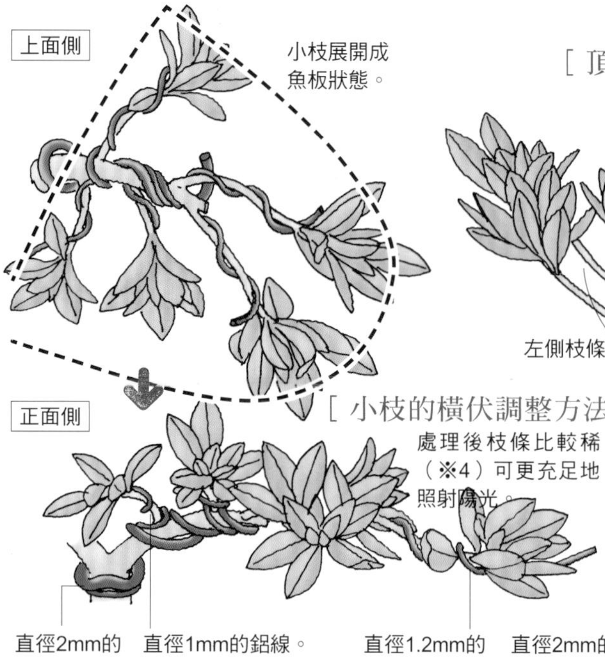
上面側
小枝展開成魚板狀態。
正面側
[小枝的橫伏調整方法]
處理後枝條比較稀（※4）可更充足地照射陽光。
直徑2mm的鋁線。
直徑1mm的鋁線。
直徑1.2mm的鋁線。
直徑2mm的鋁線。

[頂部枝條的橫伏調整技巧]

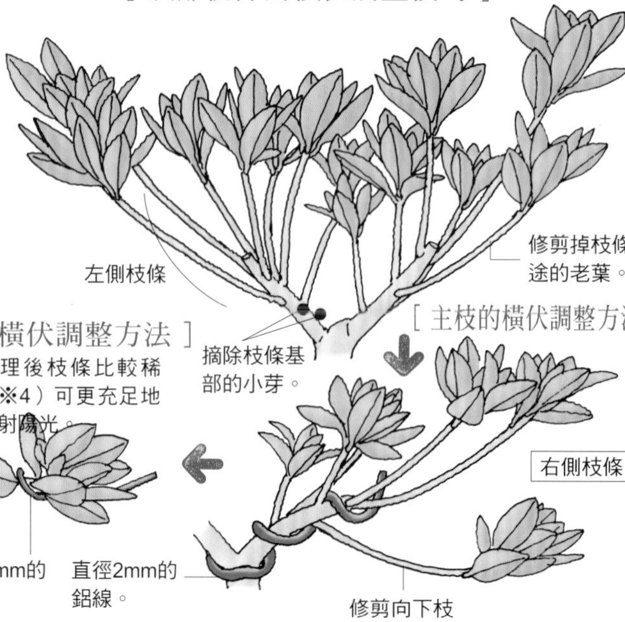
左側枝條
修剪掉枝條中途的老葉。
摘除枝條基部的小芽。
[主枝的橫伏調整方法]
右側枝條
修剪向下枝
不修剪也會自然形成枯枝，因此修剪掉。

※1　增加枝條：將植株由無枝條狀態栽培成枝繁葉茂的狀態。
※2　幹基太細：幹基極端纖細的現象。
※3　栽培期間：表示栽培時間程序的用詞。
※4　枝條稀疏：枝條不會太混雜的狀態。

栽培行事曆	生長狀態	移植	消毒	整姿	維護管理	肥料	澆水	繁殖
1月								
2月	休眠期		冬季期間	修剪	保護室		一週1~2次	
3月								扦插
4月	生長期・開花（5~6月）・花芽分化（7~8月）							
5月						置肥	一天2~3次	
6月			生長期	修剪・纏金屬線				壓條・扦插
7月								
8月					遮光	液肥	一天3~4次	
9月								
10月	充實期					置肥	一天2~3次	
11月								
12月			冬季期間					

[皋月杜鵑的花後修剪]

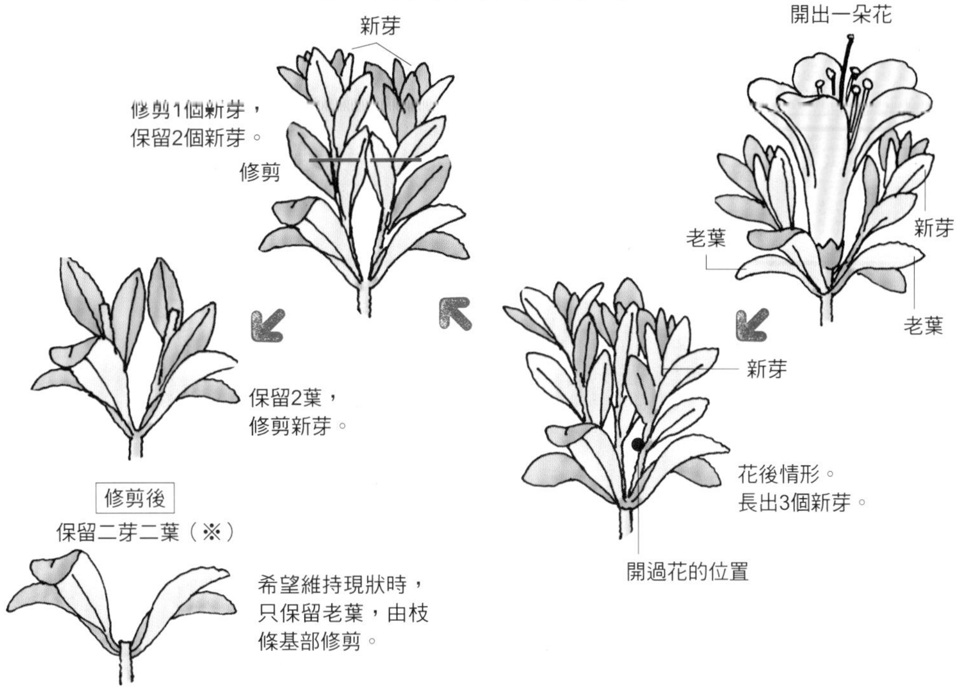
開出一朵花
新芽
老葉
新芽
老葉
新芽
花後情形。
長出3個新芽。
開過花的位置
新芽
修剪1個新芽，
保留2個新芽。
修剪
保留2葉，
修剪新芽。
修剪後
保留二芽二葉（※）
希望維持現狀時，
只保留老葉，由枝
條基部修剪。

[維護整理後]

將整個植株調整成圓弧狀。

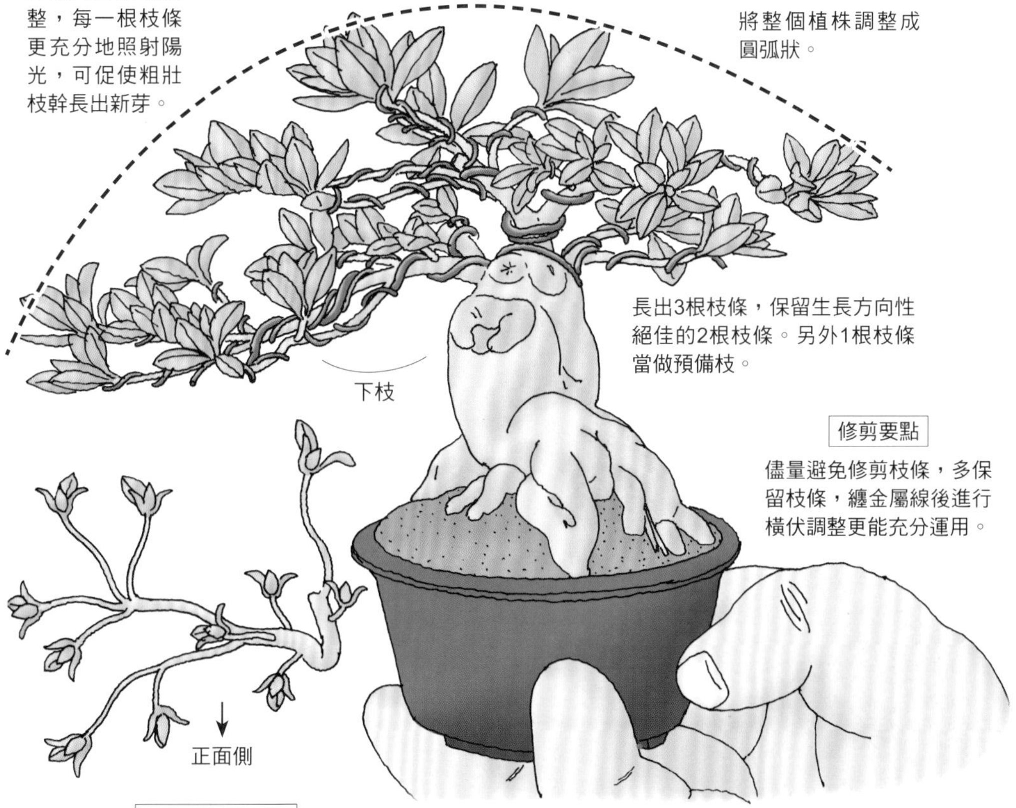
事先進行橫伏調
整，每一根枝條
更充分地照射陽
光，可促使粗壯
枝幹長出新芽。
長出3根枝條，保留生長方向性
絕佳的2根枝條。另外1根枝條
當做預備枝。
下枝
正面側

俯瞰下枝模式圖
（省略葉、金屬線）

修剪要點

儘量避免修剪枝條，多保留枝條，纏金屬線後進行橫伏調整更能充分運用。

※保留二芽二葉：杜鵑盆栽用語之一。初學者務必牢記此口訣，修剪杜鵑時保留2個芽、2片葉，以避免植株枯萎。

條通木

日文名	木五倍子
別名	喜馬拉雅旌節花、通草樹
學名	*Stachyurus praecox*
分類	旌節花科 （落葉闊葉樹／灌木）
花語	「遇見」
花期	3～4月

早春時節，於植株長出葉子前，率先開出淺黃色雄性小花，枝條上垂掛著串串繩暖簾狀花。雌雄異株，花瓣4枚，雌花帶綠色。自生於日本山區，開花狀態酷似紫藤花。雄株以花朵密生，開出鮮黃色花朵為特徵。

［扦插①］

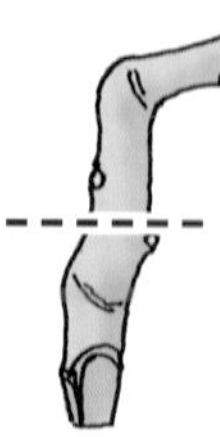
沒有樹葉的枝條
也扦插。

［維護整理前］
（5～6月）
扦插3年

枝條太粗、太直不適合當作插穗。
左右15cm
看不到花蕾
剪斷
利用植株基部長出的枝條，重新栽培小巧的植株。
2.5號花盆（7.5cm）

［修剪後］

以美工刀削
切成平面狀態。

［纏金屬線］
（6月）

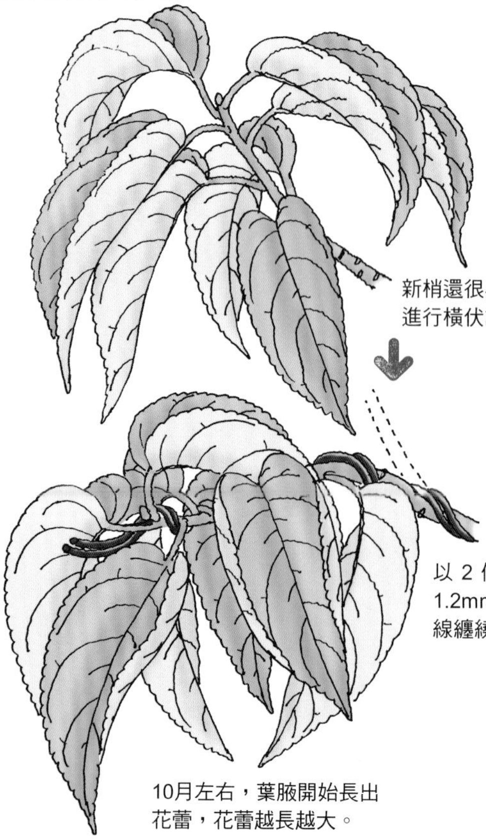
新梢朝著斜上方生長
新梢還很柔軟，及早
進行橫伏調整。
以2條直徑
1.2mm的金屬
線纏繞枝條。
10月左右，葉腋開始長出
花蕾，花蕾越長越大。

［扦插②］

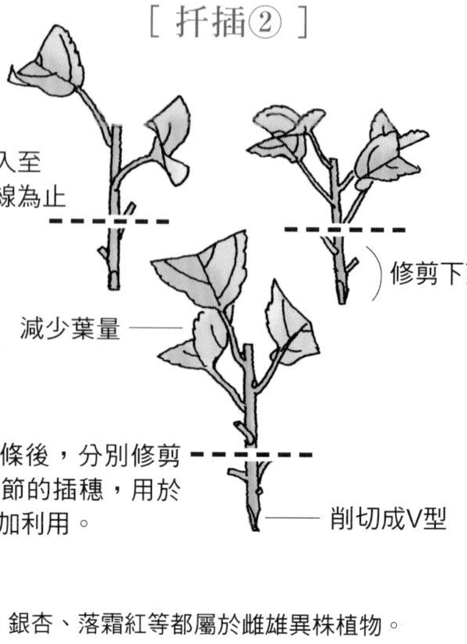
插入至
虛線為止
修剪下葉
減少葉量
剪下枝條後，分別修剪
成4～6節的插穗，用於
扦插善加利用。
削切成V型

※雌雄異株：雄花與雌花分別開在不同的植株上，可分成雄株與雌株的植物。銀杏、落霜紅等都屬於雌雄異株植物。

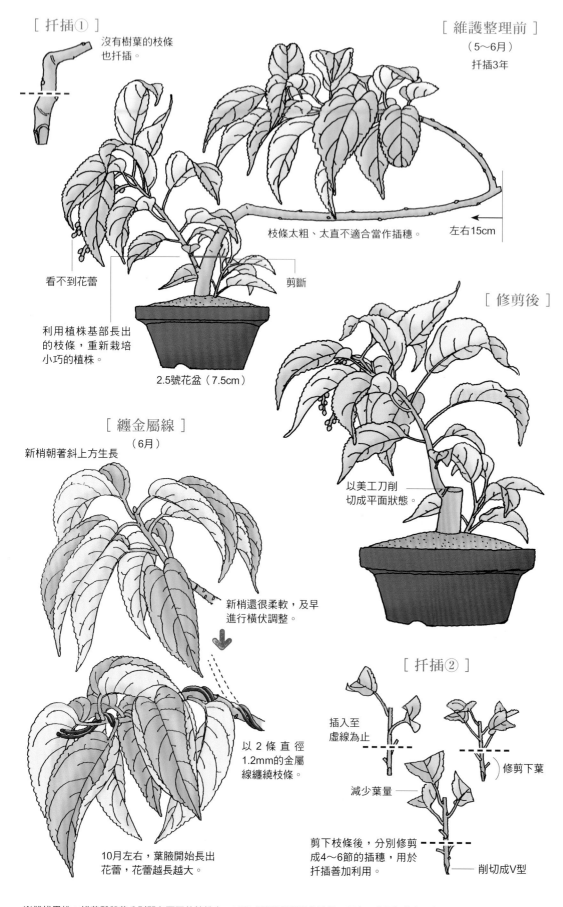

栽培行事曆

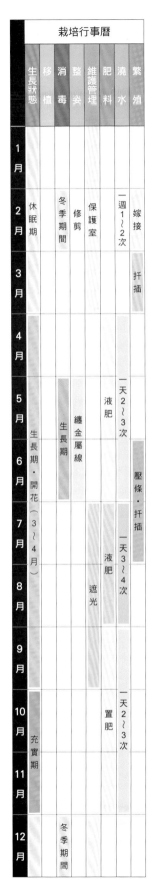

	生長狀態	移植	消毒	整姿	維護管理	肥料	澆水	繁殖
1月								
2月	休眠期		冬季期間	修剪	保護室		一週1～2次	嫁接
3月								扦插
4月								
5月			生長期	纏金屬線		液肥	一天2～3次	
6月	生長期・開花（3～4月）							壓條・扦插
7月						液肥	一天3～4次	
8月					遮光			
9月								
10月	充實期					置肥	一天2～3次	
11月								
12月			冬季期間					

［ 修剪根部後 ］

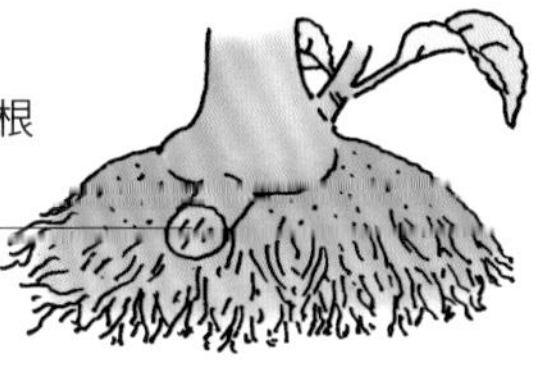
截短粗根
促進細根生長

［ 栽種後 ］

枝條纏金屬線後，形成波浪狀曲線。

左右10cm
明年的花蕾
栽種時稍微偏向左側
以強調生長走勢。

［ 栽種方法 ］

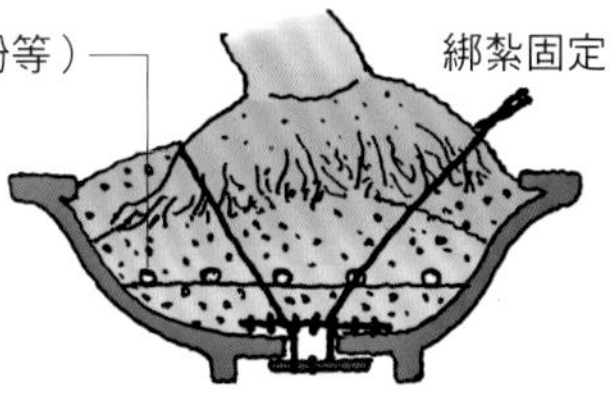
基肥（骨粉等）
綁紮固定

用土例
赤玉土 8
桐生砂 2
（皆為1～4mm顆粒）
＋竹炭約5%

［ 主幹與枝條的連結 ］

枝條基部長粗壯後，與主幹自然連結。

幾年後的樹姿

［ 開花 ］

（3～4月）

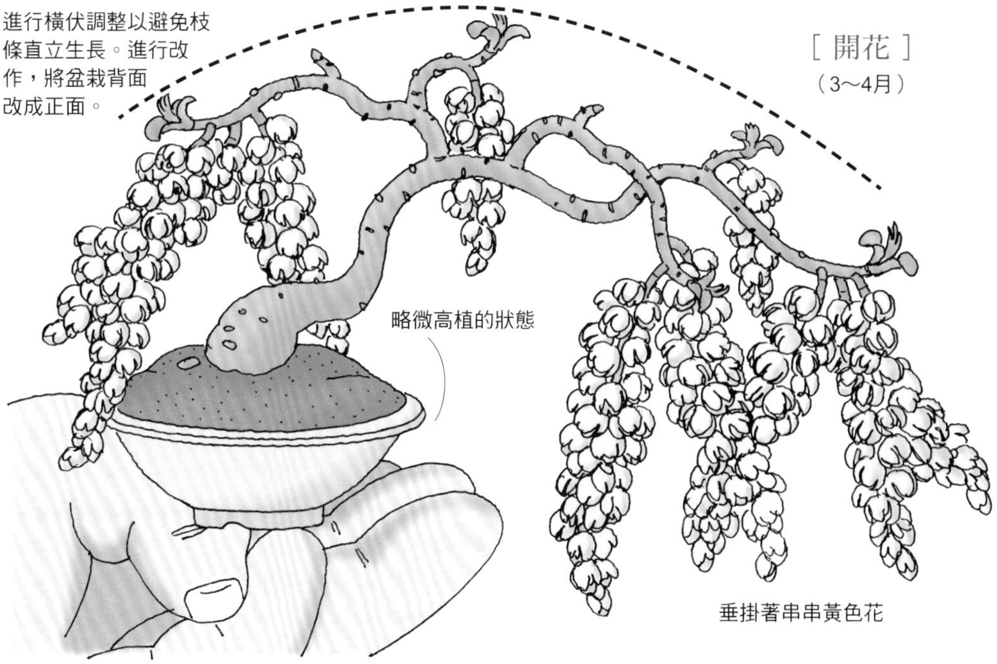
進行橫伏調整以避免枝條直立生長。進行改作，將盆栽背面改成正面。
略微高植的狀態
垂掛著串串黃色花

四照花

日文名	山法師
別名	山荔枝、石棗
學名	*Cornus kousa*
分類	山茱萸科（落葉闊葉樹／喬木）
花語	「友情」
花期	6～7月

花朵聚集開在中心部，4枚白色花瓣是花序基部的葉，稱為總苞片（※1）。中心開出許多淺黃綠色小花後形成球狀。花的觀賞期間相當長。

適合以實生（※2）、扦插、壓條等方式繁殖。

［開花情形］

（5～7月）

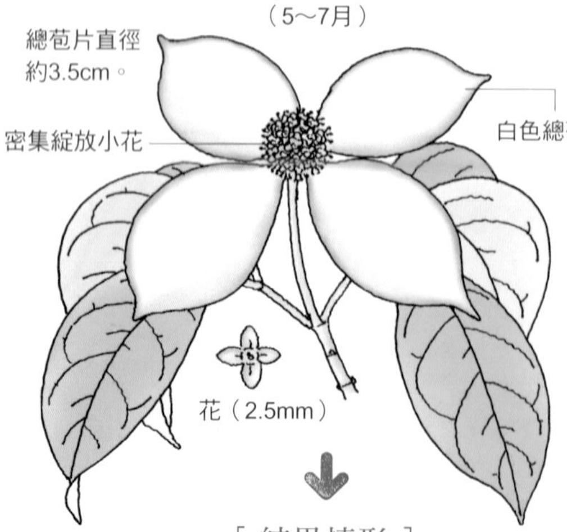
總苞片直徑
約3.5cm。
密集綻放小花
白色總苞片
花（2.5mm）

［花芽的生長情形］

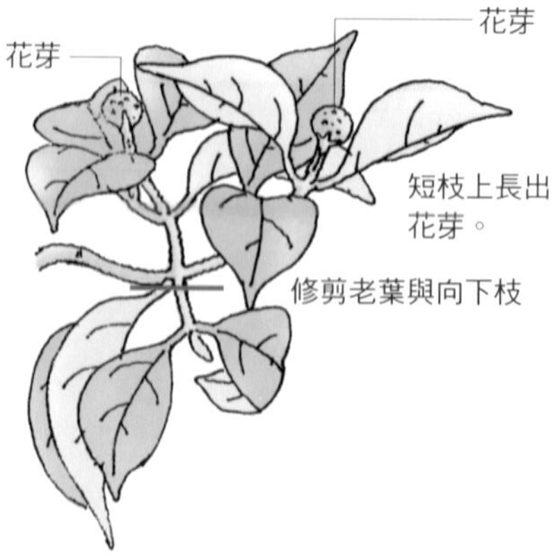
花芽
花芽
短枝上長出
花芽。
修剪老葉與向下枝

［結果情形］

（10～11月）

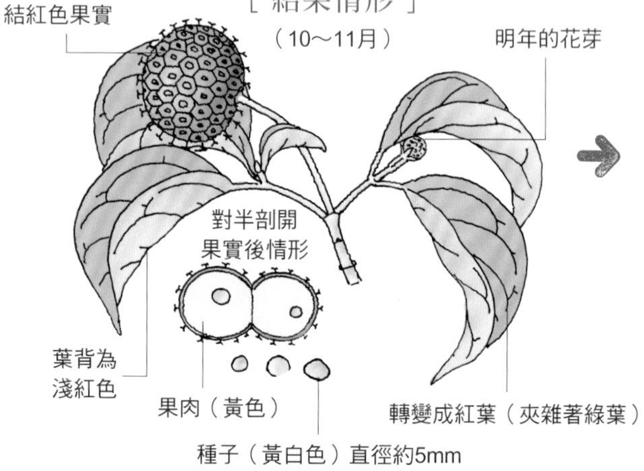
結紅色果實
明年的花芽
對半剖開
果實後情形
葉背為
淺紅色
果肉（黃色）
轉變成紅葉（夾雜著綠葉）
種子（黃白色）直徑約5mm

4cm
1年實生苗
拆除金屬線

［移植］

（第二年3月或6月）

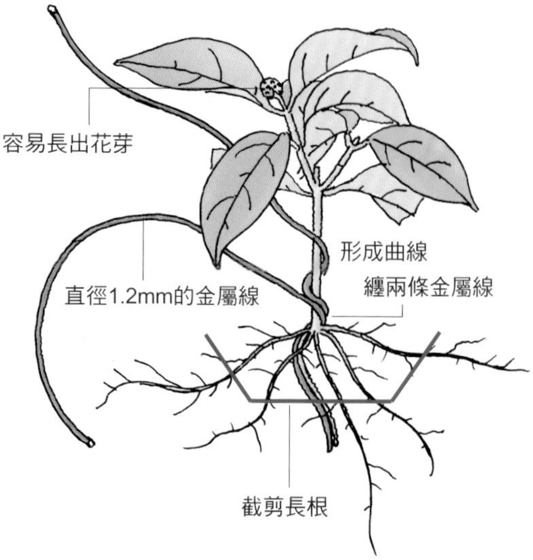
容易長出花芽
形成曲線
直徑1.2mm的金屬線
纏兩條金屬線
截剪長根

［扦插］

（6月）

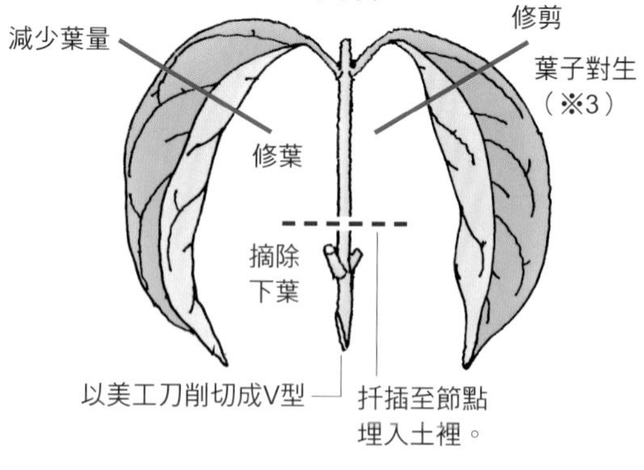
減少葉量
修剪
葉子對生
（※3）
修葉
摘除
下葉
以美工刀削切成V型
扦插至節點
埋入土裡。

插穗插法為中
央筆直插入，
旁邊斜插。
使用細粒赤玉土或細粒鹿沼土等

※1　總苞片：包住花蕾的葉子稱苞，每個苞分別稱為苞片，包覆整個花序基部的苞片稱總苞。每一個總苞稱總苞片。
※2　實生：以播種方式繁殖的植物。
※3　對生：請參照P.192「葉的各部位名稱與生長情形」。

栽培行事曆

月	生長狀態	移植	消毒	整姿	維護管理	肥料	澆水	繁殖
1月								
2月	休眠期		冬季期間	修剪	保護室		一週1～2次	嫁接
3月								實生
4月						置肥		
5月	生長期・開花（6～7月）		生長期				一天2～3次	
6月				纏金屬線				扦插
7月						液肥	一天3～4次	
8月					遮光			
9月								
10月	充實期・結果（11月）					置肥	一天2～3次	
11月								實生
12月			冬季期間					

[徒長枝纏金屬線]
（6月）

斜斜地往上生長的徒長枝，纏上金屬線後，進行橫伏調整。
老枝
老葉

橫伏生長的狀態

事先進行橫伏調整，每一根枝條更充分地照射陽光，可促使粗壯枝幹長出新芽。

[栽種方法]

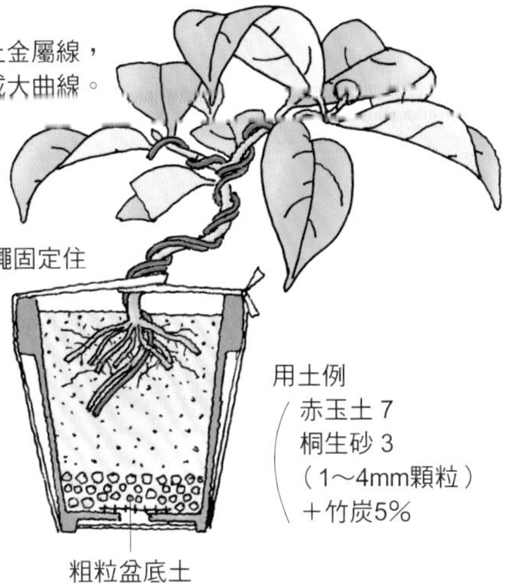
纏上金屬線，形成大曲線。
以線繩固定住
用土例
赤玉土 7
桐生砂 3
（1～4mm顆粒）
＋竹炭5%
粗粒盆底土

[栽種方法]
（3月）

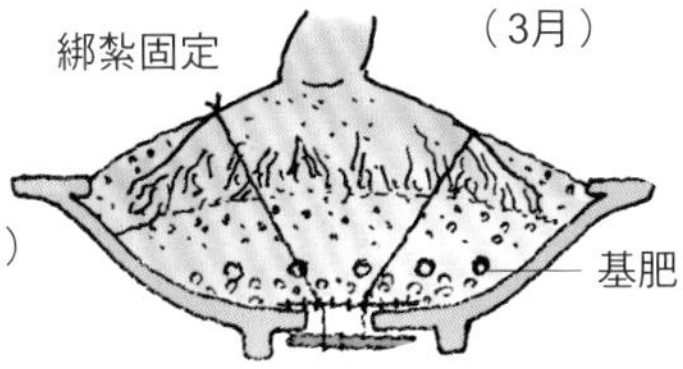
綁紮固定
用土例
赤玉土 8
桐生砂 2
（1～4mm顆粒）
＋竹炭約5%
基肥

[結果]
（11月）
4～5年後狀態

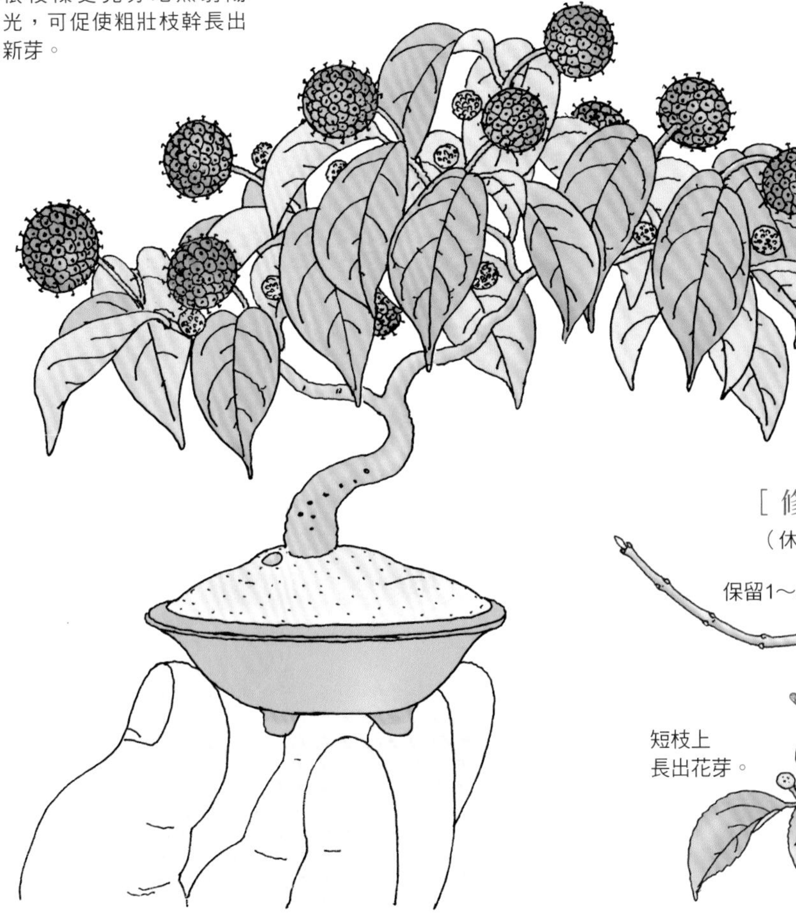

[修剪]
（休眠期）

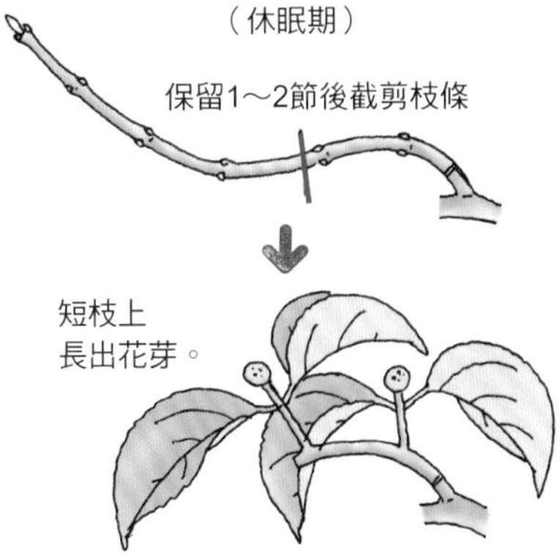
保留1～2節後截剪枝條
短枝上長出花芽。

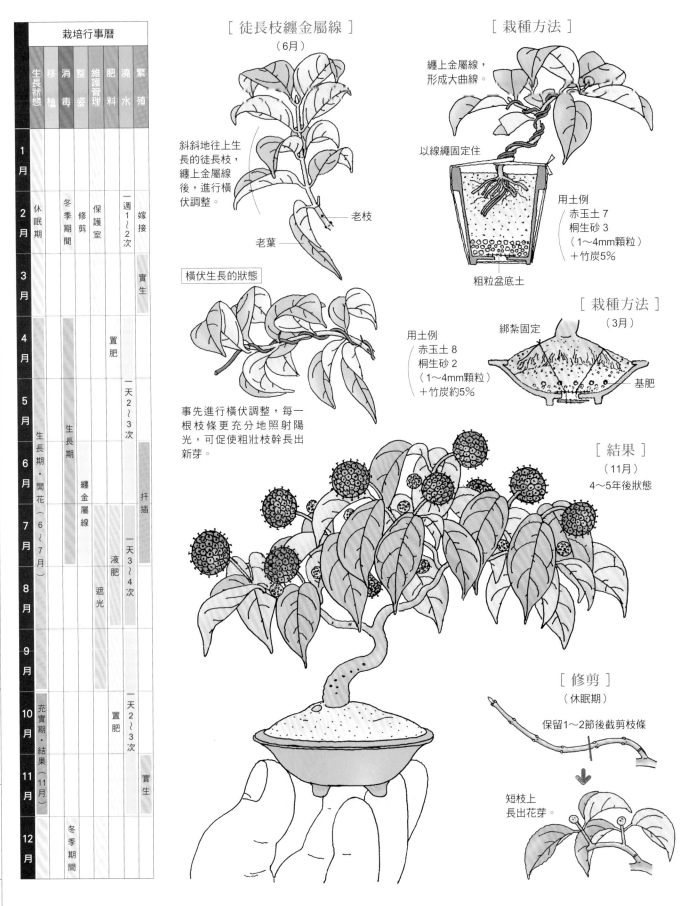

石榴

日文名	石榴、安石榴
別名	
學名	*Punica granatum*
分類	石榴科 （落葉闊葉樹／小喬木）
花語	「圓融優美」 「子孫守護」
花期	6～7月

新枝尾端長出朱紅色筒狀萼（※），以及5cm左右、6枚花瓣且滿是皺褶的筒狀花瓣。開花時正中央有許多黃色雄蕊，四周花瓣團團圍繞。圓藝種還有重瓣品種。

建議以扦插方式繁殖。

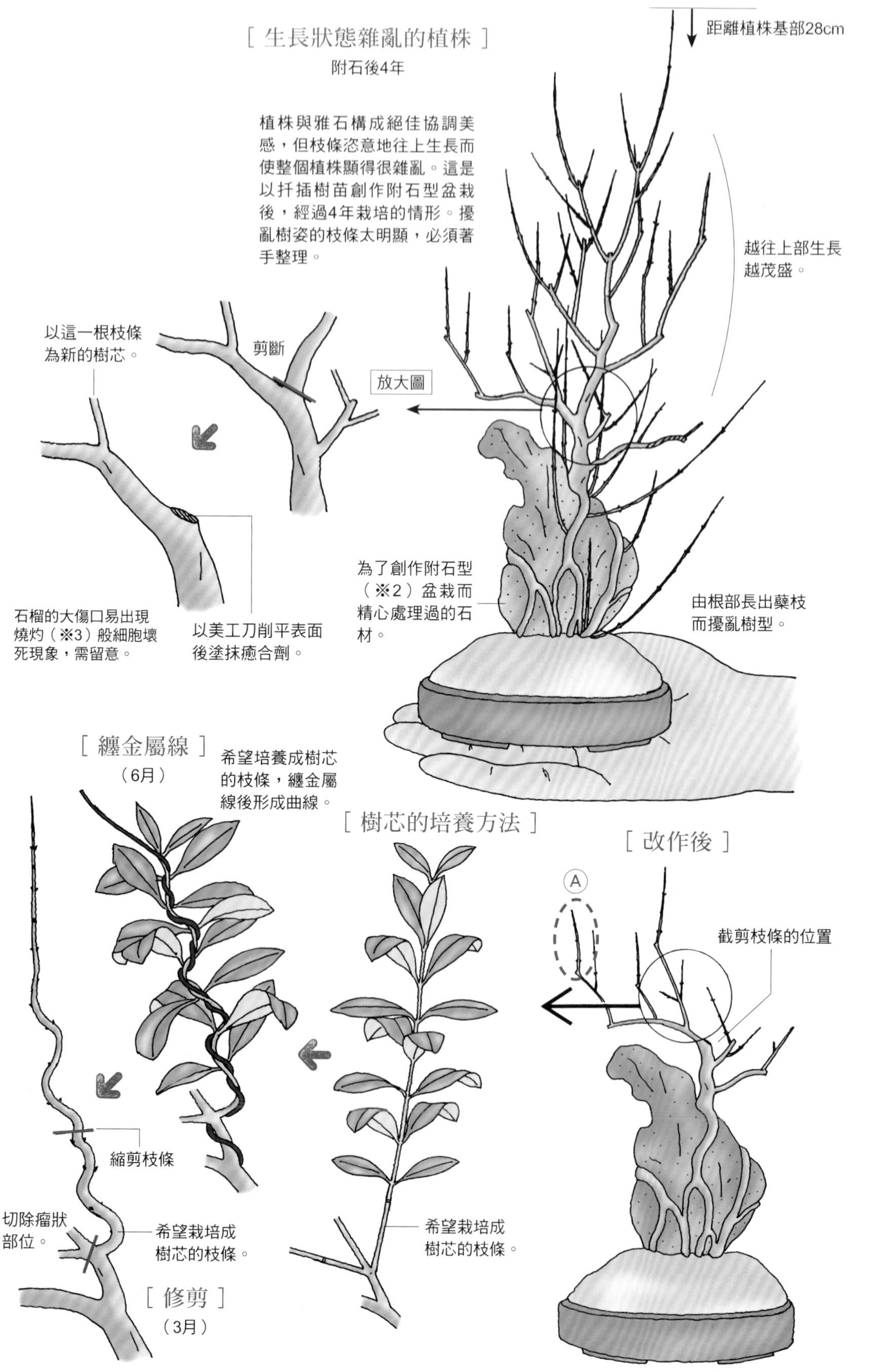

［生長狀態雜亂的植株］
附石後4年
植株與雅石構成絕佳協調美感，但枝條恣意地往上生長而使整個植株顯得很雜亂。這是以扦插樹苗創作附石型盆栽後，經過4年栽培的情形。擾亂樹姿的枝條太明顯，必須著手整理。
距離植株基部28cm
越往上部生長越茂盛。
以這一根枝條為新的樹芯。
剪斷
放大圖
石榴的大傷口易出現燒灼（※3）般細胞壞死現象，需留意。
以美工刀削平表面後塗抹癒合劑。
為了創作附石型（※2）盆栽而精心處理過的石材。
由根部長出櫱枝而擾亂樹型。
［纏金屬線］
（6月）
希望培養成樹芯的枝條，纏金屬線後形成曲線。
［樹芯的培養方法］
［改作後］
Ⓐ
截剪枝條的位置
縮剪枝條
切除瘤狀部位。
希望栽培成樹芯的枝條。
希望栽培成樹芯的枝條。
［修剪］
（3月）

※1　萼：變形葉，花的最外側部分。基部分成好幾部分時，每一個部分都稱「萼片」。
※2　附石型：盆栽型態之一，促使植株附著在石頭上以營造野趣、提昇自然風味。＝石附型
※3　燒灼現象：盆栽界術語之一，剪斷枝條後，切口缺水而導致細胞壞死的現象。截剪深度適中即可避免。

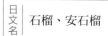

栽培行事曆

	生長狀態	移植	消毒	整姿	維護管理	肥料	澆水	繁殖
1月								
2月	休眠期		冬季期間	修剪	保護室		一週1～2次	
3月								實生・扦插
4月						置肥		
5月			生長期				一天2～3次	
6月	生長期・開花（6～7月）			纏金屬線				
7月							一天3～4次	扦插
8月					遮光	液肥		
9月								
10月	充實期・結果（10～11月）					置肥	一天2～3次	
11月					冬季期間			實生
12月			冬季期間					

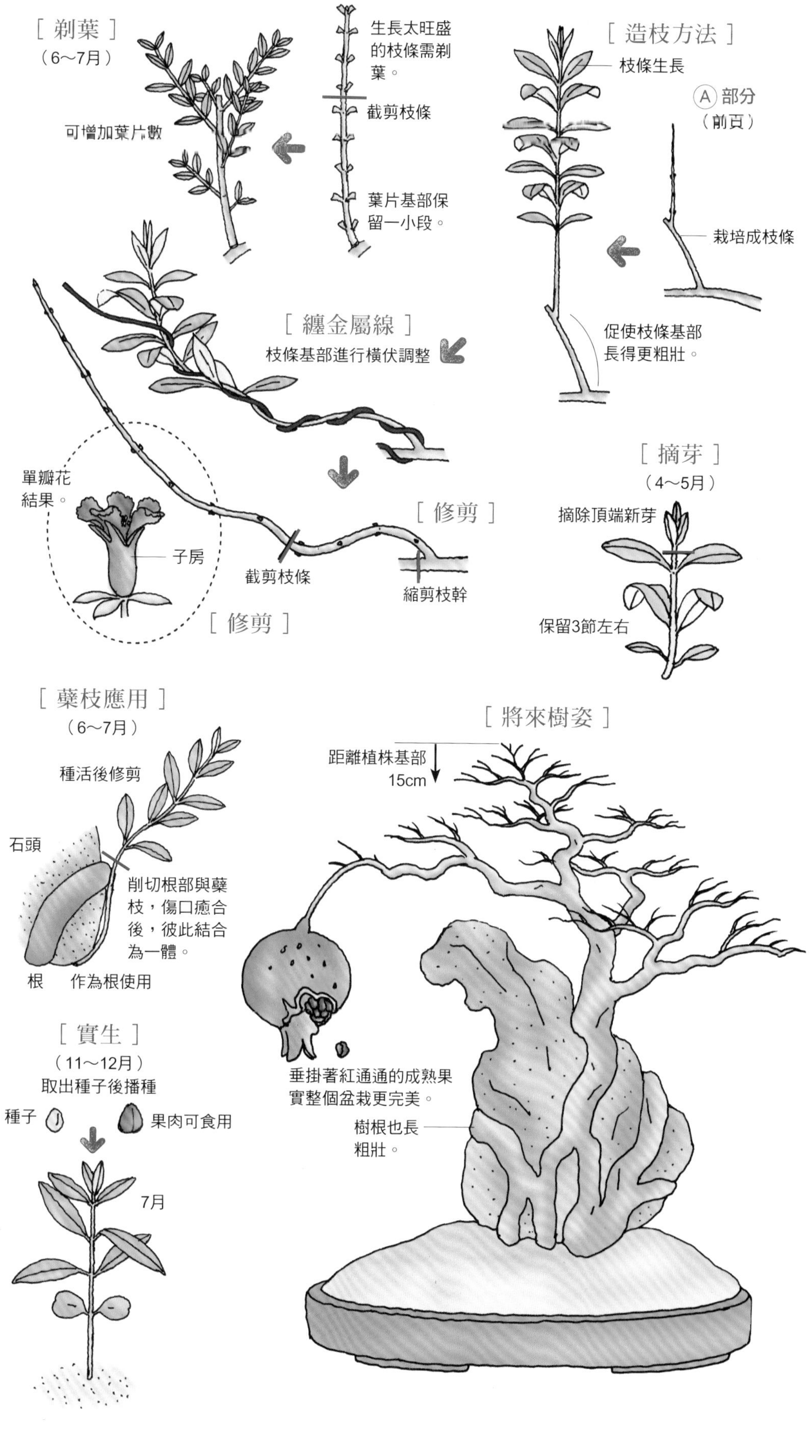
[剝葉]
（6～7月）
可增加葉片數
生長太旺盛的枝條需剝葉。
截剪枝條
葉片基部保留一小段。
[造枝方法]
枝條生長
Ⓐ部分
（前頁）
栽培成枝條
促使枝條基部長得更粗壯。
[纏金屬線]
枝條基部進行橫伏調整
單瓣花結果。
子房
[修剪]
截剪枝條
縮剪枝幹
[修剪]
[摘芽]
（4～5月）
摘除頂端新芽
保留3節左右
[蘗枝應用]
（6～7月）
種活後修剪
石頭
削切根部與蘗枝，傷口癒合後，彼此結合為一體。
根
作為根使用
[將來樹姿]
距離植株基部15cm
垂掛著紅通通的成熟果實整個盆栽更完美。
樹根也長粗壯。
[實生]
（11～12月）
取出種子後播種
種子
果肉可食用
7月

大花紫薇

日文名	百日紅
別名	皺紋紗桃金孃
學名	*Lagerstroemia indica*
分類	千屈菜科（落葉闊葉樹／小喬木）
花語	「美麗動人」
花期	7～9月

夏季至秋季期間，枝頭上開滿6枚花瓣，花徑3cm左右，形狀像團扇，顏色略帶紫色的紅花，花期相當長。樹皮光滑，連擅長爬樹的猴子爬上樹都會滑落下來，因而俗稱猴滑樹。

建議以扦插方式繁殖。

[嚴重變形的樹木改作技巧]

（2月）

扦插15年

植株架構良好，問題在於枝條出現徒長。紫薇主幹易長出健康新芽，因此截短至希望栽培的樹高。

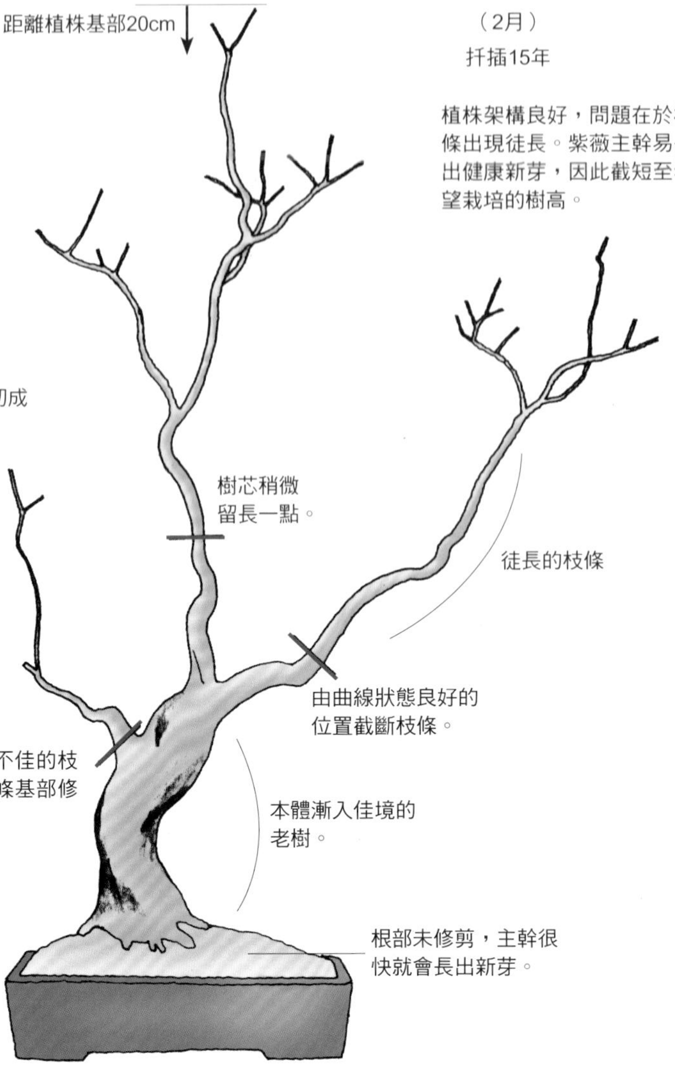
距離植株基部20cm
樹芯稍微
留長一點。
徒長的枝條
由曲線狀態良好的
位置截斷枝條。
生長狀況不佳的枝
條，從枝條基部修
剪掉。
本體漸入佳境的
老樹。
根部未修剪，主幹很
快就會長出新芽。

[進行植株縮剪]

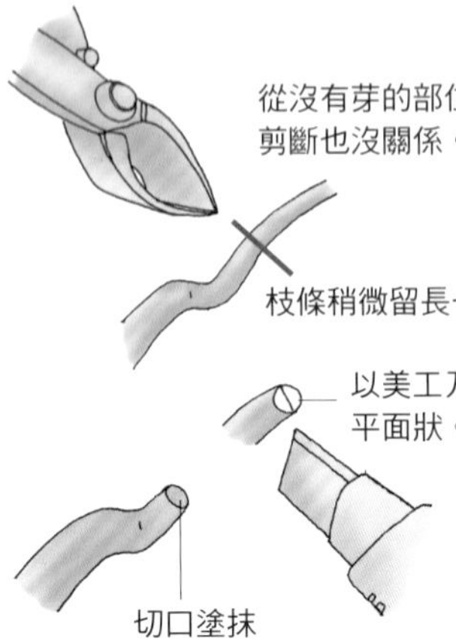
以叉枝剪進行修剪
從沒有芽的部位
剪斷也沒關係。
枝條稍微留長一點
以美工刀削切成
平面狀。
切口塗抹
癒合劑。

[改作後]

期待主幹長出新芽

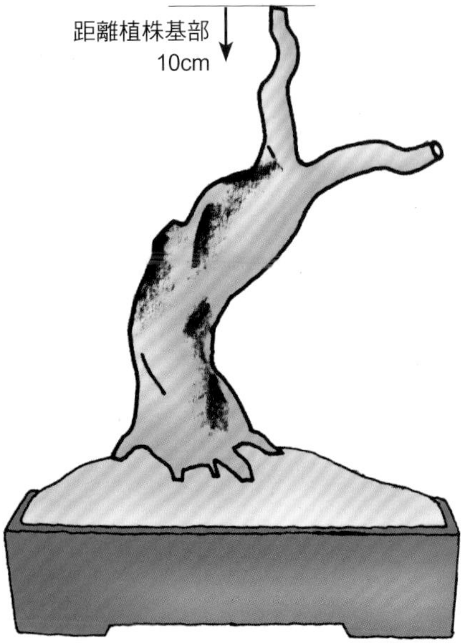
距離植株基部
10cm

[扦插]

將剪下的枝條處理成插穗善加利用

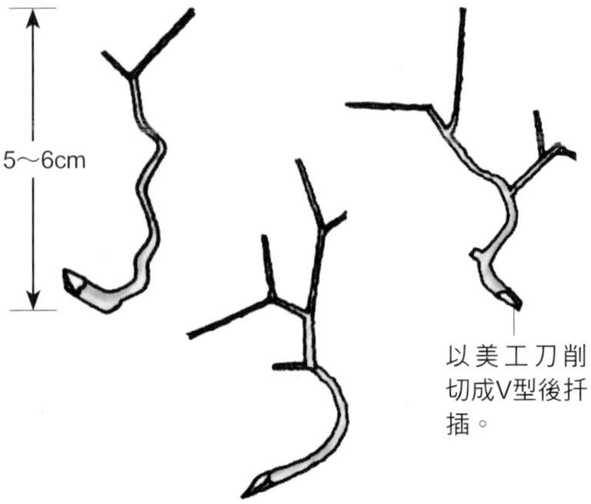
5～6cm
以美工刀削
切成V型後扦
插。

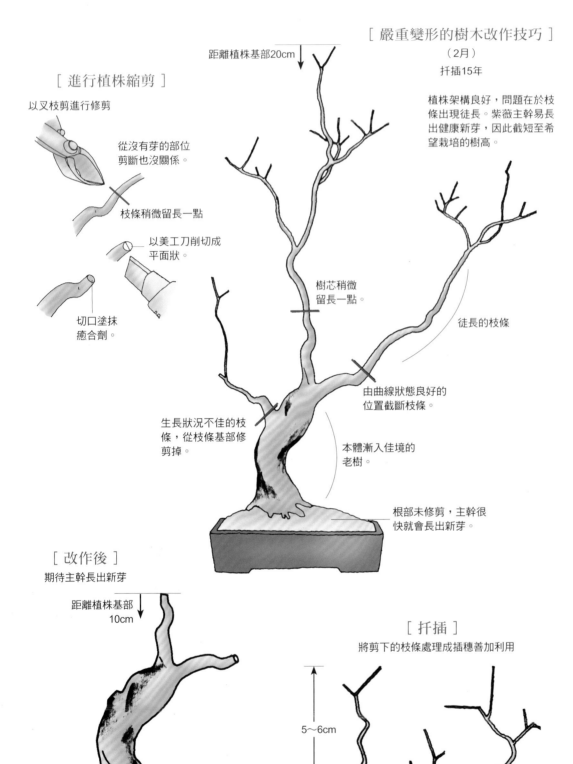

栽培行事曆

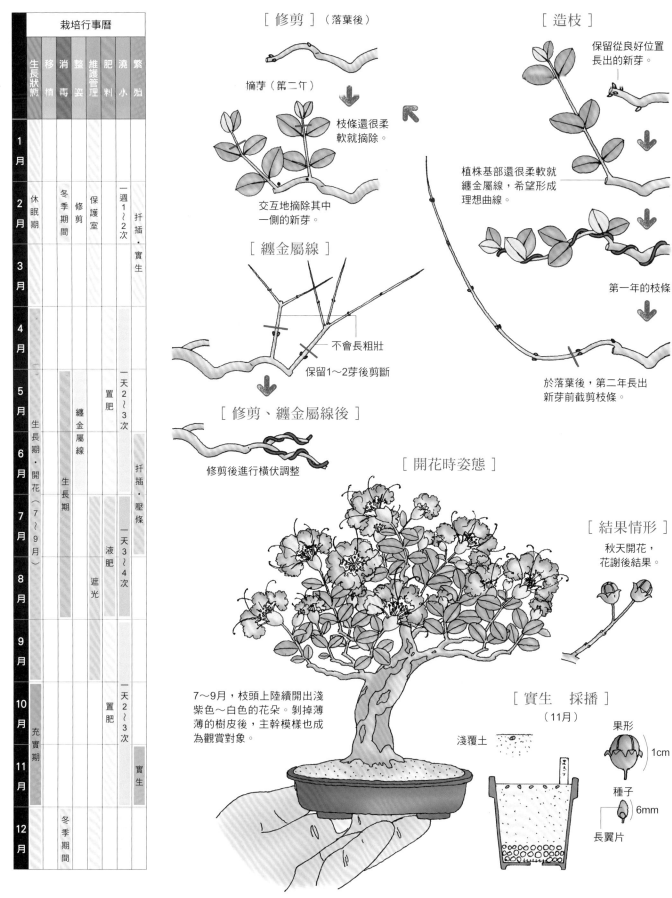

	生長狀態	移植	消毒	整姿	維護管理	肥料	澆水	繁殖
1月								
2月	休眠期		冬季期間	修剪	保護室		一週1～2次	扦插・實生
3月								
4月								
5月	生長期・開花（7～9月）		生長期	纏金屬線		置肥	一天2～3次	
6月								扦插・壓條
7月					遮光	液肥	一天3～4次	
8月								
9月								
10月	充實期					置肥	一天2～3次	
11月								實生
12月			冬季期間					

［ 修剪 ］（落葉後）

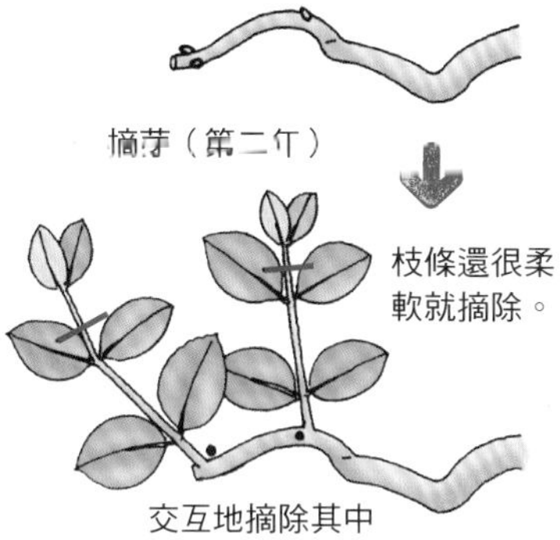
摘芽（第二次）
枝條還很柔軟就摘除。
交互地摘除其中一側的新芽。

［ 纏金屬線 ］

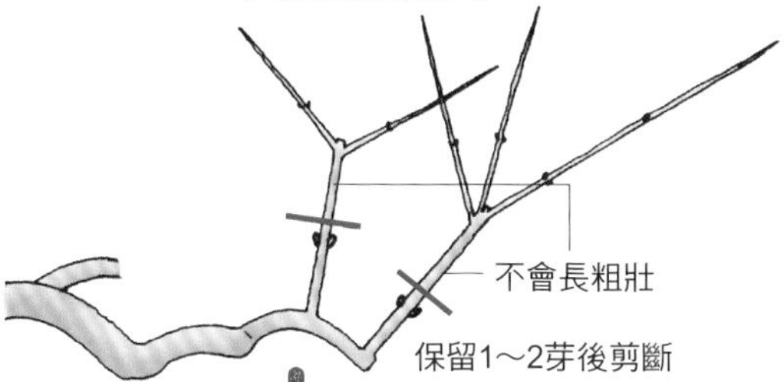
不會長粗壯
保留1～2芽後剪斷

［ 修剪、纏金屬線後 ］

修剪後進行橫伏調整

［ 造枝 ］

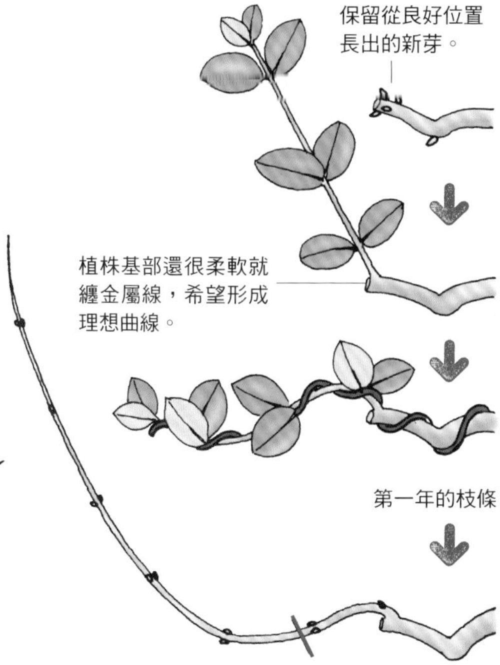
保留從良好位置長出的新芽。
植株基部還很柔軟就纏金屬線，希望形成理想曲線。
第一年的枝條
於落葉後，第二年長出新芽前截剪枝條。

［ 開花時姿態 ］

7～9月，枝頭上陸續開出淺紫色～白色的花朵。剝掉薄薄的樹皮後，主幹模樣也成為觀賞對象。

［ 結果情形 ］

秋天開花，花謝後結果。

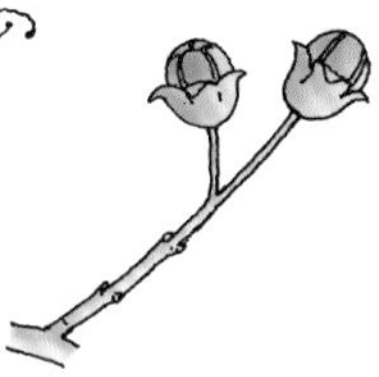

［ 實生　採播 ］
（11月）

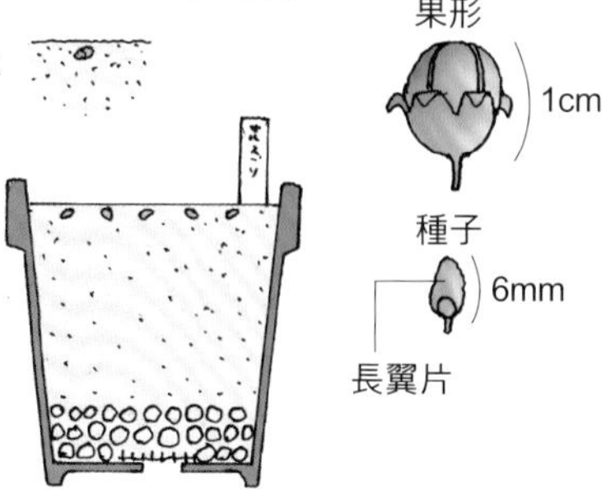
淺覆土
果形
1cm
種子
6mm
長翼片

星花木蘭
（日本毛木蘭）

日文名	四手辛夷
別名	星木蘭
學名	*Magnolia stellata*
分類	木蘭科 （落葉闊葉樹／灌木）
花語	「歡迎」「友情」
花期	3～4月

開白色或淺紅色花，散發著芳香味道，先開花後長葉。以碩大的花芽為最大特徵，花瓣長達4cm，數量多達12枚，開一朵就令人驚艷。

適合扦插與實生繁殖。希望早點開花的人，建議以壓條法繁殖。

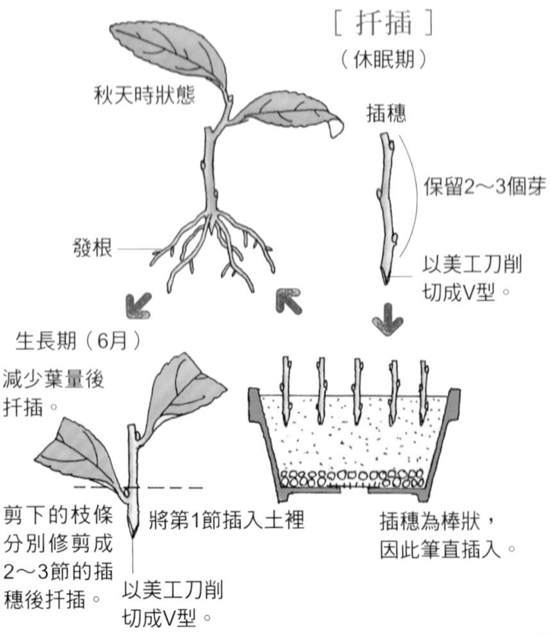

[扦插]
（休眠期）
秋天時狀態
發根
插穗
保留2～3個芽
以美工刀削切成V型。
生長期（6月）
減少葉量後扦插。
剪下的枝條分別修剪成2～3節的插穗後扦插。
將第1節插入土裡
以美工刀削切成V型。
插穗為棒狀，因此筆直插入。

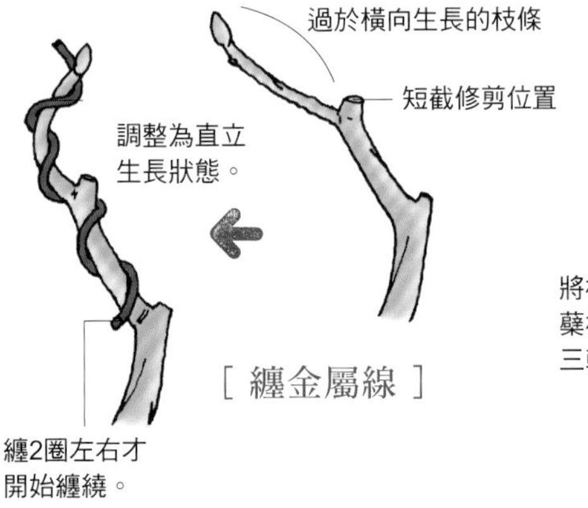

過於橫向生長的枝條
短截修剪位置
調整為直立生長狀態。
[纏金屬線]
纏2圈左右才開始纏繞。

[造枝]
呈現此狀態時若置之不理，枝條就會長粗壯。
稍嫌太長的枝條
纏金屬線後進行橫伏調整
大約保留2個芽後修剪

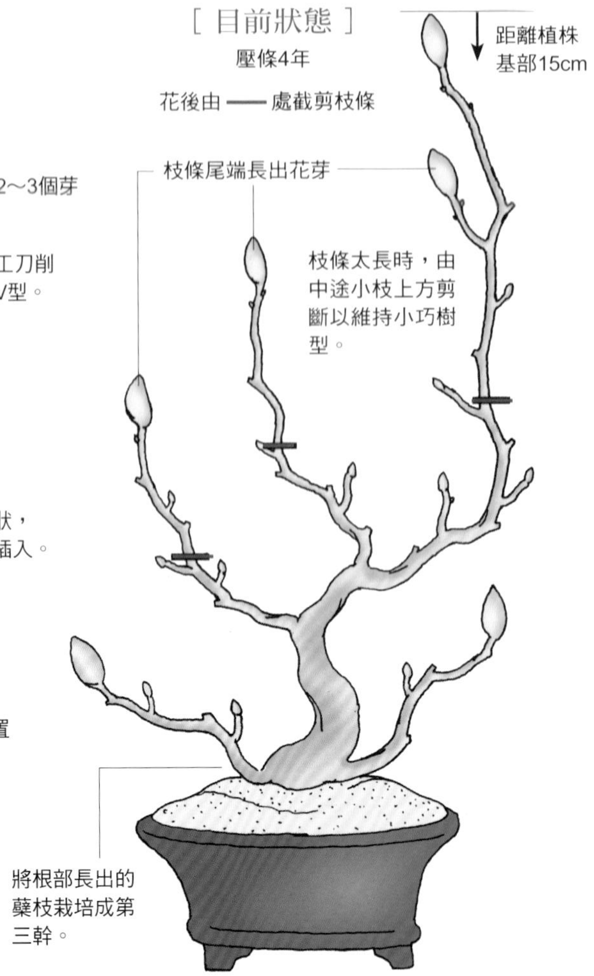

[目前狀態]
壓條4年
花後由 —— 處截剪枝條
距離植株基部15cm
枝條尾端長出花芽
枝條太長時，由中途小枝上方剪斷以維持小巧樹型。
將根部長出的蘗枝栽培成第三幹。

[修剪後]

短截修剪太長的枝條，促使枝條基部長出更多小枝，以便栽培出更凝聚的樹姿。

栽培行事曆

	生長狀態	移植	消毒	整姿	維護管理	肥料	澆水	繁殖
1月								
2月	休眠期		冬季期間	修剪	保護室		一週1~2次	嫁接
3月								實生
4月	生長期・開花（3~4月）・花芽分化（7~8月）							
5月						置肥	一天2~3次	
6月			生長期	纏金屬線				扦插・壓條
7月								
8月					遮光	液肥	一天3~4次	
9月								
10月	充實期					置肥	一天2~3次	
11月								實生
12月			冬季期間					

[目前狀態]

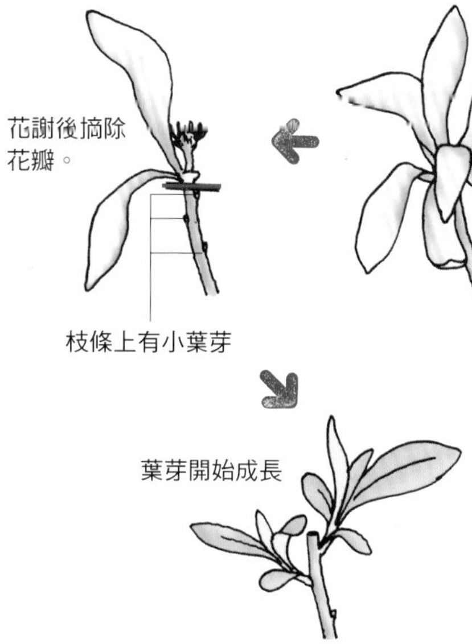
花謝後摘除
花瓣。
枝條上有小葉芽
葉芽開始成長

[移植]
（3月）

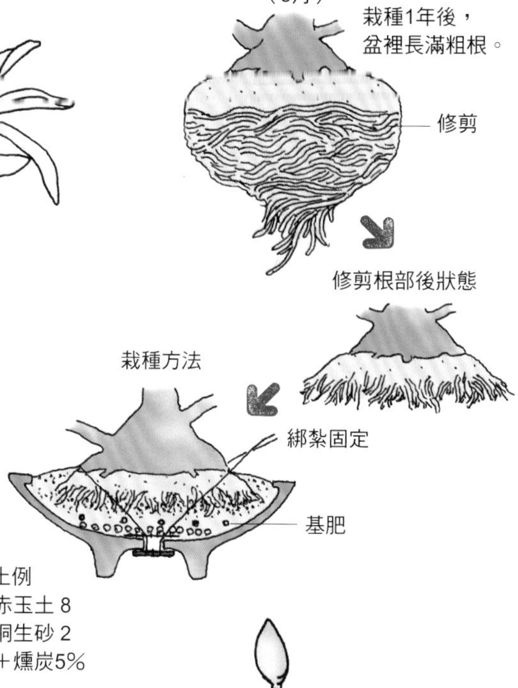
栽種1年後，
盆裡長滿粗根。
修剪
修剪根部後狀態
栽種方法
綁紮固定
基肥
用土例
赤玉土 8
桐生砂 2
＋燻炭5%

[幾年後的樹姿]
（3~4月）

生長較旺盛的部分，花謝後短截修剪至下一個小枝為止，即可抑制生長。

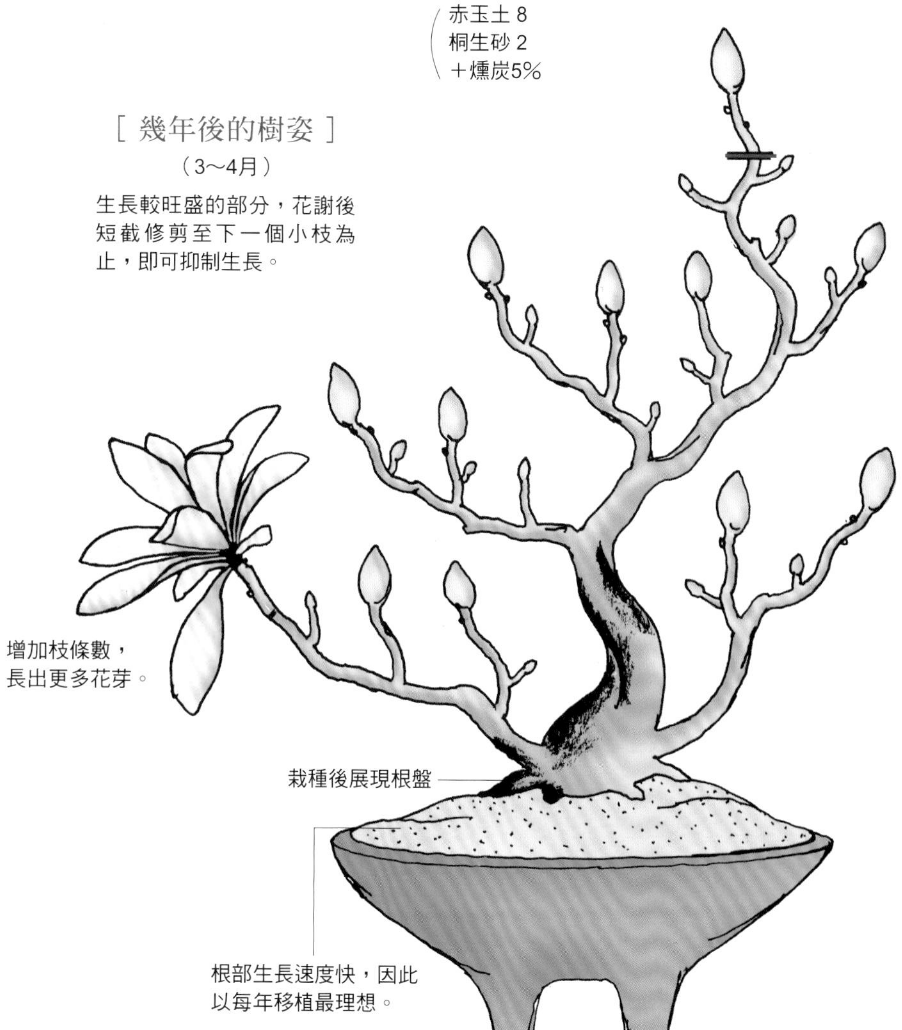
增加枝條數，
長出更多花芽。
栽種後展現根盤
根部生長速度快，因此
以每年移植最理想。

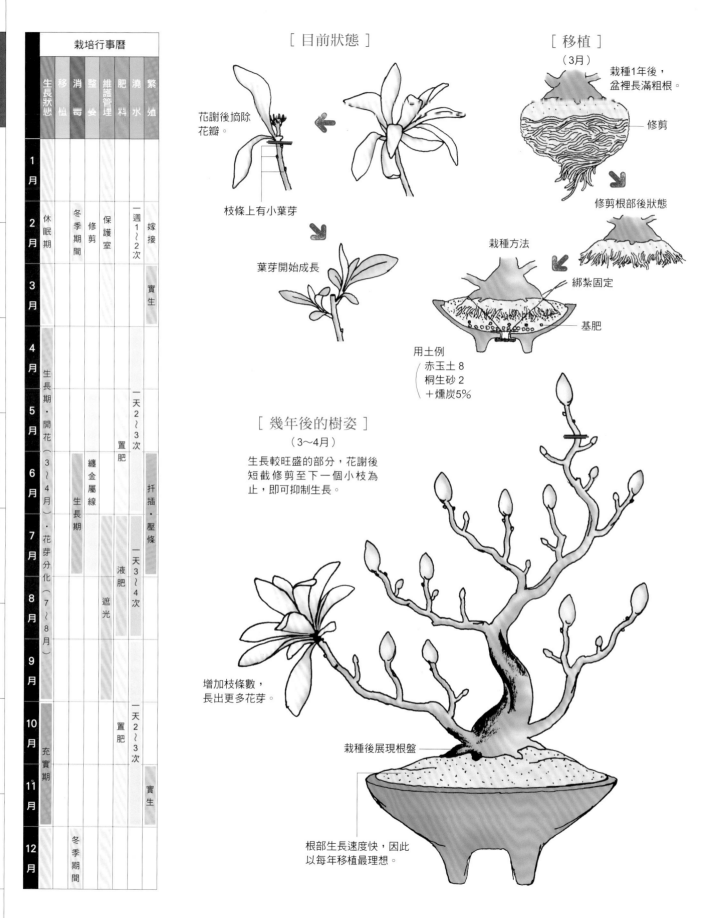

紫丁香

日文名	紫丁香花
別名	丁香、百結
學名	*Syringa vulgaris*
分類	木犀科 （落葉闊葉樹／灌木）
花語	「萌生愛意」
花期	4～5月

枝頭上綻放著許多紫色、白色等穗狀花。香氣濃郁，亦會作為調製香水的原料。耐寒性強，花期長。

建議以扦插方式繁殖。栽培重點為梅雨季節時，將新梢分別修剪成2～3節，以減少葉量。

[以前狀態]

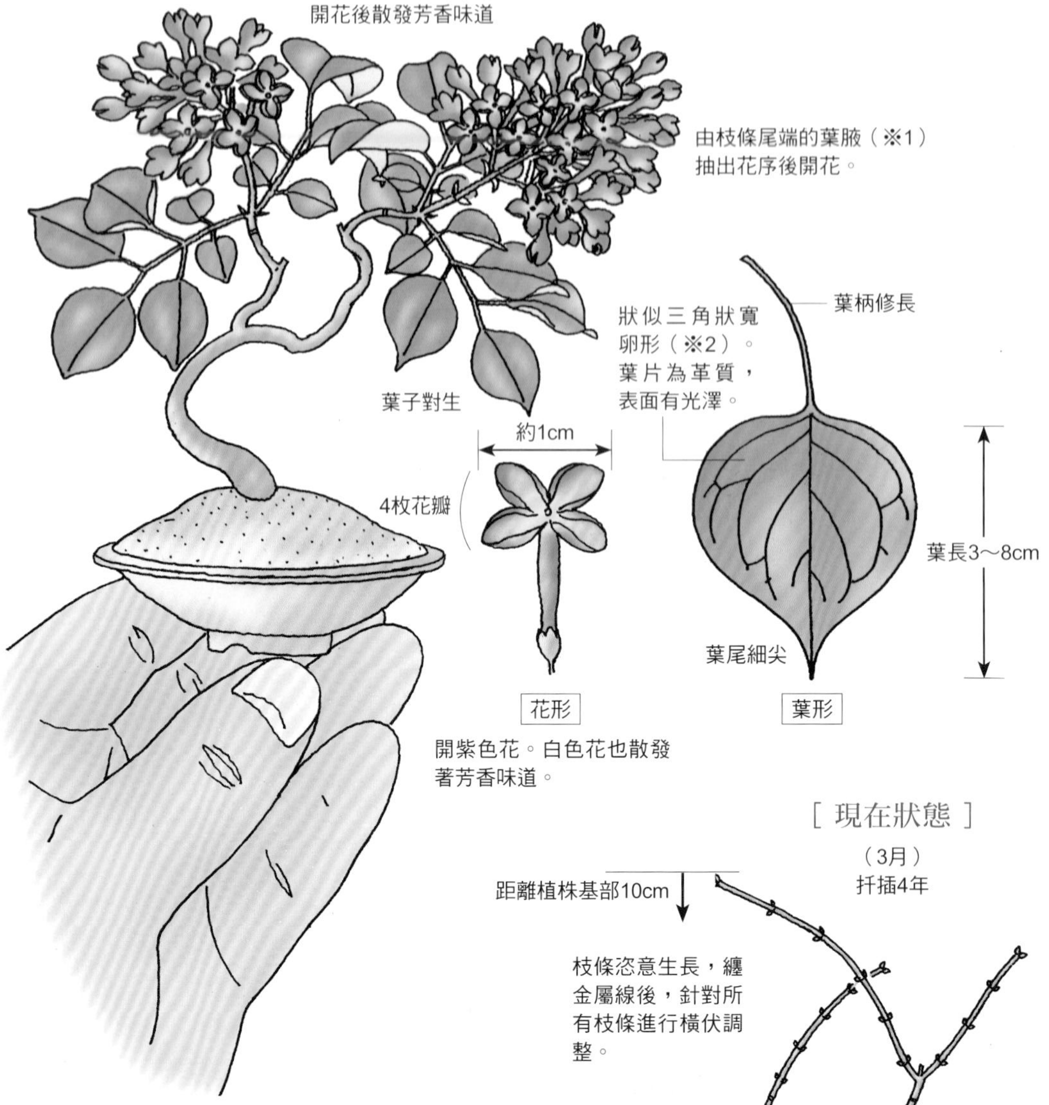
開花後散發芳香味道
由枝條尾端的葉腋（※1）抽出花序後開花。
狀似三角狀寬卵形（※2）。葉片為革質，表面有光澤。
葉柄修長
葉子對生
約1cm
4枚花瓣
葉長3～8cm
葉尾細尖
花形
葉形
開紫色花。白色花也散發著芳香味道。

[現在狀態]
（3月）
扦插4年

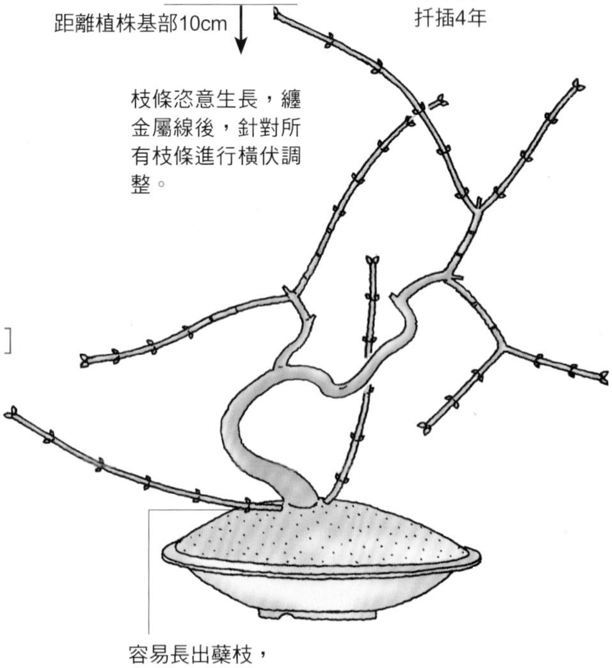
距離植株基部10cm
枝條恣意生長，纏金屬線後，針對所有枝條進行橫伏調整。
容易長出蘗枝，不需要的枝條，皆從基部修剪掉。

[生長期扦插]
（6月）

徒長枝分別修剪成2節的插穗後扦插。
扦插方法
減少葉量
修剪下葉，插入至這個位置。
以美工刀削切成V型

※1　葉腋：樹葉連結莖部的基部，位於基部內側。樹葉連結莖部位置呈分叉狀態時，長出的芽稱腋芽。
※2　三角狀寬卵形：請參照P.192「葉形種類」。

栽培行事曆

月	生長狀態	移植	消毒	整姿	維護管理	肥料	澆水	繁殖
1月								
2月	休眠期		冬季期間	修剪	保護室		一週1～2次	嫁接
3月								
4月								
5月	生長期・開花（4～5月）			纏金屬線		置肥	一天2～3次	
6月			生長期					扦插
7月						液肥	一天3～4次	
8月					遮光			
9月								
10月	充實期					液肥	一天2～3次	
11月								
12月			冬季期間					

［纏金屬線　移植後］（3月）

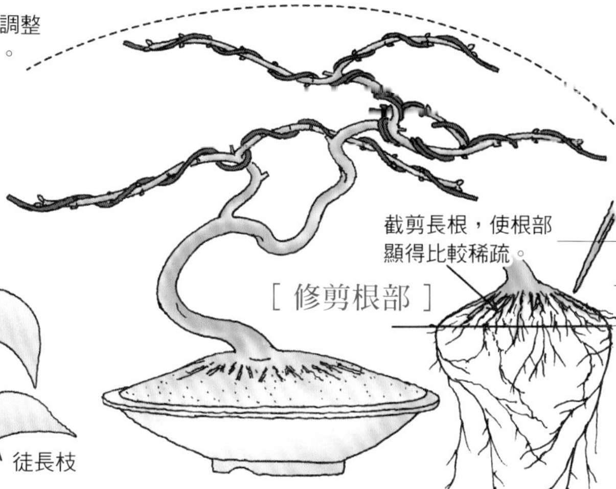
枝條橫伏調整
為圓弧狀。

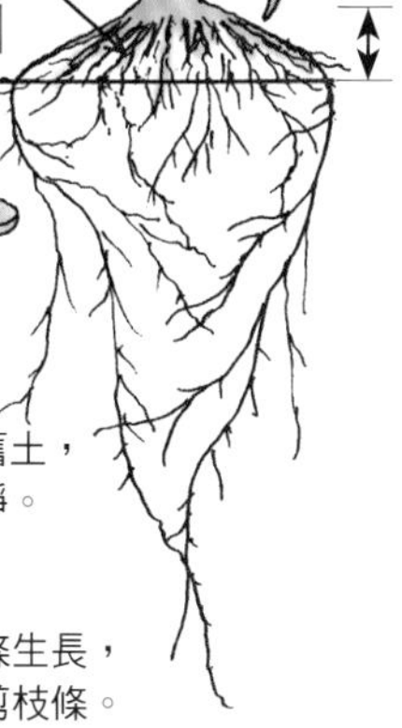
截剪長根，使根部
顯得比較稀疏。
［修剪根部］
根部附近的舊土，
儘量清除乾淨。

［徒長枝纏上金屬線］
（6月）

直立生長的徒長枝，纏金屬線後進行橫伏調整。

徒長枝
修剪向下枝

［纏金屬線後］

枝條尾端稍微
調整向上。

［修剪］
（休眠期）

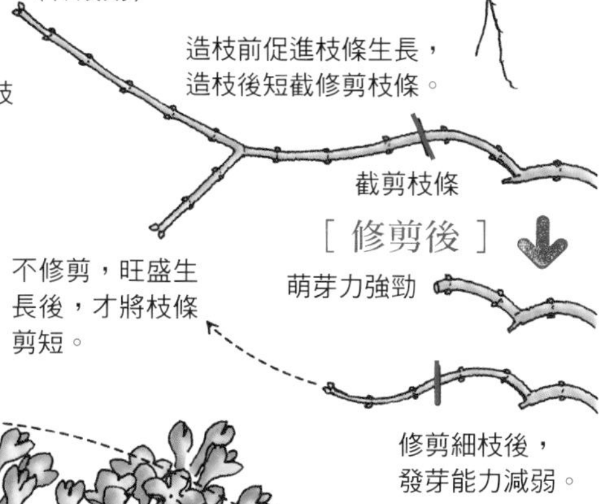
造枝前促進枝條生長，
造枝後短截修剪枝條。
截剪枝條
［修剪後］
萌芽力強勁
不修剪，旺盛生
長後，才將枝條
剪短。
修剪細枝後，
發芽能力減弱。

［幾年後的樹姿］
（開花4～5月）

繼續維持弧形
輪廓。

［栽種方法］

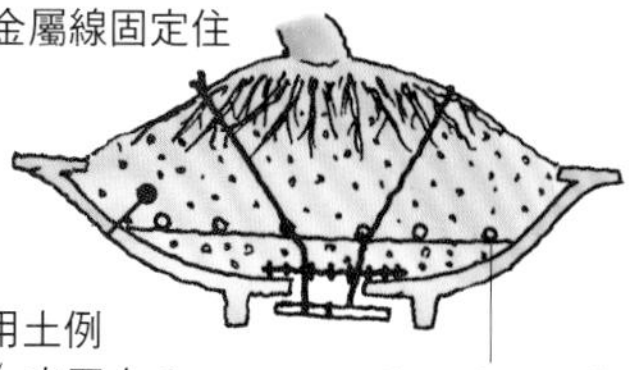
以金屬線固定住
基肥（骨粉等）

用土例
赤玉土 8
桐生砂 2
（皆為1～4mm顆粒）

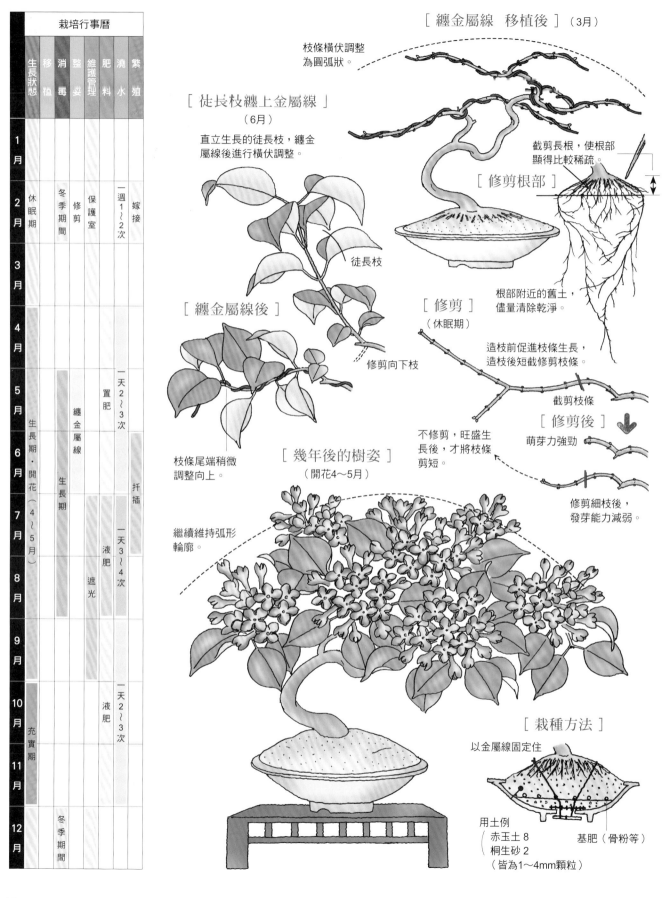

小葉瑞木

日文名	土佐水木
別名	小葉蠟瓣花、日向水木
學名	*Corylopsis spicata*
分類	金縷梅科（落葉闊葉樹／灌木）
花語	「清新脫俗」
花期	3～4月

長出葉子前，枝頭上就垂掛著5枚花瓣、略帶黃綠色澤的穗狀花。除土佐（日本高知縣）外，亦自生於四國各地的山區。

建議以實生、扦插方式繁殖。

[枝條纏金屬線]
（6～7月）

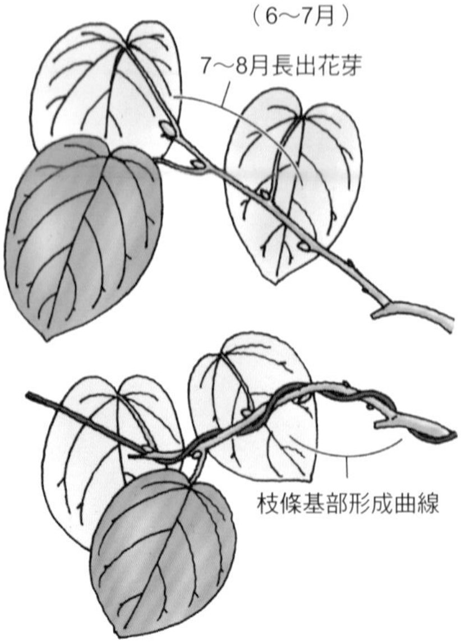
7～8月長出花芽
枝條基部形成曲線

[維護整理前]（3月）
扦插4年

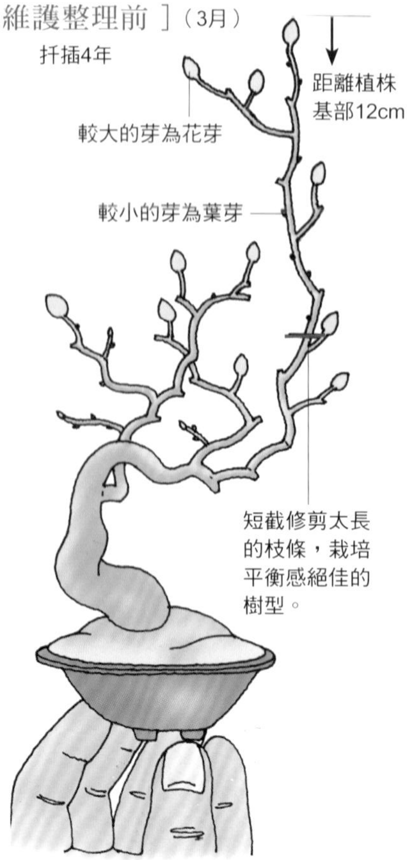
距離植株基部12cm
較大的芽為花芽
較小的芽為葉芽
短截修剪太長的枝條，栽培平衡感絕佳的樹型。

[2年後樹姿]
（3～4月）

形成半圓形輪廓，枝條上非常協調地垂掛著穗狀花。
藍色花盆
矮桌

[修剪]
（休眠期 2月）

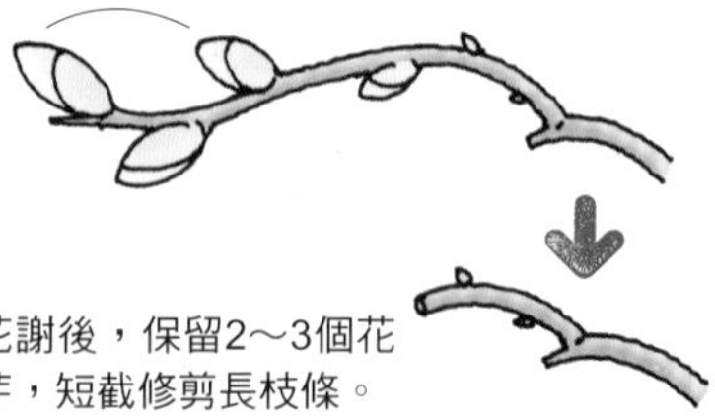
花芽
長出花芽的位置
花謝後，保留2～3個花芽，短截修剪長枝條。

栽培行事曆

12月	11月	10月	9月	8月	7月	6月	5月	4月	3月	2月	1月	
	充實期		生長期・開花（3～4月）・花芽分化（7～8月）							休眠期		生長狀態
												移植
冬季期間				生長期						冬季期間		消毒
					纏金屬線		修剪			修剪		整姿
			遮光							冬季期間		維護管理
	置肥			液肥		置肥						肥料
	一天2～3次			一天3～4次		一天2～3次			一週1～2次			澆水
					扦插・壓條				分株・扦插			繁殖

結實累累與充滿色彩之美的人氣盆栽樹種

維護管理方法 果實類盆栽

最值得欣賞的是結果時的狀態與樹型。果實與花盆色彩搭配也是重要的觀賞要點。
盆栽整體風情重於果實大小與結果數量多寡。

可愛迷人的果實 富饒生命的象徵

以秋季至冬季期間結果，可享受果實豐收樂趣的盆栽就叫做「果實類」盆栽。

最值得欣賞的是樹型與果實、果實與花盆的色彩搭配，以及風情萬種且充滿協調美感的樹姿。

樹木為了繁衍子孫而開花、結果，吸引小鳥們前來啄食。果實類盆栽的最大魅力除了外觀漂亮外，還象徵且充滿著豐饒富足的生命感。

果實類植物中不乏雄株與雌株會自然交配，或必須靠人工授粉才會開花結果的樹種，栽種時必須確認。

相較來說適合栽培果實類盆栽的是植株矮小，果實小巧的樹種。

梔子花

日文名	梔子
別名	黃梔子、山梔花
學名	*Gardenia jasminoides*
分類	茜草科 （落葉闊葉樹／灌木）
花語	「洗煉」「優雅」
花期	11～12月

6～7月開出白色花，散發甘甜香氣。花朵質感宛如絲絨般柔滑，開花後逐漸轉變成淺黃色。葉片具光澤感。果實成熟後不會裂開，因此得「クチナシ（無口）」之名。比較不耐寒，扦插、實生、壓條等方式皆可繁殖。

[維護整理前]（4～5月）
以壓條或扦插方式繁殖後栽培20年以上
頂部密生葉片，枝條尾端旺盛生長。
距離植株基部17cm
修剪不必要的枝條，以維持小巧樹型。
主幹
クチナシ
¥5,000
主幹在前，副幹稍微偏向後方的雙幹（※）樹型。
副幹
暫定正面的記號
花盆表面比較粗糙

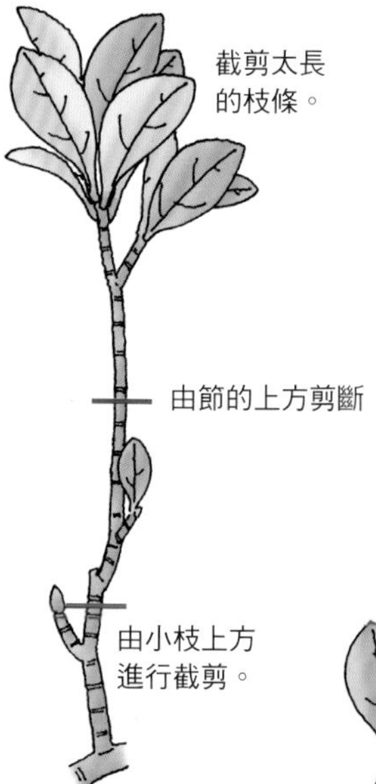

[徒長枝的修剪方法]
截剪太長的枝條。
由節的上方剪斷
由小枝上方進行截剪。

[花形]
開6～8cm的白色花，散發芳香味道。

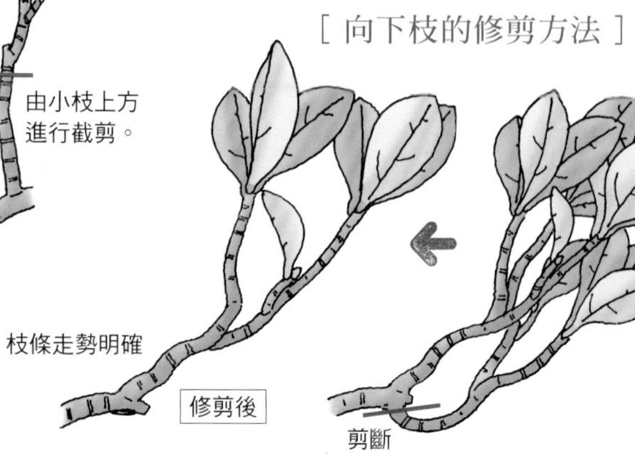

[向下枝的修剪方法]
枝條走勢明確
修剪後
剪斷

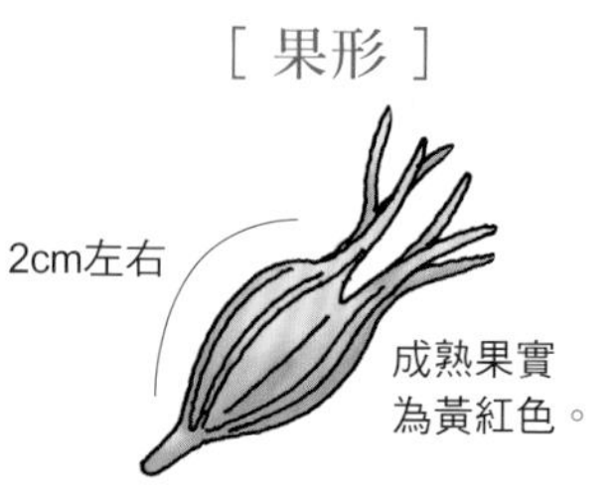

[果形]
2cm左右
成熟果實為黃紅色。

※雙幹：請參照P.156「基本樹型」。

栽培行事曆

	生長狀態	移植	消毒	整姿	維護管理	肥料	澆水	繁殖
1月								
2月	休眠期		冬季期間	修剪	保護室		一週1～2次	
3月								
4月								
5月	生長期・開花（6～7月）・花芽分化（8～9月）					置肥	一天2～3次	
6月				纏金屬線・修剪（7月）				扦插
7月			生長期		遮光	液肥	一天3～4次	
8月								
9月						置肥	一天2～3次	
10月	充實期・結果（11～12月）							
11月								
12月			冬季期間					

［ 扦插 ］

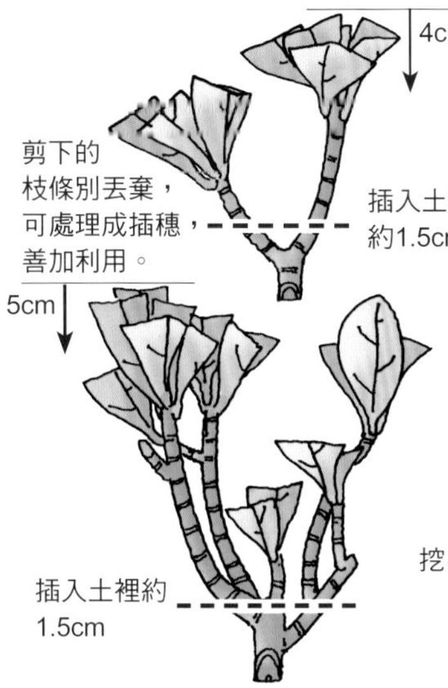
4cm
剪下的
枝條別丟棄，
可處理成插穗，
善加利用。
插入土裡
約1.5cm
5cm
插入土裡約
1.5cm

［ 修葉 ］

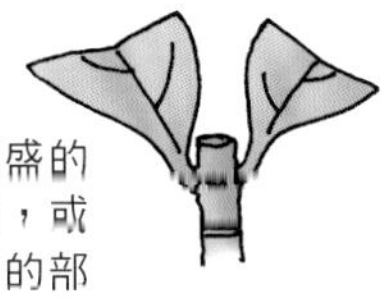
生長力旺盛的
枝條尾端，或
葉數較多的部
位，需修葉。

［ 枝條尾端的修剪方法 ］

保留1個節後
截剪枝條。

［ 修剪根部 ］

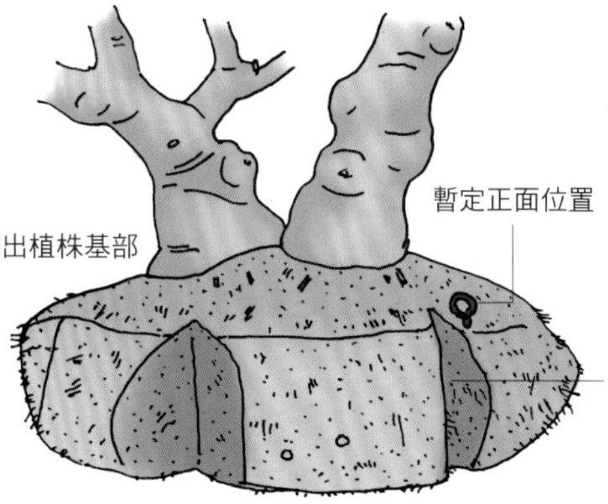
暫定正面位置
挖出植株基部
舊土硬化時，將
盆土切割5～6個
V型切口。

種入淺盆，因此薄切根盆，決定正面位置。

［ 果實欣賞 ］

（12月）

第二年以後狀態。進行修葉以調整枝梢，栽培出枝葉強弱相當的樹姿，即可創作出具果實觀賞價值的盆栽。

由右側看時的幹基狀態
主幹
副幹
空隙縮小

［ 栽種方法 ］

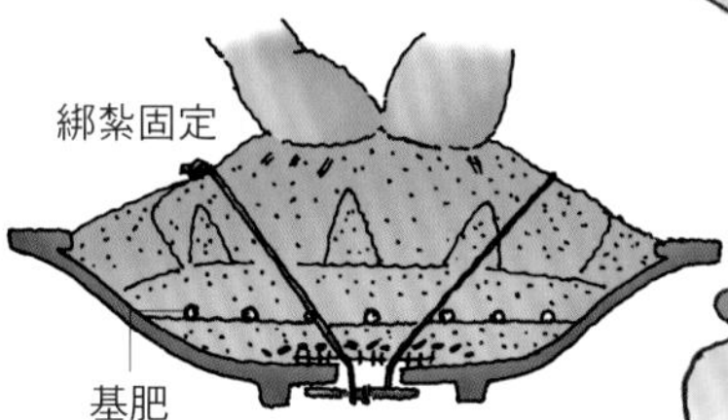
綁紮固定
基肥
（骨粉等）

用土例
- 赤玉土 8
- 桐生砂 2
- （皆為1～4mm顆粒）

莢蒾

日文名	莢蒾
別名	雪球莢蒾、紅子莢蒾
學名	*Viburnum dilatatum*
分類	忍冬科（落葉闊葉樹／灌木）
花語	「結合」
花期	10～11月

新梢尾端與側芽（※1）形成花芽，隔年春天萌芽（※2）。新枝成長後枝條尾端開花結果。5～6月開白色花。最佳觀賞期為花謝後紅寶石色果實結實累累的秋季。果實為扁平卵形，表面有光澤。建議以扦插、壓條方式繁殖。

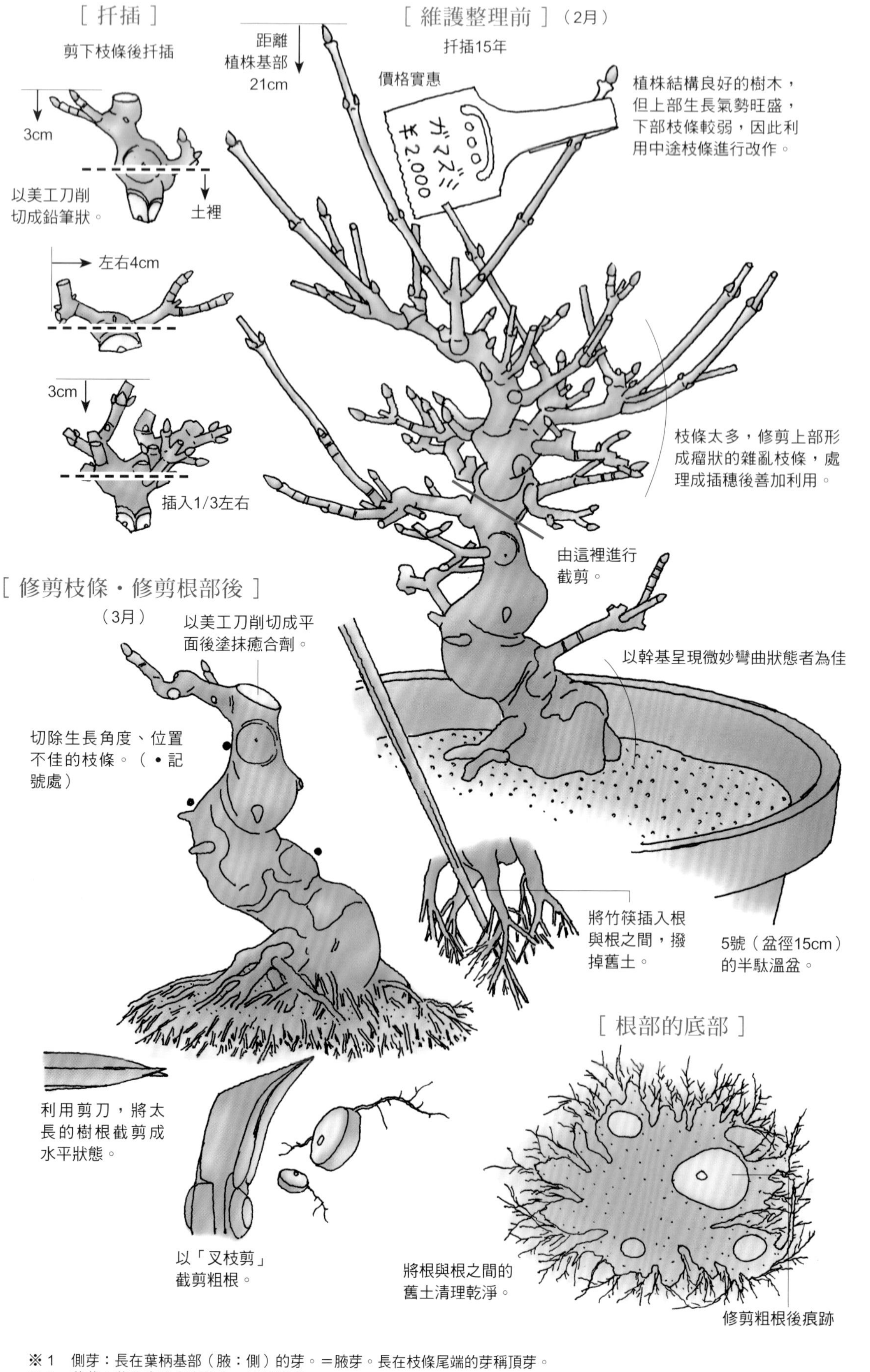

［扦插］
剪下枝條後扦插
3cm
以美工刀削切成鉛筆狀。
土裡
左右4cm
3cm
插入1/3左右
［維護整理前］（2月）
扦插15年
距離植株基部21cm
價格實惠
ガマズミ ¥2.000
植株結構良好的樹木，但上部生長氣勢旺盛，下部枝條較弱，因此利用中途枝條進行改作。
枝條太多，修剪上部形成瘤狀的雜亂枝條，處理成插穗後善加利用。
由這裡進行截剪。
以幹基呈現微妙彎曲狀態者為佳
［修剪枝條・修剪根部後］
（3月）
以美工刀削切成平面後塗抹癒合劑。
切除生長角度、位置不佳的枝條。（•記號處）
將竹筷插入根與根之間，撥掉舊土。
5號（盆徑15cm）的半駄溫盆。
［根部的底部］
利用剪刀，將太長的樹根截剪成水平狀態。
以「叉枝剪」截剪粗根。
將根與根之間的舊土清理乾淨。
修剪粗根後痕跡

※1　側芽：長在葉柄基部（腋：側）的芽。＝腋芽。長在枝條尾端的芽稱頂芽。
※2　萌芽：芽發育後長出葉片，又稱發芽。

栽培行事曆

月份	生長狀態	移植	消毒	整姿	維護管理	肥料	澆水	繁殖
1月								
2月	休眠期		冬季期間	修剪	保護室		一週1~2次	
3月								實生・扦插
4月	生長期・開花（6~7月）・花芽分化（7~8月）							
5月			生長期			置肥	一天2~3次	
6月				纏金屬線				壓條・扦插
7月						液肥	一天3~4次	
8月					遮光			
9月								
10月	充實期・結果（10~11月）					置肥	一天2~3次	
11月								
12月			冬季期間					

［填入用土的方法］

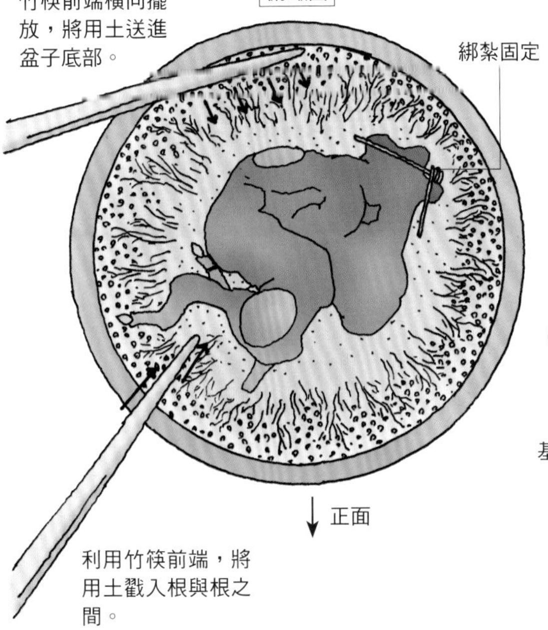
俯瞰圖
竹筷前端橫向擺放，將用土送進盆子底部。
綁紮固定
正面
利用竹筷前端，將用土戳入根與根之間。

［栽種方法］

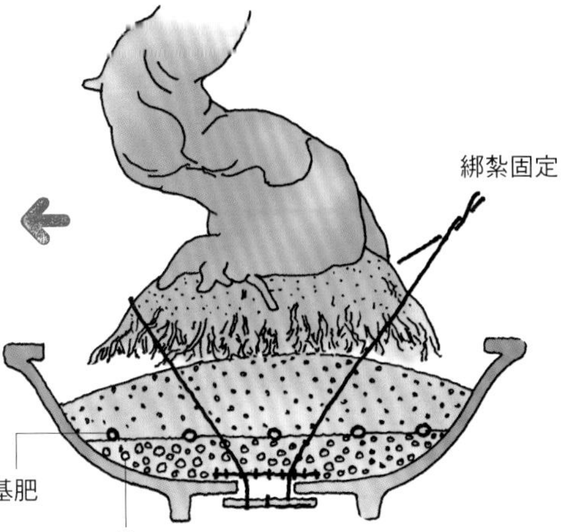
將根部擺在處理成圓弧狀的用土上
綁紮固定
基肥
4～6mm的粗粒盆底土。
用土例
赤玉土 8
桐生砂 2（皆為1～4mm顆粒）
＋竹炭（或燻炭）5%

［花］
（開花5～6月）

［果實］
（9～11月）

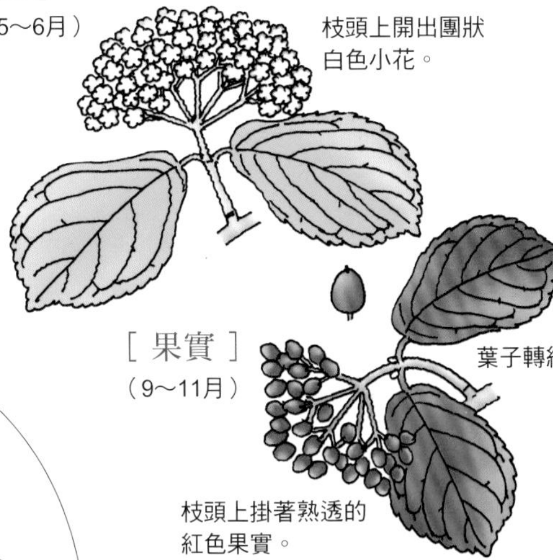
枝頭上開出團狀白色小花。
葉子轉紅
枝頭上掛著熟透的紅色果實。

［移植後］

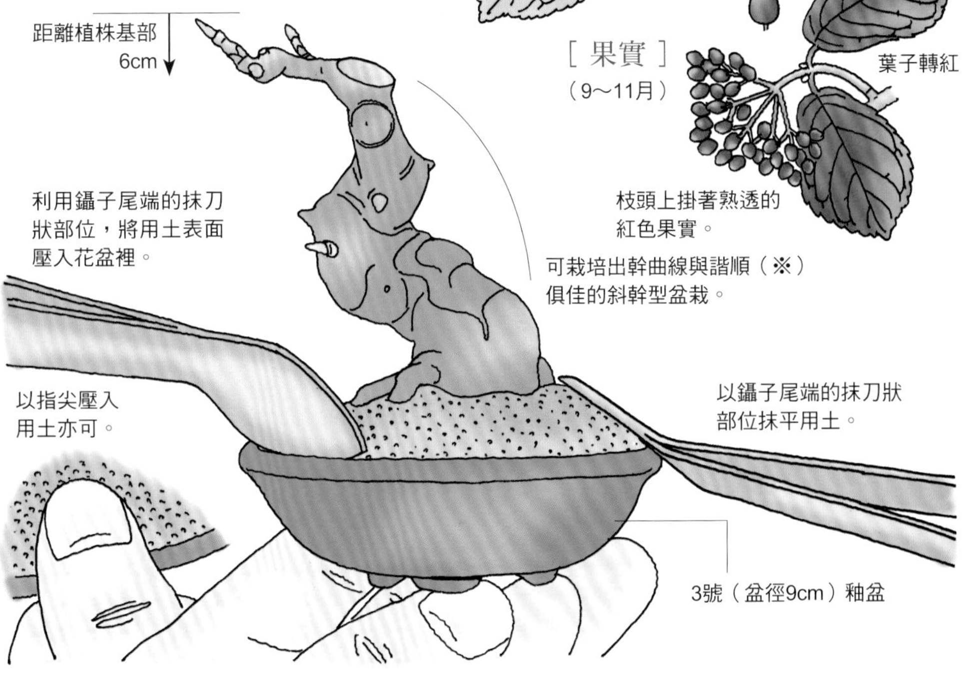
正面圖
距離植株基部6cm
利用鑷子尾端的抹刀狀部位，將用土表面壓入花盆裡。
可栽培出幹曲線與諧順（※）俱佳的斜幹型盆栽。
以指尖壓入用土亦可。
以鑷子尾端的抹刀狀部位抹平用土。
3號（盆徑9cm）釉盆

※諧順：形容主幹的用詞，以「諧順絕佳」形容植株基部至樹梢為止的主幹逐漸變細的理想狀態。
諧順佳的樹木容易表現巨木感，因此形成諧順佳的樹型可說是創作盆栽的基本原則。

大葉南蛇藤

日文名	蔓梅擬
別名	
學名	*Celastrus orbiculatus*
分類	衛矛科 （落葉闊葉樹／灌木）
花語	「大器晚成」
花期	9～11月

5～6月開出並不顯眼的花（交配時期）。11～12月黃色果實裂開後露出鮮紅色種子。雌雄異株，必須同時栽種雌株、雄株才會結果。發根力旺盛，以扦插、壓條等方式就能輕易地繁殖。

［維護整理前］（10月）
壓條 5年

主幹粗壯，幹基附近有枝條，上部完成壓條繁殖的樹木。雌雄異株，必須選種雌株才會開花結果。於開花或結果時期購買樹木即可分辨雌雄。上部於前一年壓條，並以剩下的枝條重新構成樹姿。

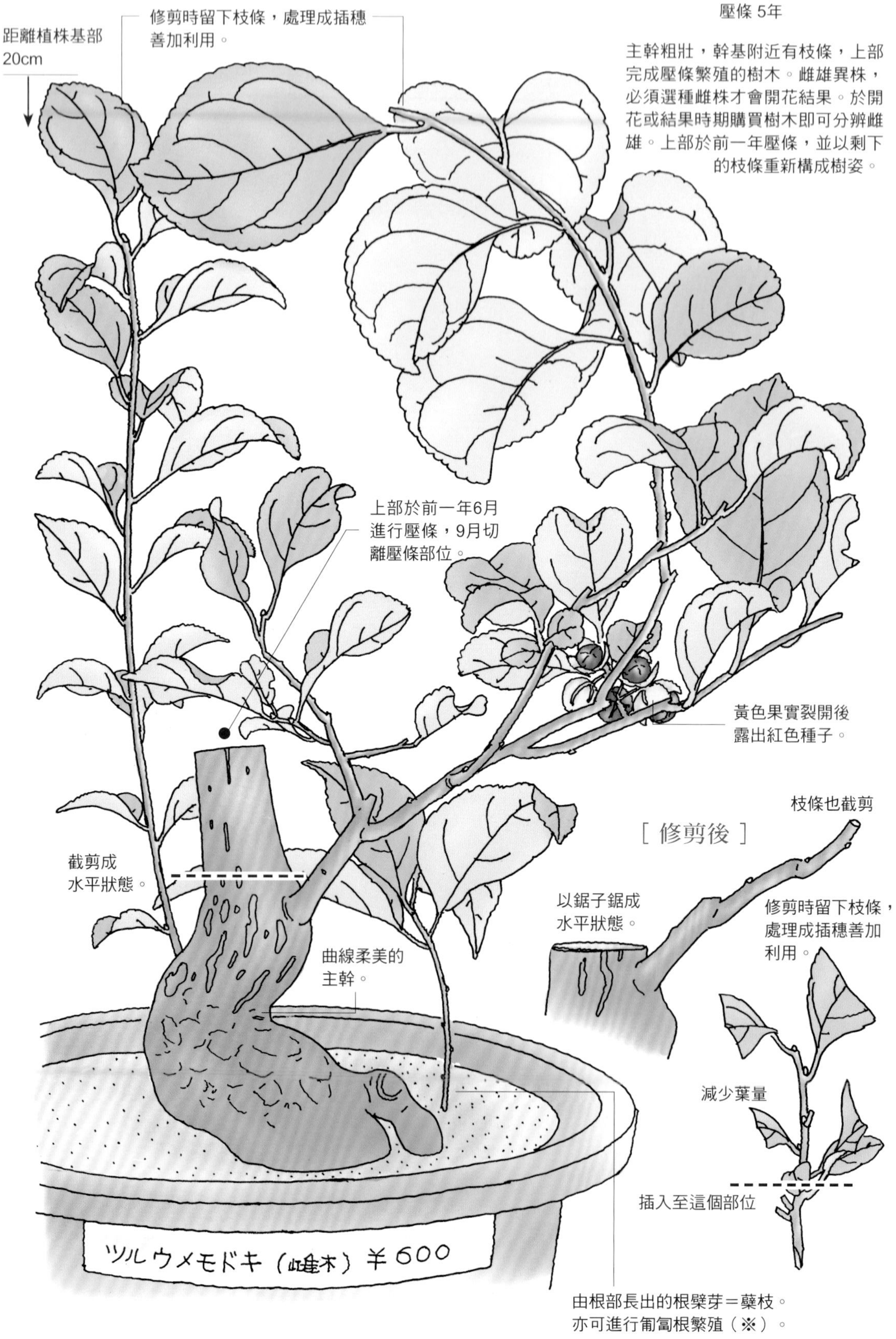
距離植株基部
20cm
修剪時留下枝條，處理成插穗善加利用。
上部於前一年6月進行壓條，9月切離壓條部位。
黃色果實裂開後露出紅色種子。
截剪成水平狀態。
曲線柔美的主幹。
ツルウメモドキ（雌木）￥600
由根部長出的根蘗芽＝蘖枝。
亦可進行匍匐根繁殖（※）。
［修剪後］
枝條也截剪
以鋸子鋸成水平狀態。
修剪時留下枝條，處理成插穗善加利用。
減少葉量
插入至這個部位

※匍匐根：繁殖法之一，切斷根部後埋入土裡進行繁殖。＝插根法。請參照P.162。

栽培行事曆

	生長狀態	移植	消毒	整姿	維護管理	肥料	澆水	繁殖
1月								
2月	休眠期		冬季期間	修剪	保護室		一週1～2次	
3月								實生・匍匐根・扦插
4月								
5月						置肥	一天2～3次	
6月	生長期・開花（5～6月）			纏金屬線				壓條・扦插
7月			生長期				一天3～4次	
8月					遮光	液肥		
9月								
10月	充實期・結果（10～11月）					置肥	一天2～3次	
11月								
12月			冬季期間					

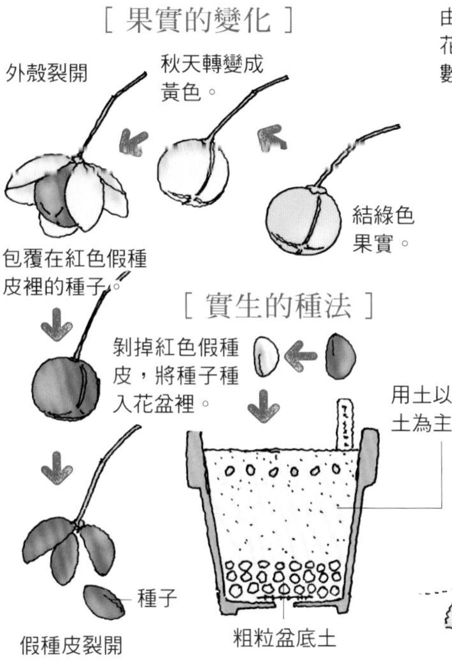
[果實的變化]
外殼裂開
秋天轉變成黃色。
結綠色果實。
包覆在紅色假種皮裡的種子。
[實生的種法]
剝掉紅色假種皮，將種子種入花盆裡。
用土以赤玉土為主。
種子
假種皮裂開
粗粒盆底土

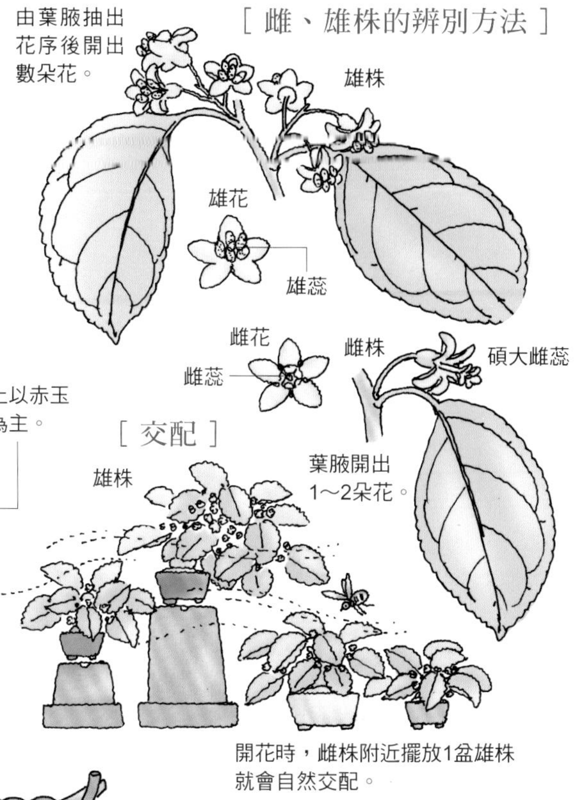
由葉腋抽出花序後開出數朵花。
[雌、雄株的辨別方法]
雄株
雄花
雄蕊
雌花
雌株
碩大雌蕊
雌蕊
葉腋開出1～2朵花。
[交配]
雄株
開花時，雌株附近擺放1盆雄株就會自然交配。

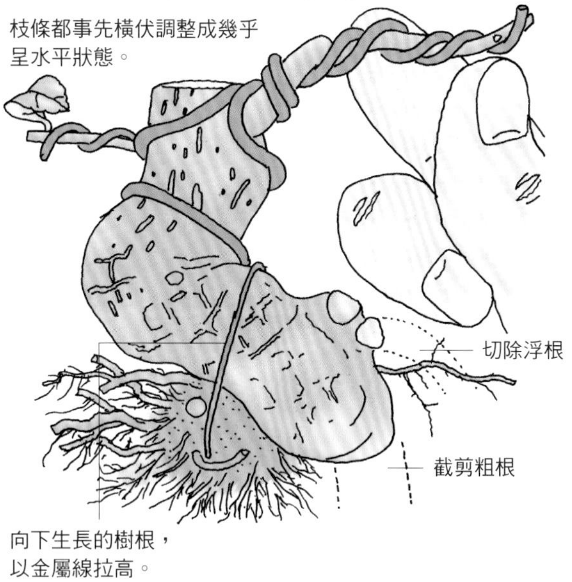
[修剪根部後]
枝條都事先橫伏調整成幾乎呈水平狀態。
切除浮根
截剪粗根
向下生長的樹根，以金屬線拉高。

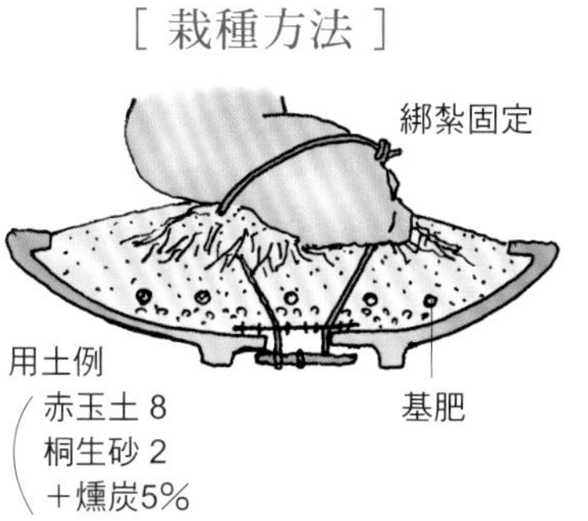
[栽種方法]
綁紮固定
用土例
赤玉土 8
桐生砂 2
＋燻炭5%
基肥

[維護整理後]
距離植株基部7cm
等枝條長出新芽後進行造枝。
可使黃色果實與紅色種子顯得更耀眼的釉盆。

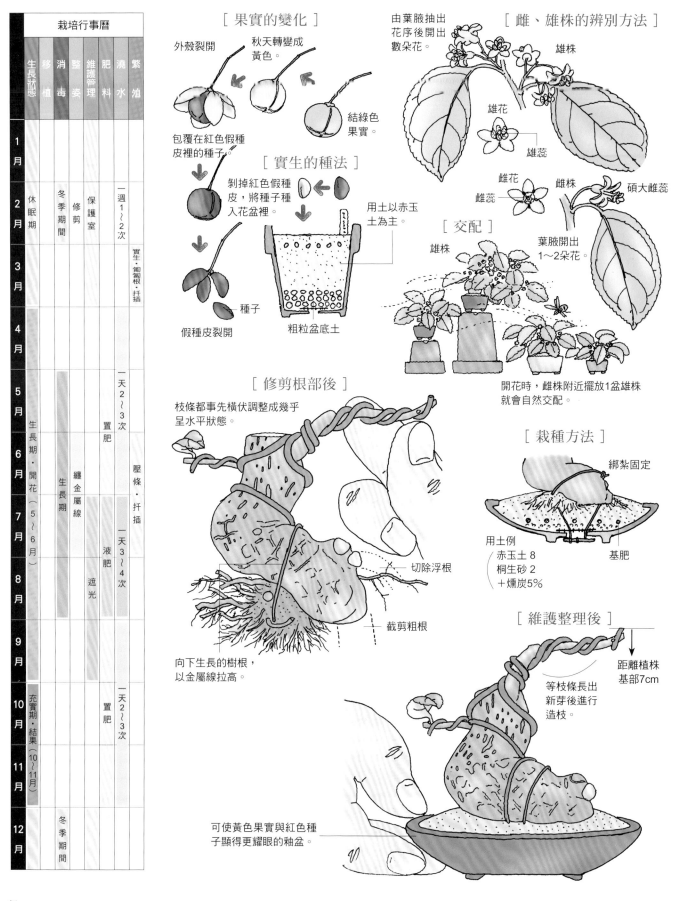

姬蘋果

日文名	姫林檎
別名	海棠樹、君子樹
學名	*Malus prunifolia*
分類	薔薇科 （落葉闊葉樹／小喬木）
花語	「誘惑」「後悔」
花期	10～11月

春天開白色花，秋天結直徑約2～3cm的果實，果實成熟後逐漸轉變成紅色，觀賞期間長。具自交不親和性（※），因此，開花期間可使海棠等其他蘋果類植物受粉結果。建議以嫁接、實生等方式繁殖。

[入手時狀態]
（4月）
嫁接後4～5年

即將開花
嫁接切口
經過長時間栽培，
自然就看不出痕跡。

[目前姿態]
（10～11月）
嫁接 7年

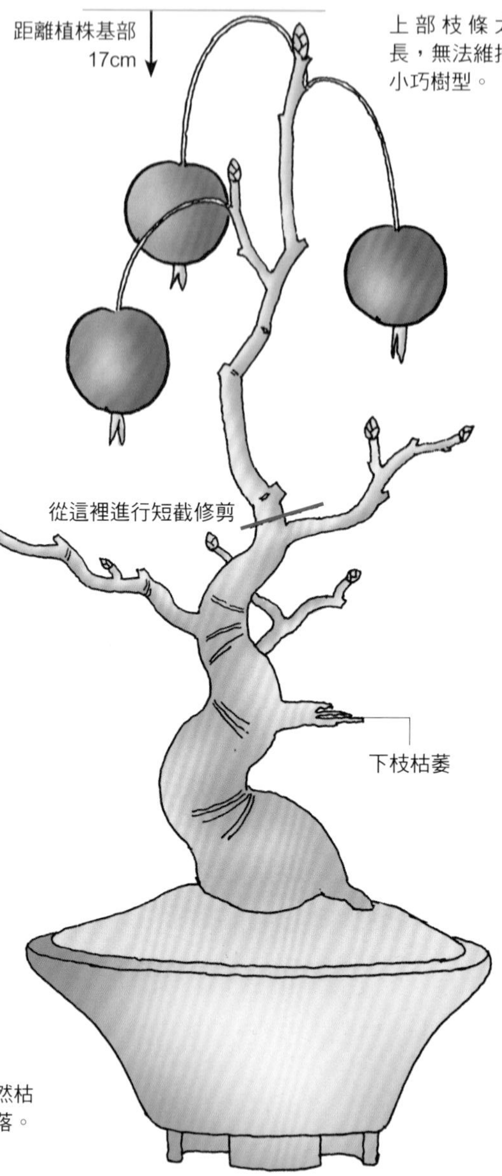
距離植株基部
17cm
上部枝條太
長，無法維持
小巧樹型。
從這裡進行短截修剪
下枝枯萎

入手後經過5～6年。
每年開花，隔一年才
結果。

[檢視栽種角度]

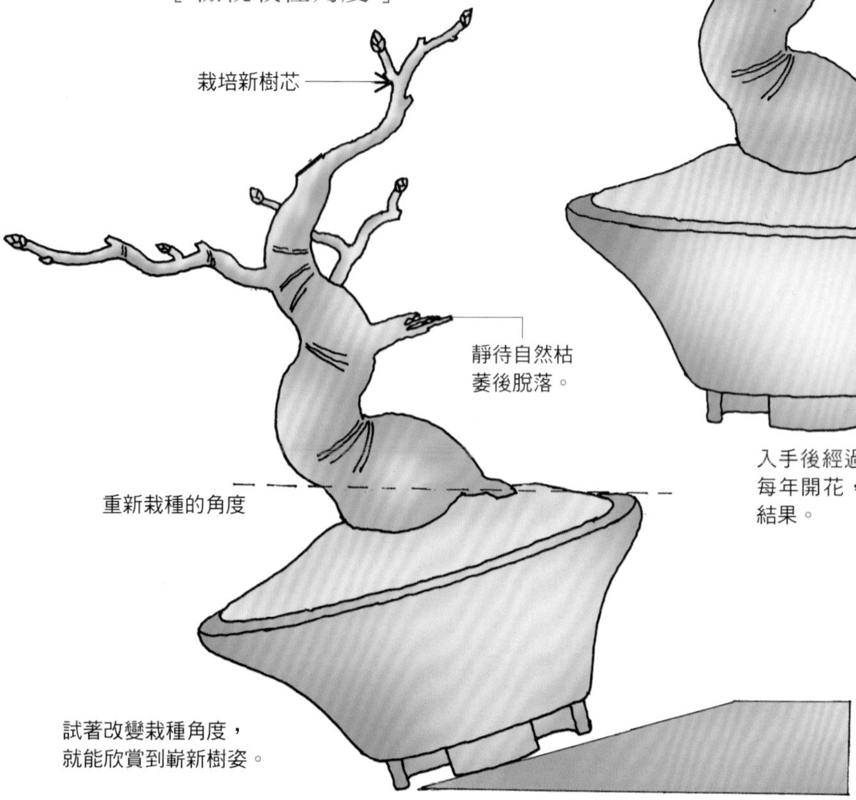
栽培新樹芯
靜待自然枯
萎後脫落。
重新栽種的角度

試著改變栽種角度，
就能欣賞到嶄新樹姿。

※自交不親和性：無法靠自己的花粉結出果實的特性。即便植株自行授粉，依然無法受精，難以結果，必須靠其他植株或其他種類的花粉才能受粉。

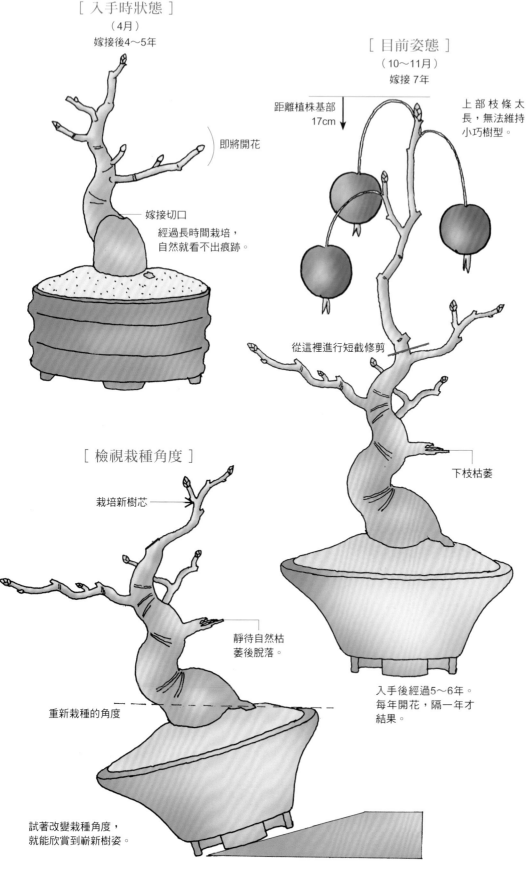

栽培行事曆

月	生長狀態	移植	消毒	整姿	維護管理	肥料	澆水	繁殖
1月								
2月	休眠期		冬季期間	修剪	保護室		一週1～2次	嫁接
3月								實生
4月	生長期・開花（4～5月）・花芽分化（7～8月）		生長期					
5月				纏金屬線		置肥	一天2～3次	
6月								壓條
7月						液肥	一天3～4次	
8月					遮光			
9月								
10月	充實期・結果（10～11月）					置肥	一天2～3次	
11月								實生
12月			冬季期間					

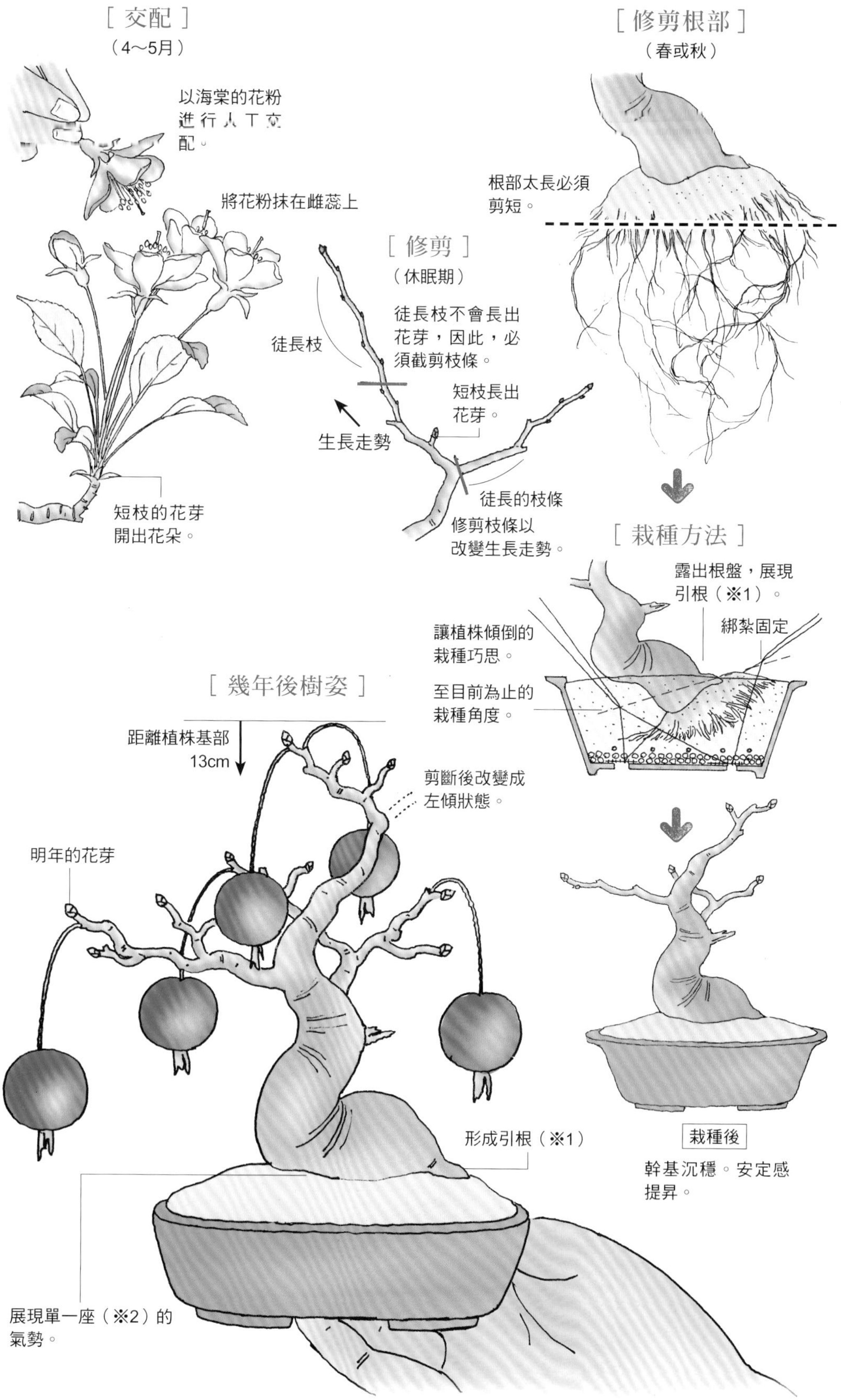
［交配］
（4～5月）
以海棠的花粉進行人工交配。
將花粉抹在雌蕊上
短枝的花芽開出花朵。
［修剪］
（休眠期）
徒長枝
徒長枝不會長出花芽，因此，必須截剪枝條。
短枝長出花芽。
生長走勢
徒長的枝條
修剪枝條以改變生長走勢。
［修剪根部］
（春或秋）
根部太長必須剪短。
［栽種方法］
露出根盤，展現引根（※1）。
綁紮固定
讓植株傾倒的栽種巧思。
至目前為止的栽種角度。
栽種後
幹基沉穩。安定感提昇。
［幾年後樹姿］
距離植株基部13cm
剪斷後改變成左傾狀態。
明年的花芽
形成引根（※1）
展現單一座（※2）的氣勢。

※1　引根：從主幹傾向的相反側長出的樹根。強力地支撐主幹，形成根盤最為理想。
※2　座：樹木的根盤表現手法之一。傷口癒合後形成或正在形成塊狀的狀態。

西南衛矛

日文名	真弓
別名	山錦木
學名	*Euonymus sieboldianus*
分類	衛矛科（落葉闊葉樹／小喬木）
花語	「將你的魅力深深烙印在心中」
花期	10～11月

木材可用於製作弓箭而得真弓之名。4～5月開花，秋天結果，果實成熟後為淺紅色，熟透後裂開成四片，露出紅色種子。雌雄異株，必須雄株交配。樹性強，建議以扦插方式繁殖。

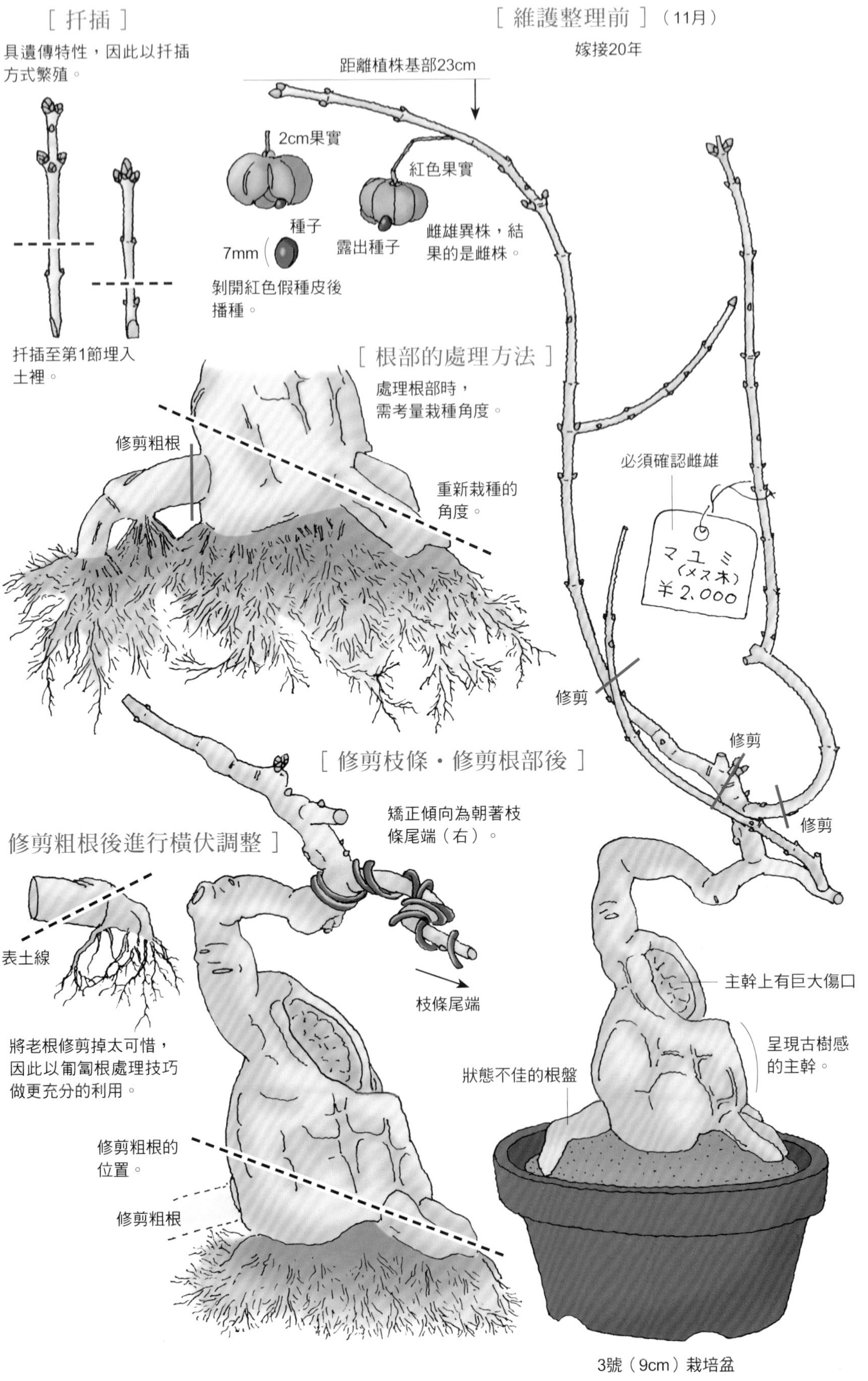
[扦插]
具遺傳特性，因此以扦插方式繁殖。
扦插至第1節埋入土裡。
[維護整理前]（11月）
嫁接20年
距離植株基部23cm
2cm果實
紅色果實
種子
7mm
露出種子
雌雄異株，結果的是雌株。
剝開紅色假種皮後播種。
[根部的處理方法]
處理根部時，需考量栽種角度。
修剪粗根
重新栽種的角度。
必須確認雌雄
マユミ
（メス木）
¥2,000
修剪
修剪
修剪
[修剪枝條・修剪根部後]
矯正傾向為朝著枝條尾端（右）。
枝條尾端
[修剪粗根後進行橫伏調整]
表土線
將老根修剪掉太可惜，因此以匍匐根處理技巧做更充分的利用。
修剪粗根的位置。
修剪粗根
主幹上有巨大傷口
呈現古樹感的主幹。
狀態不佳的根盤
3號（9cm）栽培盆

栽培行事曆

月	生長狀態	移植	消毒	整姿	維護管理	肥料	澆水	繁殖
1月								
2月	休眠期		冬季期間	修剪	保護室		一週1～2次	扦插
3月								實生
4月	生長期・開花（4～5月）・花芽分化（7～8月）							
5月						置肥	一天2～3次	
6月			生長期	纏金屬線				壓條・扦插
7月						液肥	一天3～4次	
8月					遮光			
9月								
10月	充實期・結果（10～11月）					置肥	一天3～4次	
11月								
12月			冬季期間					

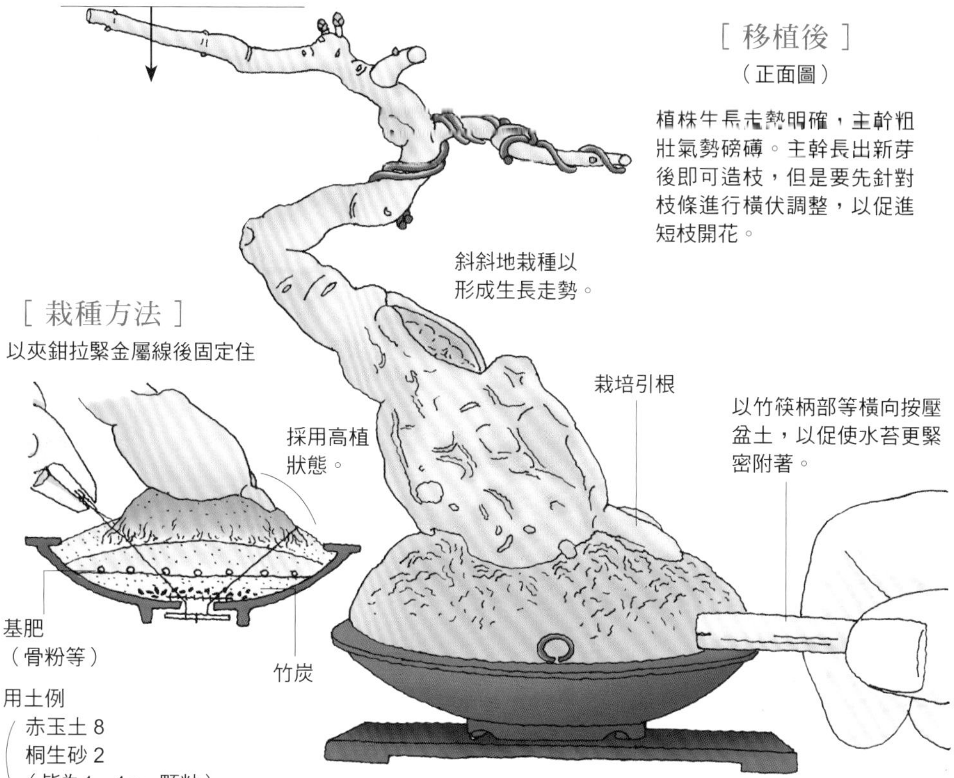
距離植株基部10cm
[栽種方法]
以夾鉗拉緊金屬線後固定住
基肥
（骨粉等）
竹炭
採用高植
狀態。
斜斜地栽種以
形成生長走勢。
栽培引根
以竹筷柄部等橫向按壓
盆土，以促使水苔更緊
密附著。

用土例
赤玉土 8
桐生砂 2
（皆為1～4mm顆粒）

[移植後]
（正面圖）

植株生長走勢明確，主幹粗壯氣勢磅礡。主幹長出新芽後即可造枝，但是要先針對枝條進行橫伏調整，以促進短枝開花。

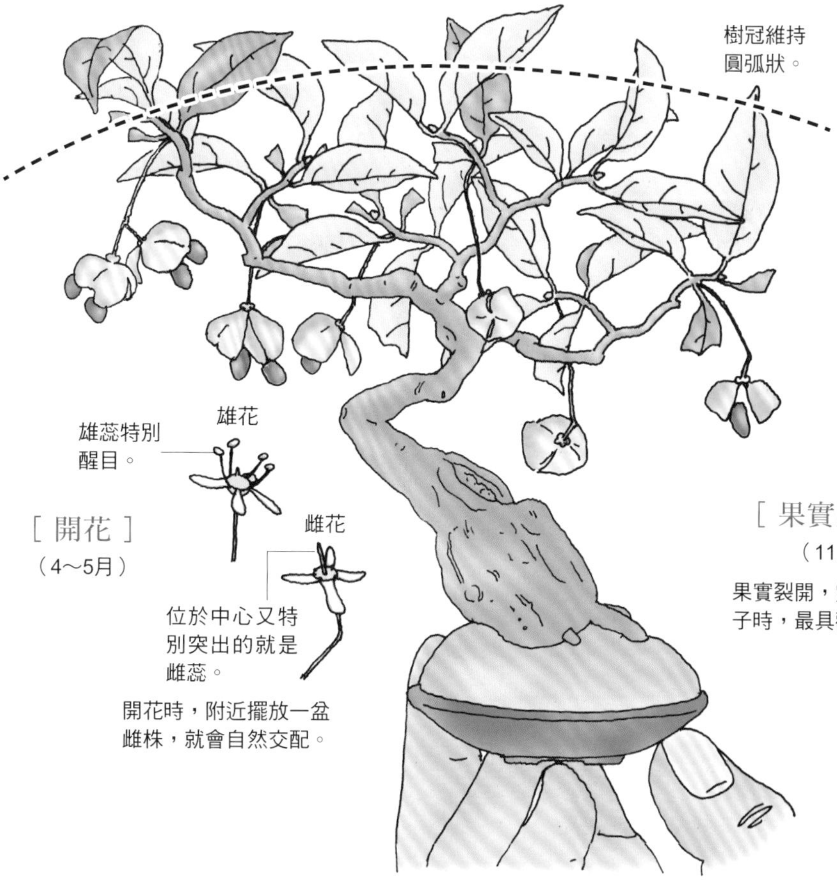
樹冠維持
圓弧狀。
雄花
雄蕊特別
醒目。
雌花
位於中心又特
別突出的就是
雌蕊。

[開花]
（4～5月）

開花時，附近擺放一盆雌株，就會自然交配。

[果實欣賞]
（11月）

果實裂開，露出紅色種子時，最具觀賞價值。

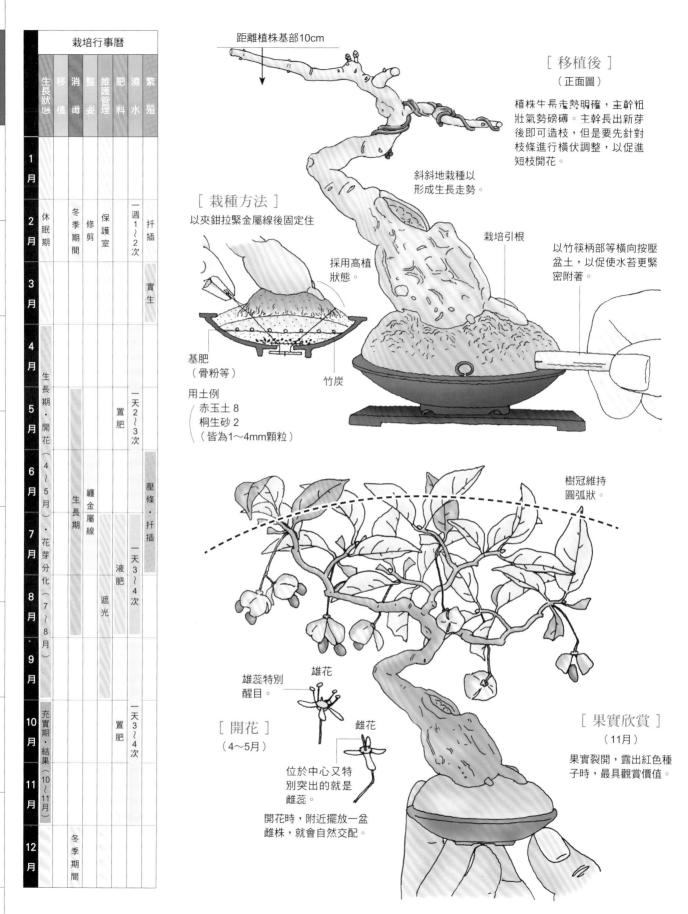

菱葉柿

日文名	老鴉柿
別名	姬柿、老爺柿
學名	*Diospyros rhombifolia*
分類	柿樹科 （落葉闊葉樹／灌木）
花語	「長壽」
花期	10～11月

由實生植株開始栽培起，成長速度較快的植株於5～6年後的4～5月開花。秋季結果、油綠葉片，和豐富多元的果形與果色都充滿著獨特意趣。落葉後果實依然掛在枝頭上，觀賞期間長。雌雄異株，雌株必須與雄株交配才能結果。建議採用扦插或匍匐根繁殖方式。

[匍匐根]（3月）

利用移植時修剪掉的樹根

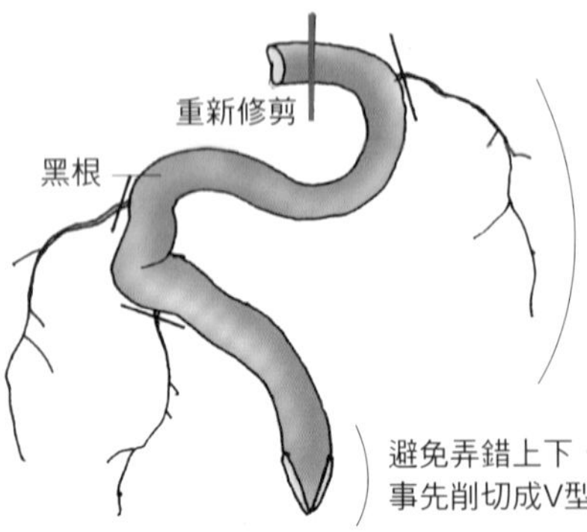
重新修剪
黑根
修剪掉小根，
只保留粗根。
避免弄錯上下，
事先削切成V型。

由形成層萌發新芽
覆蓋水苔至發芽
為止。
長高至距離
表土1cm。
目前，根部已
經長成樹幹。
由根部長出
新根。

[扦插]

以剪下的枝條為插穗，更充分地運用。

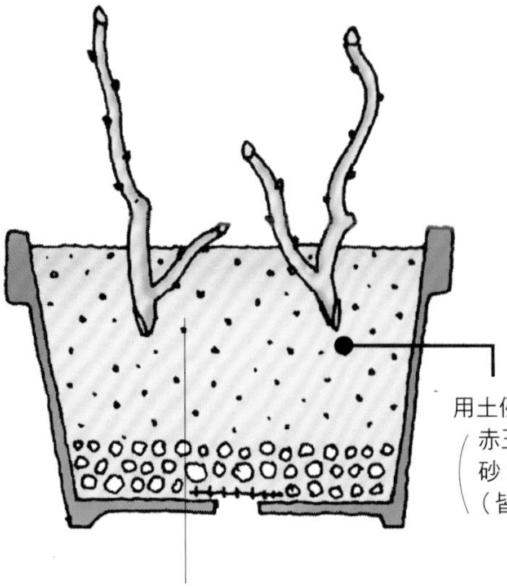
用土例
赤玉土 8
砂 2
（皆為1～4mm顆粒）
以美工刀重新削切枝條後扦插

[維護整理前]（3月）

匍匐根 3年

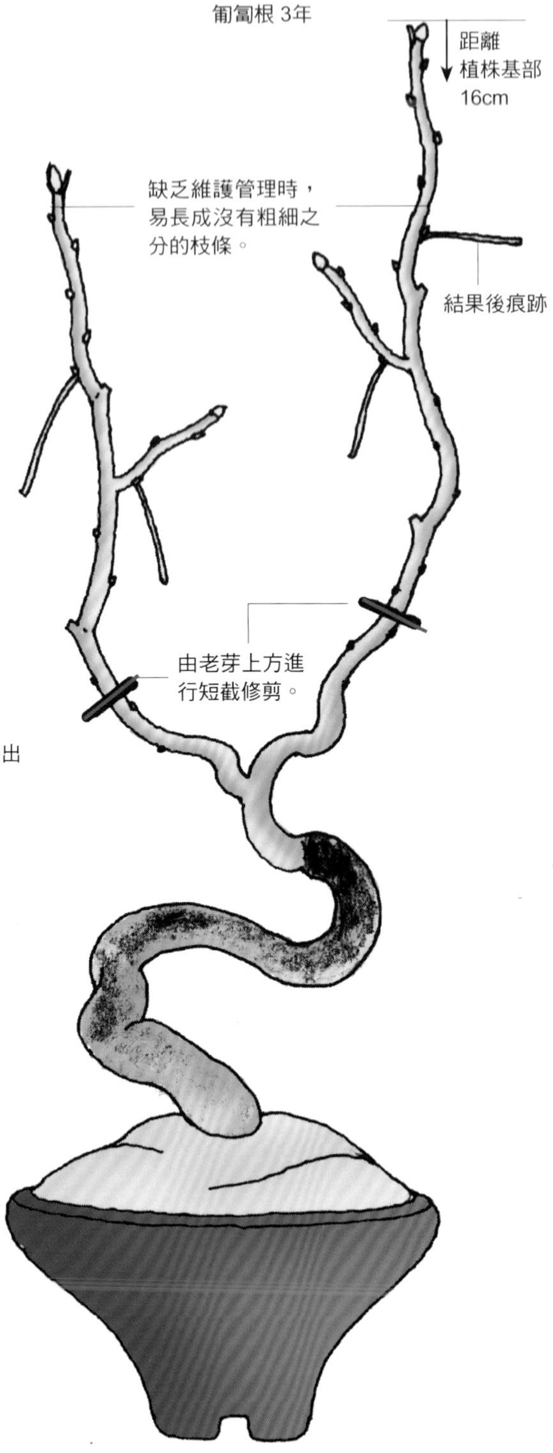
距離
植株基部
16cm
缺乏維護管理時，
易長成沒有粗細之
分的枝條。
結果後痕跡
由老芽上方進
行短截修剪。

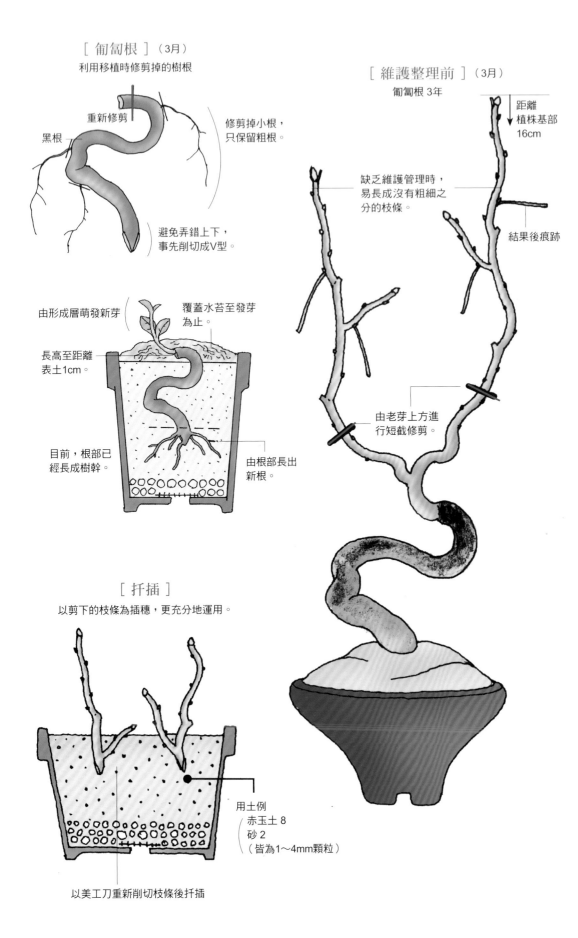

栽培行事曆

	生長狀態	移植	消毒	整姿	維護管理	肥料	澆水	繁殖
1月								
2月	休眠期		冬季期間	修剪	保護室		一週1~2次	
3月								實生・匍匐根・扦插
4月								
5月	生長期・開花（4~5月）						一天2~3次	
6月			生長期	纏金屬線		置肥		壓條・扦插
7月						液肥	一天3~4次	
8月					遮光			
9月								
10月	充實期・結果（10~11月）					置肥	一天2~3次	
11月								
12月			冬季期間					

［造枝］

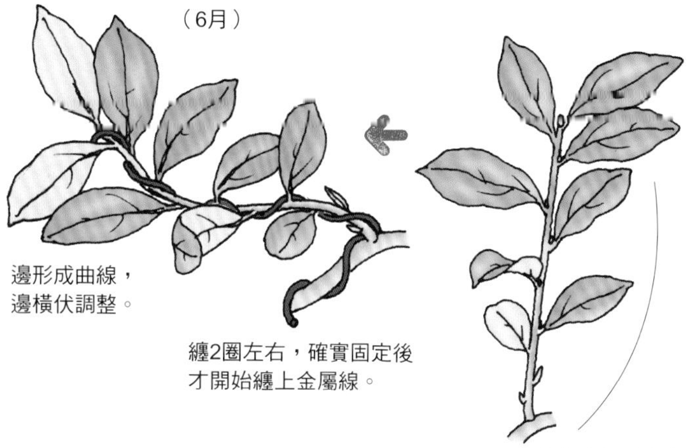
（6月）
邊形成曲線，
邊橫伏調整。
纏2圈左右，確實固定後
才開始纏上金屬線。
新梢容易呈現直
線生長狀態。

［修剪後］

保留2～3個芽點後
修剪。
不喜歡黑色幹肌時，利用鐵絲
刷即可刷洗掉。

［修剪］

（3月）

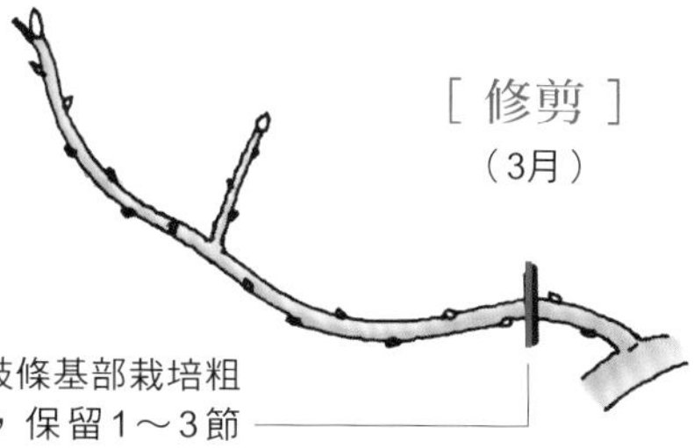
將枝條基部栽培粗
壯，保留1～3節
後，將枝條截短。

［幾年後的樹姿］

避免植株向上生長，將枝條橫伏調整為往前後左右生長狀態。

活用由主幹絕佳
位置長出的芽。

［移植］

根部生長狀況良好，因此每年移植。

用土例
赤玉土 8
桐生砂 2
（皆為1～4mm顆粒）

以上述基本用土混合竹炭約10%。

［開花與交配］

（4月）

雄花
雌花
細長果柄
無萼片（※）
剪掉花瓣
4枚萼片
將花粉抹在雌花
的雌蕊上。
鑷子
雄花
趁雌蕊還是黃
色時抹上花粉。

※萼片：花萼的各個部分就是萼片。花萼為植物用語之一，指花冠（花瓣或花瓣聚集狀態）的外側部分。請參照P.191。

活用曲線，改作成半懸崖型（※）盆栽

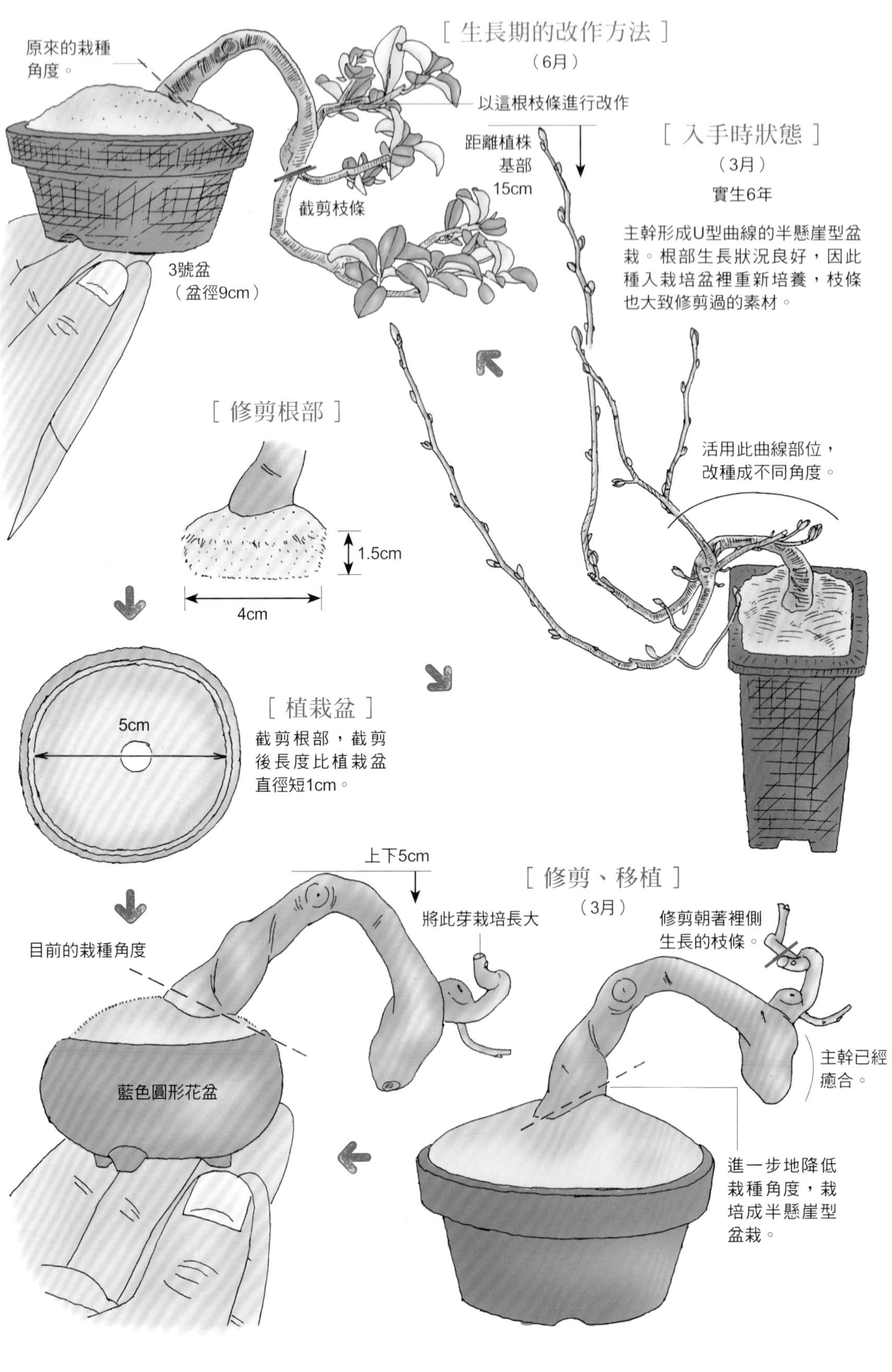
［ 生長期的改作方法 ］
（6月）
原來的栽種角度。
以這根枝條進行改作
截剪枝條
3號盆（盆徑9cm）
［ 入手時狀態 ］
（3月）
實生6年
主幹形成U型曲線的半懸崖型盆栽。根部生長狀況良好，因此種入栽培盆裡重新培養，枝條也大致修剪過的素材。
距離植株基部15cm
活用此曲線部位，改種成不同角度。
［ 修剪根部 ］
1.5cm
4cm
［ 植栽盆 ］
5cm
截剪根部，截剪後長度比植栽盆直徑短1cm。
［ 修剪、移植 ］
（3月）
上下5cm
將此芽栽培長大
目前的栽種角度
藍色圓形花盆
修剪朝著裡側生長的枝條。
主幹已經癒合。
進一步地降低栽種角度，栽培成半懸崖型盆栽。

胡頽子

日文名	ナワシログミ（苗代茱萸）
別名	蒲頽
學名	*Elaeagnus pungens*
分類	胡頽子科（落葉闊葉樹／灌木）
花語	
花期	4～5月

10月～11月，由葉腋開出淺黃白色花，果實過冬後於隔年春天成熟轉成紅色。日文名ナワシログミ漢字為苗代茱萸，苗代意指秧田，因為果實於施作秧田的期間成熟而得名。採用實生繁殖時，建議播下熟透的紅色種子，以扦插方式也容易繁殖。

※半懸崖型：主幹與枝條高於懸崖型，枝條尾端與盆底相同高度，或高於盆底的樹型。請參照P.157。

栽培行事曆

	生長狀態	移植	消毒	整姿	維護管理	肥料	澆水	繁殖
1月								
2月	休眠期		冬季期間	修剪	冬季期間		一週1～2次	嫁接
3月								扦插
4月								
5月							一天2～3次	實生
6月	生長期・結果（4～5月）		生長期	纏金屬線		置肥		
7月								扦插
8月					遮光	液肥	一天3～4次	
9月								
10月	生長期・開花（10～11月）					置肥	一天2～3次	
11月								
12月			冬季期間					

[形成曲線後]

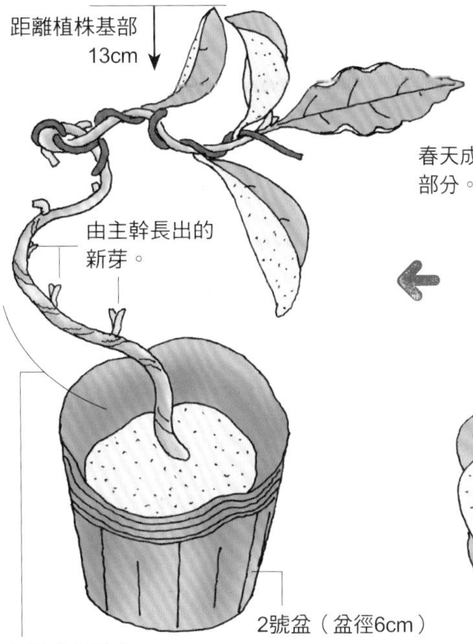
距離植株基部
13cm
由主幹長出的
新芽。
2號盆（盆徑6cm）
拆除金屬線後
摘除老葉。

[纏金屬線　拆金屬線]

（隔年6月）

修葉
隔年春天形成
曲線的植株。
春天成長的
部分。
修剪老葉

拆除春天纏的金屬線。小心拆除，以免傷害由主幹長出的新芽。

[實生苗形成曲線]

（5月）

採播（※）

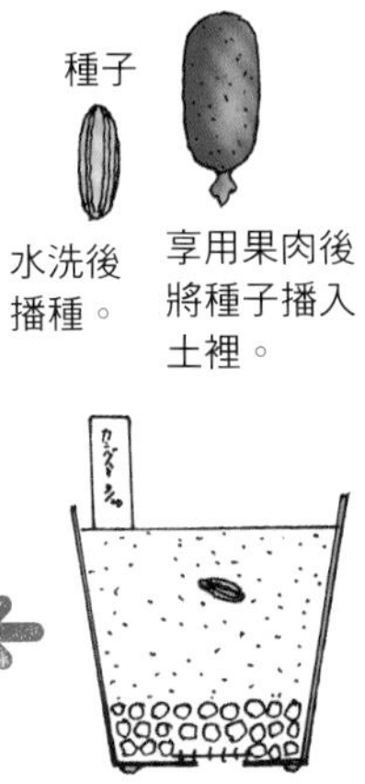
種子
水洗後
播種。
享用果肉後
將種子播入
土裡。

[修剪根部]

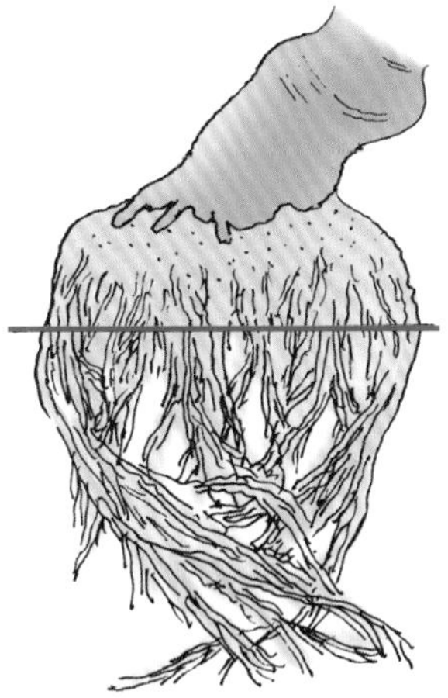
截剪長根

[隔年樹姿]

[果實欣賞]

（4～5月）

枝條上垂掛著熟透的紅色果實。果實可食用，但味道酸澀。種子播入土裡就會發芽。發芽後長出茶色新芽，新芽長大後很快地取代了老葉。

※採播：採集種子後立即播種，不保存到隔年春天。種子帶果肉時，需去除果肉，沖洗乾淨後才播種。

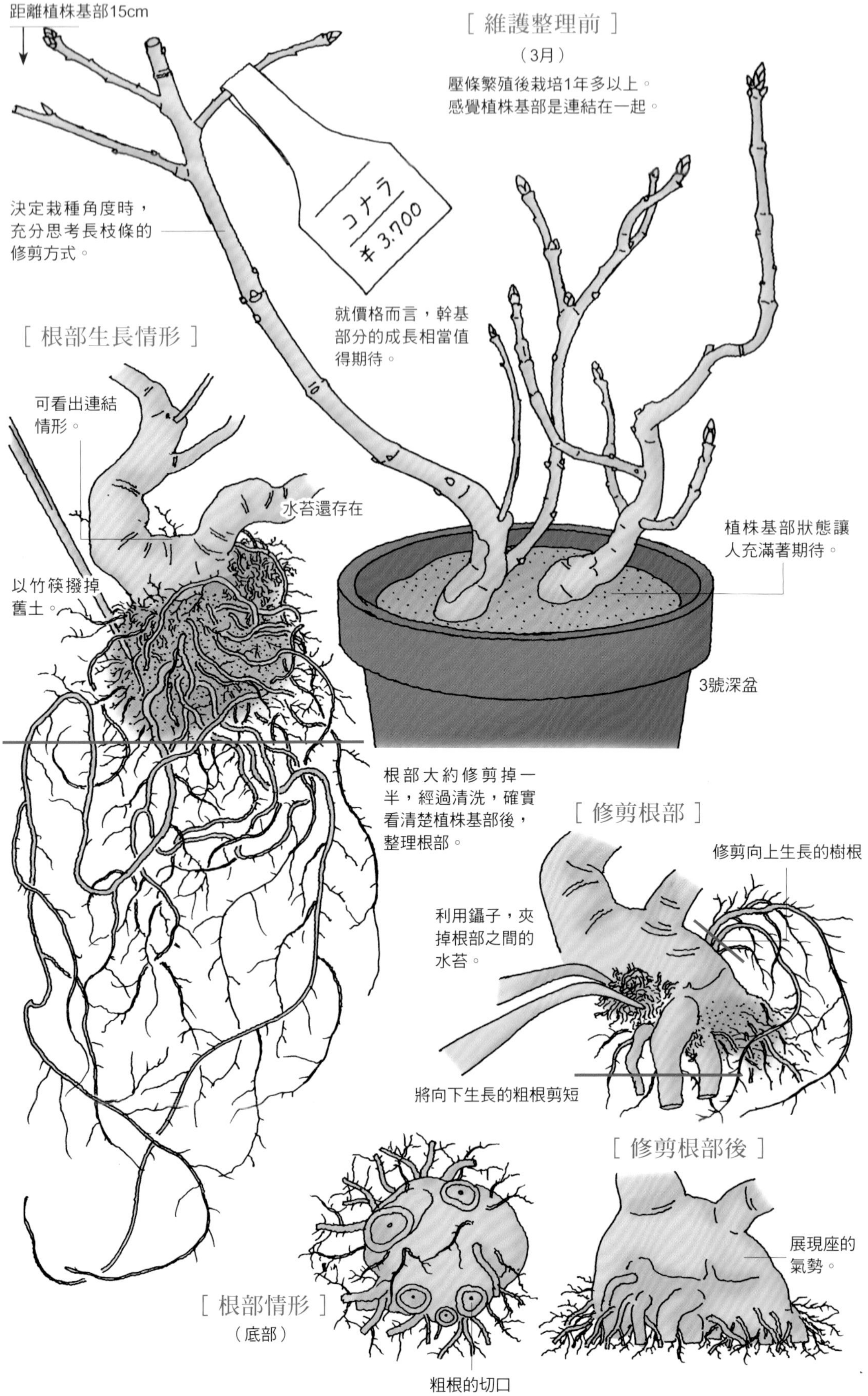
距離植株基部15cm
[維護整理前]
（3月）
壓條繁殖後栽培1年多以上。
感覺植株基部是連結在一起。
コナラ
¥3,700
決定栽種角度時，
充分思考長枝條的
修剪方式。
就價格而言，幹基
部分的成長相當值
得期待。
[根部生長情形]
可看出連結
情形。
水苔還存在
植株基部狀態讓
人充滿著期待。
以竹筷撥掉
舊土。
3號深盆
根部大約修剪掉一
半，經過清洗，確實
看清楚植株基部後，
整理根部。
[修剪根部]
修剪向上生長的樹根
利用鑷子，夾
掉根部之間的
水苔。
將向下生長的粗根剪短
[修剪根部後]
展現座的
氣勢。
[根部情形]
（底部）
粗根的切口

枹櫟

日文名	小楢
別名	枹樹
學名	*Quercus serrate*
分類	山毛櫸科（或稱殼斗科）（落葉闊葉樹／喬木）
花語	「勇氣」「獨立」
花期	10～11月

4～5月開花，雌雄同株（※），開花後修長的雄花與短又不顯眼的雌花自行交配。果實（橡實）於秋天成熟。質地堅韌，是製作堅固工具的絕佳材料。為構成日本雜木林的代表性樹種。適合以壓條、扦插方式繁殖。

※雌雄同株：同一植株上同時開出雌花與雄花的植物。

栽培行事曆

	生長狀態	移植	消毒	整姿	維護管理	肥料	澆水	繁殖
1月								
2月	休眠期		冬季期間	修剪	保護室		一週1～2次	
3月								實生
4月								
5月	生長期・開花（4～5月）・花芽分化（7～8月）						一天2～3次	
6月			生長期	纏金屬線		置肥		壓條・扦插
7月						液肥	一天3～4次	
8月					遮光			
9月								
10月	充實期・結果（10～11月）					置肥	一天2～3次	
11月								實生
12月			冬季期間					

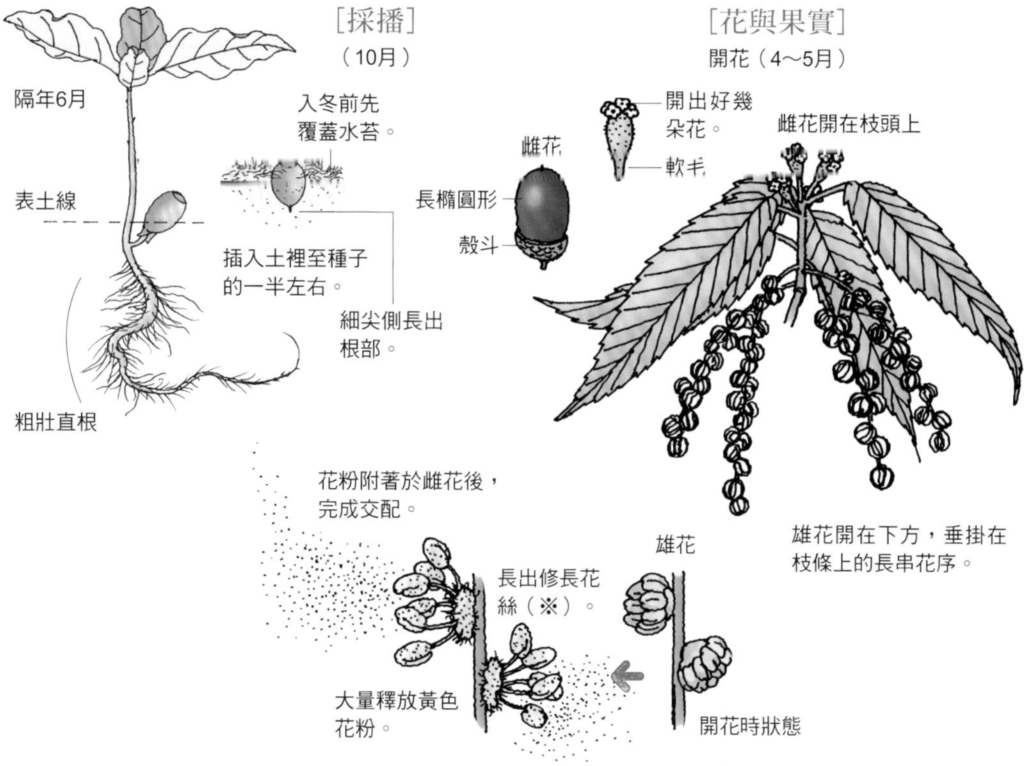

[採播]
（10月）
隔年6月
入冬前先
覆蓋水苔。
表土線
插入土裡至種子
的一半左右。
細尖側長出
根部。
粗壯直根
[花與果實]
開花（4～5月）
開出好幾
朵花。
軟毛
雌花
長橢圓形
殼斗
雌花開在枝頭上
花粉附著於雌花後，
完成交配。
雄花
長出修長花
絲（※）。
雄花開在下方，垂掛在
枝條上的長串花序。
大量釋放黃色
花粉。
開花時狀態

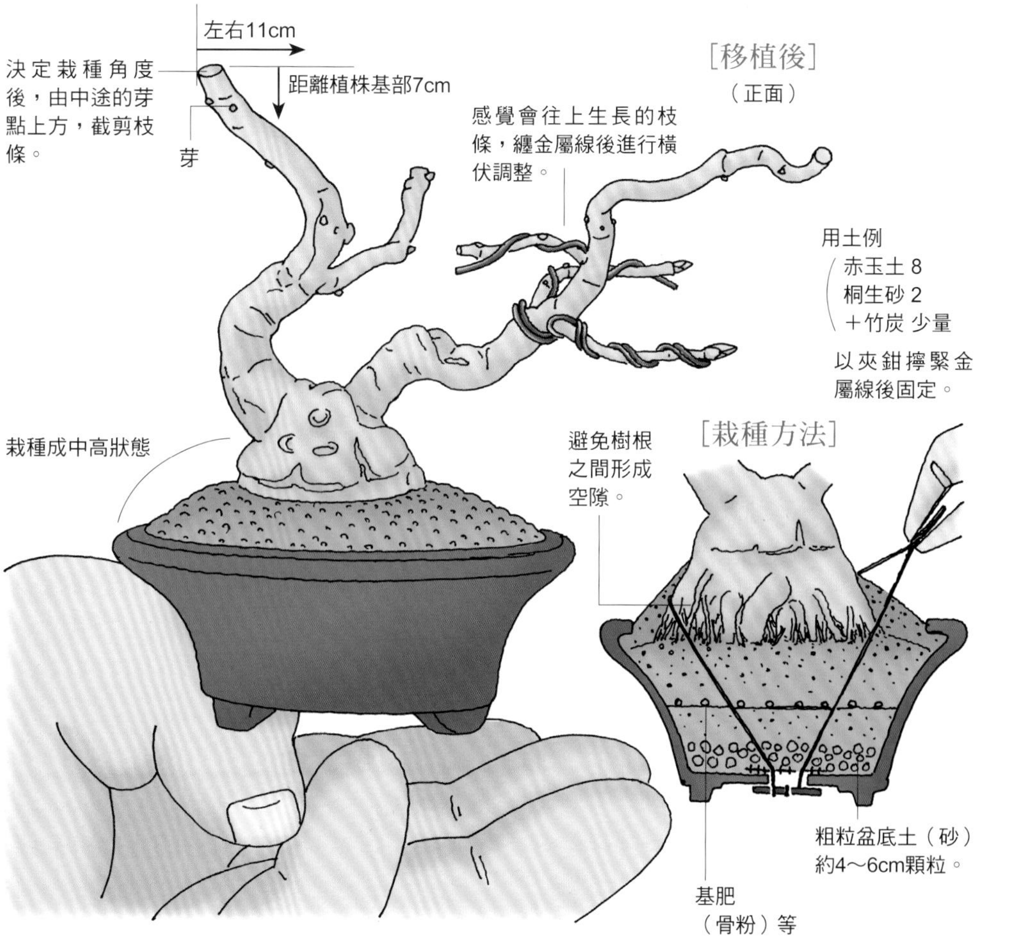

左右11cm
距離植株基部7cm
決定栽種角度
後，由中途的芽
點上方，截剪枝
條。
芽
[移植後]
（正面）
感覺會往上生長的枝
條，纏金屬線後進行橫
伏調整。
用土例
赤玉土 8
桐生砂 2
＋竹炭 少量
以夾鉗擰緊金
屬線後固定。
栽種成中高狀態
[栽種方法]
避免樹根
之間形成
空隙。
粗粒盆底土（砂）
約4～6cm顆粒。
基肥
（骨粉）等

※花絲：支撐雄蕊上花藥的絲狀蕊柄。請參照P.191。

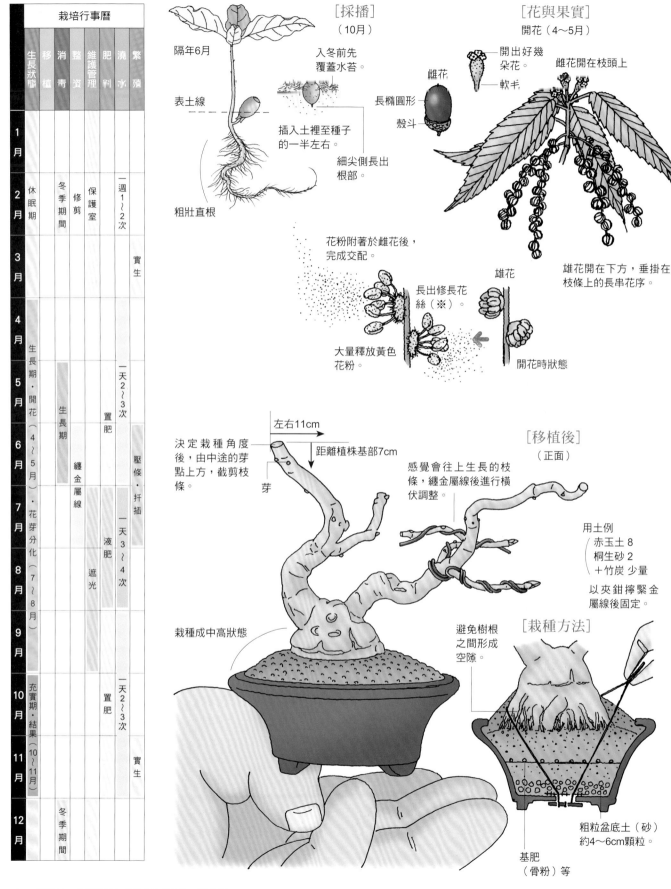

小葉胡頹子

日文名	秋茱萸
別名	茱萸
學名	*Elaeagnus umbellate Thumb*
分類	胡頹子科 （落葉闊葉樹／灌木）
花語	「謹慎小心」
花期	10～11月

4～5月開花後，由白色轉變成黃色，雙性或雌雄雜居性。枝條上有刺，葉腋垂掛著幾朵花，無花瓣，花萼呈花瓣狀。秋季結出6～8㎜的球狀果，成熟後轉變成紅色，也是日文名秋茱萸的由來。適合以實生、扦插等方式繁殖。

［結果情形］
（10～11月）

子房發育後長成
圓形果實。
種子
果形
成熟後為7～8mm
圓形紅色果實。
落葉後果實依然
掛在枝頭上。

［開花情形］
（4～5月）

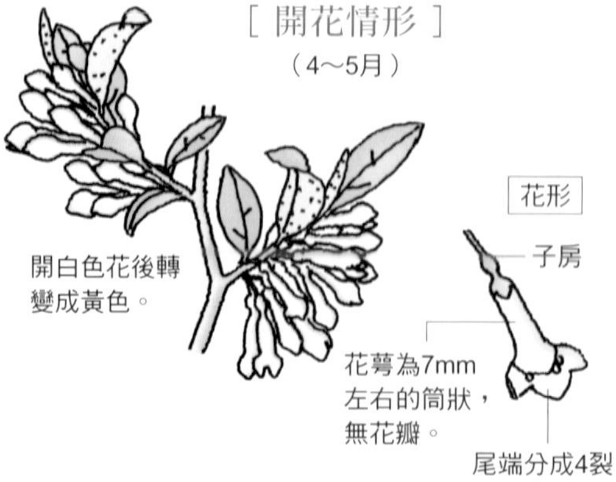
開白色花後轉
變成黃色。
花形
子房
花萼為7mm
左右的筒狀，
無花瓣。
尾端分成4裂

［扦插］
（1年後的6月）
扦插新梢

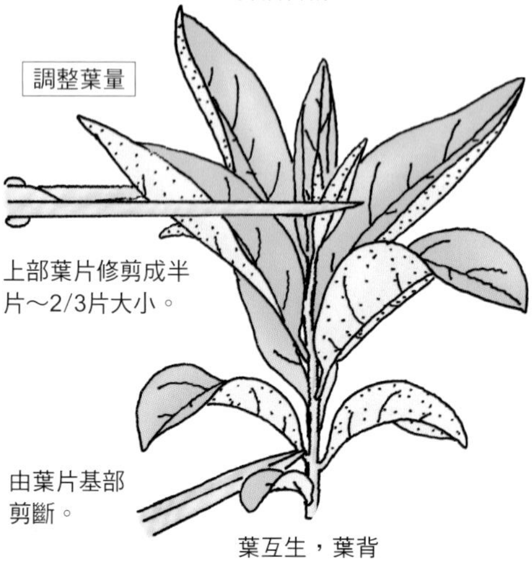
調整葉量
上部葉片修剪成半
片～2/3片大小。
由葉片基部
剪斷。
葉互生，葉背
為灰白色。

［移植］
（隔年3～6月）

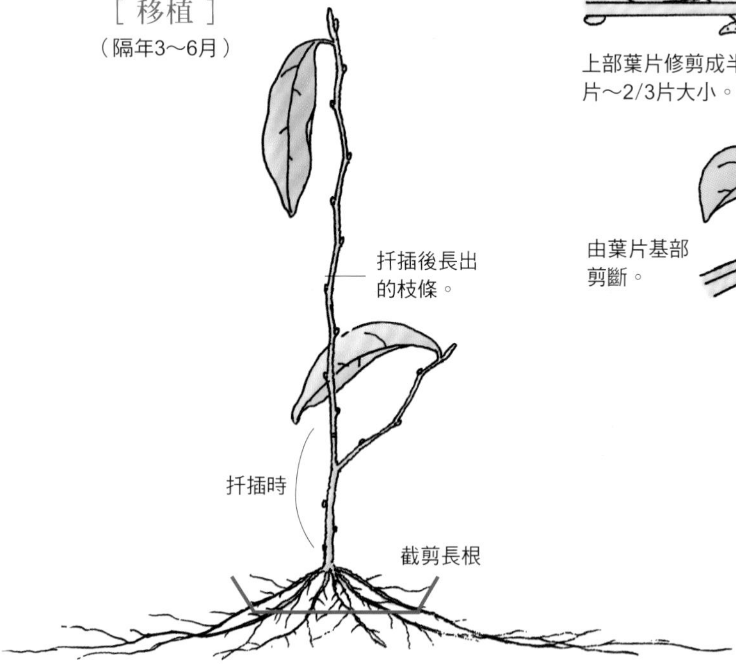
扦插後長出
的枝條。
扦插時
截剪長根

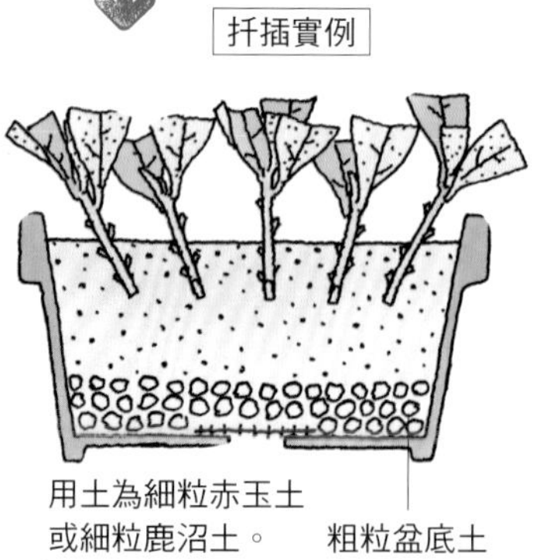
扦插實例
用土為細粒赤玉土
或細粒鹿沼土。
粗粒盆底土

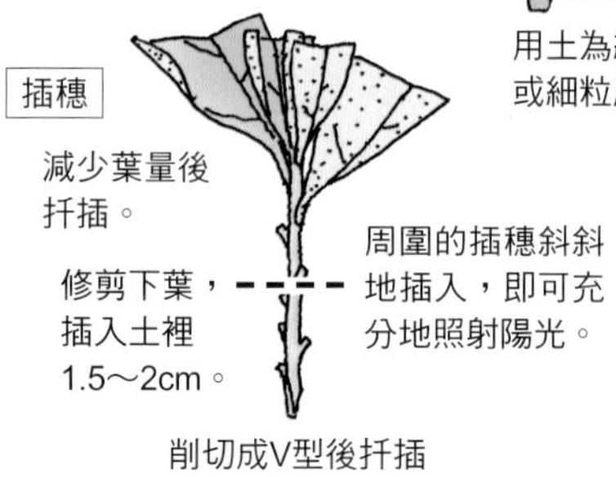
插穗
減少葉量後
扦插。
修剪下葉，
插入土裡
1.5～2cm。
周圍的插穗斜斜
地插入，即可充
分地照射陽光。
削切成V型後扦插

栽培行事曆

	生長狀態	移植	消毒	整姿	維護管理	肥料	澆水	繁殖
1月								
2月	休眠期		冬季期間	修剪	保護室		一週1~2次	
3月								實生
4月								
5月	生長期・開花（4~5月）		生長期	纏金屬線		置肥	一天2~3次	
6月								壓條・扦插
7月						液肥	一天3~4次	
8月					遮光			
9月				修剪				
10月	充實期・結果（10~11月）					置肥	一天2~3次	
11月								實生
12月			冬季期間					

[開花]

（4~5月）

新芽微微地向上生長後開花。

修剪向下枝

[徒長枝纏金屬線]

（1年後的6月）

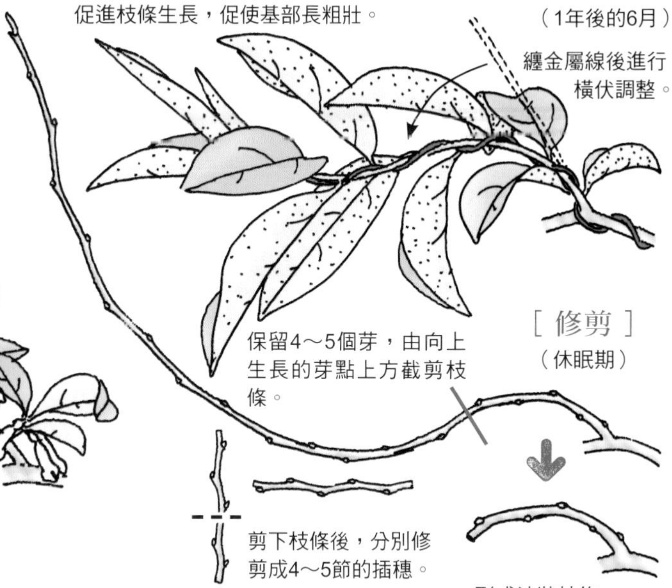
促進枝條生長，促使基部長粗壯。
纏金屬線後進行橫伏調整。
保留4～5個芽，由向上生長的芽點上方截剪枝條。
剪下枝條後，分別修剪成4～5節的插穗。
插入土裡1.5～2cm。
形成波狀枝條

[修剪]

（休眠期）

[栽種方法]

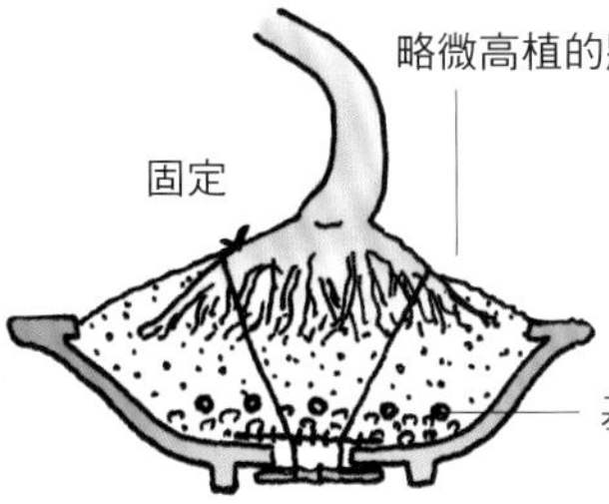
略微高植的狀態
固定
基肥

用土例
赤玉土 8
桐生砂 2 （皆為1～4mm顆粒）
＋竹炭或燻炭約5%

[果實欣賞]

扦插5年

（10～11月）

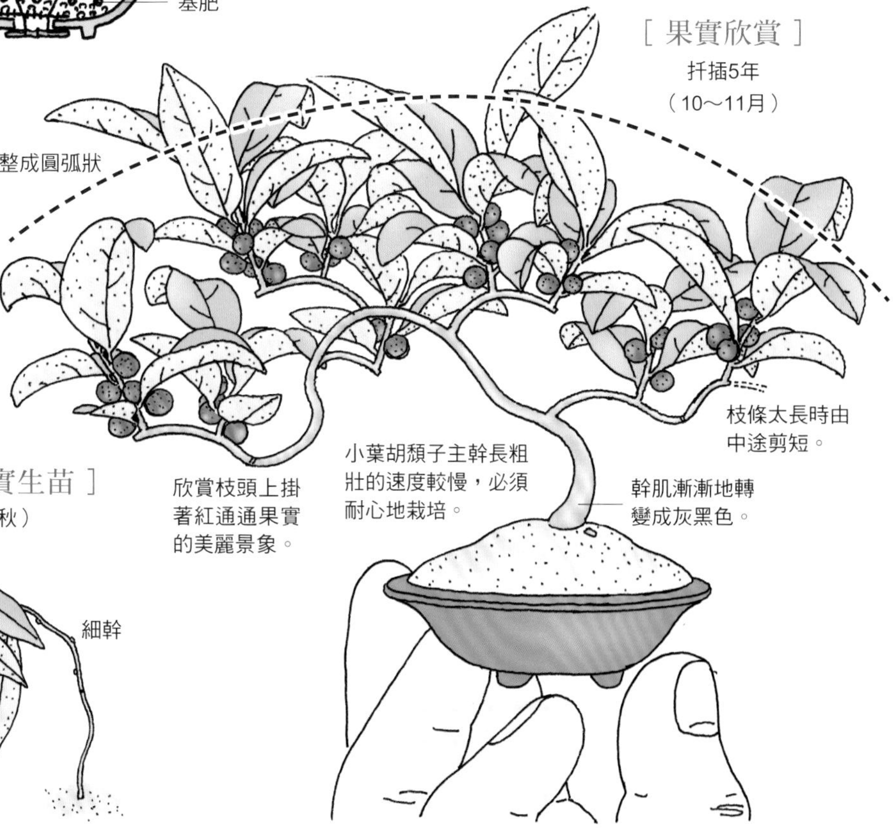
枝條橫伏調整成圓弧狀
枝條太長時由中途剪短。
欣賞枝頭上掛著紅通通果實的美麗景象。
小葉胡頹子主幹長粗壯的速度較慢，必須耐心地栽培。
幹肌漸漸地轉變成灰黑色。

[1年實生苗]

（秋）

細幹

主幹長粗壯的速度較慢

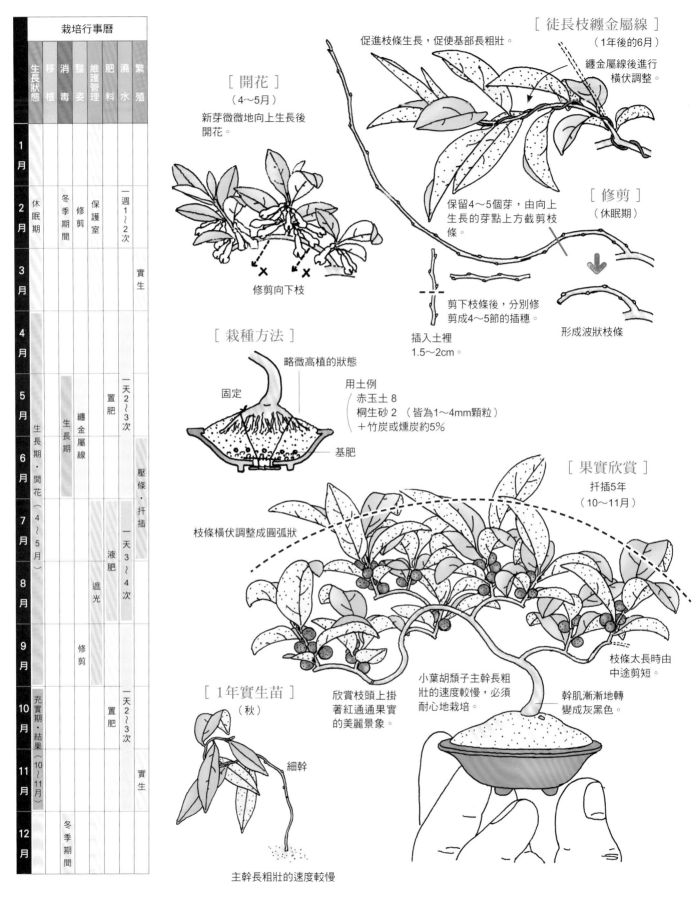

小檗

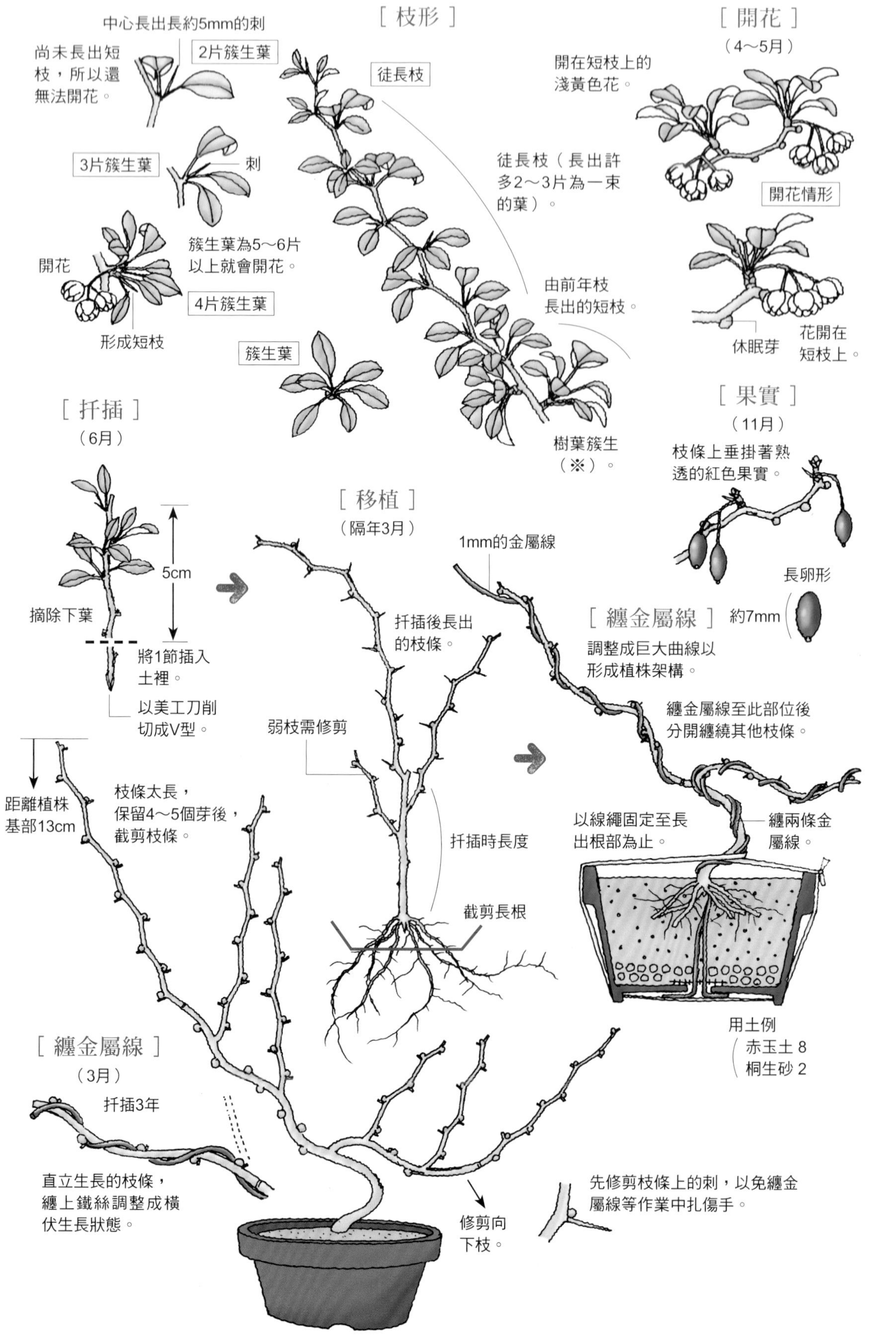
[枝形]
中心長出長約5mm的刺
尚未長出短枝，所以還無法開花。
2片簇生葉
徒長枝
3片簇生葉
刺
開花
簇生葉為5～6片以上就會開花。
4片簇生葉
形成短枝
簇生葉
徒長枝（長出許多2～3片為一束的葉）。
由前年枝長出的短枝。
樹葉簇生（※）。
[開花]
（4～5月）
開在短枝上的淺黃色花。
開花情形
休眠芽
花開在短枝上。
[果實]
（11月）
枝條上垂掛著熟透的紅色果實。
長卵形
約7mm
[扦插]
（6月）
5cm
摘除下葉
將1節插入土裡。
以美工刀削切成V型。
[移植]
（隔年3月）
扦插後長出的枝條。
弱枝需修剪
扦插時長度
截剪長根
1mm的金屬線
[纏金屬線]
調整成巨大曲線以形成植株架構。
纏金屬線至此部位後分開纏繞其他枝條。
以線繩固定至長出根部為止。
纏兩條金屬線。
用土例
赤玉土 8
桐生砂 2
距離植株基部13cm
枝條太長，保留4～5個芽後，截剪枝條。
[纏金屬線]
（3月）
扦插3年
直立生長的枝條，纏上鐵絲調整成橫伏生長狀態。
修剪向下枝。
先修剪枝條上的刺，以免纏金屬線等作業中扎傷手。

日文名	目木
別名	鳥不踏
學名	*Berberis thunbergii*
分類	小檗科 （落葉闊葉樹／灌木）
花語	「敏感」
花期	10～11月

4～5月開淺黃色花，秋冬期間果實成熟後轉變成紅色。葉子轉變成紅葉也美不勝收。樹葉或樹皮煮汁可用於洗眼睛，是日文名目木的由來。別名鳥不踏，源自於枝條上布滿小刺，連小鳥都不敢停留。適合以實生、扦插、分株方式繁殖。

※簇生：從1個位置長出（好幾片葉子）的樹葉生長狀態。

栽培行事曆

	生長狀態	移植	消毒	整姿	維護管理	肥料	澆水	繁殖
1月								
2月	休眠期		冬季期間	修剪	保護室		一週1～2次	
3月								實生・扦插
4月								
5月			生長期				一天2～3次	
6月	生長期・開花（4～5月）			纏金屬線		置肥		壓條・扦插
7月							一天3～4次	
8月					遮光	液肥		
9月								
10月	充實期・結果（10～11月）					置肥	一天2～3次	
11月								實生
12月			冬季期間					

［造枝］

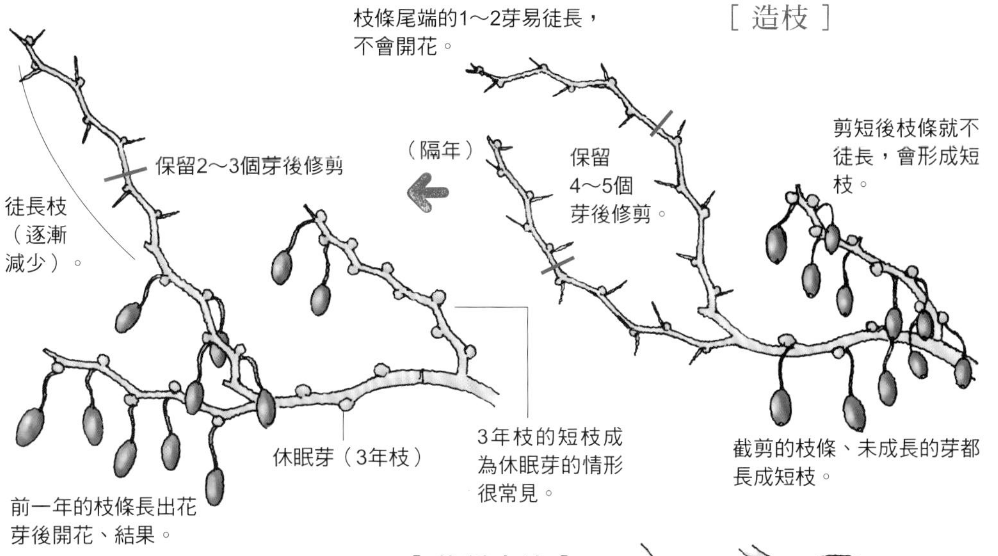
枝條尾端的1～2芽易徒長，不會開花。
徒長枝（逐漸減少）。
保留2～3個芽後修剪
（隔年）
保留4～5個芽後修剪。
剪短後枝條就不徒長，會形成短枝。
休眠芽（3年枝）
3年枝的短枝成為休眠芽的情形很常見。
截剪的枝條、未成長的芽都長成短枝。
前一年的枝條長出花芽後開花、結果。

［採播］

（10月下旬）

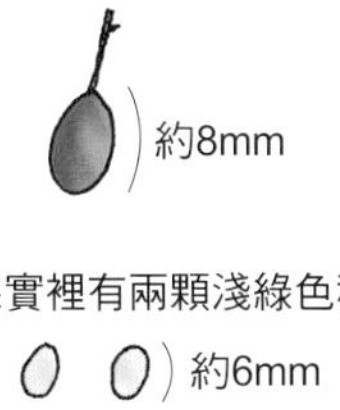
約8mm
果實裡有兩顆淺綠色種子
約6mm

［栽種方法］

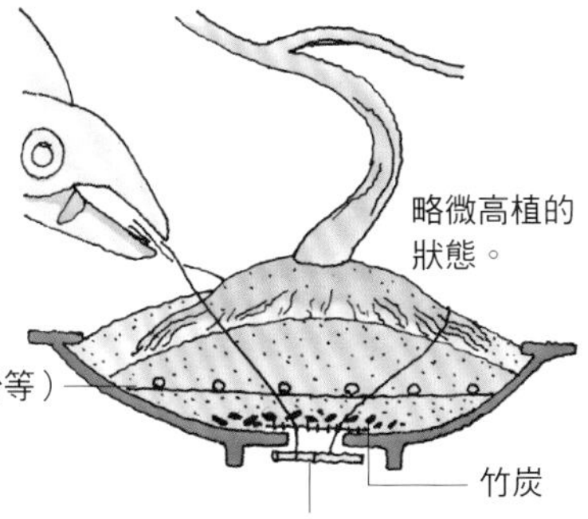
用土攏成中高狀態，擺好已修剪過根部的植株。
以夾鉗邊拉金屬線，邊固定。
略微高植的狀態。
基肥（骨粉等）
竹炭
纏在較粗的金屬線上
用土例
赤玉土 8
桐生砂 2

［紅葉與果實欣賞］

（10～11月）

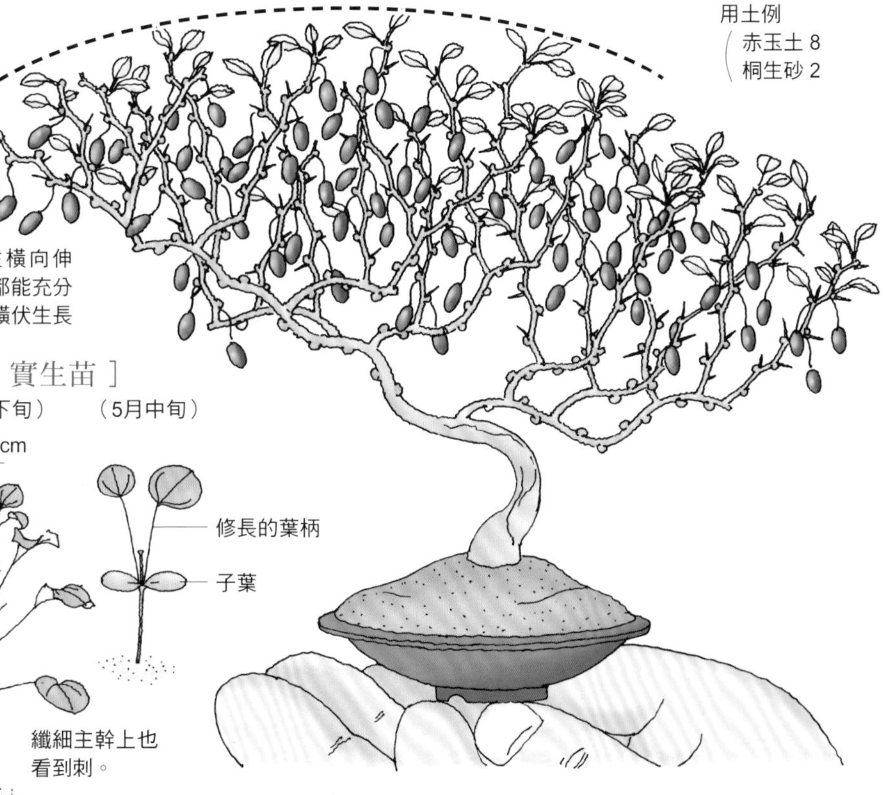
改作成枝條往橫向伸展，每根枝條都能充分照射到陽光的橫伏生長狀態。

［實生苗］

（8月下旬）　（5月中旬）

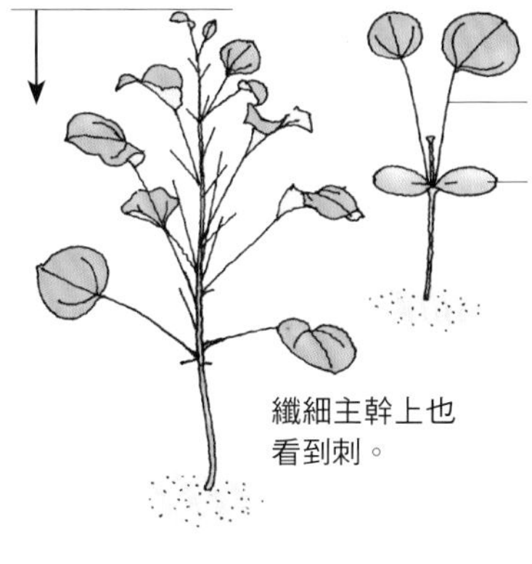
距離植株基部10cm
修長的葉柄
子葉
纖細主幹上也看到刺。

木防己

日文名	青葛藤
別名	土木香
學名	*Cocculus orbiculatus*
分類	防己科 （落葉蔓性植物）
花語	
花期	9～11月

7～8月由腋芽抽出圓錐形花序後，開黃白色小花。雌雄異株，秋天結果，果實為6～7㎜球形，成熟後轉變成藍黑色。建議以實生或扦插方式繁殖。

秋季採收果實後播種，隔年春天就會發芽。

平時不太會注意到，秋天結果後就能看得一清二楚。經栽種者許可，向對方分取果實後栽種即可繁殖。通常讓植株在樹木或圍籬等設施上攀爬。除實生、扦插外，還可透過匍匐根方式繁殖，因此，看到彎曲的根也別丟棄，建議留下來做更充分的運用。

表面裹上白粉似的藍色果實。
種子像蜷縮在一起的小蟲。
5mm

[採收果實]
（10月中旬）

狀似鹿子餅的果實。
狀似成串葡萄的果實。
自生的蔓藤

自生狀態
纏繞在樹木上

[實生苗]
（5月中旬）

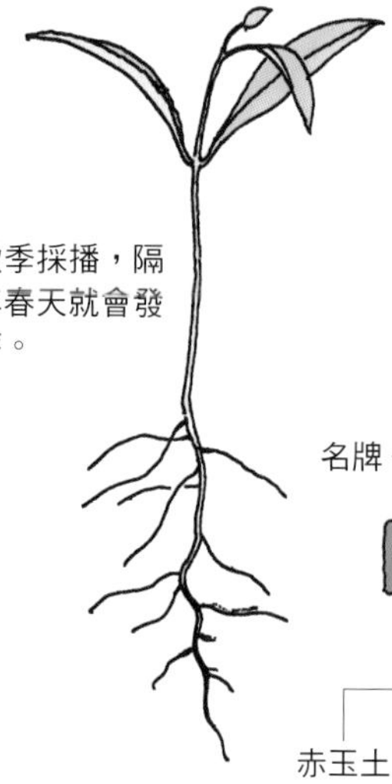
秋季採播，隔年春天就會發芽。

[採播]
（10月下旬）

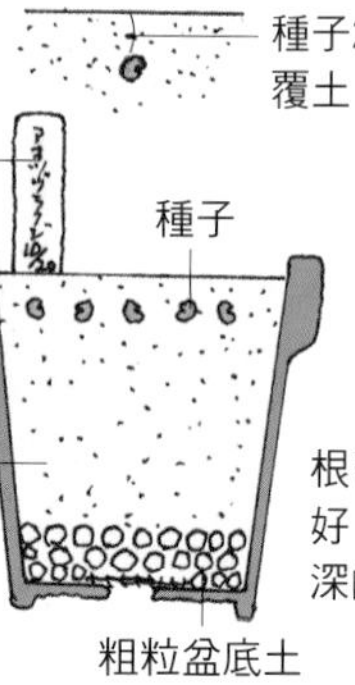
種子2倍的覆土。
名牌
種子
赤玉土
根部成長狀況良好，因此種入較深的栽培盆裡。
粗粒盆底土

[開花]
（7月上旬）

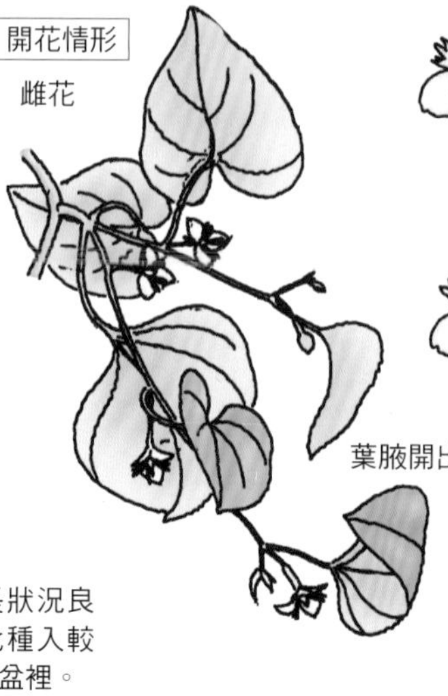
開花情形
雌花
葉腋開出花朵

雌花
由花心長出綠色雌蕊。

雄花
由花心長出黃色雄蕊。

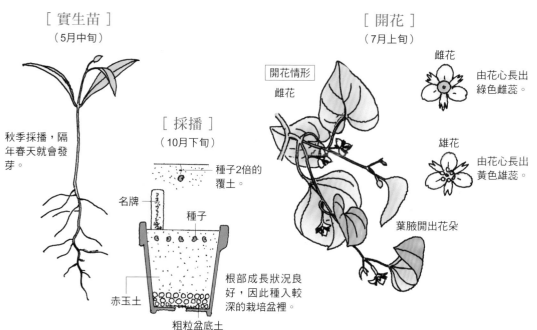

栽培行事曆

月	生長狀態	移植	消毒	整姿	維護管理	肥料	澆水	繁殖
1月								
2月	休眠期		冬季期間	修剪	保護室		一週1~2次	
3月								實生
4月						置肥		
5月			生長期				一天2~3次	
6月	生長期・開花（7~8月）			纏金屬線				扦插
7月						液肥	一天3~4次	
8月					遮光			
9月								
10月	充實期・結果（9~11月）					置肥	一天2~3次	
11月								實生
12月			冬季期間					

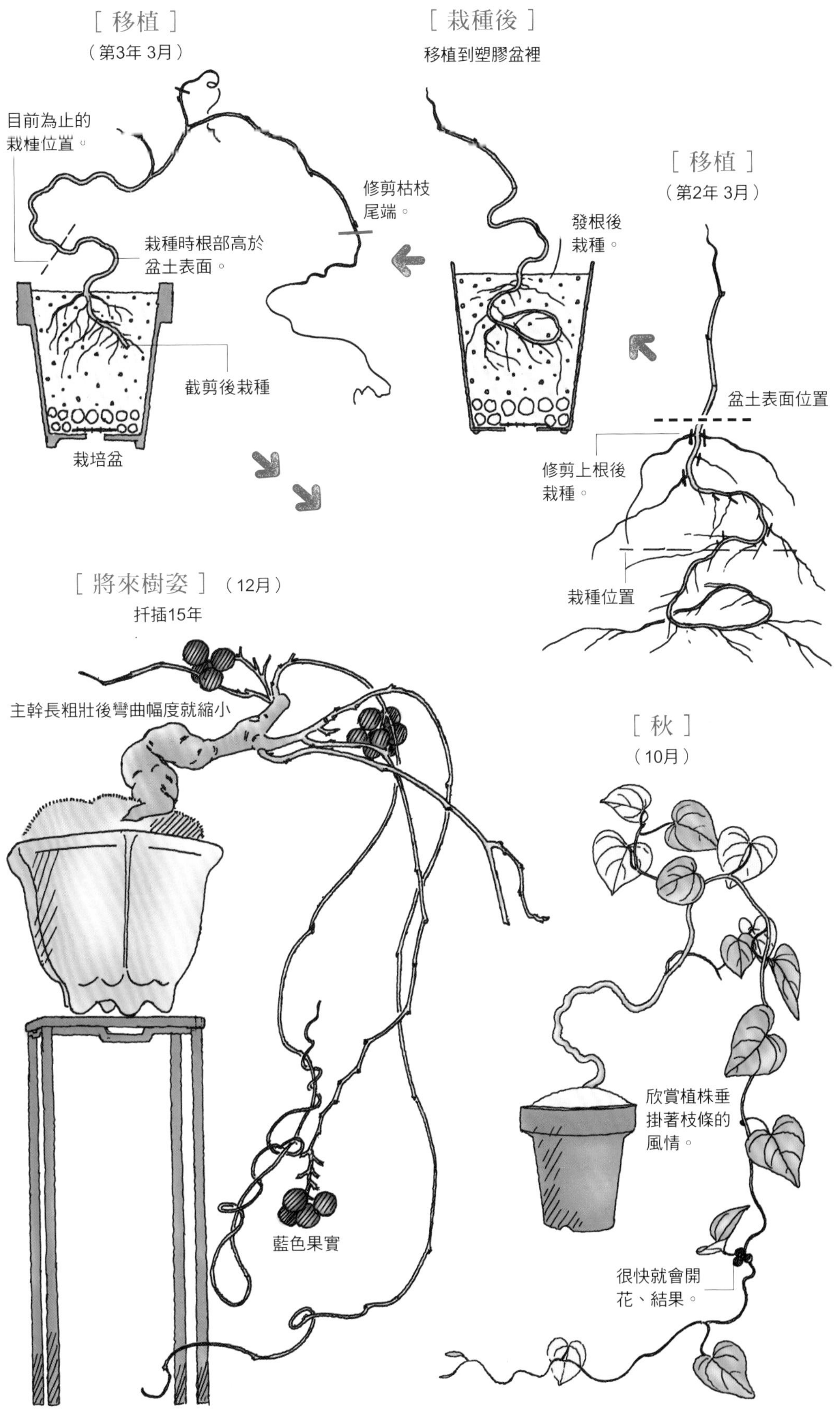
[移植]
（第3年 3月）
目前為止的栽種位置。
栽種時根部高於盆土表面。
修剪枯枝尾端。
截剪後栽種
栽培盆
[栽種後]
移植到塑膠盆裡
發根後栽種。
[移植]
（第2年 3月）
盆土表面位置
修剪上根後栽種。
栽種位置
[將來樹姿]（12月）
扦插15年
主幹長粗壯後彎曲幅度就縮小
藍色果實
[秋]
（10月）
欣賞植株垂掛著枝條的風情。
很快就會開花、結果。

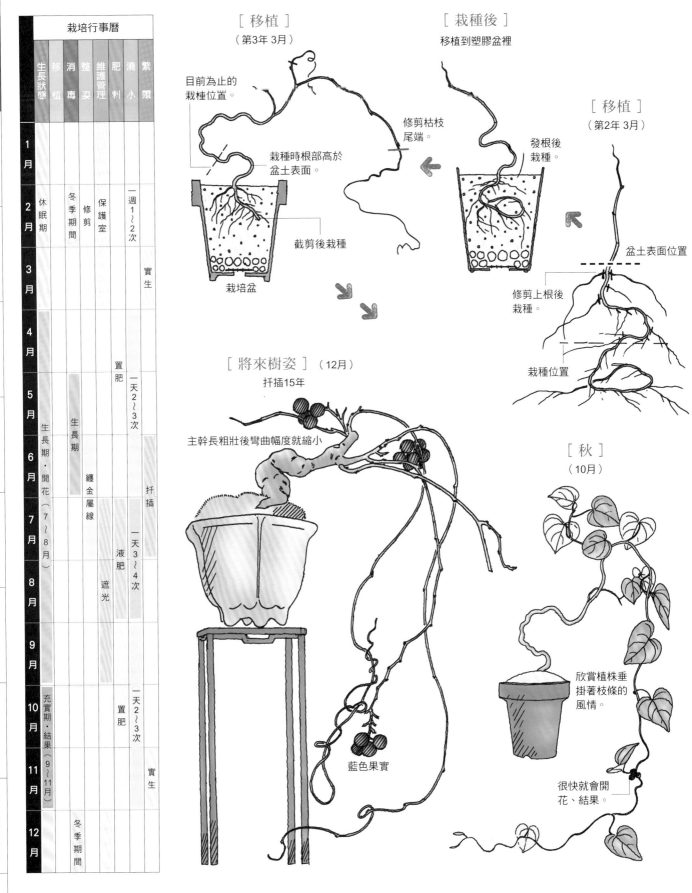

銀杏

日文名	銀杏
別名	公孫樹
學名	*Ginkgo biloba*
分類	銀杏科 （落葉／喬木）
花語	「長壽」
花期	10～11月

4月開出淺黃色花，雌雄異株，雌株結果。雄株與雌株都能長成大樹，栽培成小巧盆栽更令人驚嘆。希望栽種雌株時，可透過種子挑選植株、購買已經長出果實的植株，或將雌株枝條嫁接於雄株上。

［扦插］

形成曲線似地修剪後扦插

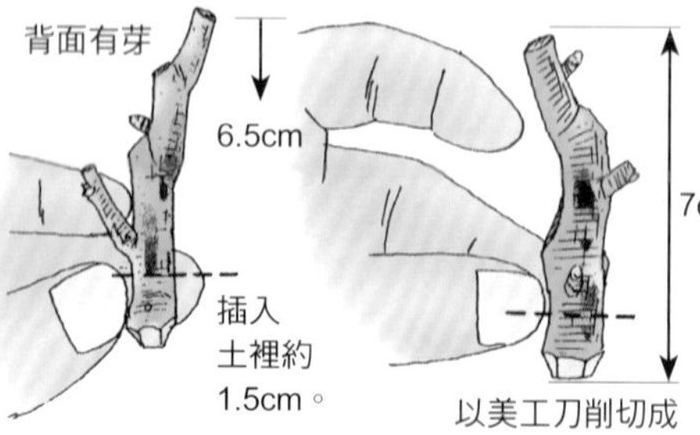
背面有芽
6.5cm
插入
土裡約
1.5cm。
7cm
以美工刀削切成
鉛筆狀扦插。

［修剪・移植］

（3月）

壓條3年

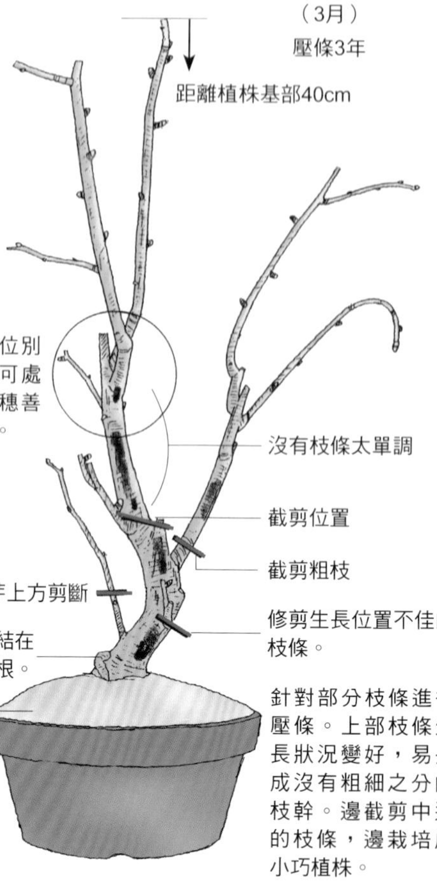
距離植株基部40cm
彎曲部位別
丟棄，可處
理成插穗善
加利用。
沒有枝條太單調
截剪位置
截剪粗枝
從第1芽上方剪斷
修剪糾結在
一起的根。
修剪生長位置不佳的
枝條。
清除用土，截剪
粗根後移植。

針對部分枝條進行壓條。上部枝條生長狀況變好，易長成沒有粗細之分的枝幹。邊截剪中途的枝條，邊栽培成小巧植株。

［修剪枝條・修剪根部後］

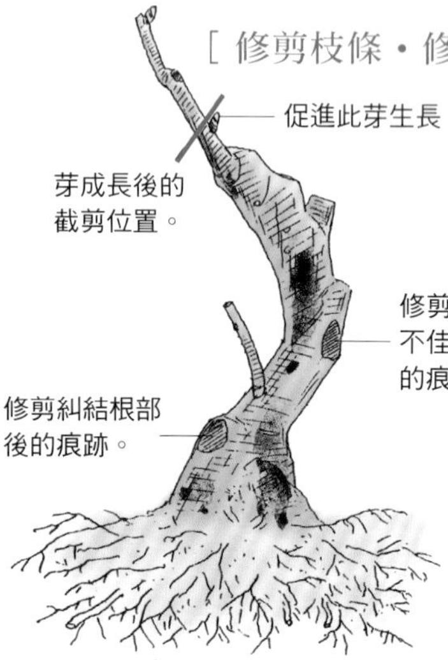
促進此芽生長
芽成長後的
截剪位置。
修剪生長位置
不佳的枝條後
的痕跡。
修剪糾結根部
後的痕跡。
事先截剪長根

［修剪］

（第2年秋天）

由第1節上方，短截
修剪太長的枝條。
因主幹彎曲成U形
而耿耿於懷，計畫
由一的位置剪斷。
處理成插穗，
善加利用。
預定於入春後
截剪的位置。

［開花］

（4月）

雄花
淺黃色尾狀花
雌花
細長葉柄基部長
出2個胚株。

將雄花花粉抹在雌花（人工授粉）上。銀杏的雄花花粉可飄散到好幾公里遠。附近無雄株時，可搬到公園等處的銀杏樹下，或取得雄花後以棉花棒等沾取花粉，分別進行人工授粉。

栽培行事曆

月	生長狀態	移植	消毒	整姿	維護管理	肥料	澆水	繁殖
1月								
2月	休眠期		冬季期間	修剪	保護室		一週1～2次	嫁接
3月								扦插・實生
4月								
5月	生長期・開花（3～4月）					置肥	一天2～3次	
6月			生長期	纏金屬線				壓條・扦插
7月								
8月					遮光	液肥	一天3～4次	
9月								
10月	充實期・結果（10～11月）					置肥	一天2～3次	
11月								實生
12月			冬季期間					

［ 修剪根部後 ］

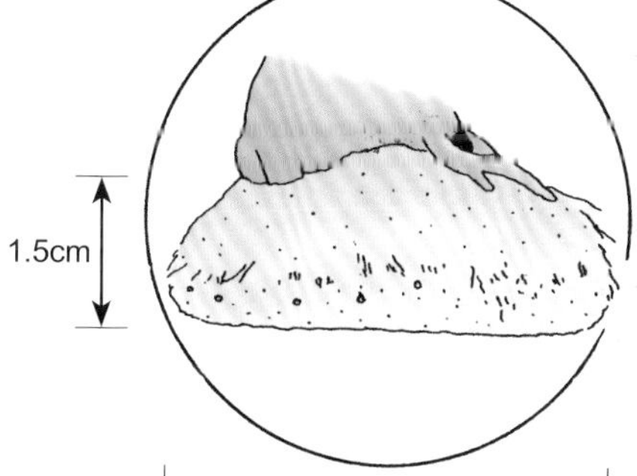
1.5cm
7cm

截剪粗根以促使植株長出更多小根

［ 修剪・移植 ］
（第4年春天）

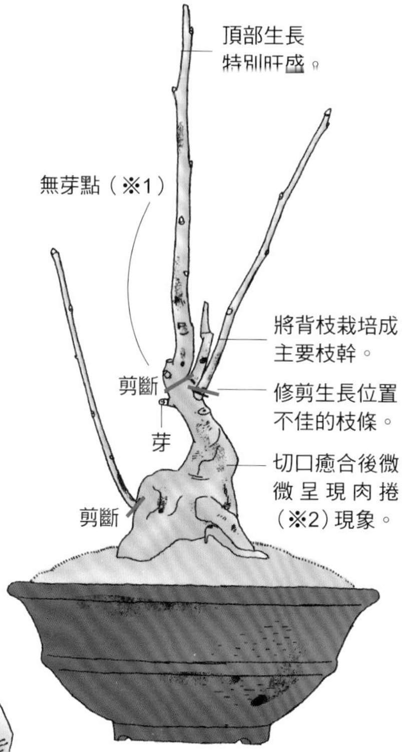
頂部生長特別旺盛。
無芽點（※1）
將背枝栽培成主要枝幹。
剪斷
修剪生長位置不佳的枝條。
芽
切口癒合後微微呈現肉捲（※2）現象。
剪斷

修剪後植株更小巧，因此移植種入小花盆。

［ 果實欣賞 ］
（10～11月）

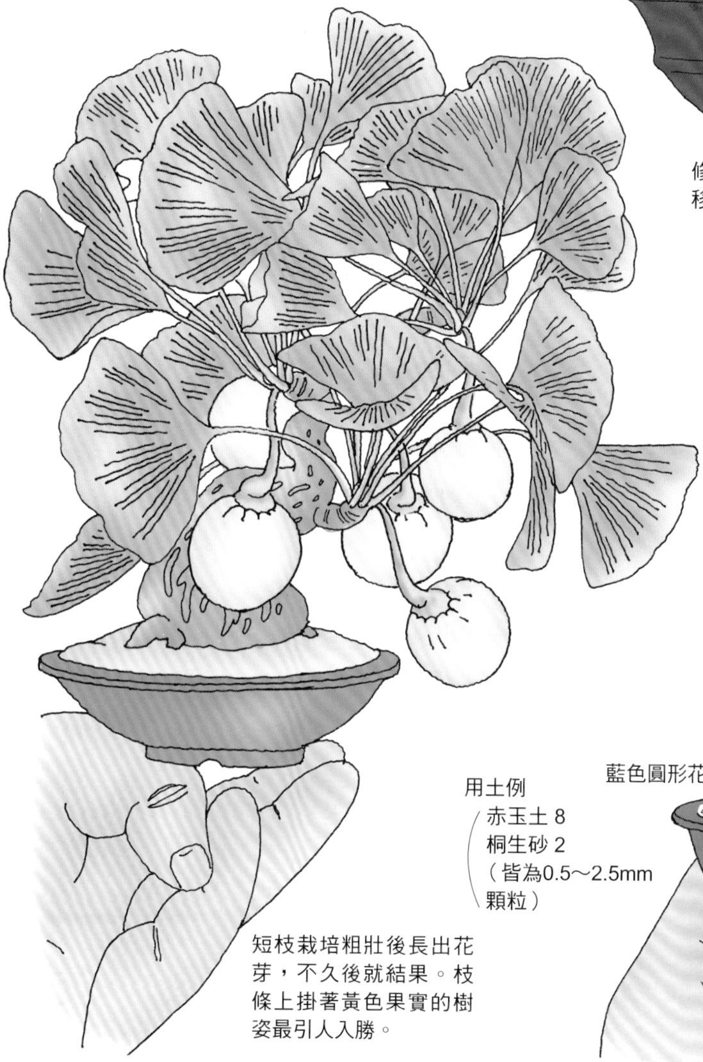

短枝栽培粗壯後長出花芽，不久後就結果。枝條上掛著黃色果實的樹姿最引人入勝。

［ 移植後 ］

希望如虛線般栽培成竹筍形狀的樹型。
藍色圓形花盆

用土例
赤玉土 8
桐生砂 2
（皆為0.5～2.5mm顆粒）

※1　芽點：盆栽界術語之一，指長出不定芽的狀態或位置。
※2　肉捲：傷口癒合後，形成層治癒並包覆傷口的現象。

木瓜海棠

日文名	花梨
別名	毛葉木瓜、木桃
學名	*Pseudocydonia sinensis*
分類	薔薇科（落葉常綠樹／喬木）
花語	「具可能性」
花期	10～11月

3～4月開花。小品盆栽結果大小約3～4.5cm。追肥時建議使用磷酸成分較高的肥料。結果期間缺水易導致落果。以嫁接方式繁殖時，4～5年就會開花、結果。嫁接時必須以實生苗為砧木。

[修剪根部]

過於旺盛生長的粗根必須剪短

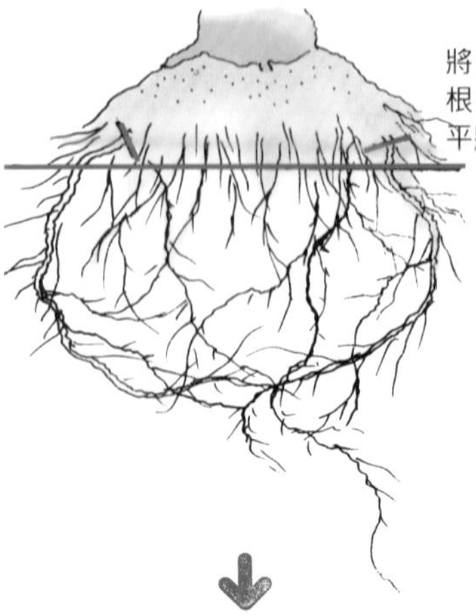
將太長的小根截剪成水平狀態。

[修剪根部後]

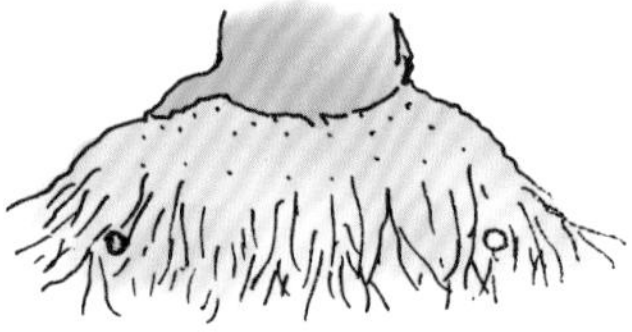

修剪根部後也不會出現花芽掉落等現象。

[移植]（3月）

實生 10年

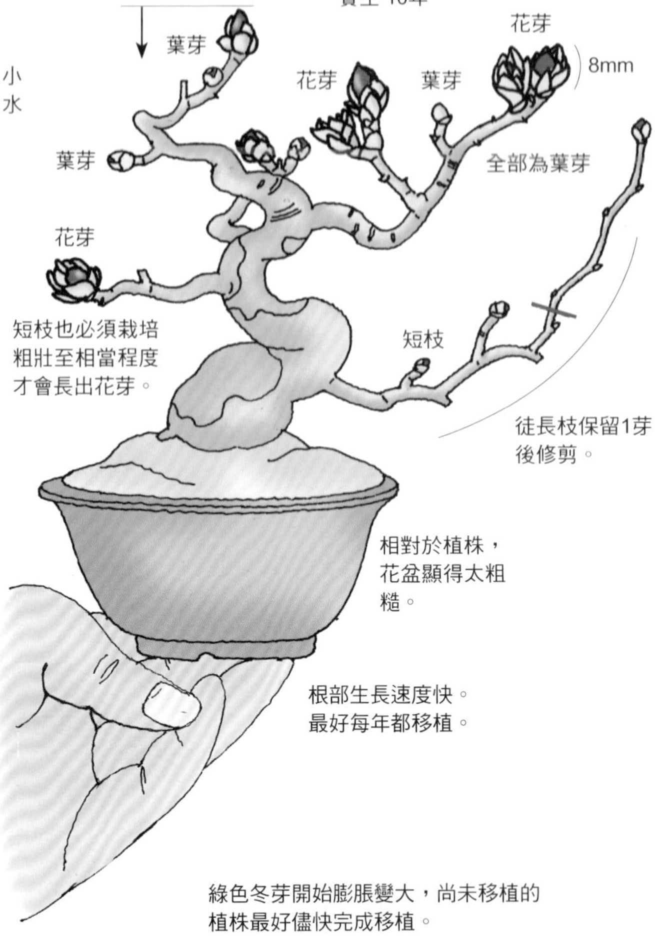
距離植株基部15cm
葉芽
花芽
葉芽
花芽
8mm
葉芽
全部為葉芽
花芽
短枝也必須栽培粗壯至相當程度才會長出花芽。
短枝
徒長枝保留1芽後修剪。
相對於植株，花盆顯得太粗糙。
根部生長速度快。最好每年都移植。

[移植後]

氣溫較低時，移入保護室裡培育管理。
綠色冬芽開始膨脹變大，尚未移植的植株最好儘快完成移植。
結出碩大果實，植株依然屹立不搖。
藍色淺盆

[栽種方法]

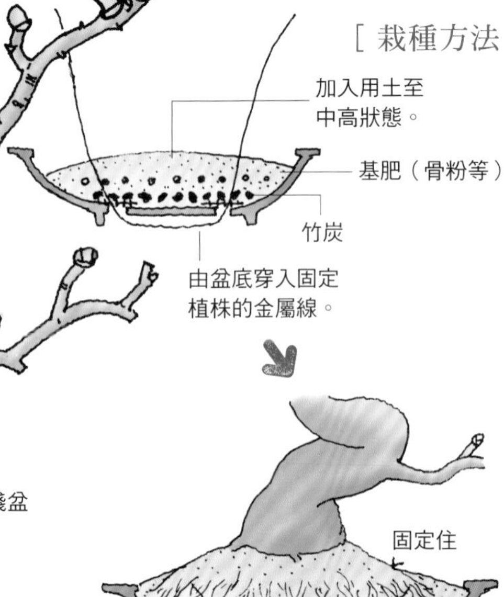
加入用土至中高狀態。
基肥（骨粉等）
竹炭
由盆底穿入固定植株的金屬線。
固定住
栽種時，避免新的用土之間出現空隙。

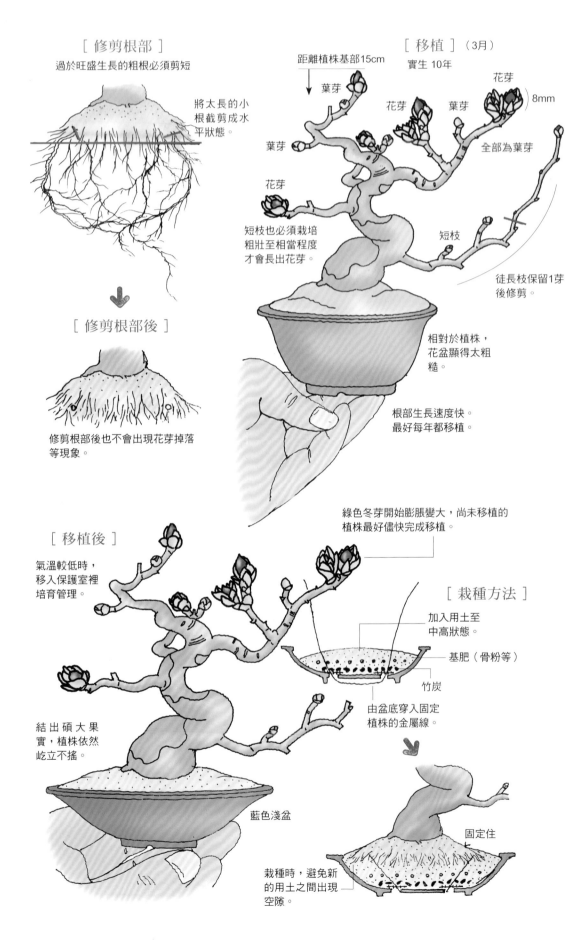

栽培行事曆

月	生長狀態	移植	消毒	整姿	維護管理	肥料	澆水	繁殖
1月								
2月	休眠期		冬季期間	修剪	保護室		一週1~2次	
3月								實生・扦插
4月	生長期・開花（3~4月）・花芽分化（7~8月）							
5月						置肥	一天2~3次	
6月			生長期	纏金屬線				壓條・扦插
7月						液肥	一天3~4次	
8月					遮光			
9月								
10月	充實期・結果（10~12月）					置肥	一天2~3次	
11月								
12月			冬季期間					

［果實欣賞］

散發甘甜香氣的黃色果實。果實成熟自然掉落。
深秋季節葉子就轉變成紅葉。

［開花］
（4月）

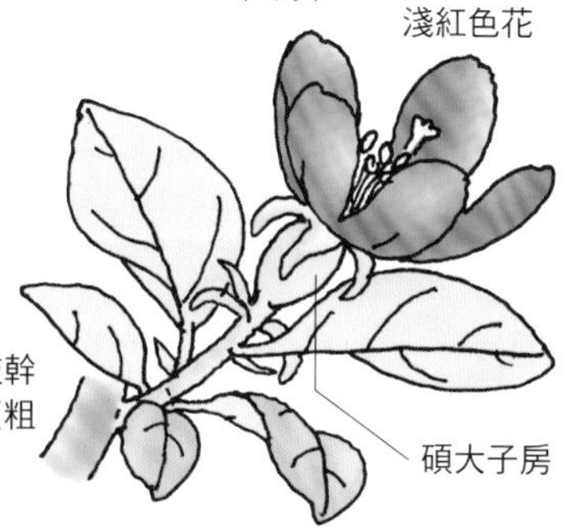
淺紅色花
結果後，枝幹自然長得更粗壯。
碩大子房

［結果情形］

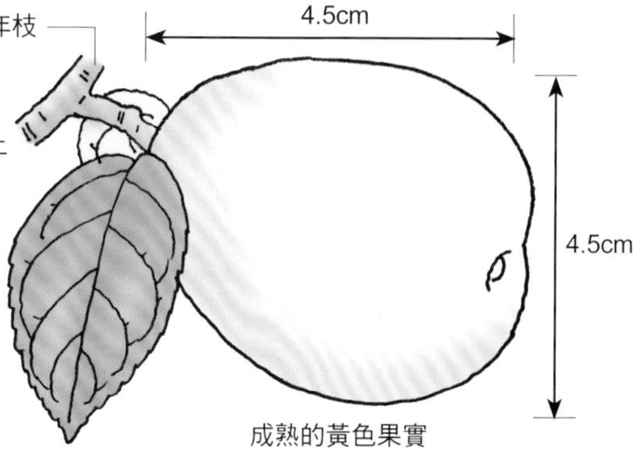
前年枝
4.5cm
在極短的枝條上開花、結果。
4.5cm
成熟的黃色果實

果實散發芳香味道，不可食用，但可用於釀酒。種子留下，立即採播，隔年就會發芽，形成實生苗。植株結果後隔年開花通常不會再結果。

山楂

日文名	山査子
別名	
學名	*Crataegus cuneata*
分類	薔薇科（落葉闊葉樹／灌木）
花語	「希望」「唯一的戀情」
花期	10～11月

日本的山楂開白花，開紅花的山楂為西洋山楂的變種（※）。兩個品種都是5月開花，開一重或八重瓣紅色花。果實大小約1～2cm。小枝變形成尖銳的刺。建議以嫁接方式繁殖，但植株必須栽培好幾年才會開花。

［ 白花山楂的果實 ］（8月）

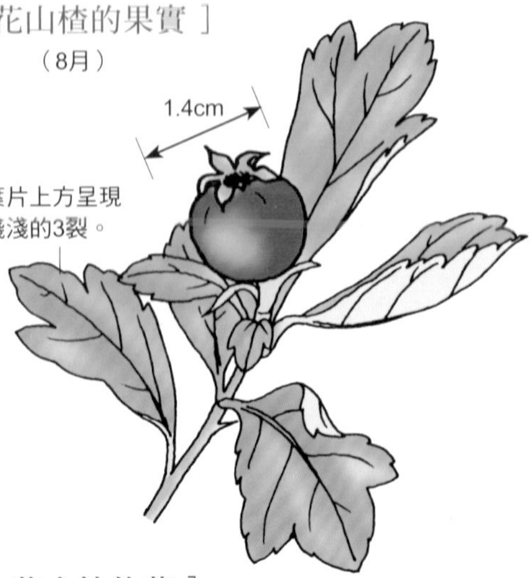
1.4cm
葉片上方呈現淺淺的3裂。

［ 紅花山楂的果實 ］（8月）

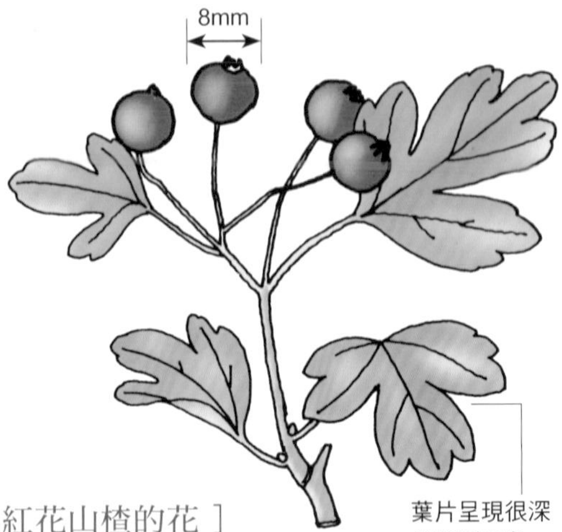
8mm
葉片呈現很深的葉裂現象。

［ 白花山楂的花 ］（5月）

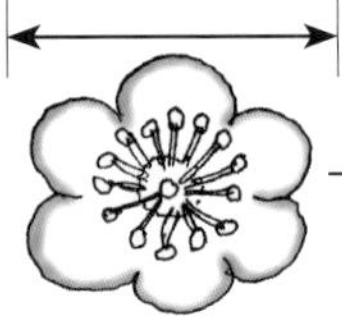
約2cm
一重白花

［ 紅花山楂的花 ］（5月）

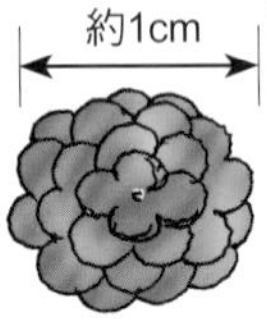
約1cm
八重瓣紅花

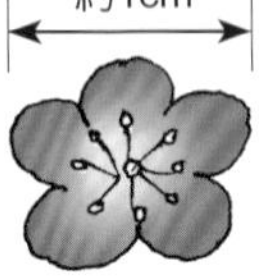
約1cm
紅花

目前樹姿

［ 修剪前 ］（2月）

實生 10年

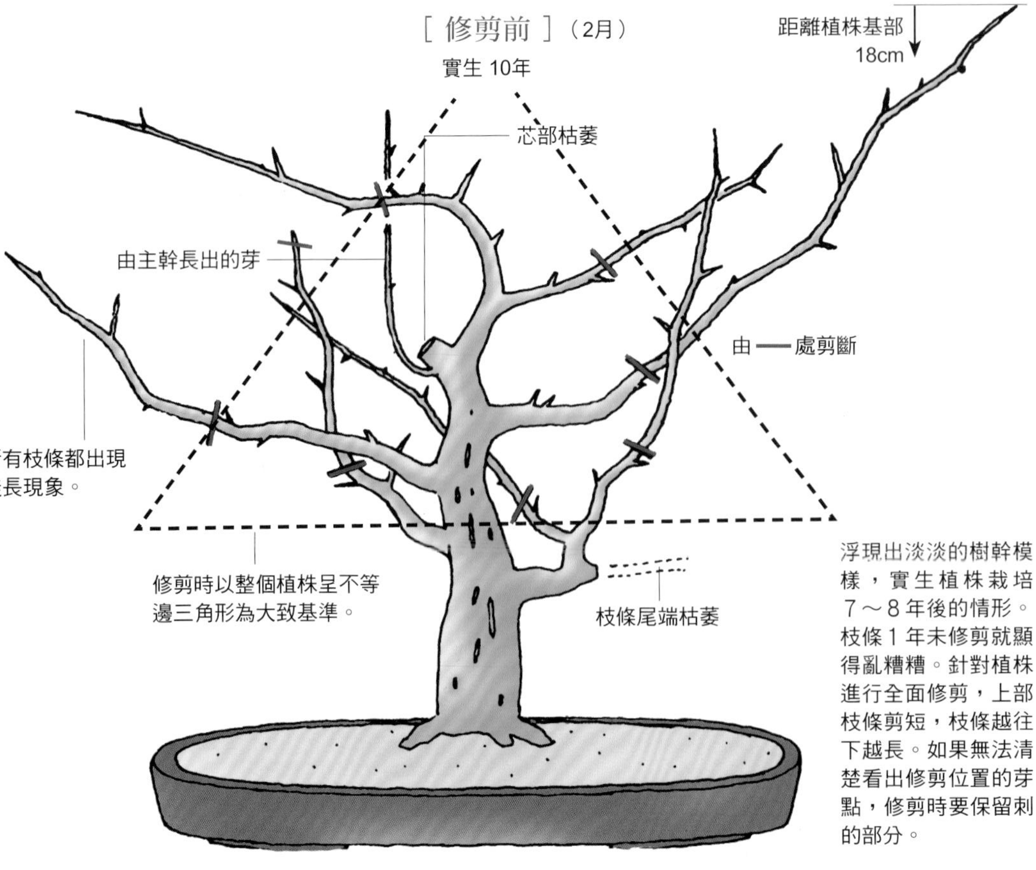
距離植株基部18cm
芯部枯萎
由主幹長出的芽
由 ━━ 處剪斷
所有枝條都出現徒長現象。
修剪時以整個植株呈不等邊三角形為大致基準。
枝條尾端枯萎

浮現出淡淡的樹幹模樣，實生植株栽培7～8年後的情形。枝條1年未修剪就顯得亂糟糟。針對植株進行全面修剪，上部枝條剪短，枝條越往下越長。如果無法清楚看出修剪位置的芽點，修剪時要保留刺的部分。

※變種：整體而言屬於某一個「種」，但實際上與該「種」有些許不同。

栽培行事曆

	生長狀態	移植	消毒	整姿	維護管理	肥料	澆水	繁殖
1月								
2月	休眠期		冬季期間	修剪	保護室		一週1～2次	嫁接
3月								匍匐根
4月								
5月	生長期・開花（5～6月）		生長期			置肥	一天2～3次	
6月				纏金屬線				壓條・扦插
7月						液肥	一天3～4次	
8月					遮光			
9月								
10月	充實期・結果（10～11月）					置肥	一天2～3次	
11月								實生
12月			冬季期間					

［由一根枝條開始造枝］

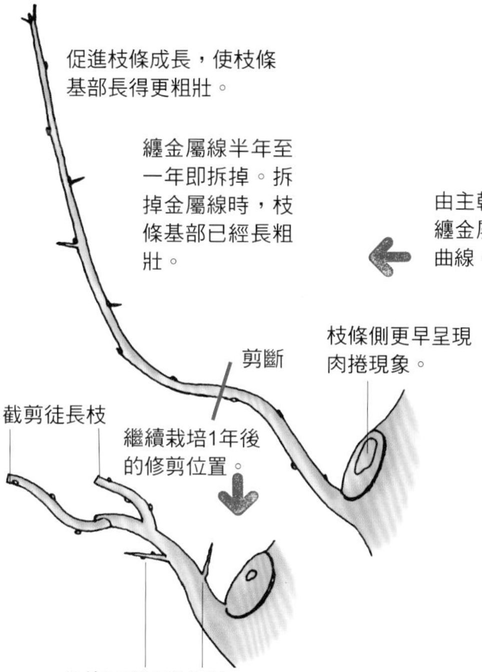
促進枝條成長，使枝條基部長得更粗壯。
纏金屬線半年至一年即拆掉。拆掉金屬線時，枝條基部已經長粗壯。
枝條側更早呈現肉捲現象。
剪斷
截剪徒長枝
繼續栽培1年後的修剪位置。
促使長出更多短枝

［修剪後］（3月）

連中途的老芽都進行截剪，整個盆栽充滿協調美感。

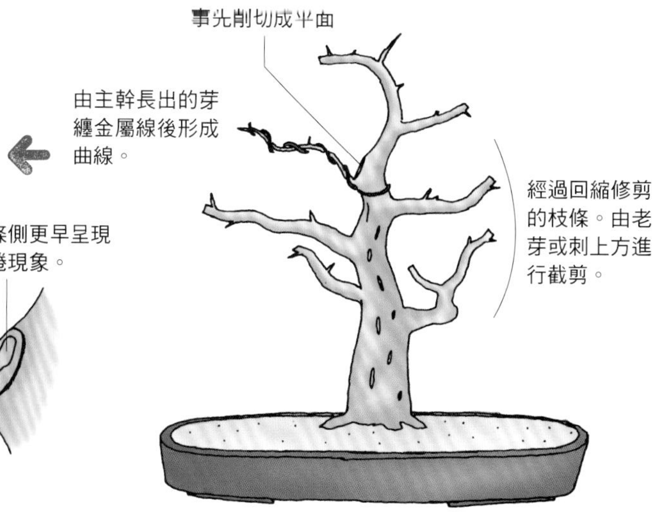
事先削切成平面
由主幹長出的芽纏金屬線後形成曲線。
經過回縮修剪的枝條。由老芽或刺上方進行截剪。

繼續栽培1年後的修剪位置

［幾年後結果時的樹姿］（10～11月）

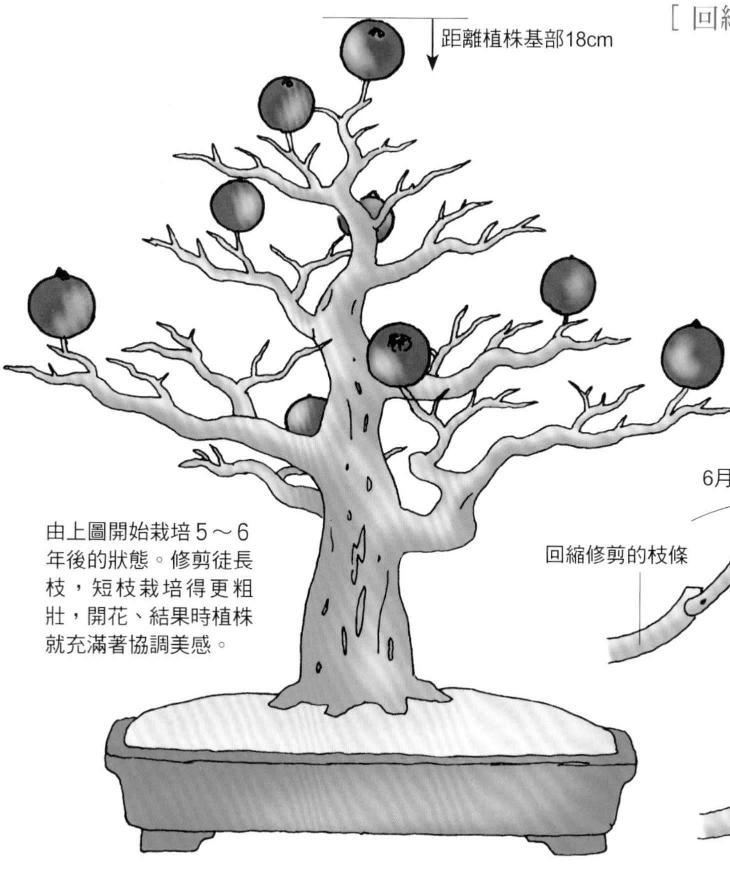
距離植株基部18cm

由上圖開始栽培5～6年後的狀態。修剪徒長枝，短枝栽培得更粗壯，開花、結果時植株就充滿著協調美感。

［回縮修剪枝幹的造枝技巧］

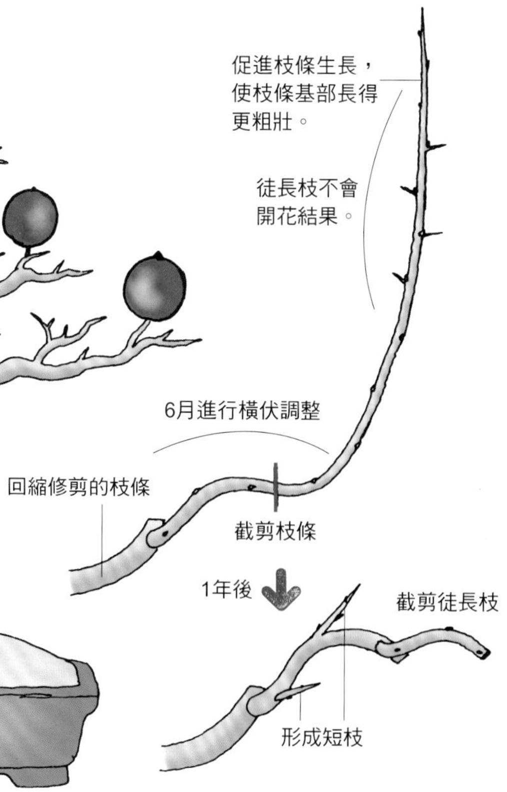
促進枝條生長，使枝條基部長得更粗壯。
徒長枝不會開花結果。
6月進行橫伏調整
回縮修剪的枝條
截剪枝條
1年後
截剪徒長枝
形成短枝

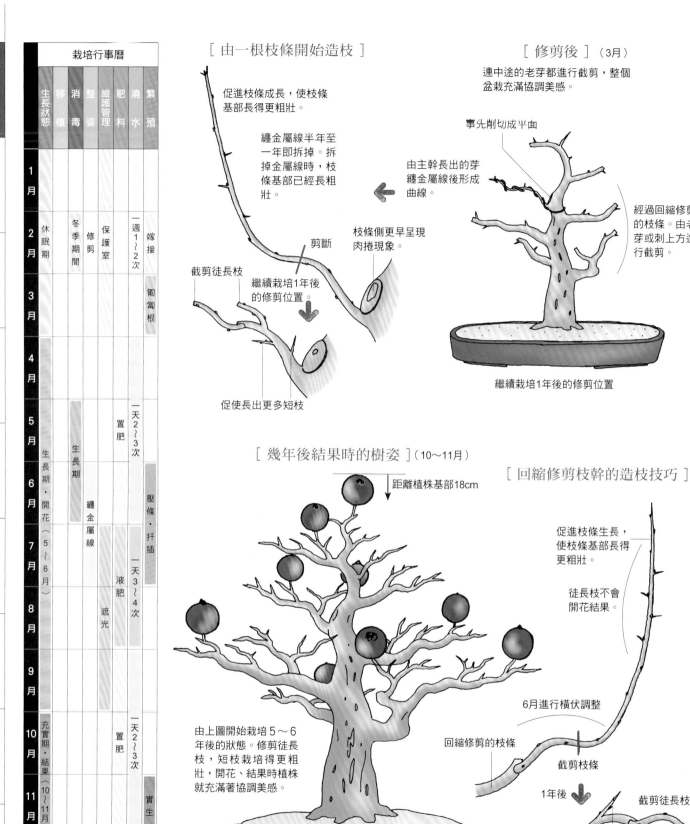

火刺木

日文名	常磐山查子 橘擬
別名	常磐山查子 橘擬
學名	*Pyracantha angustifolia*
分類	薔薇科 （常綠闊葉樹／小喬木）
花語	「慈悲」
花期	10～11月

5～6月開花。開花時枝頭聚集著繡球花般的小白花。火刺木為常磐山查子（紅色果實）與橘擬（橘色果實）的總稱。開花後幾乎都會結果。

適合繁殖方法為實生、扦插、壓條。

［花形］

約1cm

［目前狀態］
（秋）
扦插10年

距離植株基部15cm
植株漸漸長高
主幹基部附近發芽，由新芽上方截剪枝條。
創作盆也充滿著趣味性。

以樹高10cm左右的小盆栽為重點栽培目標的樹木。植株小巧卻充滿古意，圖中為實生或扦插後栽培10年的情形。採壓條方式也需要栽培4～5年。植株生長旺盛，因此，修剪枝條基部長出的芽，即可栽培成樹型小巧的盆栽。

［修剪後］

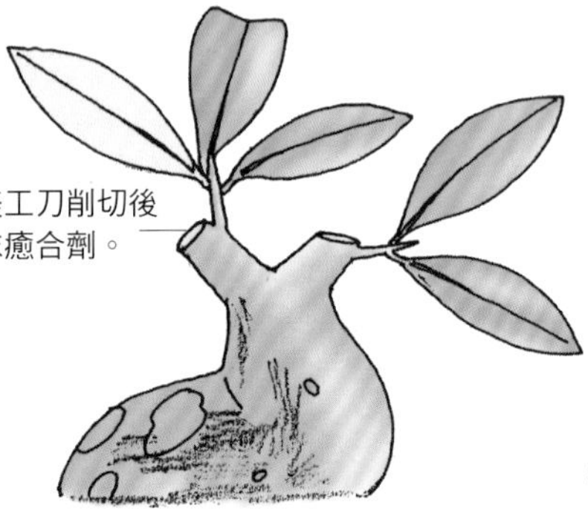
以美工刀削切後塗抹癒合劑。

［纏金屬線後］

徒長枝纏金屬線後形成曲線。
進行橫伏調整即可抑制樹高。

［纏金屬線］
（6～7月）

向上（旺盛）生長特性顯著，必須趁枝條還纖細時期纏金屬線，進行橫伏調整。

［摘芽］
（4月）

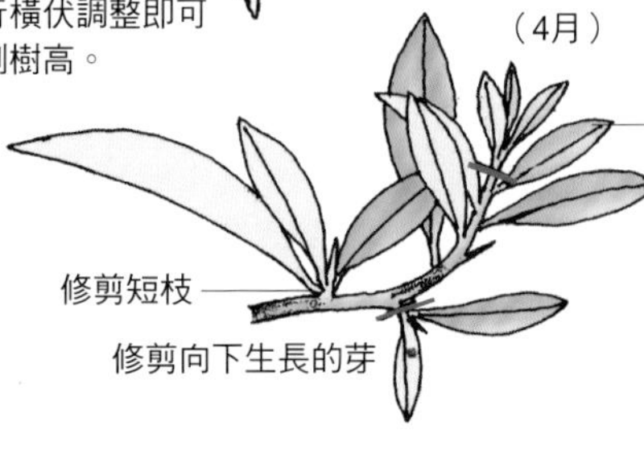
不希望枝條繼續向上生長時，摘除枝條尾端的新芽。
修剪短枝
修剪向下生長的芽

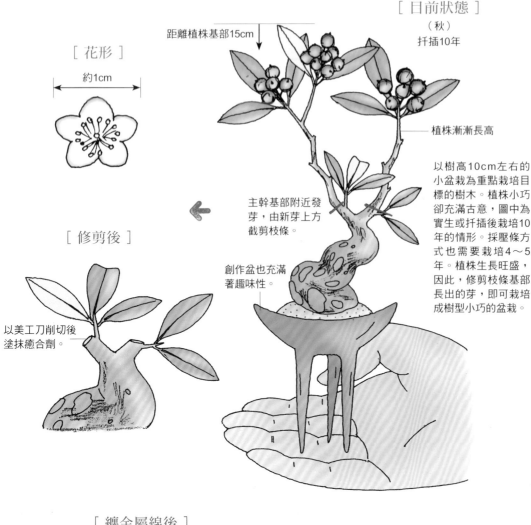

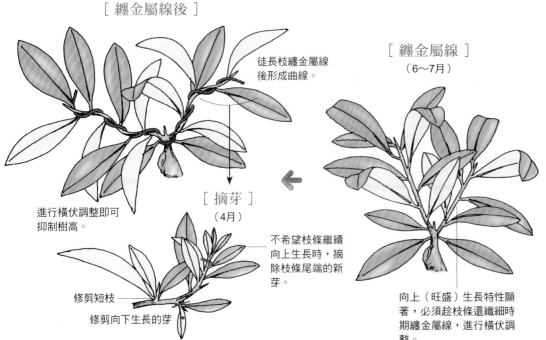

栽培行事曆

月	生長狀態	移植	消毒	整姿	維護管理	肥料	澆水	繁殖
1月								
2月	休眠期		冬季期間	修剪	保護室		一週1～2次	
3月				纏金屬線				實生・扦插
4月								扦插
5月	生長期・開花（5～6月）					置肥	一天2～3次	
6月			生長期	纏金屬線				壓條
7月						液肥	一天3～4次	
8月					遮光			
9月				修剪				
10月	充實期・結果（10～11月）					置肥	一天2～3次	
11月								實生
12月			冬季期間					

火刺木的自然交配能力強，葉片形狀也很相像。開花時期的擺放位置必須遠離橘擬。

［果實］
（秋）
橙色果實為橘擬。
葉片細長
紅色果實為常磐山查子。

［花］
（5～6月下旬）
花開在短枝頭上。

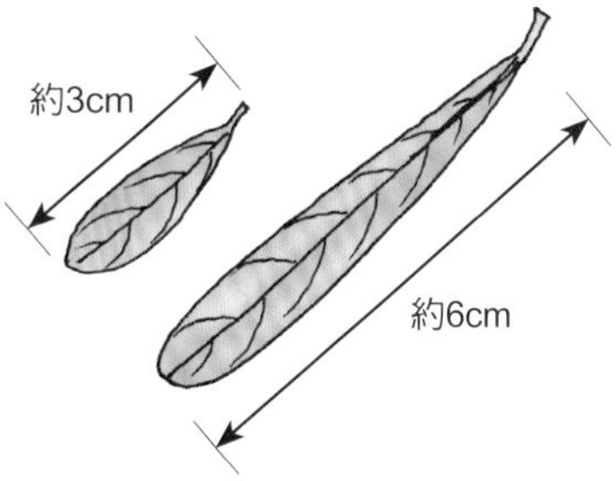
［葉片比較］
常磐山查子
橘擬
約3cm
約6cm

［2年後］
（秋）
距離植株基部7cm
抑制徒長枝生長，促使短枝結果。
纏金屬線後形成曲線的枝條。
以磷酸、鉀成分為主的固體肥料。
斑駁幹肌也值得好好地欣賞。

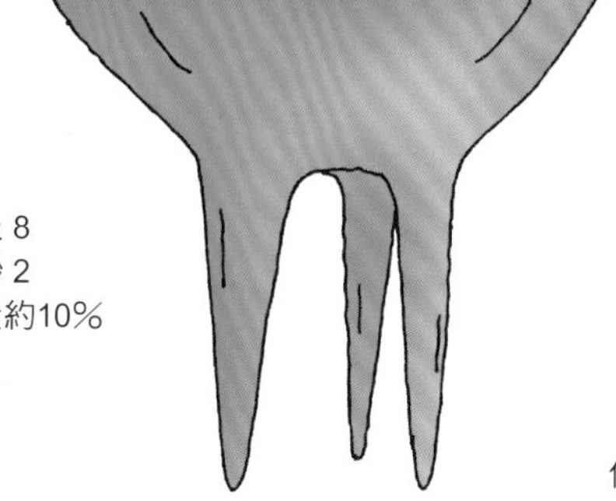

栽培成小巧樹型，植株依然花朵盛開，長滿果實。栽培後漸入佳境，主幹充滿古意，樹格非凡。

適合於每年9月移植。3月春分時節亦可移植。

用土例
赤玉土 8
桐生砂 2
＋竹炭約10%

［修剪］
（休眠期）
截剪徒長枝
保留短枝

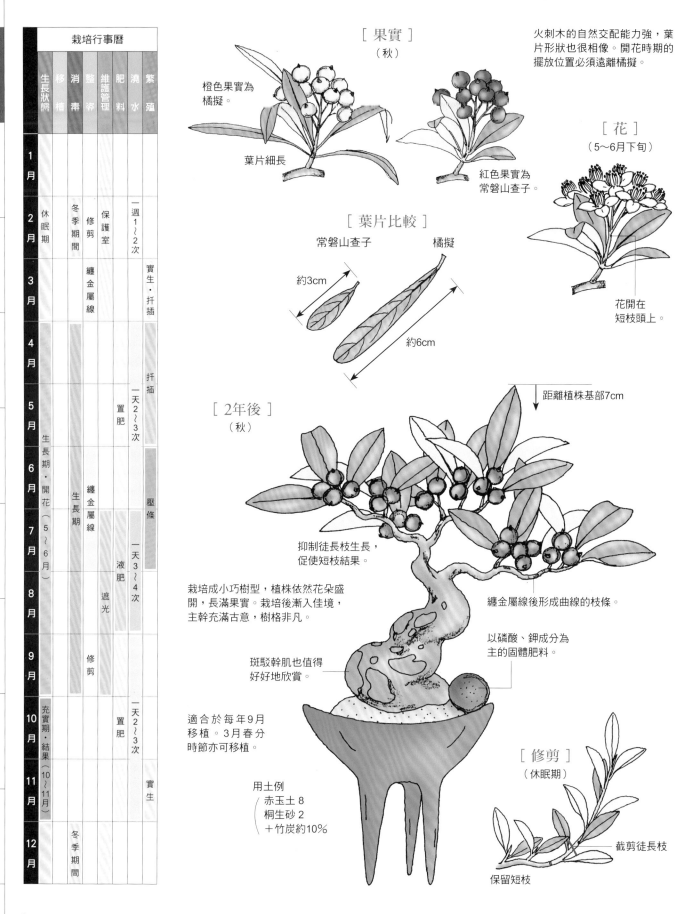

日本南五味子

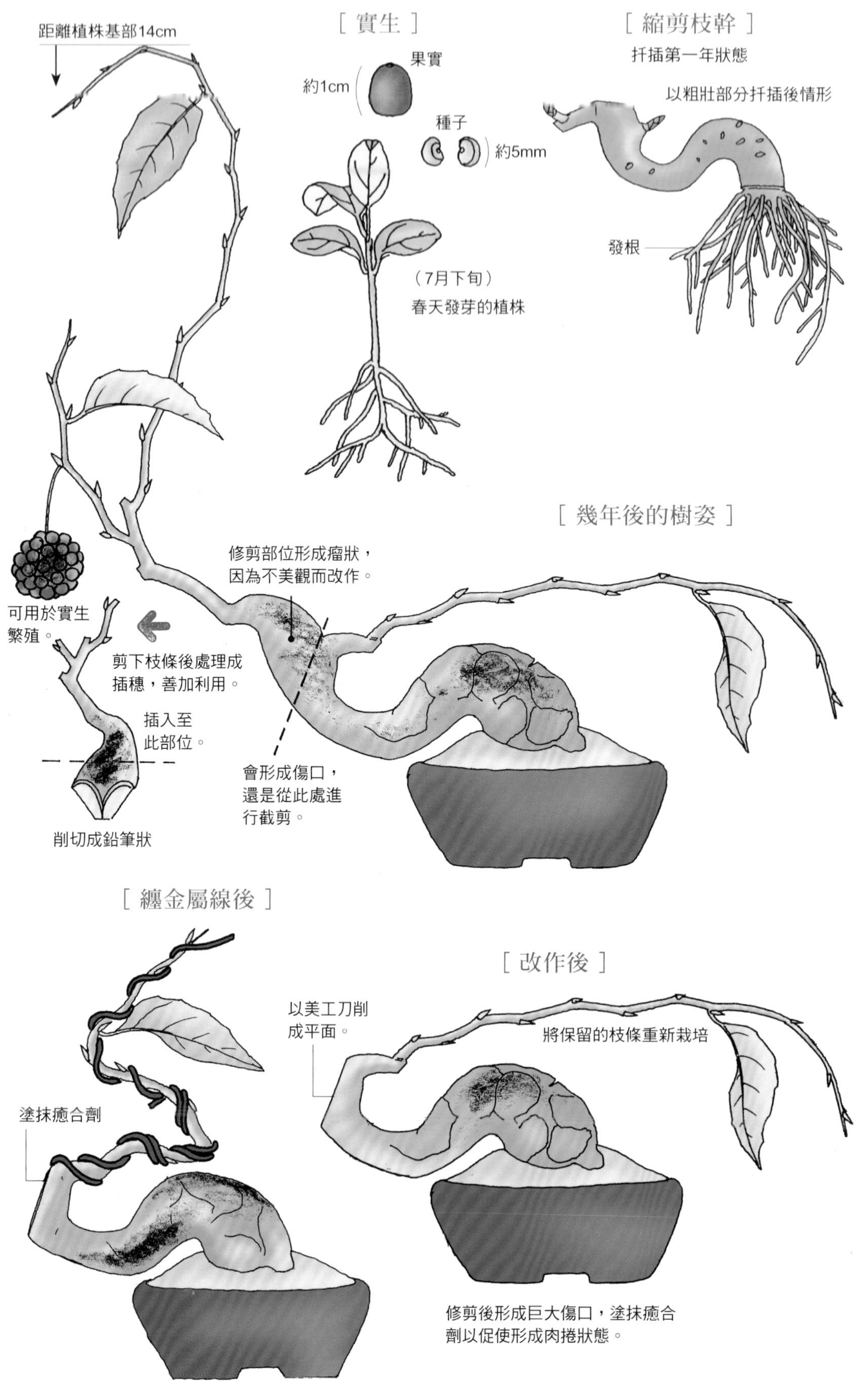
[實生]
果實
約1cm
種子
約5mm
（7月下旬）
春天發芽的植株
[縮剪枝幹]
扦插第一年狀態
以粗壯部分扦插後情形
發根
距離植株基部14cm
可用於實生
繁殖。
剪下枝條後處理成
插穗，善加利用。
插入至
此部位。
削切成鉛筆狀
[幾年後的樹姿]
修剪部位形成瘤狀，
因為不美觀而改作。
會形成傷口，
還是從此處進
行截剪。
[纏金屬線後]
塗抹癒合劑
[改作後]
以美工刀削
成平面。
將保留的枝條重新栽培
修剪後形成巨大傷口，塗抹癒合
劑以促使形成肉捲狀態。

日文名	実葛 （植物學上的正式名稱）
別名	美男葛
學名	*Kadsura japonica*
分類	五味子科 （蔓性半常綠樹／灌木）
花語	「再會」
花期	10～11月

8月開淺黃色花。結紅色果實，狀似日式糕點的鹿子餅，觀賞期間長達隔年2月左右。雌雄同株，但與相同植株的雄花交配後，不易結果，必須與其他植株的雄花交配。建議以扦插或實生方式繁殖。

栽培行事曆

	生長狀態	移植	消毒	整姿	維護管理	肥料	澆水	繁殖
1月								
2月	休眠期		冬季期間	修剪	保護室		一週1~2次	
3月								實生・扦插
4月								
5月						置肥	一天2~3次	
6月	生長期・開花（8月）		生長期	纏金屬線				壓條・扦插
7月						液肥	一天3~4次	
8月					遮光			
9月								
10月	充實期・結果（10~11月）					置肥	一天2~3次	
11月								實生
12月			冬季期間					

[縮剪枝幹②]
（隔年的休眠期）

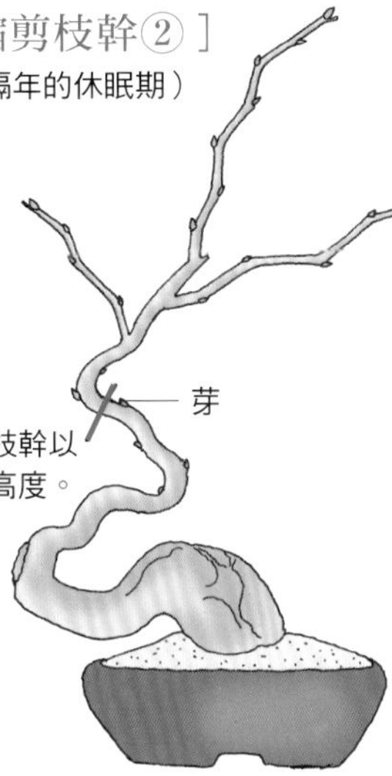
芽
縮剪枝幹以
降低高度。

[縮剪枝幹①]
枝條基部栽培粗壯後
縮剪枝幹。

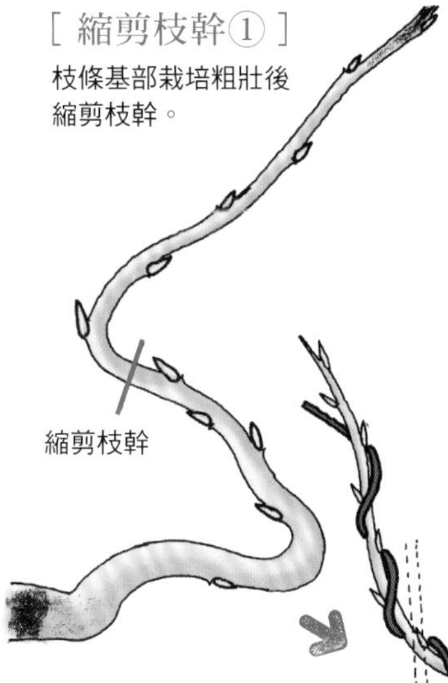
縮剪枝幹

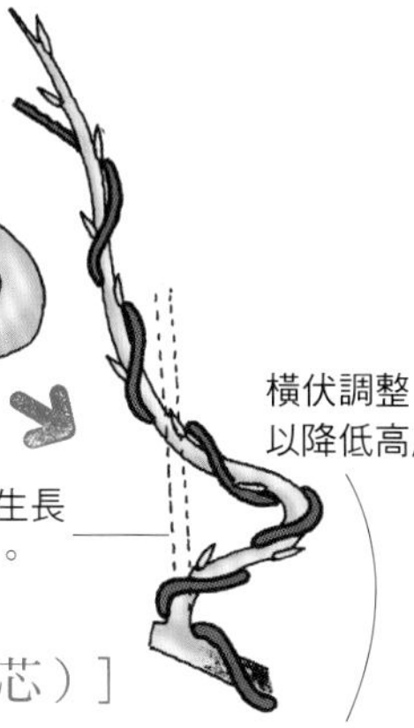
橫伏調整
以降低高度。
易直線生長
的部位。

[造枝（樹芯）]

[造枝]
（6~7月）
如虛線所示，纏金屬線後進行橫伏調整。

[交配方法]
（8月）

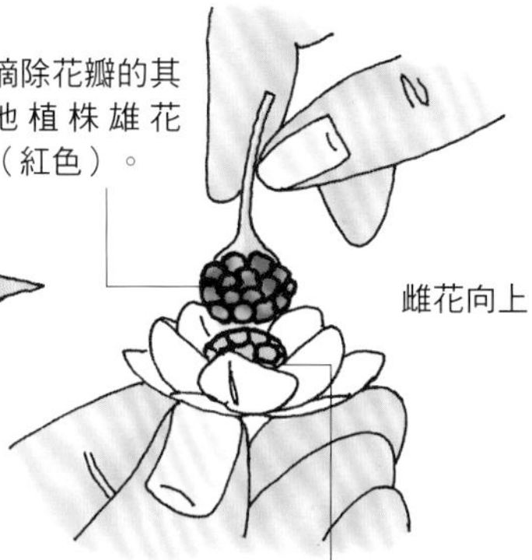
摘除花瓣的其
他 植 株 雄 花
（紅色）。
雌花向上
雌蕊（綠色）

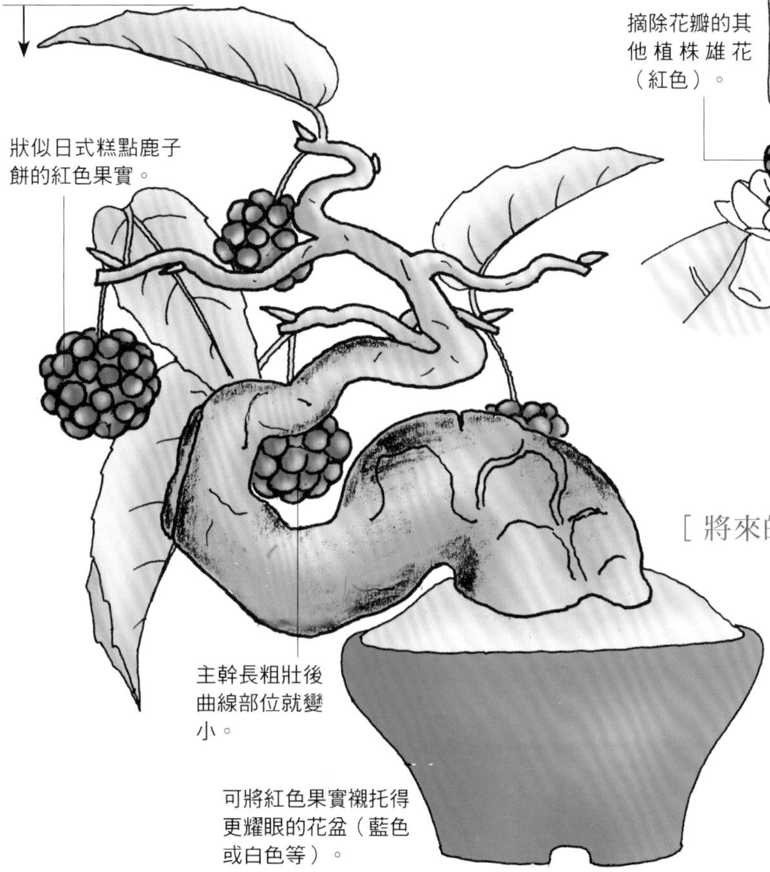
距離植株基部8cm
狀似日式糕點鹿子
餅的紅色果實。
主幹長粗壯後
曲線部位就變
小。
可將紅色果實襯托得
更耀眼的花盆（藍色
或白色等）。

[將來的樹姿]

落霜紅

日文名	梅擬
別名	
學名	*Ilex serrata*
分類	冬青科 （落葉闊葉樹／灌木）
花語	「明朗」
花期	10～11月

葉片形狀酷似梅葉，這就是日文名梅擬的由來。5～6月開花。有好幾個品種，其中以果實直徑6～8㎜的「大納言」最有名。葉肉薄，需要較多水分的樹種。雌雄異株，實生植株直到開花為止都難以分辨雌雄。

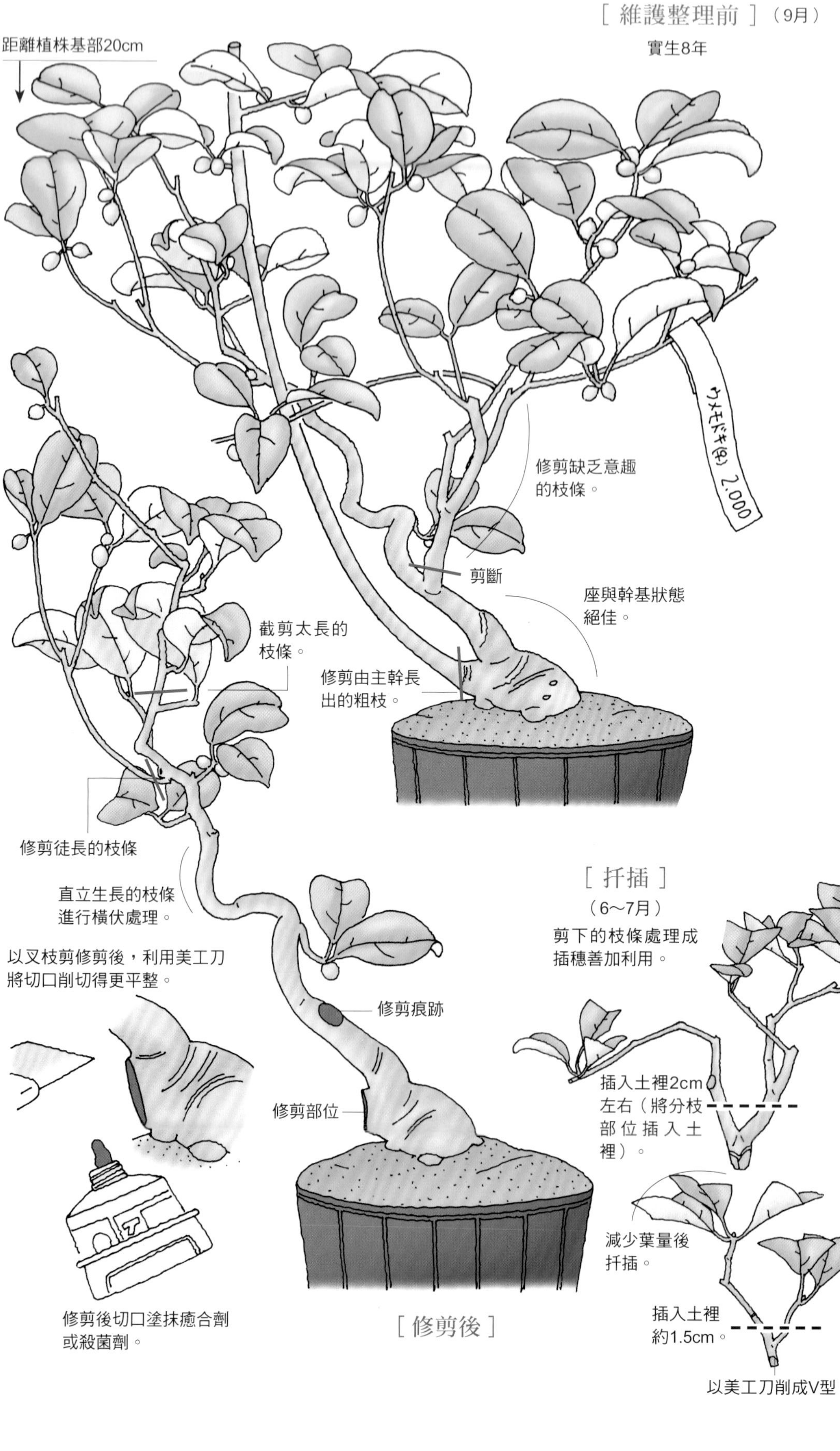

［維護整理前］（9月）
實生8年
距離植株基部20cm
修剪缺乏意趣的枝條。
剪斷
座與幹基狀態絕佳。
截剪太長的枝條。
修剪由主幹長出的粗枝。
修剪徒長的枝條
直立生長的枝條進行橫伏處理。
以叉枝剪修剪後，利用美工刀將切口削切得更平整。
修剪痕跡
修剪部位
修剪後切口塗抹癒合劑或殺菌劑。
［修剪後］
［扦插］
（6～7月）
剪下的枝條處理成插穗善加利用。
插入土裡2cm左右（將分枝部位插入土裡）。
減少葉量後扦插。
插入土裡約1.5cm。
以美工刀削成V型

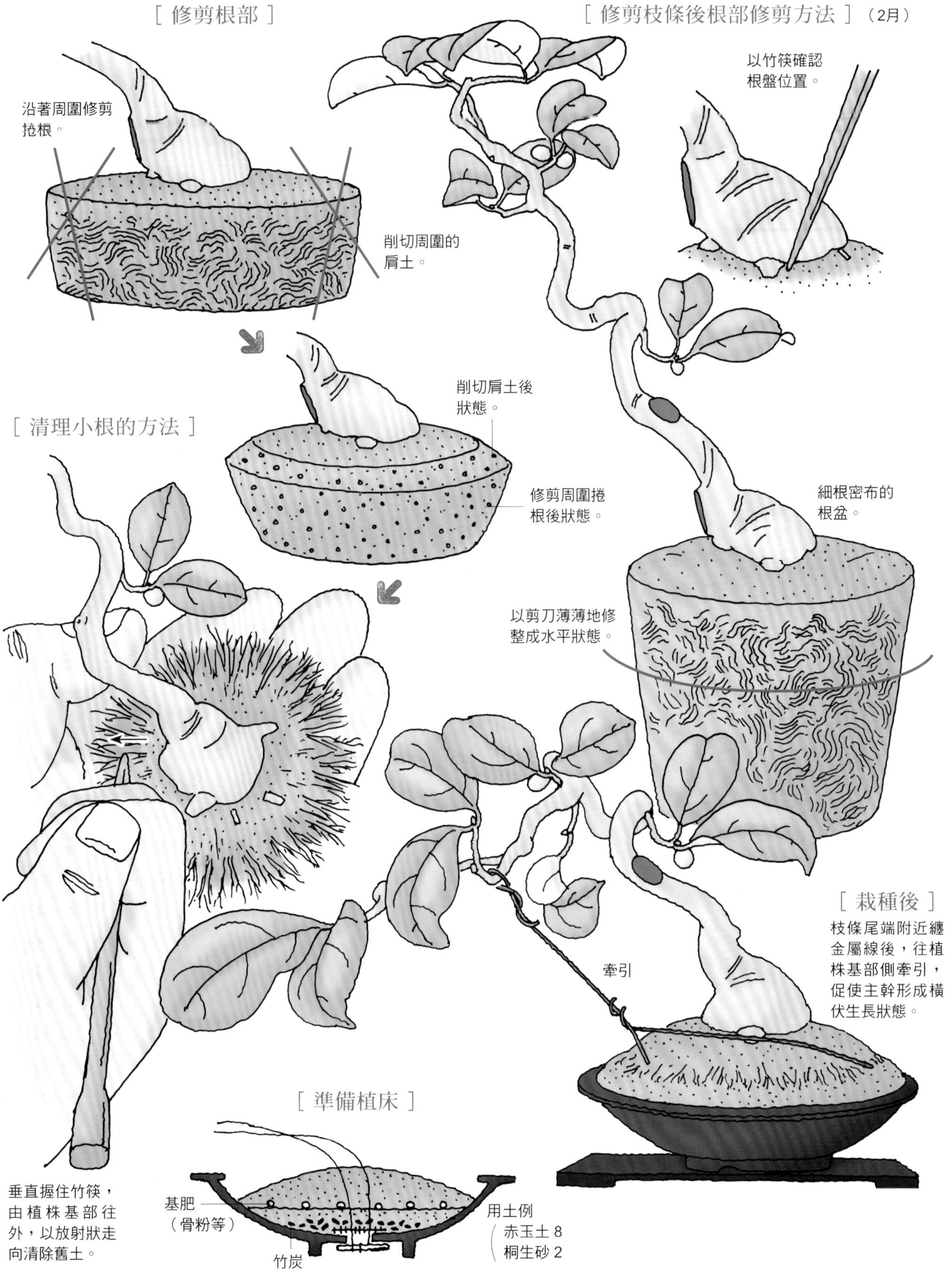
[修剪根部]
沿著周圍修剪捲根。
削切周圍的肩土。
削切肩土後狀態。
修剪周圍捲根後狀態。
[修剪枝條後根部修剪方法]（2月）
以竹筷確認根盤位置。
細根密布的根盆。
以剪刀薄薄地修整成水平狀態。
[清理小根的方法]
垂直握住竹筷，由植株基部往外，以放射狀走向清除舊土。
[準備植床]
基肥（骨粉等）
竹炭
用土例
赤玉土 8
桐生砂 2
[栽種後]
枝條尾端附近纏金屬線後，往植株基部側牽引，促使主幹形成橫伏生長狀態。
牽引

栽培行事曆	生長狀態	移植	消毒	整姿	維護管理	肥料	澆水	繁殖
1月								
2月	休眠期		冬季期間	修剪	保護室		一週1～2次	嫁接
3月								實生
4月	生長期・開花（5～6月）・花芽分化（7～8月）					置肥	一天2～3次	
5月			生長期					
6月				纏金屬線				嫁接・扦插
7月					遮光	液肥	一天3～4次	
8月								
9月							一天2～3次	
10月	充實期・結果（10～11月）					置肥		
11月								
12月			冬季期間					

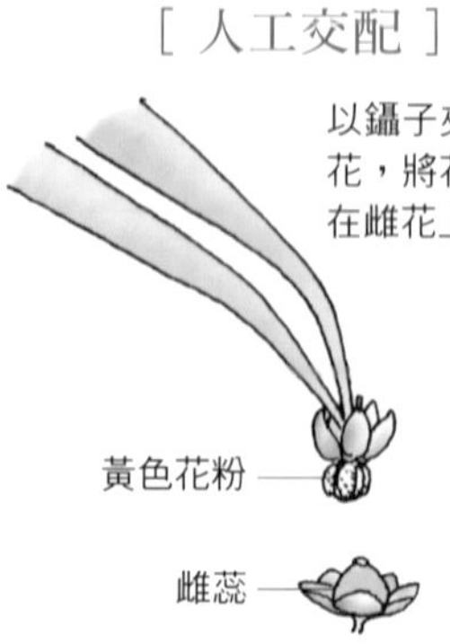

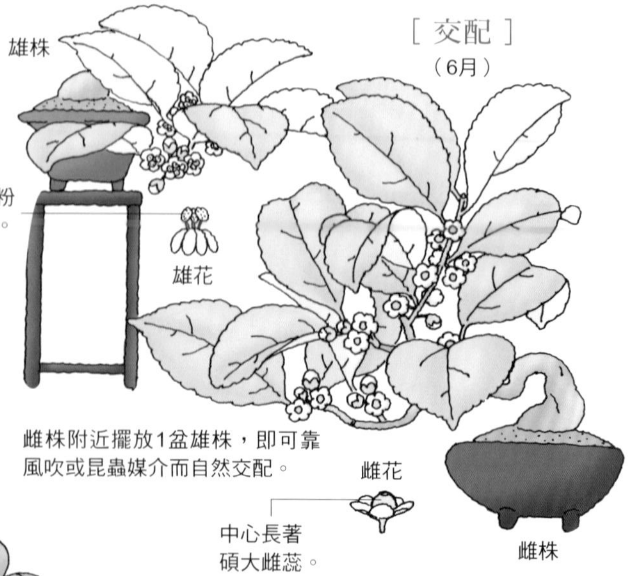

雄株
黃色花粉很醒目。
雄花
雌株附近擺放1盆雄株，即可靠風吹或昆蟲媒介而自然交配。
雌花
中心長著碩大雌蕊。
雌株

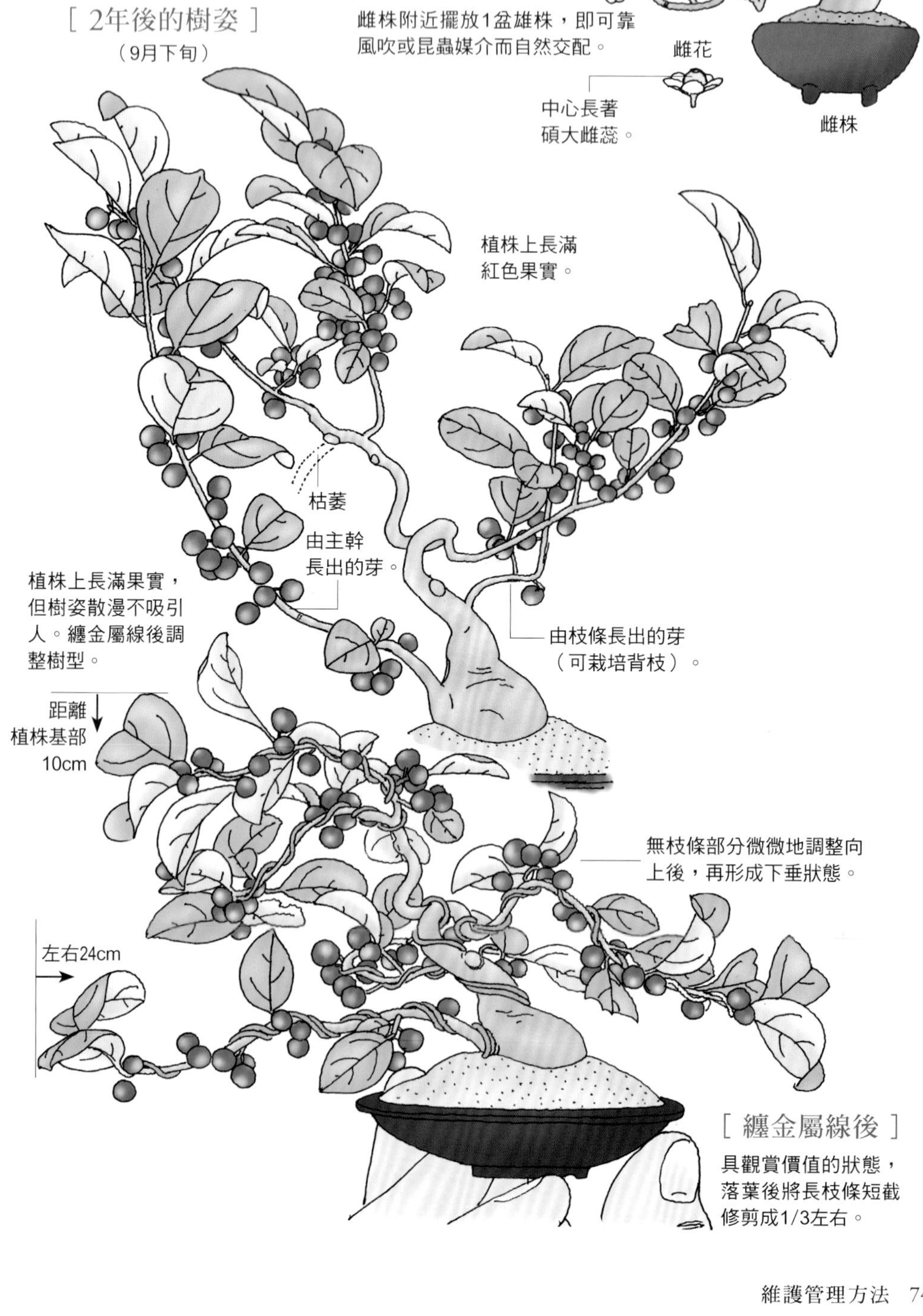

[2年後的樹姿]
（9月下旬）
植株上長滿紅色果實。
枯萎
由主幹長出的芽。
植株上長滿果實，但樹姿散漫不吸引人。纏金屬線後調整樹型。
由枝條長出的芽（可栽培背枝）。
距離植株基部10cm
無枝條部分微微地調整向上後，再形成下垂狀態。
左右24cm
[纏金屬線後]
具觀賞價值的狀態，落葉後將長枝條短截修剪成1/3左右。

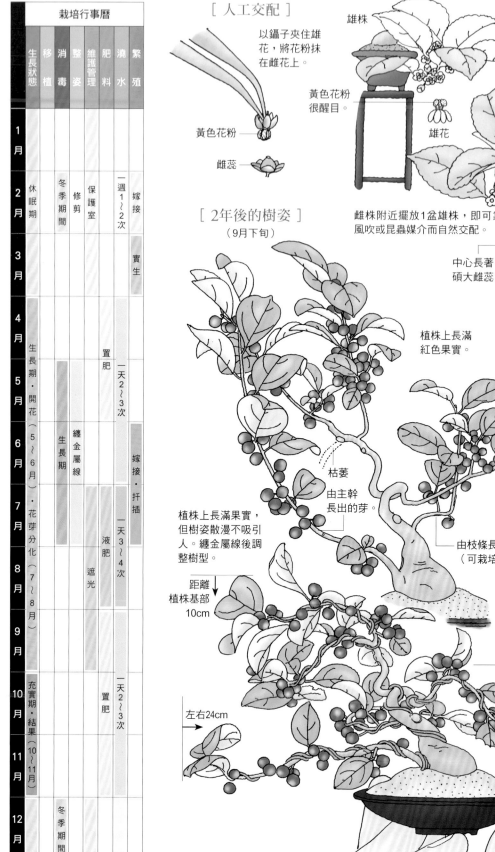

[人工交配]
以鑷子夾住雄花，將花粉抹在雌花上。
黃色花粉
雌蕊

[交配]

小真弓

日文名	小真弓
別名	
學名	*Euonymus alatus*
分類	衛矛科（落葉闊葉樹／灌木）
花語	「不想離開你」
花期	10～11月

5〜6月開淺黃綠色花。新梢頂芽與頂芽附近的腋芽長出新芽。小真弓為衛矛科變種，樹性強，耐強度修剪。果實成熟後轉紅，秋季紅葉也美不勝收。建議以扦插、壓條方式繁殖。

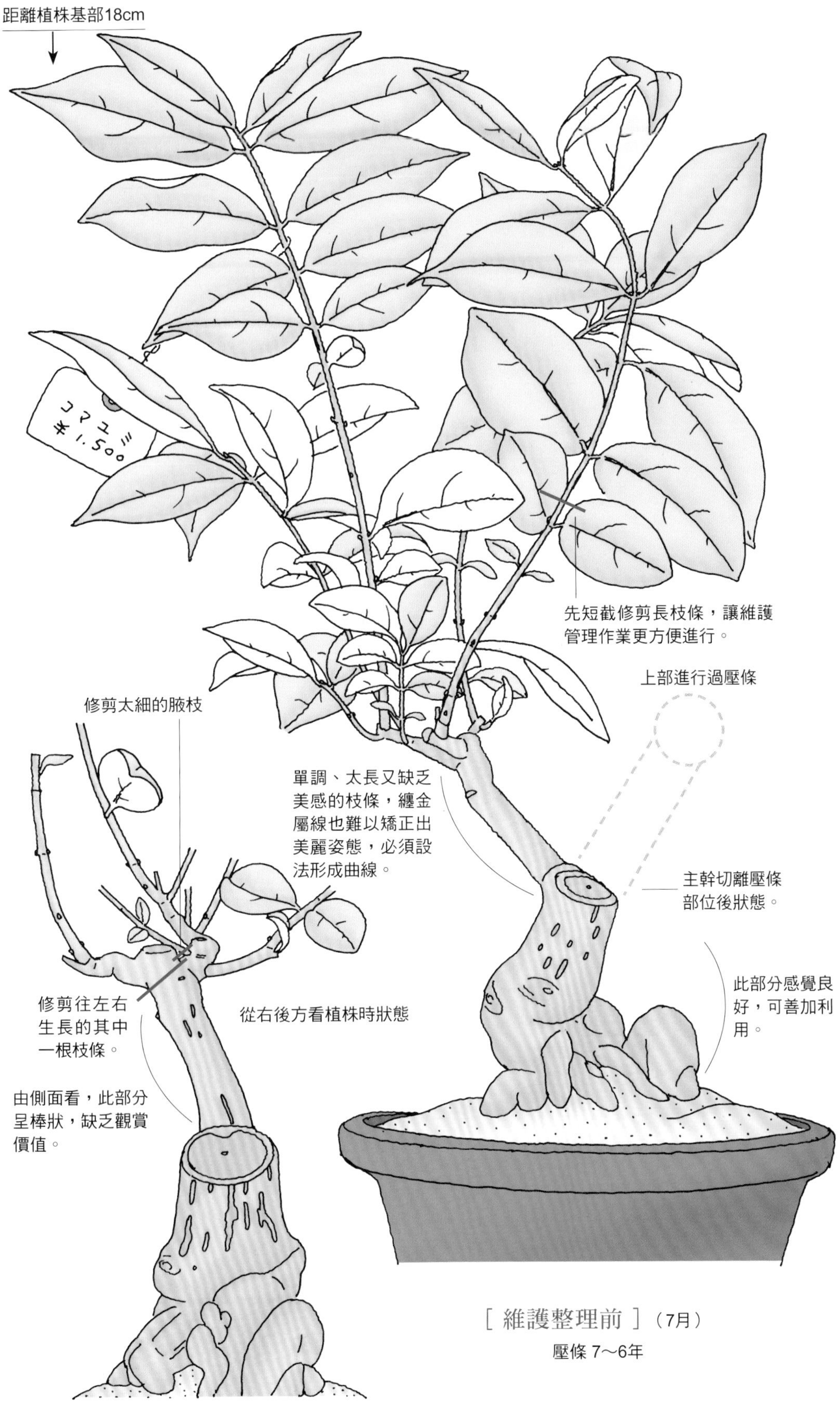
距離植株基部18cm
コマユミ
¥1,500
先短截修剪長枝條，讓維護管理作業更方便進行。
上部進行過壓條
修剪太細的腋枝
單調、太長又缺乏美感的枝條，纏金屬線也難以矯正出美麗姿態，必須設法形成曲線。
主幹切離壓條部位後狀態。
此部分感覺良好，可善加利用。
修剪往左右生長的其中一根枝條。
從右後方看植株時狀態
由側面看，此部分呈棒狀，缺乏觀賞價值。

［ 維護整理前 ］（7月）
壓條 7〜6年

[修剪・纏金屬線]

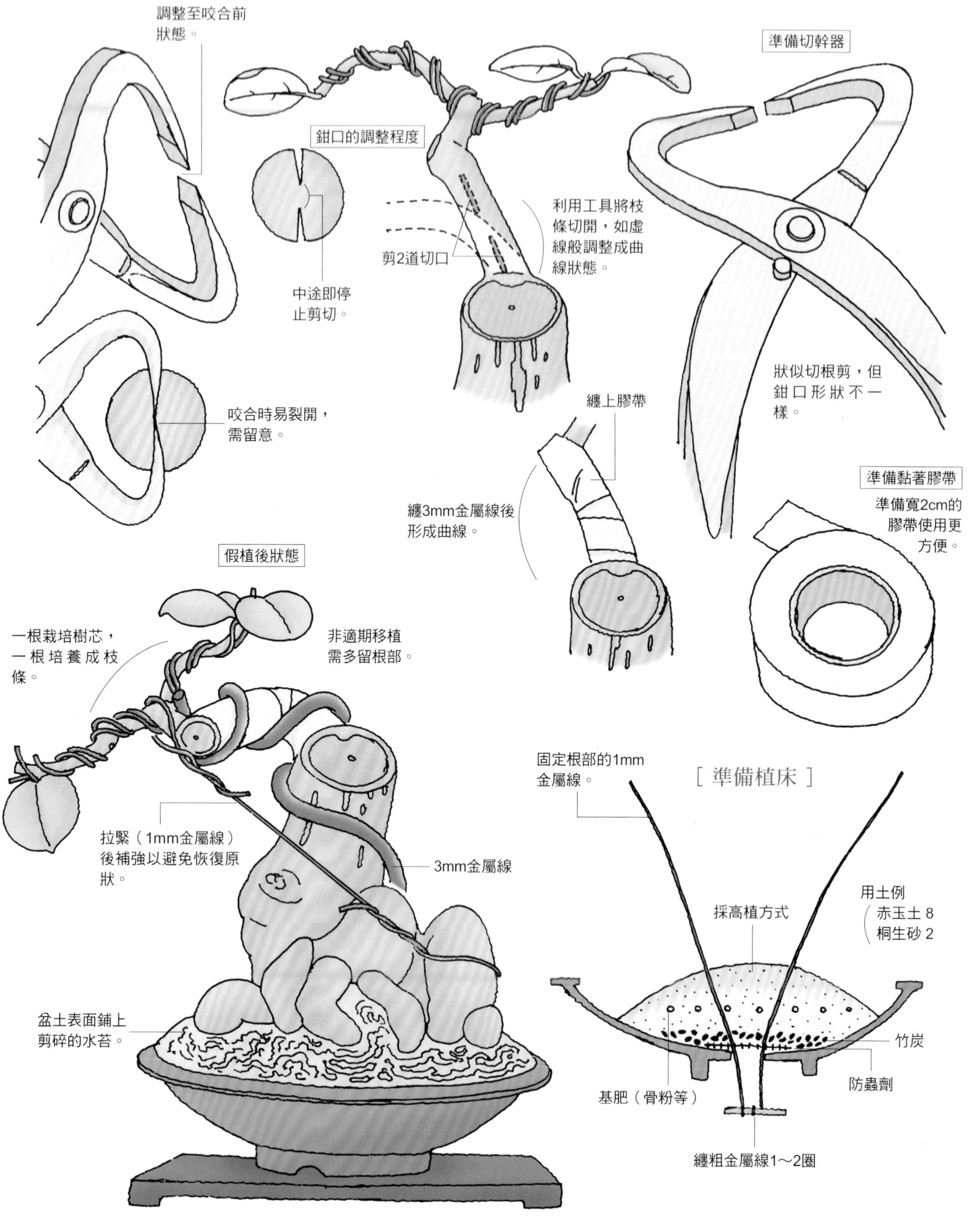

調整至咬合前
狀態。
準備切幹器
鉗口的調整程度
中途即停
止剪切。
剪2道切口
利用工具將枝
條切開，如虛
線般調整成曲
線狀態。
咬合時易裂開，
需留意。
狀似切根剪，但
鉗口形狀不一
樣。
纏上膠帶
纏3mm金屬線後
形成曲線。
準備黏著膠帶
準備寬2cm的
膠帶使用更
方便。
假植後狀態
一根栽培樹芯，
一根培養成枝
條。
非適期移植
需多留根部。
拉緊（1mm金屬線）
後補強以避免恢復原
狀。
3mm金屬線
盆土表面鋪上
剪碎的水苔。
[準備植床]
固定根部的1mm
金屬線。
用土例
赤玉土 8
桐生砂 2
採高植方式
竹炭
防蟲劑
基肥（骨粉等）
纏粗金屬線1～2圈

栽培行事曆

月	生長狀態	移植	消毒	整姿	維護管理	肥料	澆水	繁殖
1月								
2月	休眠期		冬季期間	修剪	保護室		一週1~2次	嫁接
3月								扦插・實生
4月	生長期・開花（5~6月）・花芽分化（7~8月）					置肥		
5月			生長期				一天2~3次	
6月				纏金屬線				壓條・扦插
7月					遮光	液肥	一天3~4次	
8月								
9月								
10月	充實期・結果（10~11月）					置肥	一天2~3次	
11月								
12月			冬季期間					

［開花］
（5月）

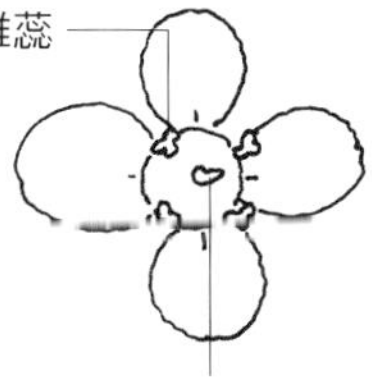
花形
雄蕊
6～7mm的
淺綠色花。
雌蕊

開花情形
由修長枝條
的葉腋抽出
花序。
前年枝

［果實］
（10月）

美麗的紅葉
結朱紅色果實

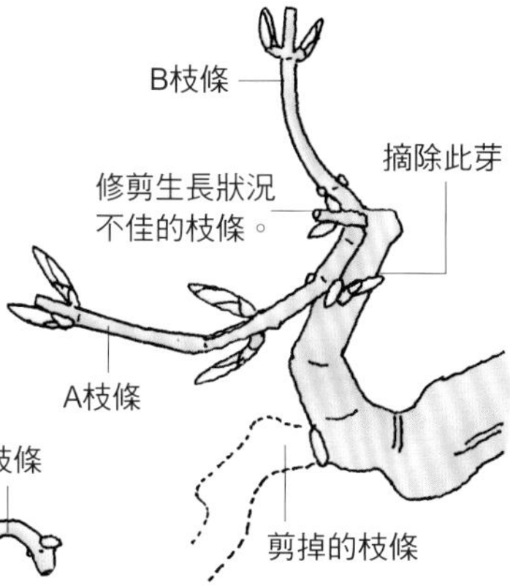
俯瞰枝條時
B枝條
摘除此芽
修剪生長狀況
不佳的枝條。
A枝條
剪掉的枝條

［3年前的樹姿］
（4月中旬）

剪切粗枝後，形成曲線的植株。1年左右傷口就癒合，準備造枝時，另一根枝條出現狀況。

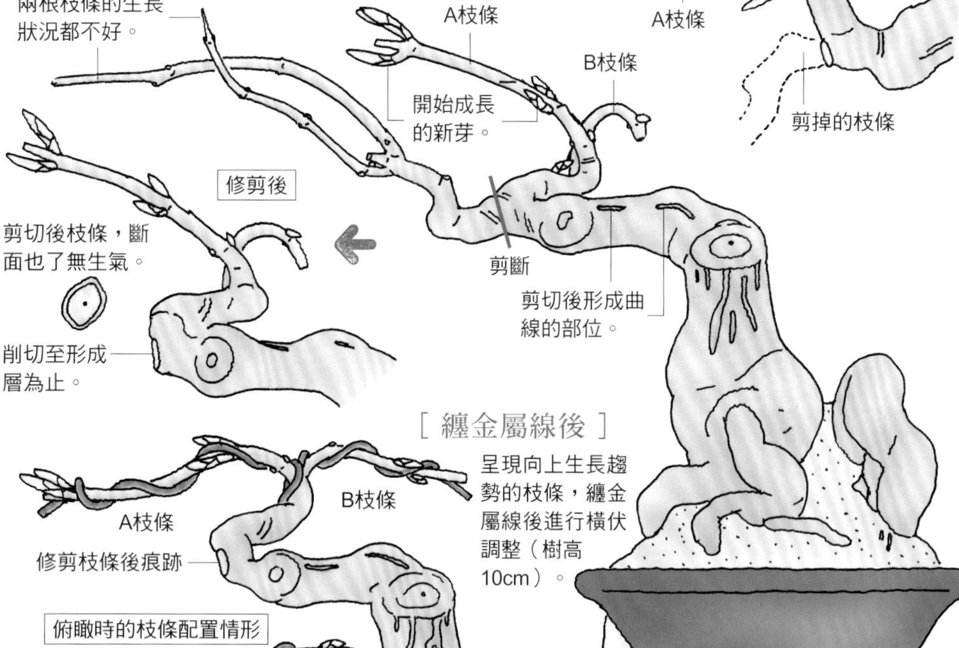
兩根枝條的生長
狀況都不好。
A枝條
B枝條
開始成長
的新芽。
剪斷
剪切後形成曲
線的部位。
修剪後
剪切後枝條，斷
面也了無生氣。
削切至形成
層為止。

［纏金屬線後］

呈現向上生長趨
勢的枝條，纏金
屬線後進行橫伏
調整（樹高
10cm）。
A枝條
B枝條
修剪枝條後痕跡
俯瞰時的枝條配置情形
A枝條
B枝條
修剪枝條後
痕跡。
正面

保留的枝條纏上金屬線，再次進行橫伏調整。恢復3年前維護整理後的樹姿，但畢竟是生物，出現狀況也無可奈何。栽培盆栽的歲月都是在反覆地維護整理過程中度過。

酸實

日文名	酸実、桷
別名	三葉海棠、小蘋果
學名	*Malus toringo*
分類	薔薇科 （落葉闊葉樹／小喬木）
花語	
花期	10～11月

5～6月開白花，另有粉紅花品種，但少見。其日文名讀音ズミ源自「染」，因樹皮可製成染料得名。樹性強，葉交互生長（互生）。果實小巧，成熟後呈紅色小球狀。結黃色果實的是黃實酸實。建議以扦插、匍匐根方式繁殖。

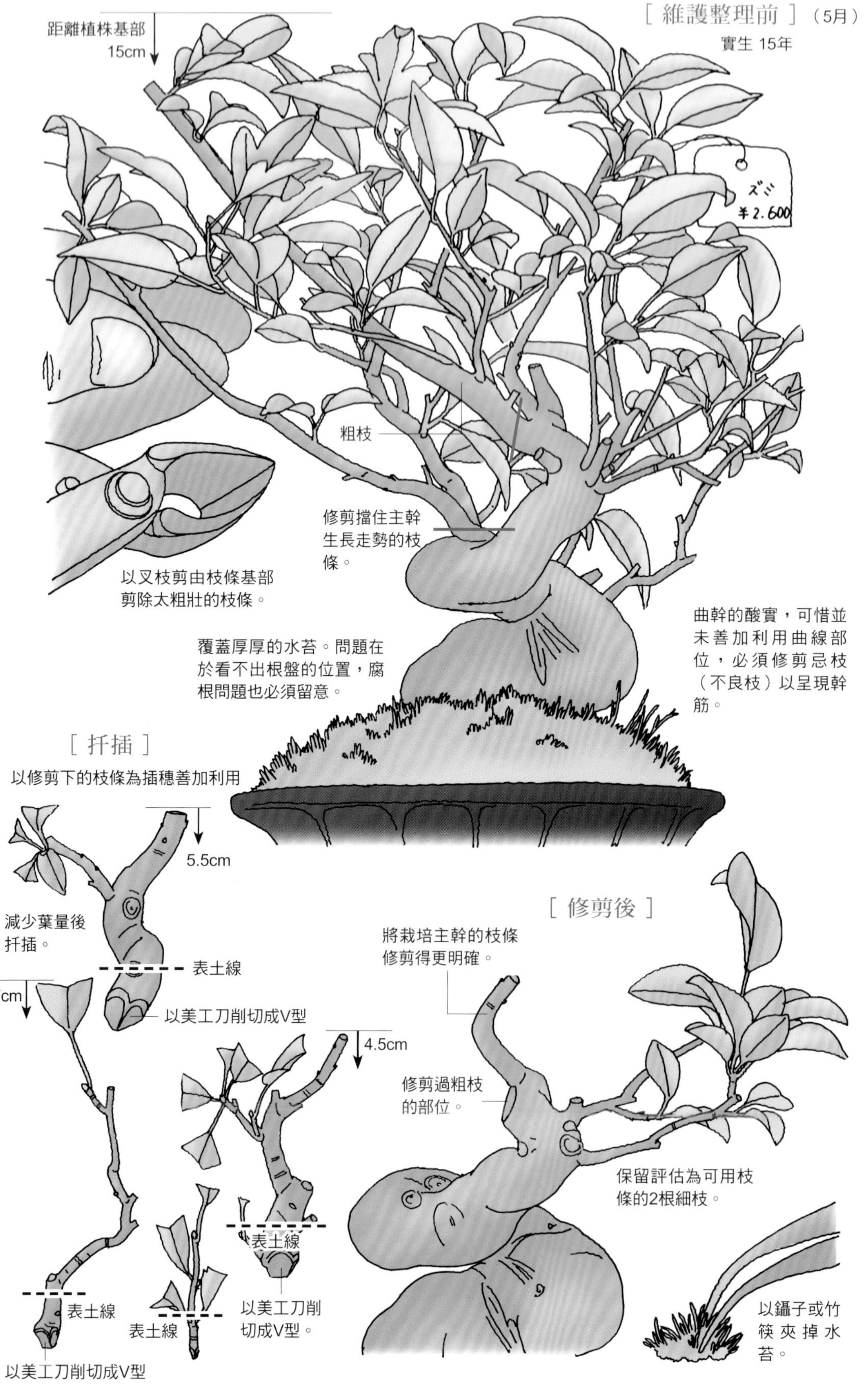

[維護整理前]（5月）
實生 15年
距離植株基部
15cm
ズミ
¥2.600
粗枝
修剪擋住主幹生長走勢的枝條。
以叉枝剪由枝條基部剪除太粗壯的枝條。
覆蓋厚厚的水苔。問題在於看不出根盤的位置，腐根問題也必須留意。
曲幹的酸實，可惜並未善加利用曲線部位，必須修剪忌枝（不良枝）以呈現幹筋。
[扦插]
以修剪下的枝條為插穗善加利用
5.5cm
減少葉量後扦插。
表土線
以美工刀削切成V型
7cm
4.5cm
表土線
以美工刀削切成V型
表土線
以美工刀削切成V型。
表土線
以美工刀削切成V型
[修剪後]
將栽培主幹的枝條修剪得更明確。
修剪過粗枝的部位。
保留評估為可用枝條的2根細枝。
以鑷子或竹筷夾掉水苔。

[根部的底部情形]

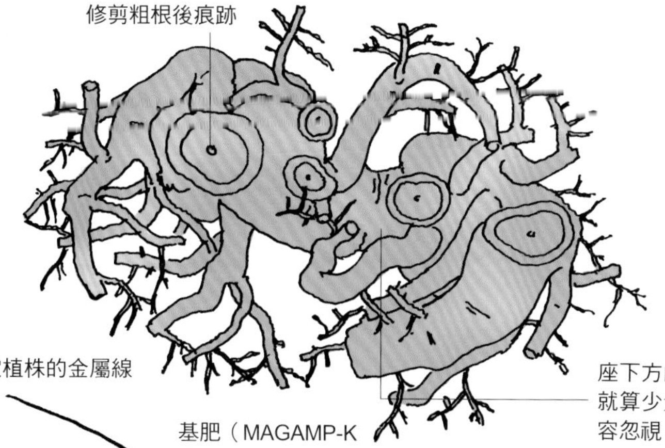
修剪粗根後痕跡
固定植株的金屬線
座下方的舊土
就算少量也不
容忽視。

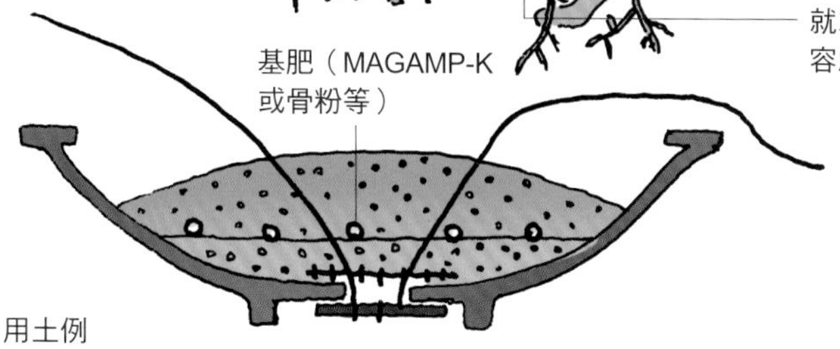
基肥（MAGAMP-K
或骨粉等）
用土例
赤玉土 8
桐生砂 2（皆為1～4mm顆粒）＋竹炭約5%

[確認根盤]

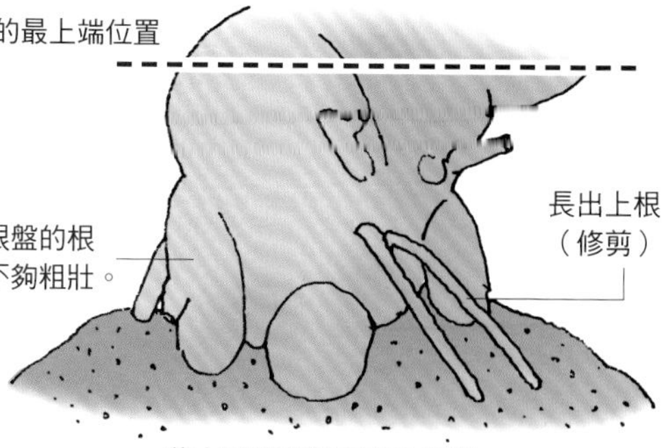
水苔的最上端位置
根盤的根
不夠粗壯。
長出上根
（修剪）。
舊土堅硬顯然不容易鬆開。
座下方的舊土必須徹底清除。

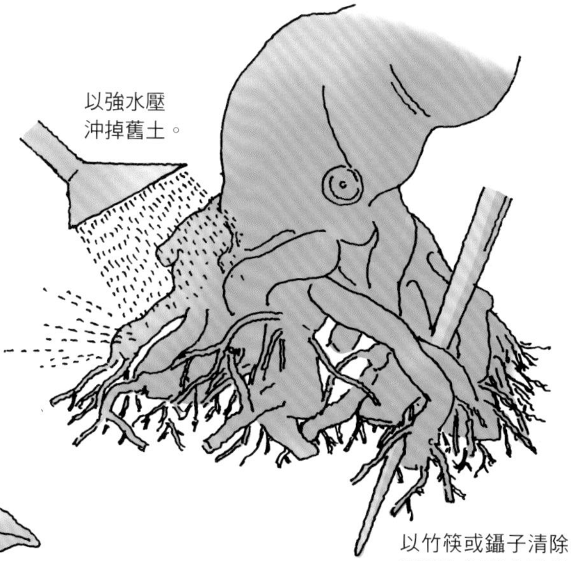
以強水壓
沖掉舊土。
以竹筷或鑷子清除
附著在根部之間的
舊土。

[移植後]

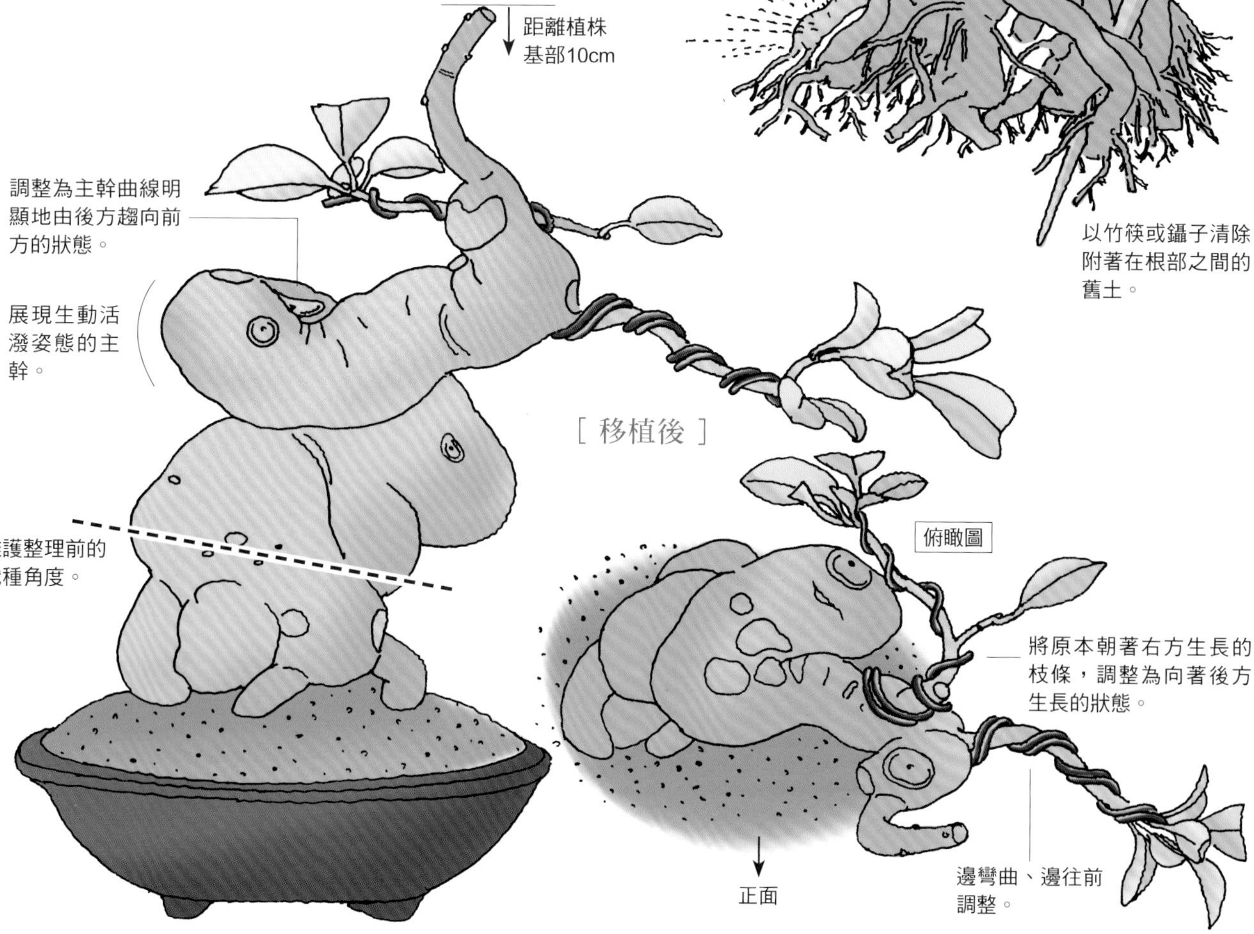
距離植株
基部10cm
調整為主幹曲線明
顯地由後方趨向前
方的狀態。
展現生動活
潑姿態的主
幹。
維護整理前的
栽種角度。
俯瞰圖
將原本朝著右方生長的
枝條，調整為向著後方
生長的狀態。
正面
邊彎曲、邊往前
調整。

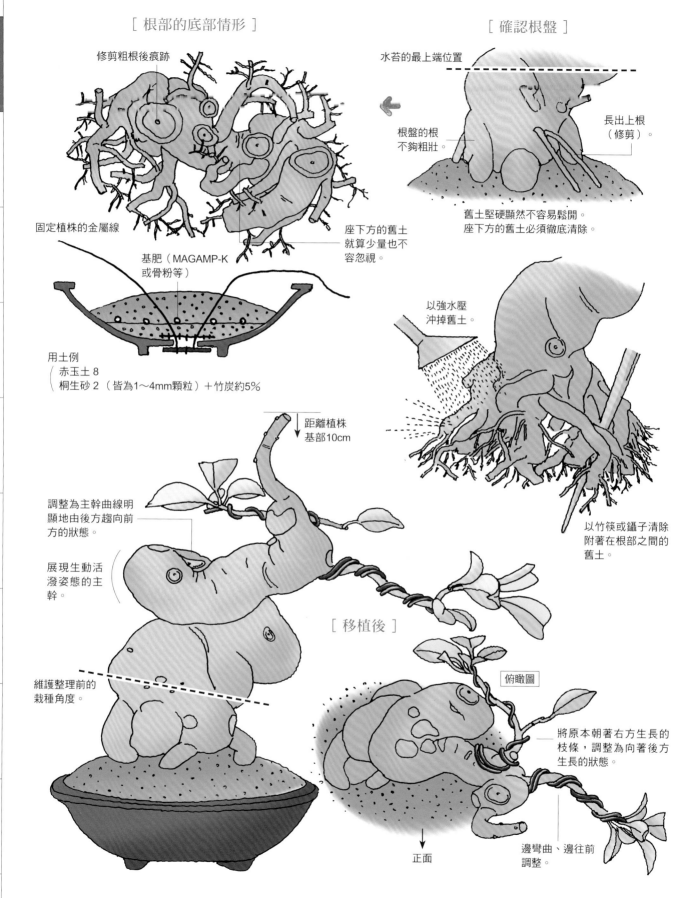

栽培行事曆

月	生長狀態	移植	消毒	整姿	維護管理	肥料	澆水	繁殖
1月								
2月	休眠期		冬季期間	修剪	保護室		一週1～2次	嫁接
3月								匍匐根・實生
4月	生長期・開花（5～6月）・花芽分化（7～8月）					置肥	一天2～3次	
5月			生長期					
6月				纏金屬線				壓條・扦插
7月					遮光	液肥	一天3～4次	
8月								
9月							一天2～3次	
10月	充實期・結果（10～11月）					置肥		
11月								
12月			冬季期間					

［ 果實 ］
（10～11月）
成熟後果實為紅色（結黃色果實的是黃實酸實）。
落葉後果實還留在枝頭上。
5～7mm的球狀果

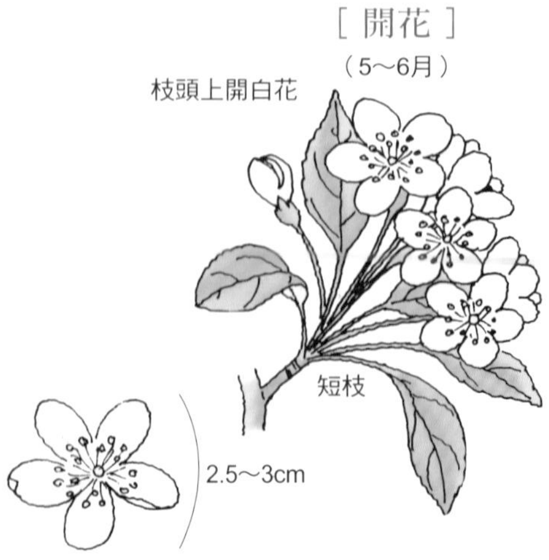

［ 開花 ］
（5～6月）
枝頭上開白花
短枝
2.5～3cm

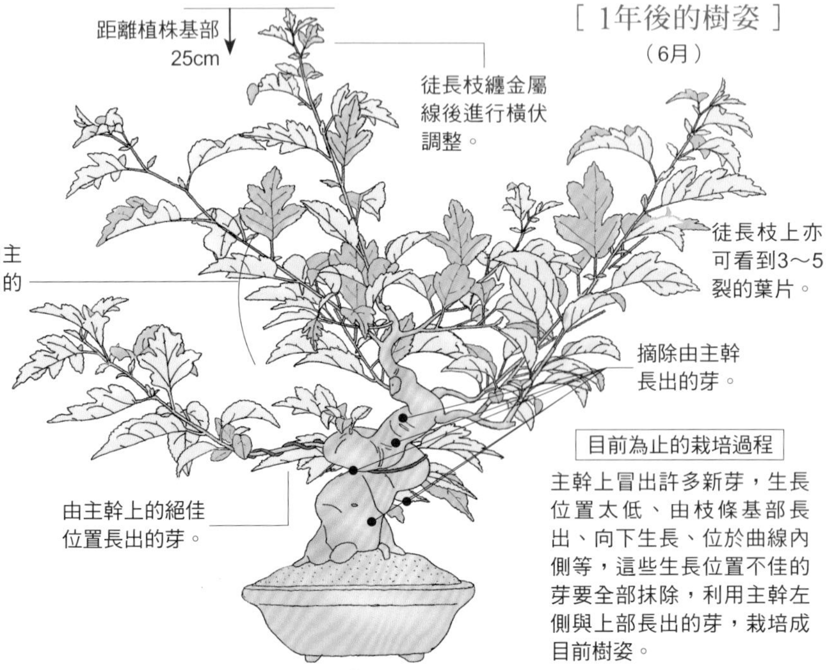

［ 1年後的樹姿 ］
（6月）
距離植株基部25cm
徒長枝纏金屬線後進行橫伏調整。
善加利用由主幹上部長出的芽。
徒長枝上亦可看到3～5裂的葉片。
摘除由主幹長出的芽。
由主幹上的絕佳位置長出的芽。

目前為止的栽培過程

主幹上冒出許多新芽，生長位置太低、由枝條基部長出、向下生長、位於曲線內側等，這些生長位置不佳的芽要全部抹除，利用主幹左側與上部長出的芽，栽培成目前樹姿。

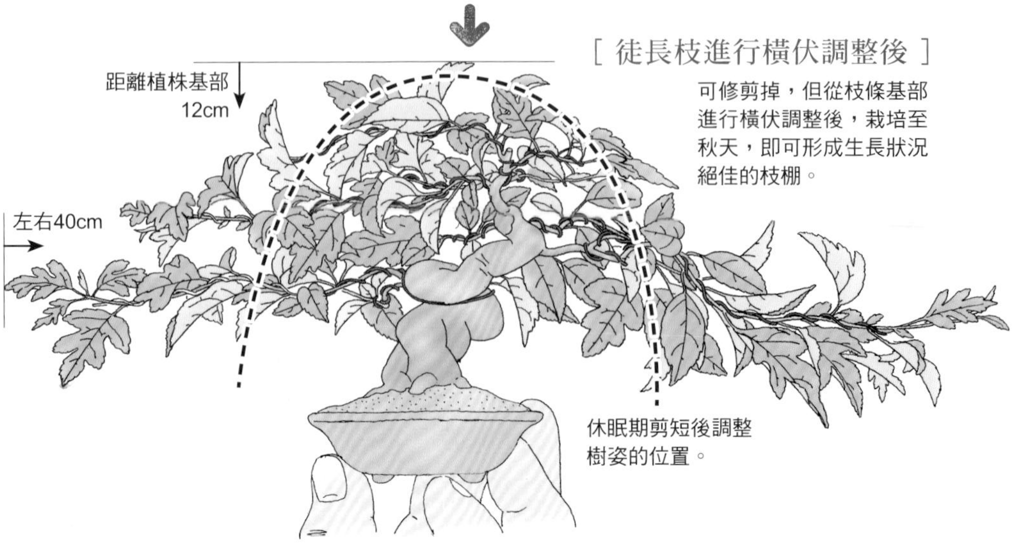

［ 徒長枝進行橫伏調整後 ］
距離植株基部12cm
左右40cm
可修剪掉，但從枝條基部進行橫伏調整後，栽培至秋天，即可形成生長狀況絕佳的枝棚。
休眠期剪短後調整樹姿的位置。

隨著季節變化展現漂亮葉姿的人氣盆栽樹種

維護管理方法 觀葉類盆栽

最值得欣賞的是因樹種而不同的葉形、葉色、幹色，以及葉與盆的色彩搭配等。
秋季的紅葉就是觀葉植物最美麗的裝扮。

由千變萬化的葉 欣賞到的日本四季變遷

以一到了秋天就轉變成紅葉或落葉的樹種栽培的盆栽就叫做「觀葉類盆栽」。

春天萌芽，不久後，綠油油的季節就跟著來報到，夏季期間葉片生長最旺盛，轉眼間又迎接紅葉之秋的來訪。落葉後邁入冬季，主幹與枝條的蕭瑟樹姿也很值得欣賞。

葉子落盡呈現裸樹狀態的盆栽俗稱「寒樹」，可清楚地看出幹模樣與纖細枝條的生長狀況，也是絕妙的觀賞時期。

能夠清楚地欣賞到四季變遷的「觀葉類盆栽」，可說就是最具日本代表性的盆栽。

三角楓

擺在園藝中心的盆栽展示區，當初覺得應該是一棵很耐修剪的素材，除此之外，幹基呈棒狀，主幹上方分枝，實在找不到其他優點。此植株若只保留必要枝條，一定顯得很單調。但栽培盆栽重點就是必須找到架構良好的素材。

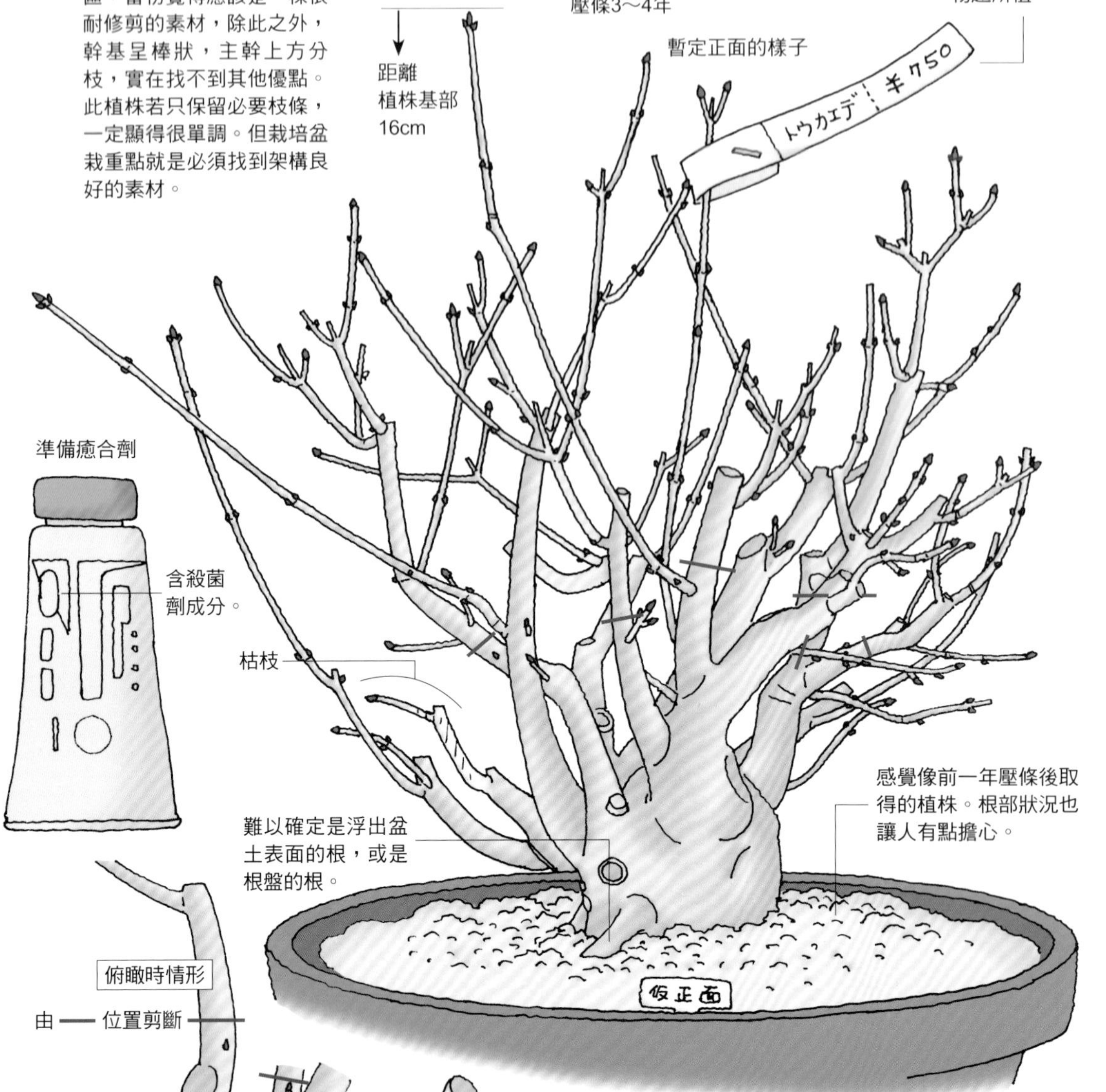
［維護整理前］（3月）
壓條3～4年
距離植株基部16cm
暫定正面的樣子
以改作素材而言物超所值。
トウカエデ
¥750
枯枝
難以確定是浮出盆土表面的根，或是根盤的根。
感覺像前一年壓條後取得的植株。根部狀況也讓人有點擔心。
仮正面
準備癒合劑
含殺菌劑成分。

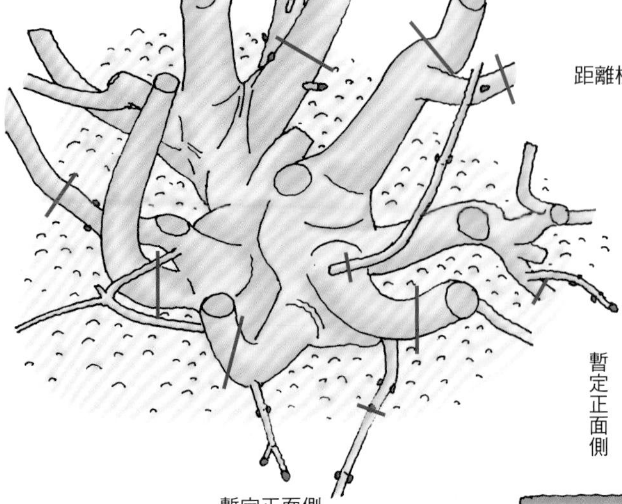
俯瞰時情形
由 ── 位置剪斷
暫定正面側
暫定正面側

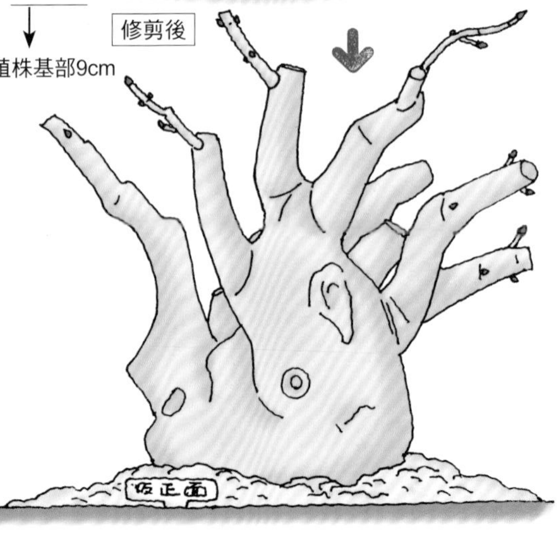
修剪後
距離植株基部9cm
仮正面

日文名	楓
別名	唐楓
學名	*Acer buergerianum*
分類	楓樹科（或稱槭樹科）（落葉闊葉樹／小喬木）
花語	「愛與豐饒」
花期	11月

在盆栽界提到楓樹，通常指「三角楓（唐楓）」，雌雄異株，原產於中國，枝葉對生，葉的上半部通常為3裂，表面有光澤，葉面與葉背都無纖毛。葉片由基部長出3條主脈（※）。樹性強，以扦插方式就能輕易地繁殖。

※主脈
莖部維管束連結著葉片，具備將養分與水分送往葉片，再將葉片行二氧化碳同化作用後產生的碳水化合物送往莖部的作用。亦具備支撐葉片以免變形的功能。針葉樹只有針葉中央存在一條葉脈，闊葉樹的葉片上則交錯存在著許多葉脈。其中位於葉子中央的最大葉脈就叫做主脈。請參照P.192。

[根部生長情形]

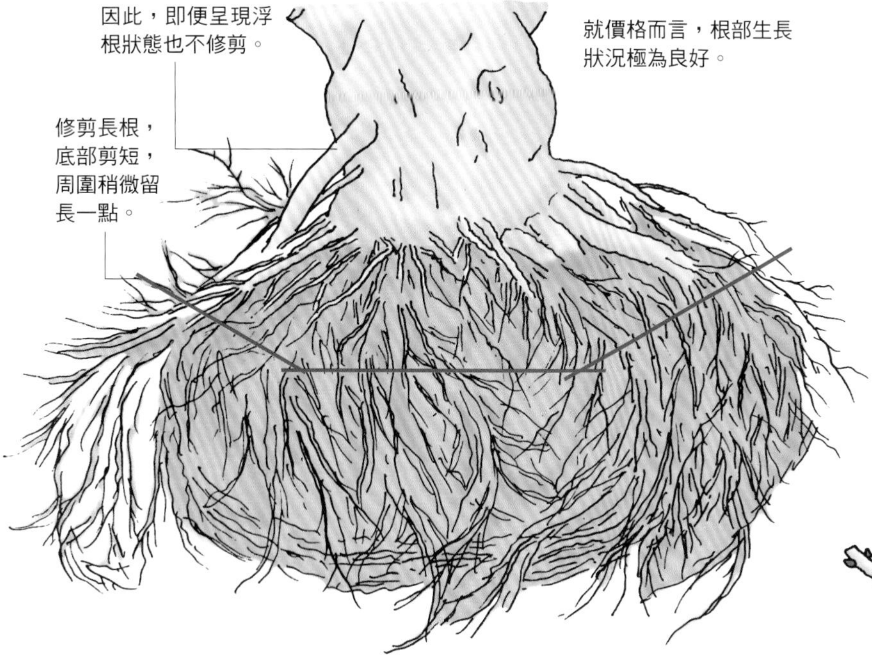
修剪後幹基太細，
因此，即便呈現浮
根狀態也不修剪。
就價格而言，根部生長
狀況極為良好。
修剪長根，
底部剪短，
周圍稍微留
長一點。

[截剪方法]

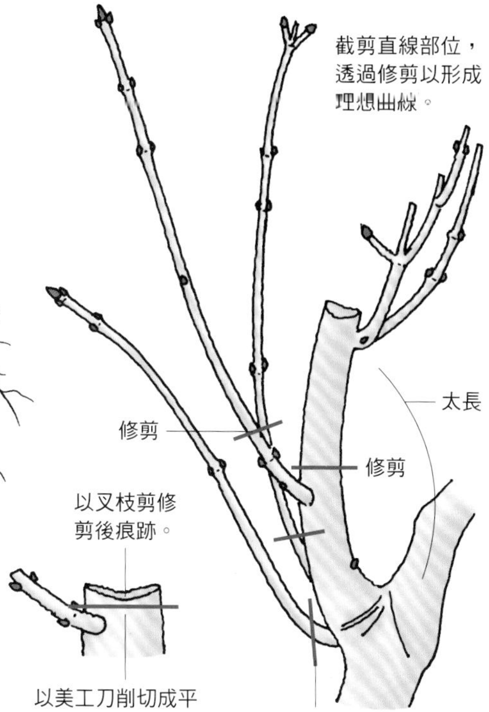
截剪直線部位，
透過修剪以形成
理想曲線。
太長
修剪
修剪
以叉枝剪修
剪後痕跡。
以美工刀削切成平
面後塗抹癒合劑。
修剪由基部長出
的枝條。

[栽種後]

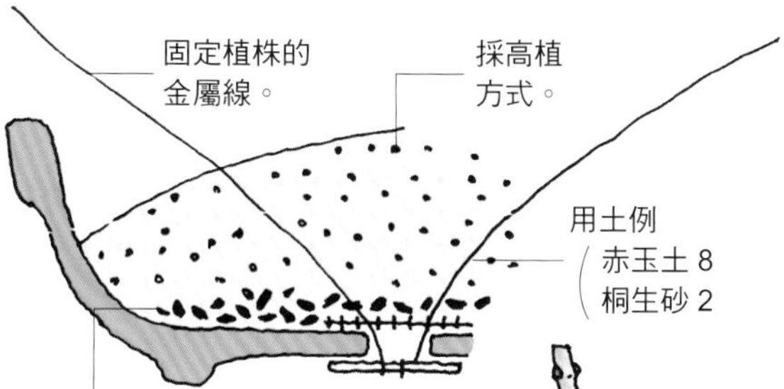
固定植株的
金屬線。
採高植
方式。
用土例
赤玉土 8
桐生砂 2
盆底薄薄地
鋪一層竹炭。

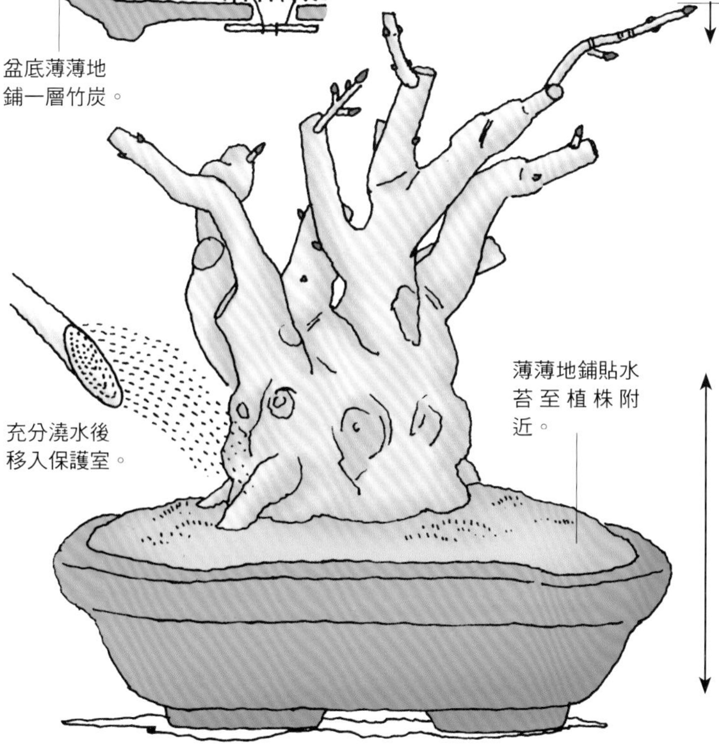
距離植株基部
7cm
充分澆水後
移入保護室。
薄薄地鋪貼水
苔至植株附
近。

[修剪根部後]

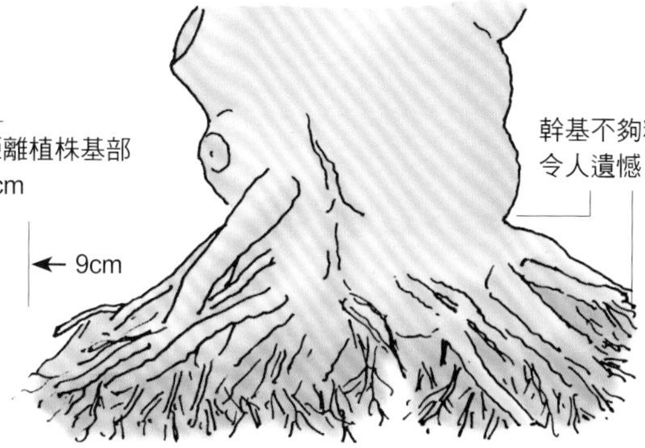
9cm
幹基不夠粗壯，
令人遺憾。

修剪根部，左右
較長，前後較短。

[根的底部情形]

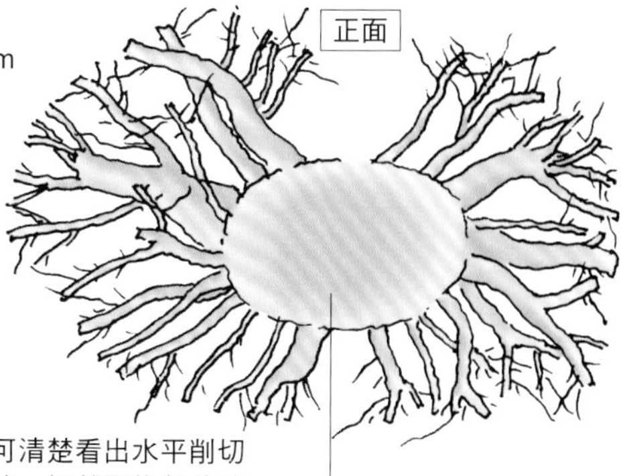
正面
7cm
可清楚看出水平削切
後，切離壓條部位的
痕跡。

修剪・移植

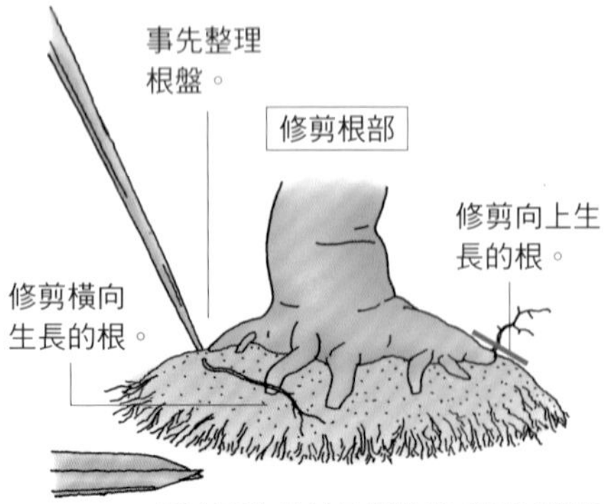

事先整理
根盤。
修剪根部
修剪向上生
長的根。
修剪橫向
生長的根。

將向下生長的長根截剪成平面狀態

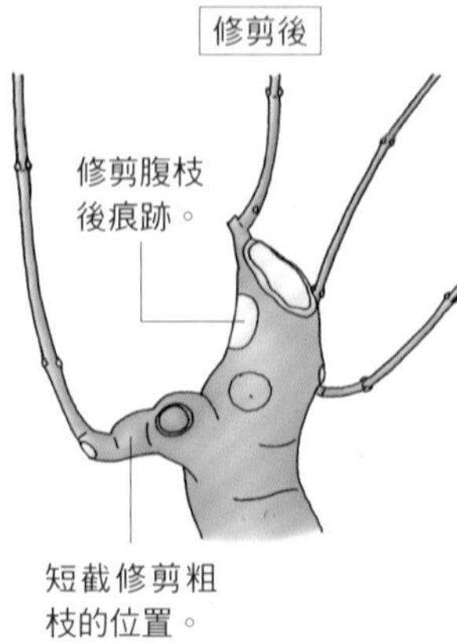

修剪後
修剪腹枝
後痕跡。
短截修剪粗
枝的位置。

［維護整理前］（3月）

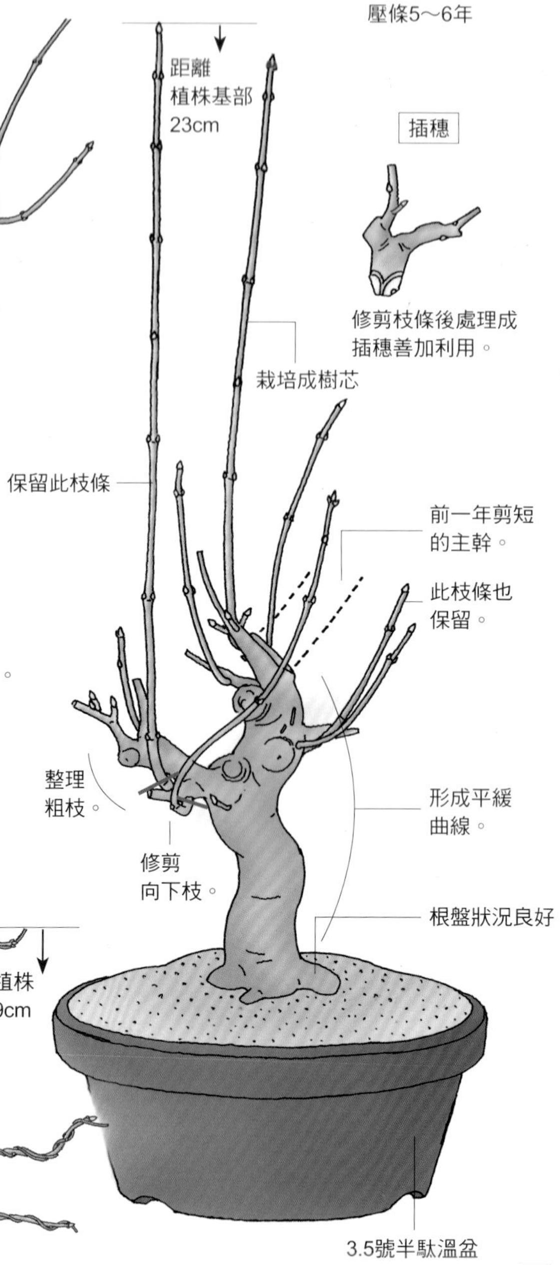

壓條5～6年
距離
植株基部
23cm
插穗
修剪枝條後處理成
插穗善加利用。
栽培成樹芯
保留此枝條
前一年剪短
的主幹。
此枝條也
保留。
整理
粗枝。
形成平緩
曲線。
修剪
向下枝。
根盤狀況良好
3.5號半駄溫盆

前一年進行改作，將感覺粗細不分的主幹剪短，圖中為保留的枝條發芽後狀態。整理枝條，栽培出今年的目標。

［栽種方法］

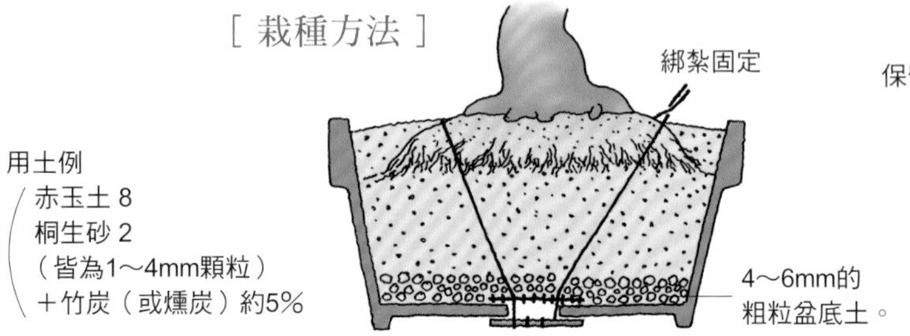

綁紮固定
用土例
赤玉土 8
桐生砂 2
（皆為1～4mm顆粒）
＋竹炭（或燻炭）約5%
4～6mm的
粗粒盆底土。

［移植後（俯瞰圖）］

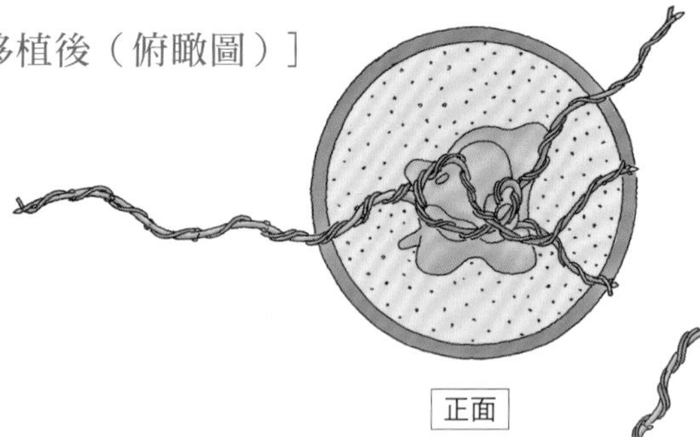

正面

［移植後］

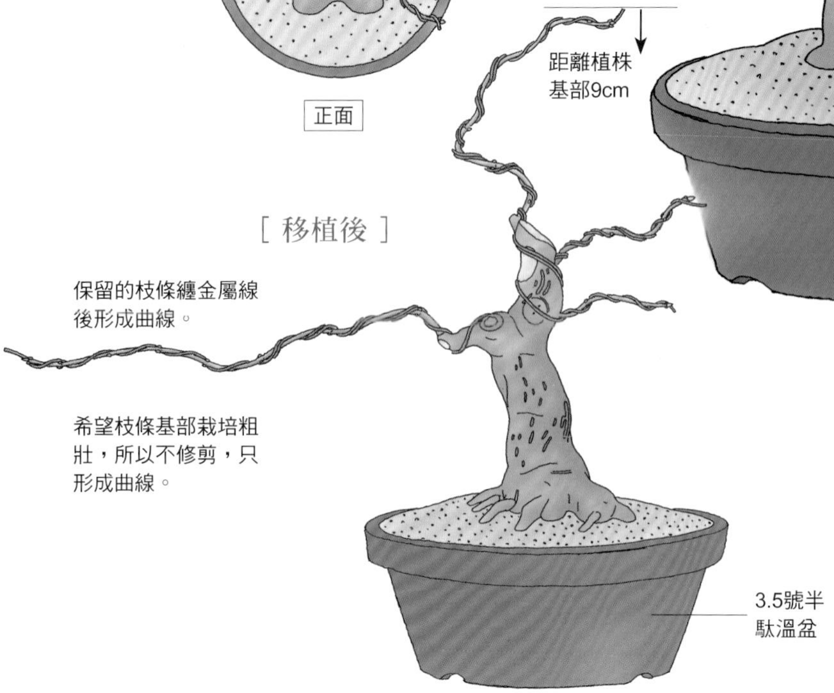

距離植株
基部9cm
保留的枝條纏金屬線
後形成曲線。
希望枝條基部栽培粗
壯，所以不修剪，只
形成曲線。
3.5號半
駄溫盆

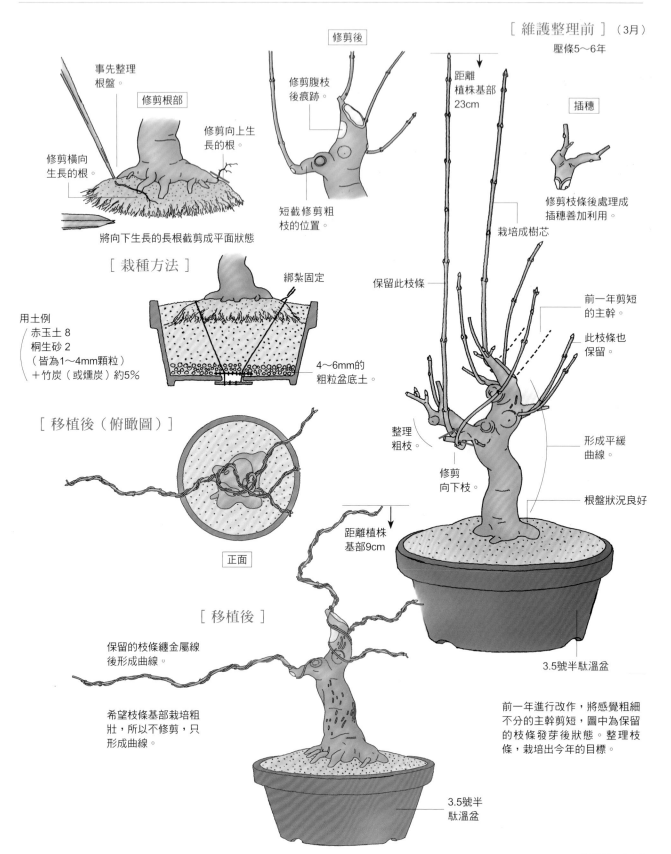

栽培行事曆

	生長狀態	移植	消毒	整姿	維護管理	肥料	澆水	繁殖
1月								
2月	休眠期		冬季期間	修剪	保護室		一週1～2次	
3月								實生・扦插
4月				摘芽				
5月						置肥	一天2～3次	
6月	生長期・發芽（4月）		生長期	纏金屬線・剪葉（6月）				壓條・扦插
7月						液肥	一天3～4次	
8月					遮光			
9月								
10月	充實期・紅葉（11月）					置肥	一天2～3次	
11月								
12月			冬季期間					

[剪葉・修剪]

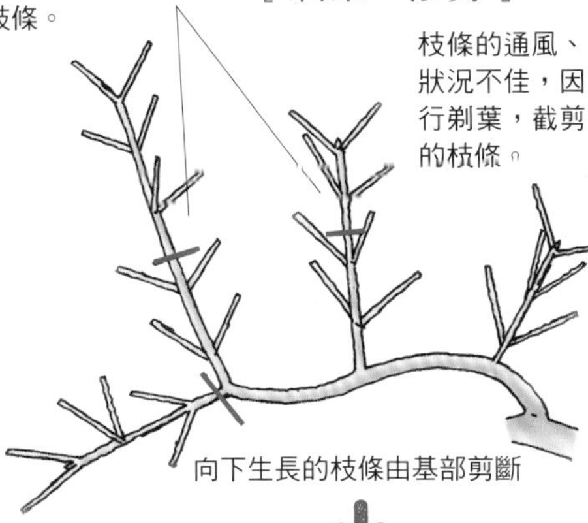
修剪生長太旺盛的枝條。
枝條的通風、日照狀況不佳，因此進行剪葉，截剪太長的枝條。
向下生長的枝條由基部剪斷

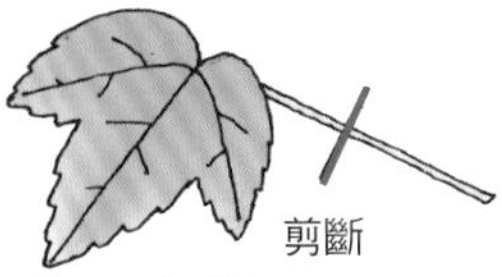
剪斷
（6月）

（8月）
剪葉後葉柄自然脫落。
長出二次芽，秋天就會長出整齊漂亮的葉片。

[造枝・縮剪枝幹]

（休眠期）

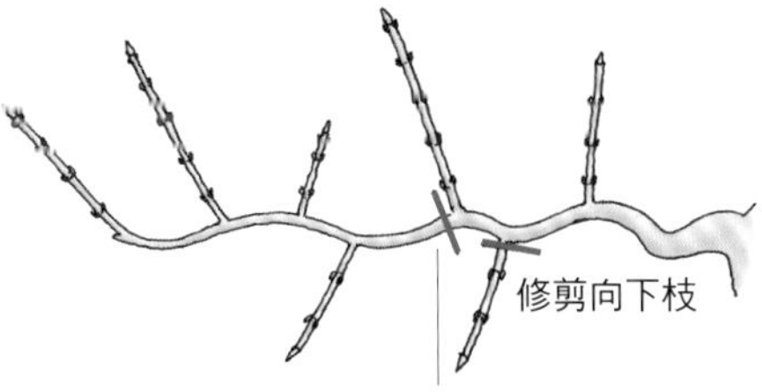
修剪向下枝
縮剪枝幹

[纏金屬線]

先進行橫伏調整
縮剪枝幹部位

[摘芽]

（4～5月）

長出3節時，保留1節，摘除其他2節。

[紅葉欣賞]

（11月）

修剪後3～4年

欣賞轉變成紅葉的美麗姿態。精心栽培，落葉後充滿蕭瑟冬景色的寒樹（※）姿態也值得欣賞。

※寒樹：落葉樹邁入冬季後葉子落盡，剩下枝條的姿態。最具代表性的樹種為櫸樹、三角楓、掌葉楓等。冬季無葉，可清楚看出枝幹模樣與纖細枝條的生長狀況，是最適合欣賞該樹姿的時期。

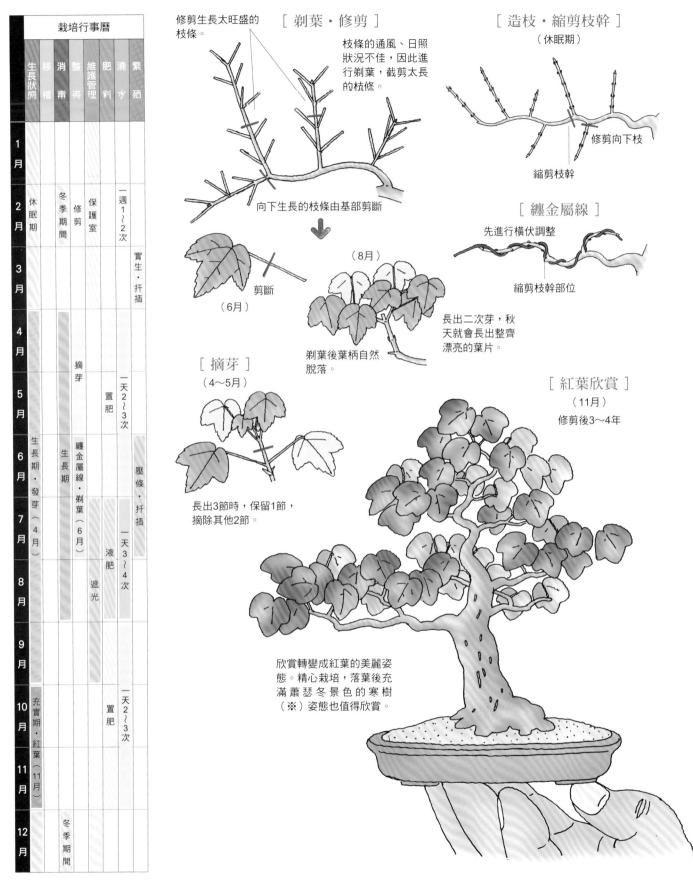

掌葉楓

日文名	紅葉
別名	山楓、 伊呂波紅葉
學名	*Acer palmatum*
分類	楓樹科 （落葉闊葉樹／喬木）
花語	「遠慮」
花期	11～12月

春天開花。必須於適當時期摘芽、剝葉、修剪、纏金屬線才能欣賞到掌葉楓（※）的漂亮紅葉。性喜充滿濕氣的半遮蔭環境，夏季直射陽光易出現葉燒現象，須確實做好遮光與澆水等作業。適合以實生、壓條、扦插方式繁殖。

［ 失去盆栽風采的目前狀態 ］（3月）

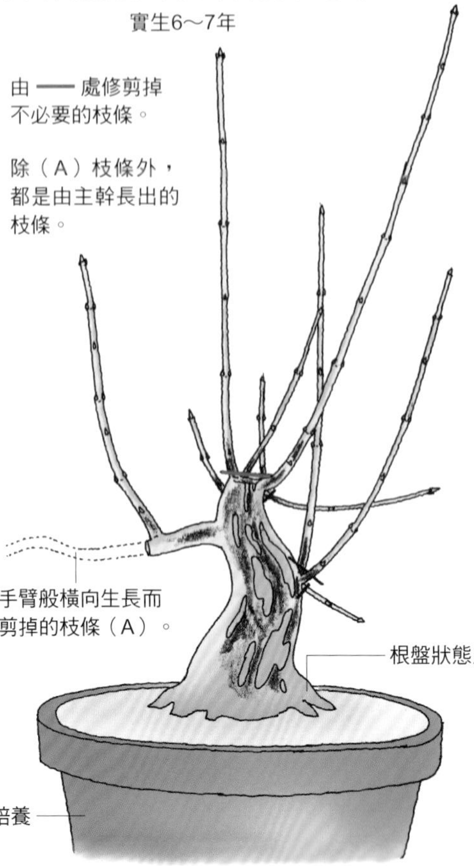
實生6～7年
由 ━━ 處修剪掉
不必要的枝條。
除（A）枝條外，
都是由主幹長出的
枝條。
像手臂般橫向生長而
修剪掉的枝條（A）。
根盤狀態良好
以栽培盆培養

［ 修剪要點 ］

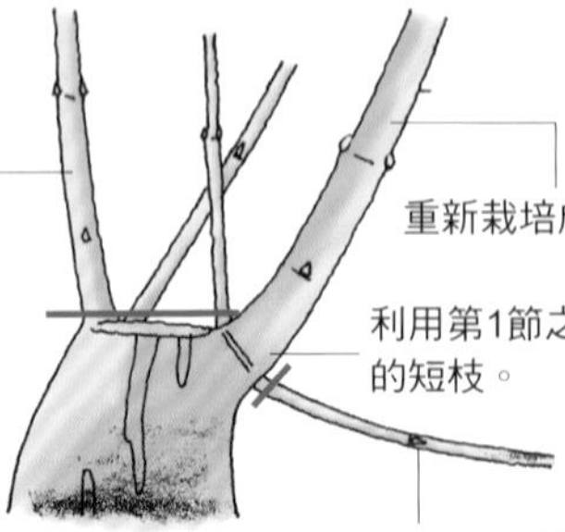
重新栽培成樹芯的枝條
利用第1節之間
的短枝。
第1節之間的長枝
第1節之間的短
枝，但因筆直生
長而不適用。

［ 造枝 ］

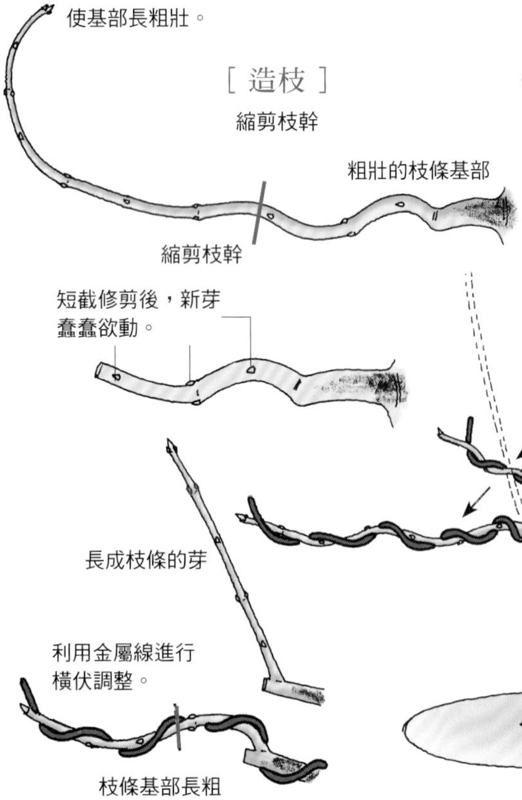
促進枝條生長以促
使基部長粗壯。
縮剪枝幹
粗壯的枝條基部
縮剪枝幹
短截修剪後，新芽
蠢蠢欲動。
長成枝條的芽
利用金屬線進行
橫伏調整。
枝條基部長粗
壯後截剪。

［ 纏金屬線後 ］

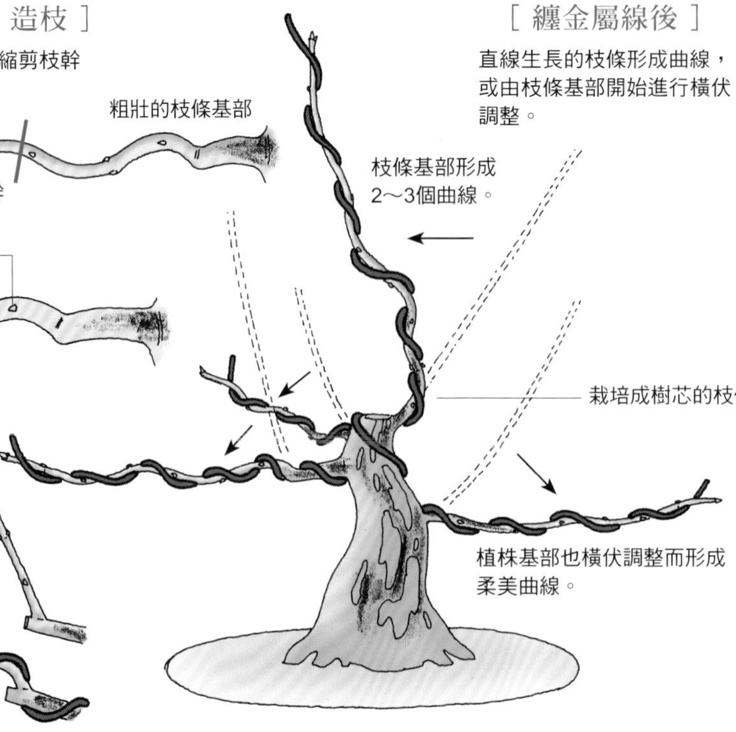
直線生長的枝條形成曲線，
或由枝條基部開始進行橫伏
調整。
枝條基部形成
2～3個曲線。
栽培成樹芯的枝條
植株基部也橫伏調整而形成
柔美曲線。

※掌葉楓：分類為楓樹科的樹木中，被園藝界稱為山楓、伊呂波紅葉等葉裂部位較多又深入的楓樹就叫做「掌葉楓」，相對地，葉裂部位較少又較淺的則稱為「三角楓」。

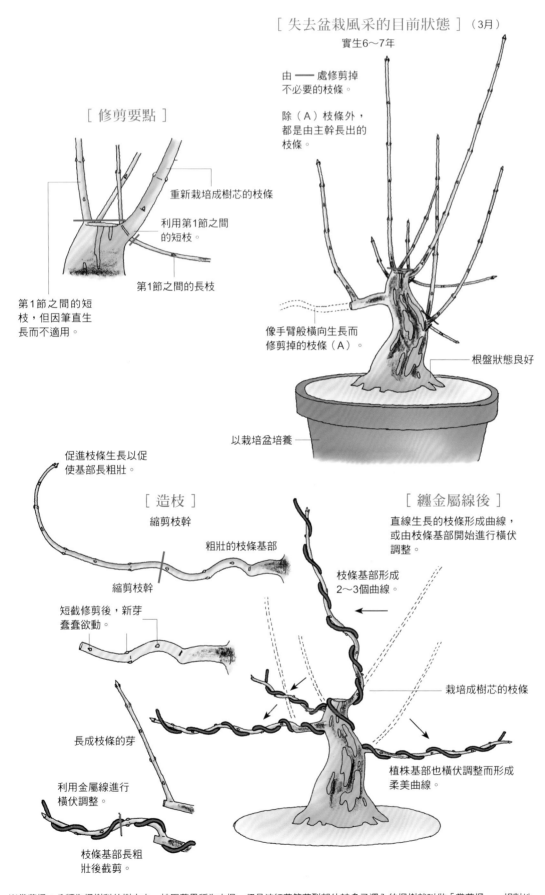

栽培行事曆

	生長狀態	移植	消毒	整姿	維護管理	肥料	澆水	繁殖
1月								
2月	休眠期		冬季期間	修剪	保護室		一週1～2次	
3月								實生
4月								
5月				摘芽		置肥	一天2～3次	
6月	生長期		生長期	剃葉				扦插・壓條
7月								
8月					遮光	液肥	一天3～4次	
9月								
10月	充實期・紅葉（11～12月）					置肥	一天2～3次	
11月				輕度修剪				實生
12月			冬季期間					

[造枝・剃葉・修剪]

（6月）

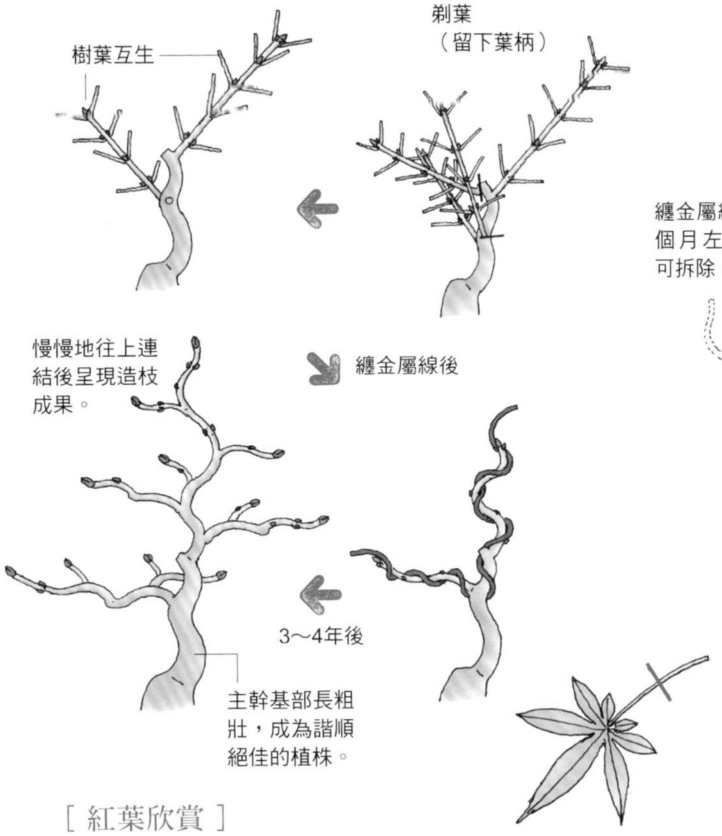
樹葉互生
剃葉
（留下葉柄）
纏金屬線後
慢慢地往上連結後呈現造枝成果。
3～4年後
主幹基部長粗壯，成為諧順絕佳的植株。
葉子對生，剪掉其中一邊的葉子，形成互生狀態。葉的各部位、名稱與生長狀態請參照P.192。

[重新栽培樹芯（※）]

促進枝條生長，將植株基部栽培粗壯後截剪枝條。

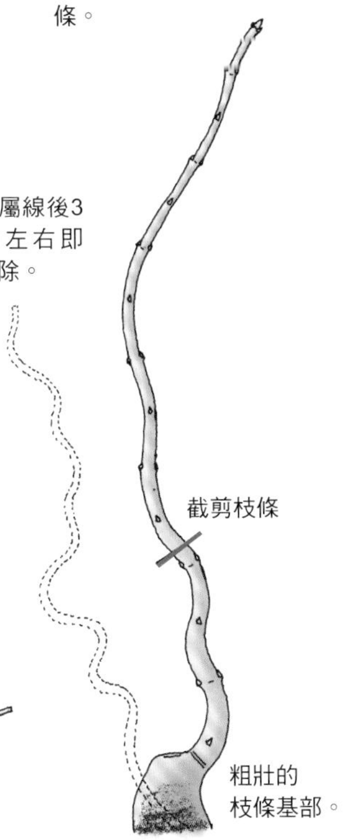
纏金屬線後3個月左右即可拆除。
截剪枝條
粗壯的枝條基部。

[紅葉欣賞]

（12月）

夏季的管理、溫差高低等因素是欣賞紅葉的重大課題。著手進行維護，期待日後欣賞維護整理後調整出來的樹姿吧。

[將來的樹姿]（3月）

6年後

下枝較長，以整體而言呈現不等邊三角形為大致基準。

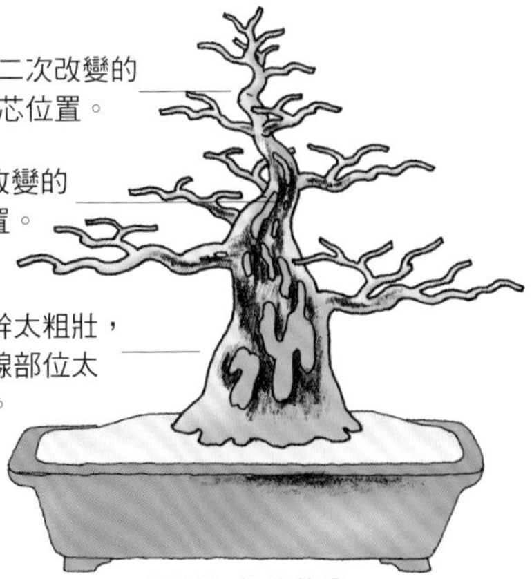
第二次改變的樹芯位置。
第一次改變的樹芯位置。
主幹太粗壯，曲線部位太少。

襯托紅葉的花盆

※改變樹芯的位置：主幹太粗壯等狀況下，透過修剪，將枝條剪短，以中途的枝條重新栽培樹芯。

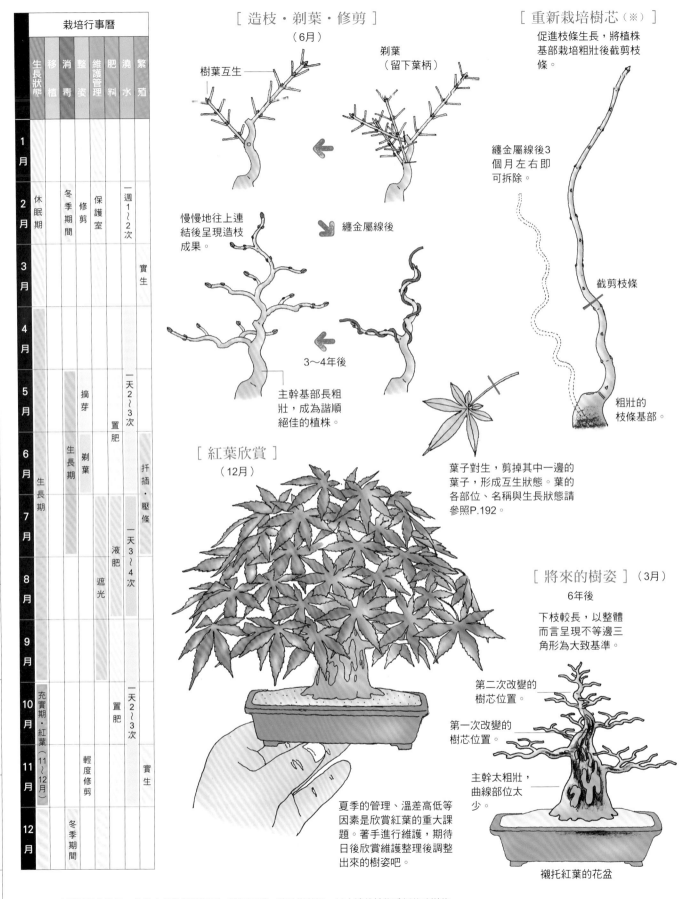

櫸樹

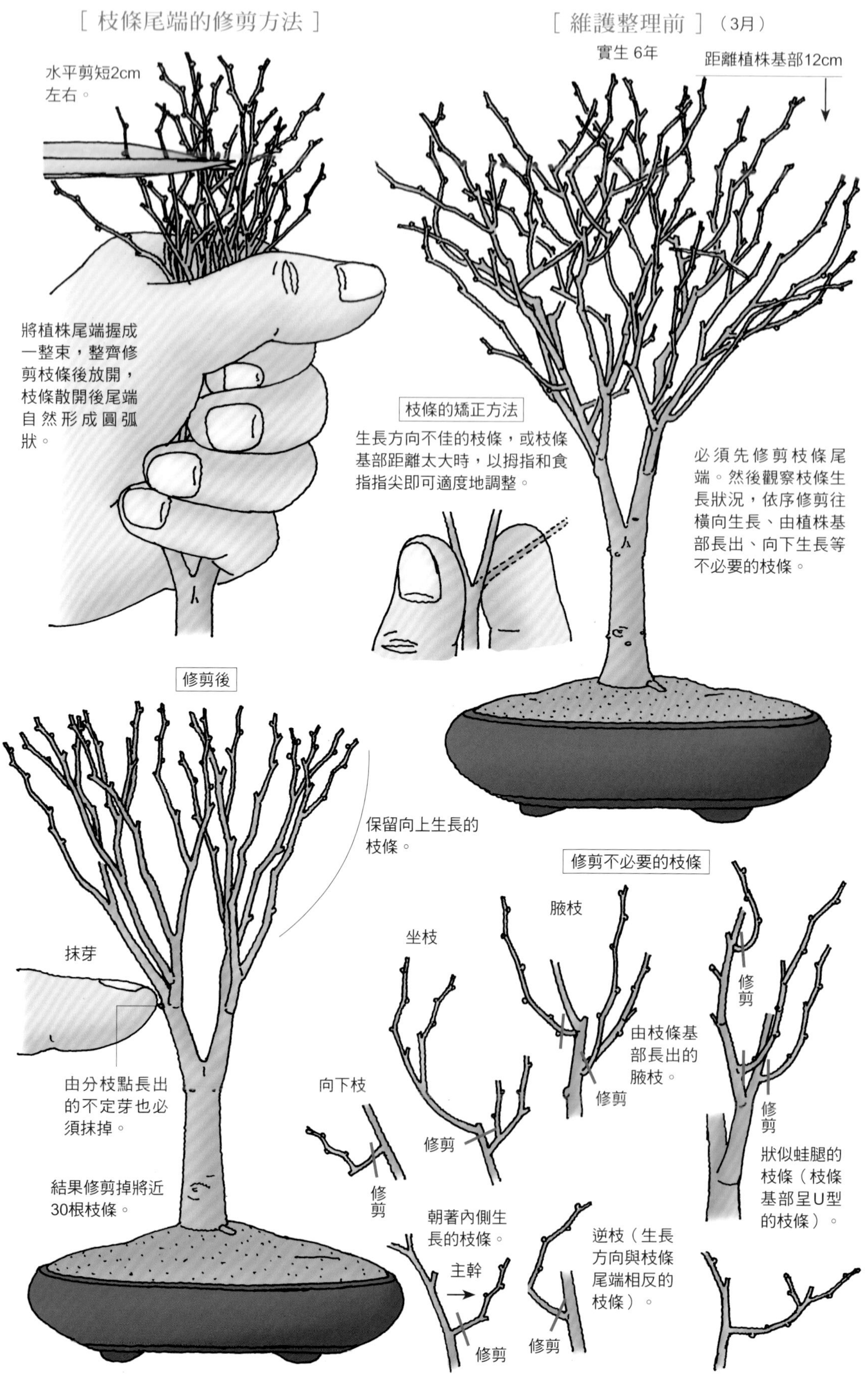
[枝條尾端的修剪方法]
水平剪短2cm左右。
將植株尾端握成一整束，整齊修剪枝條後放開，枝條散開後尾端自然形成圓弧狀。
[維護整理前]（3月）
實生 6年
距離植株基部12cm
枝條的矯正方法
生長方向不佳的枝條，或枝條基部距離太大時，以拇指和食指指尖即可適度地調整。
必須先修剪枝條尾端。然後觀察枝條生長狀況，依序修剪往橫向生長、由植株基部長出、向下生長等不必要的枝條。
修剪後
保留向上生長的枝條。
抹芽
由分枝點長出的不定芽也必須抹掉。
結果修剪掉將近30根枝條。
修剪不必要的枝條
坐枝
腋枝
修剪
由枝條基部長出的腋枝。
修剪
向下枝
修剪
修剪
修剪
修剪
狀似蛙腿的枝條（枝條基部呈U型的枝條）。
朝著內側生長的枝條。
主幹
修剪
逆枝（生長方向與枝條尾端相反的枝條）。
修剪

日文名	欅
別名	雞油、櫸榆
學名	*Zelkova serrata*
分類	榆科 （落葉闊葉樹／喬木）
花語	「幸運」「長壽」
花期	10～11月

4～5月新梢的莖部開出小巧的淺黃綠色雄花，雌花開在上方的葉脈上。紅葉後纖細小枝條成為觀賞焦點，需避免施用過多肥料與水分。修剪、摘芽（※）、剃葉時期需適當。適合採用實生、壓條繁殖方式。

※摘芽：摘除春天萌發的新芽尾端以促進二次芽生長，即可促使植株長出更多小枝和樹葉。

栽培行事曆

	生長狀態	移植	消毒	整姿	維護管理	肥料	澆水	繁殖
1月								
2月	休眠期		冬季期間	修剪	保護室		一週1~2次	
3月								實生
4月								
5月				摘芽		置肥	一天2~3次	
6月	生長期		生長期	剃葉				壓條
7月								
8月					遮光	液肥	一天3~4次	
9月								
10月	充實期・紅葉（10~11月）					置肥	一天2~3次	
11月				輕度修剪				實生
12月			冬季期間					

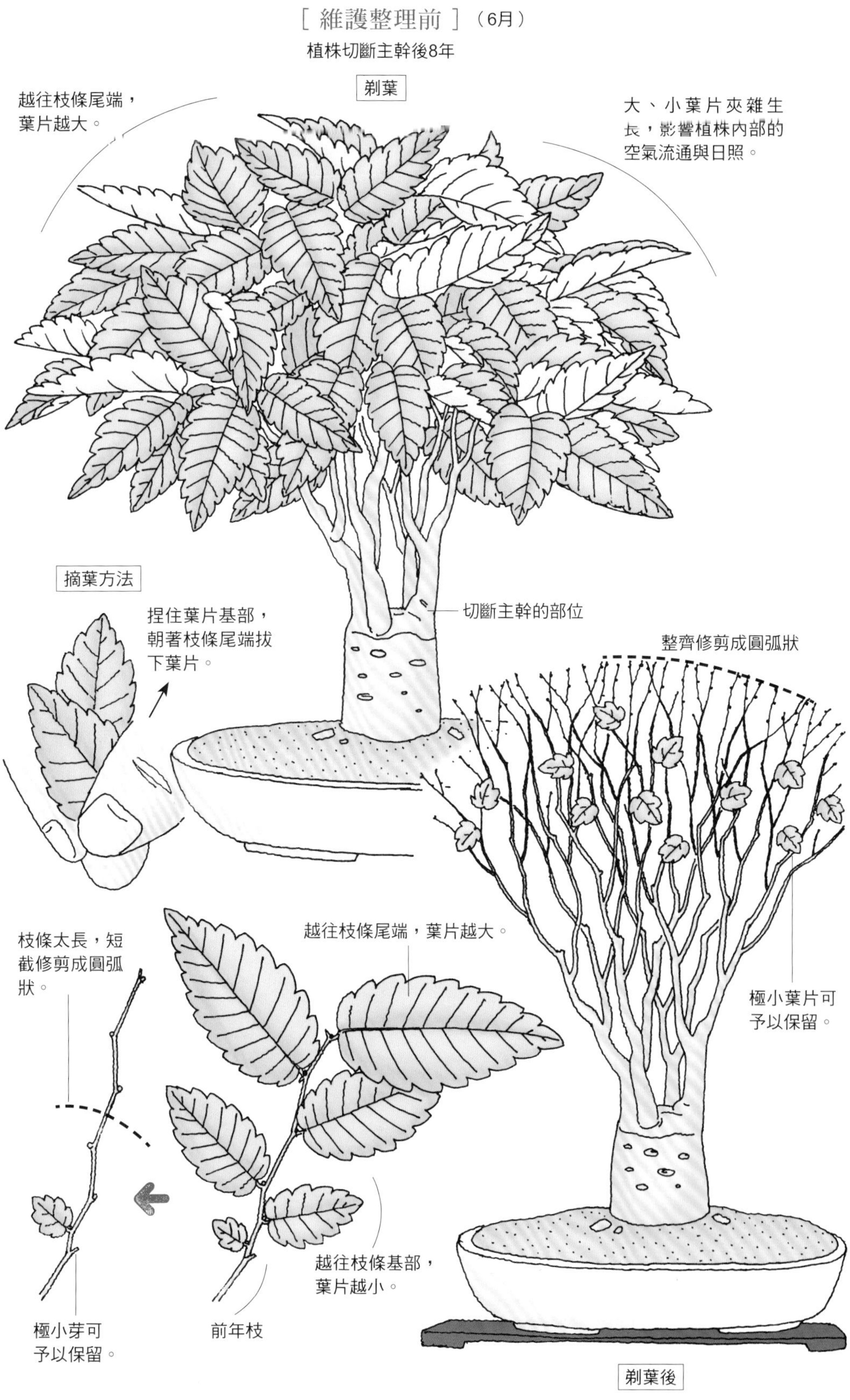
［維護整理前］（6月）
植株切斷主幹後8年
剃葉
越往枝條尾端，葉片越大。
大、小葉片夾雜生長，影響植株內部的空氣流通與日照。
摘葉方法
捏住葉片基部，朝著枝條尾端拔下葉片。
切斷主幹的部位
整齊修剪成圓弧狀
枝條太長，短截修剪成圓弧狀。
越往枝條尾端，葉片越大。
極小葉片可予以保留。
越往枝條基部，葉片越小。
極小芽可予以保留。
前年枝
剃葉後

遼東水蠟樹

日文名	疣取木、水蝋樹
別名	水蠟、水蠟樹
學名	*Ligustrum obtusifolium*
分類	木犀科（半落葉闊葉樹／灌木）
花語	「禁制」
花期	10～11月

5～6月，枝條尾端密生白色小花，10月左右結紫黑色果實。枝條為灰白色且多分枝，枝葉對生。除過長的新梢之外，不需摘芽與修剪。抗拒修剪特性強，植株易栽培。適合以實生、扦插、壓條方式繁殖。

[維護整理前]

（3月）

於大型盆栽的分枝部位頂部進行壓條後，栽培3年的植株。僅枝條太長時進行截剪，因此植株上明顯有許多不必要枝條。

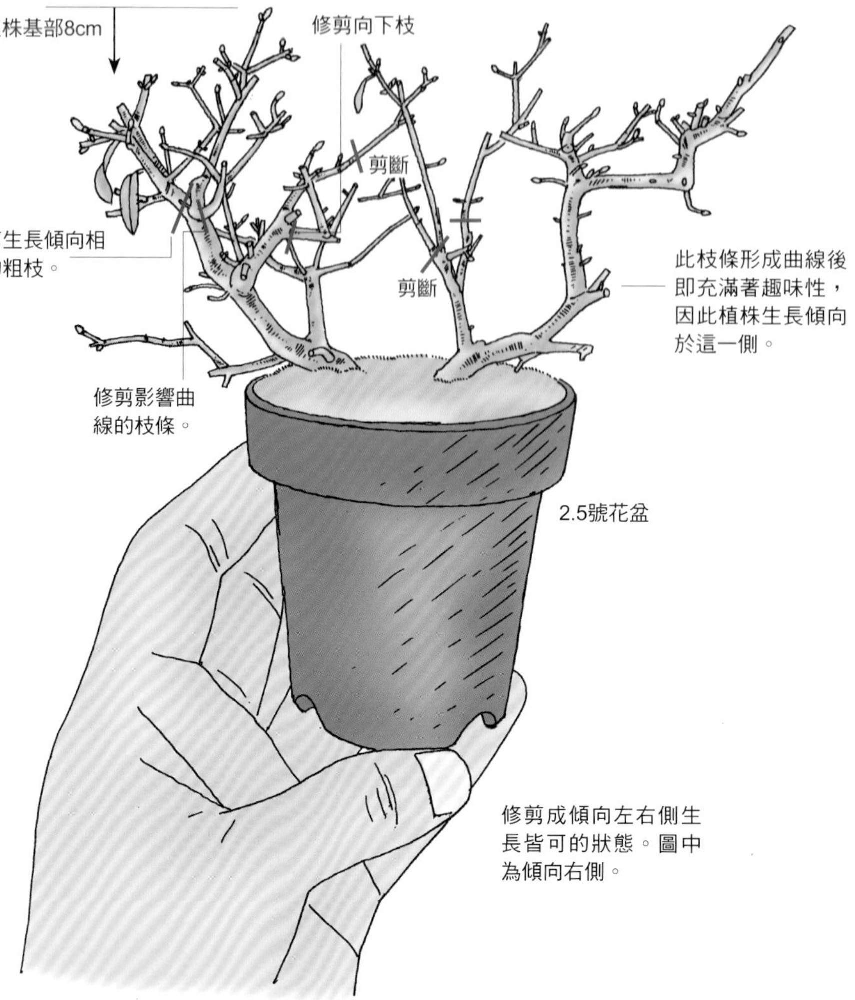

距離植株基部8cm
修剪向下枝
剪斷
剪斷
修剪生長傾向相反的粗枝。
此枝條形成曲線後即充滿著趣味性，因此植株生長傾向於這一側。
修剪影響曲線的枝條。
2.5號花盆
修剪成傾向左右側生長皆可的狀態。圖中為傾向右側。

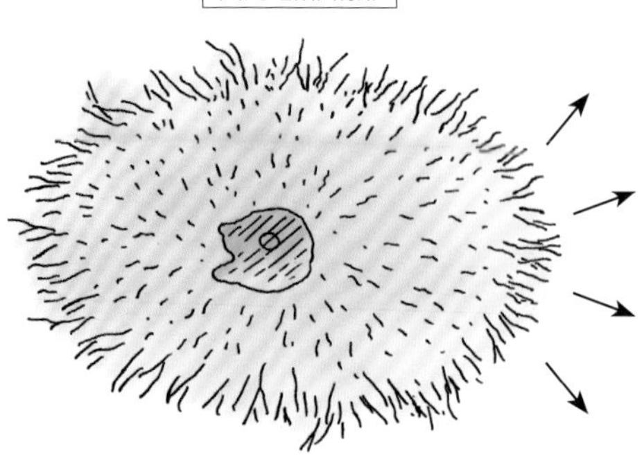

根的底部情形

竹筷朝著外側清理周圍的小根後，根部更容易附著新土。

[修剪根部後]

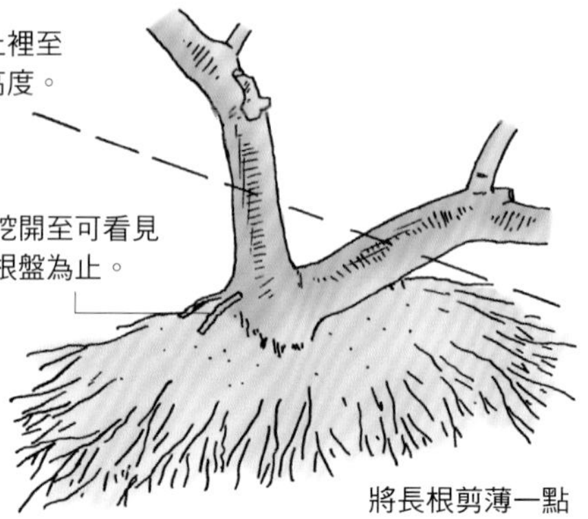

埋入土裡至虛線高度。
挖開至可看見根盤為止。
將長根剪薄一點

栽培行事曆

月	生長狀態	移植	消毒	整姿	維護管理	肥料	澆水	繁殖
1月								
2月	休眠期		冬季期間	修剪	保護室		一週1～2次	
3月								實生·扦插
4月						置肥		
5月	生長期·開花（5～6月）						一天2～3次	
6月			生長期	纏金屬線				壓條·扦插
7月						液肥	一天3～4次	
8月					遮光			
9月								
10月	充實期·紅葉（10～11月）					置肥	一天2～3次	
11月								實生
12月			冬季期間					

［ 栽種後 ］

栽種後植株生長傾向更明顯

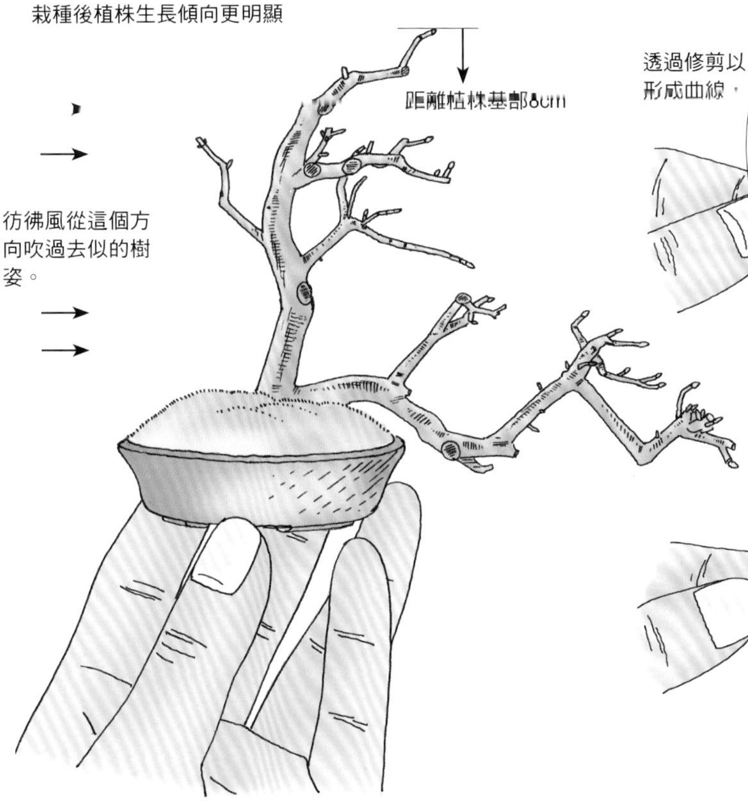
距離植株基部8cm
彷彿風從這個方向吹過去似的樹姿。

［ 扦插老枝 ］

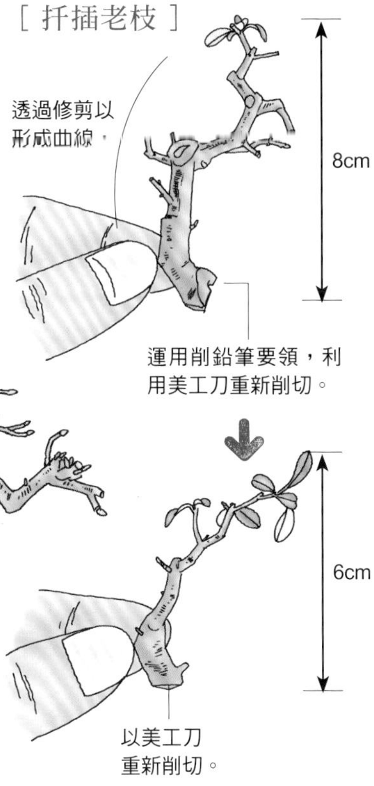
透過修剪以形成曲線。
8cm
運用削鉛筆要領，利用美工刀重新削切。
6cm
以美工刀重新削切。

［ 開花情形 ］

（5～6月）

修長枝條尾端開出白色小花。

［ 果實欣賞 ］

（10～11月）

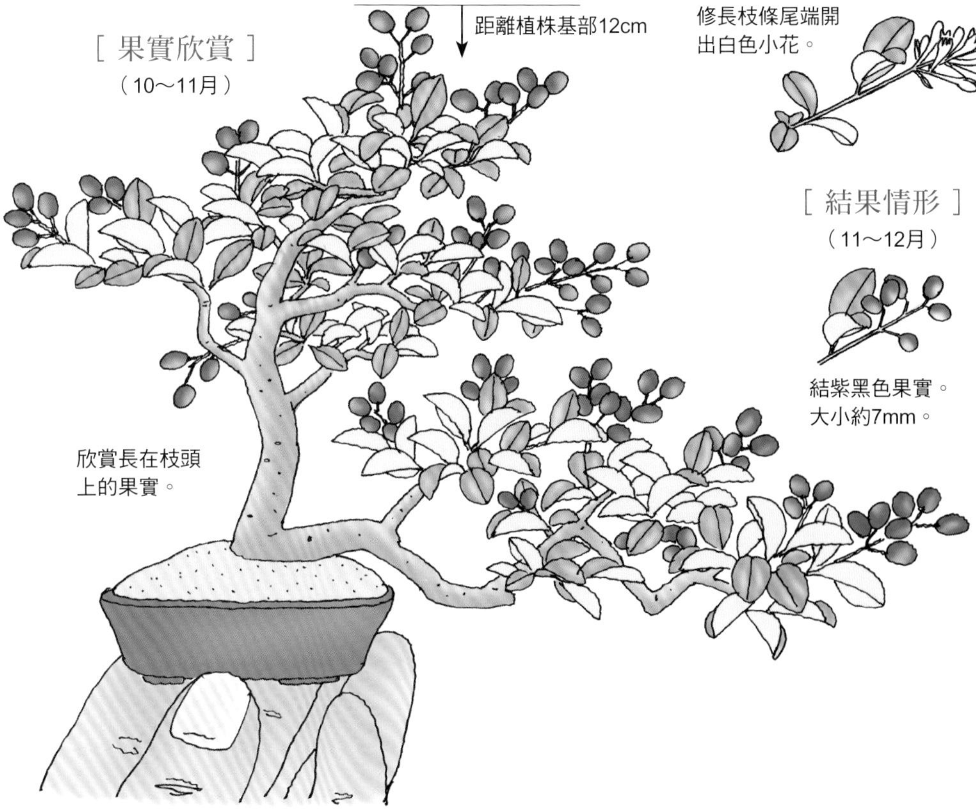
距離植株基部12cm
欣賞長在枝頭上的果實。

［ 結果情形 ］

（11～12月）

結紫黑色果實。大小約7mm。

[維護整理前]（2月）

壓條 15年

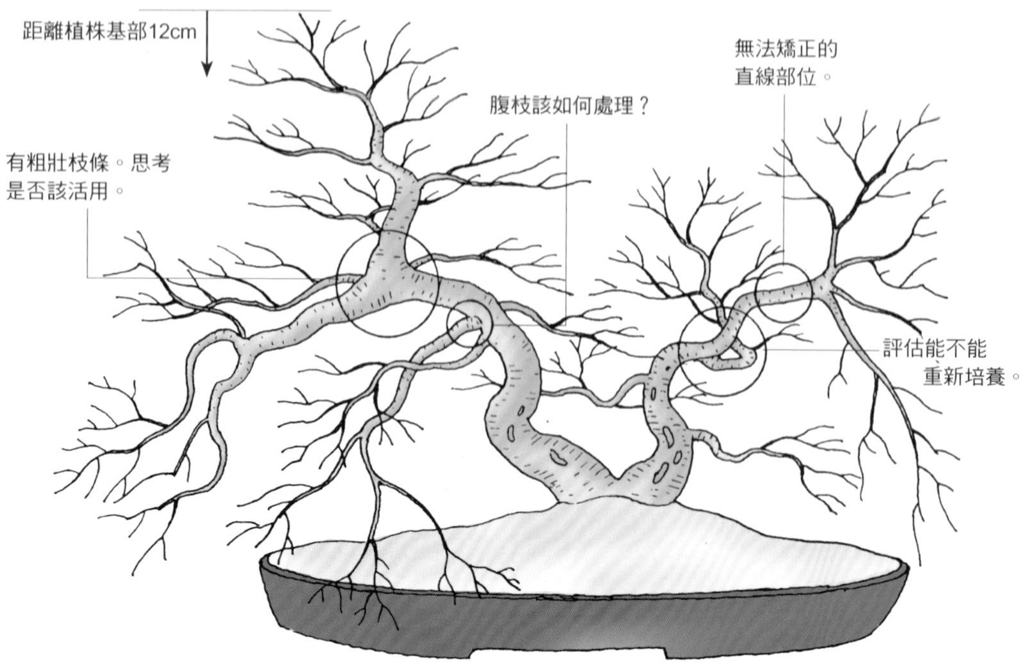
距離植株基部12cm
無法矯正的
直線部位。
腹枝該如何處理？
有粗壯枝條。思考
是否該活用。
評估能不能
重新培養。

[樹型的全面大修整]

⬅表示生長旺盛的傾向

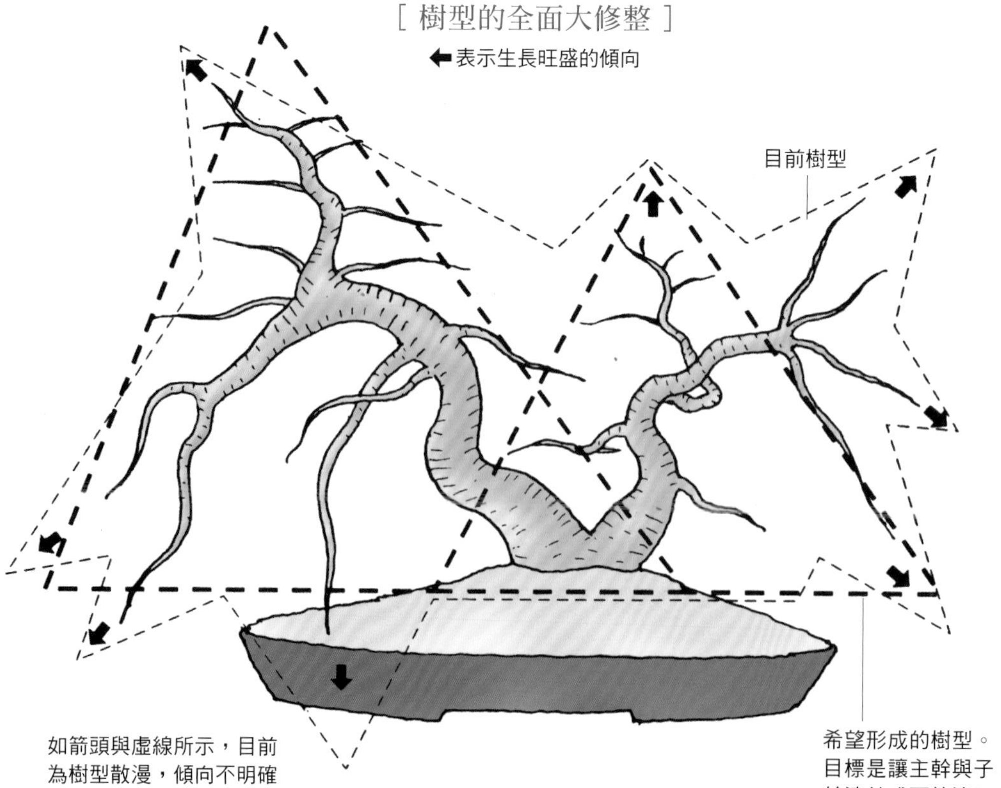
目前樹型
如箭頭與虛線所示，目前
為樹型散漫，傾向不明確
的雙幹型。
希望形成的樹型。
目標是讓主幹與子
幹連結成不等邊三
角形。

岩四手

日文名	岩四手
別名	曾呂（※）
學名	*Carpinus turczaninovii*
分類	樺樹科（落葉闊葉樹／喬木）
花語	
花期	10～11月

4～5月開花。樹皮為乳白色，樹齡增長後，樹皮上就會出現淺淺的縱向裂痕，形成美麗的條紋模樣。樺樹科樹木中生長狀況最旺盛的類型，葉片小巧。新芽依序長出至8～9月，必須適度地摘芽。以實生、扦插、壓條方式就能輕易地繁殖。

※曾呂（Solo）：盆栽業界統稱赤四手、犬四手、岩四手、熊四手等四個種類的鵝耳櫪（千金榆）為曾呂。

栽培行事曆

月	生長狀態	移植	消毒	整姿	維護管理	肥料	澆水	繁殖
1月								
2月	休眠期		冬季期間	修剪	保護室		一週1～2次	
3月								實生・扦插
4月								
5月				摘芽		置肥	一天2～3次	
6月	生長期		生長期	纏金屬線				壓條・扦插
7月						液肥	一天3～4次	
8月					遮光			
9月								
10月	充實期・紅葉（10～11月）					置肥	一天2～3次	
11月								實生
12月			冬季期間					

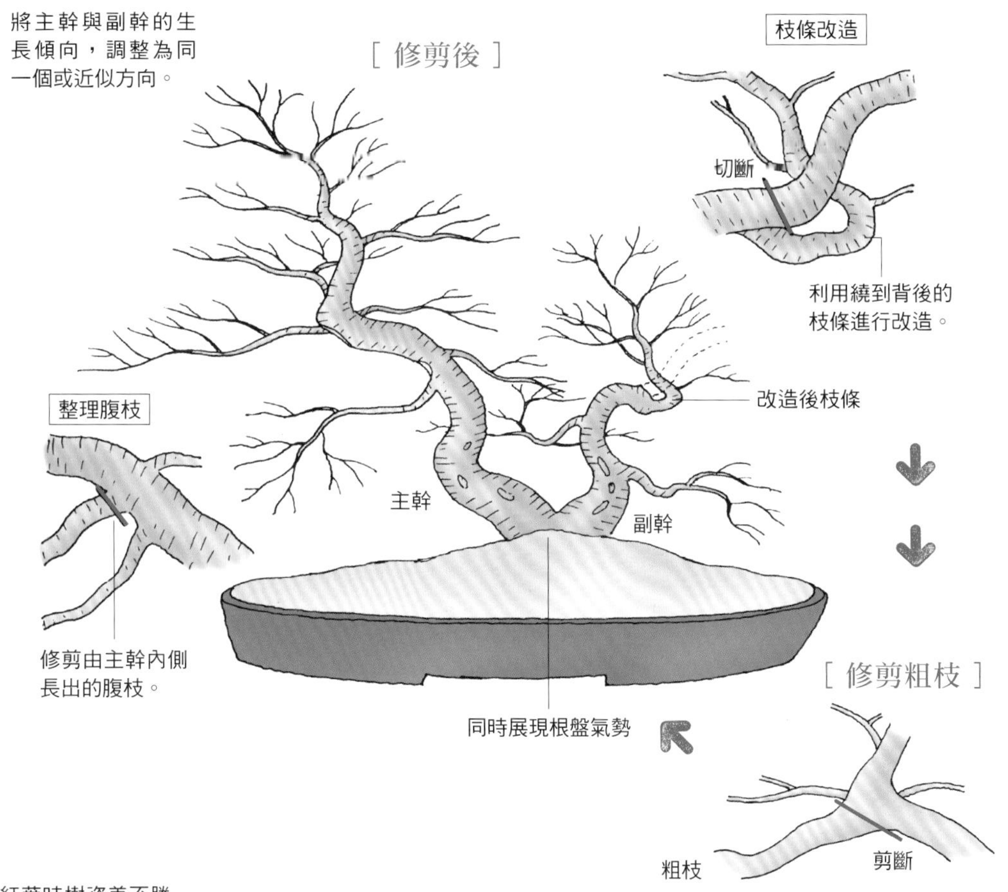
將主幹與副幹的生長傾向，調整為同一個或近似方向。
［修剪後］
枝條改造
切斷
利用繞到背後的枝條進行改造。
改造後枝條
整理腹枝
主幹
副幹
修剪由主幹內側長出的腹枝。
同時展現根盤氣勢
［修剪粗枝］
粗枝
剪斷

紅葉時樹姿美不勝收，葉片轉變成褐色後，留在枝頭上過冬。
［樹姿（雙幹）欣賞］
（秋）

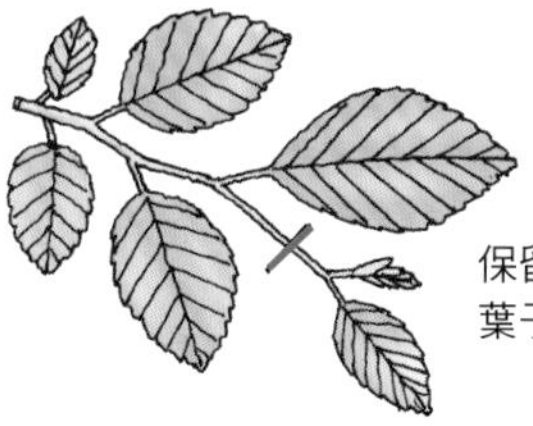
［摘芽］
（5月）
保留4～5片葉子後摘芽。

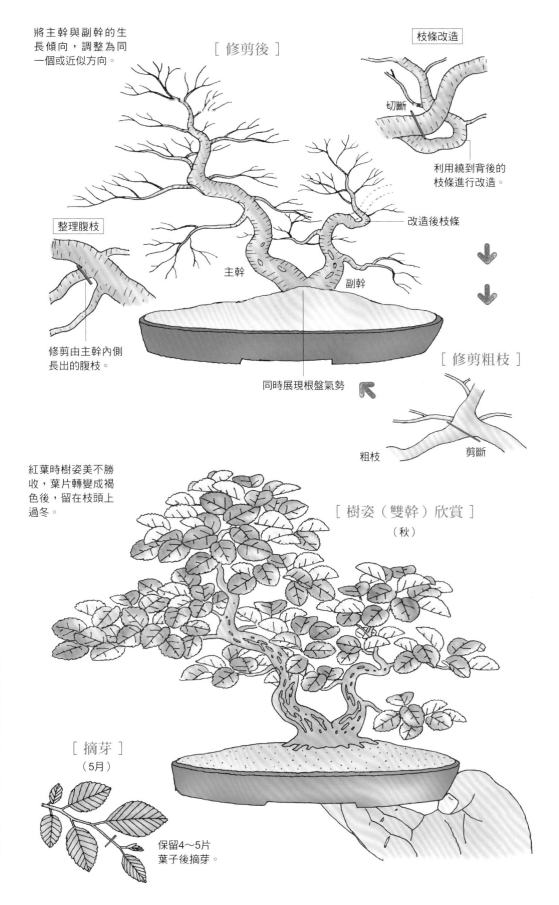

檉柳

日文名	檉柳
別名	垂絲柳、西河柳
學名	*Tamarix tenuissima*
分類	檉柳科 （落葉闊葉樹／小喬木）
花語	「犯罪」
花期	10～11月

5月至9月，分兩次抽出淺紅色總狀花序。纖細枝條密生修長小枝，纏金屬線後形成曲線，欣賞柔美姿態。小枝密生枝條，葉長1～2㎜。具耐寒性，發根力旺盛，扦插就很容易繁殖。

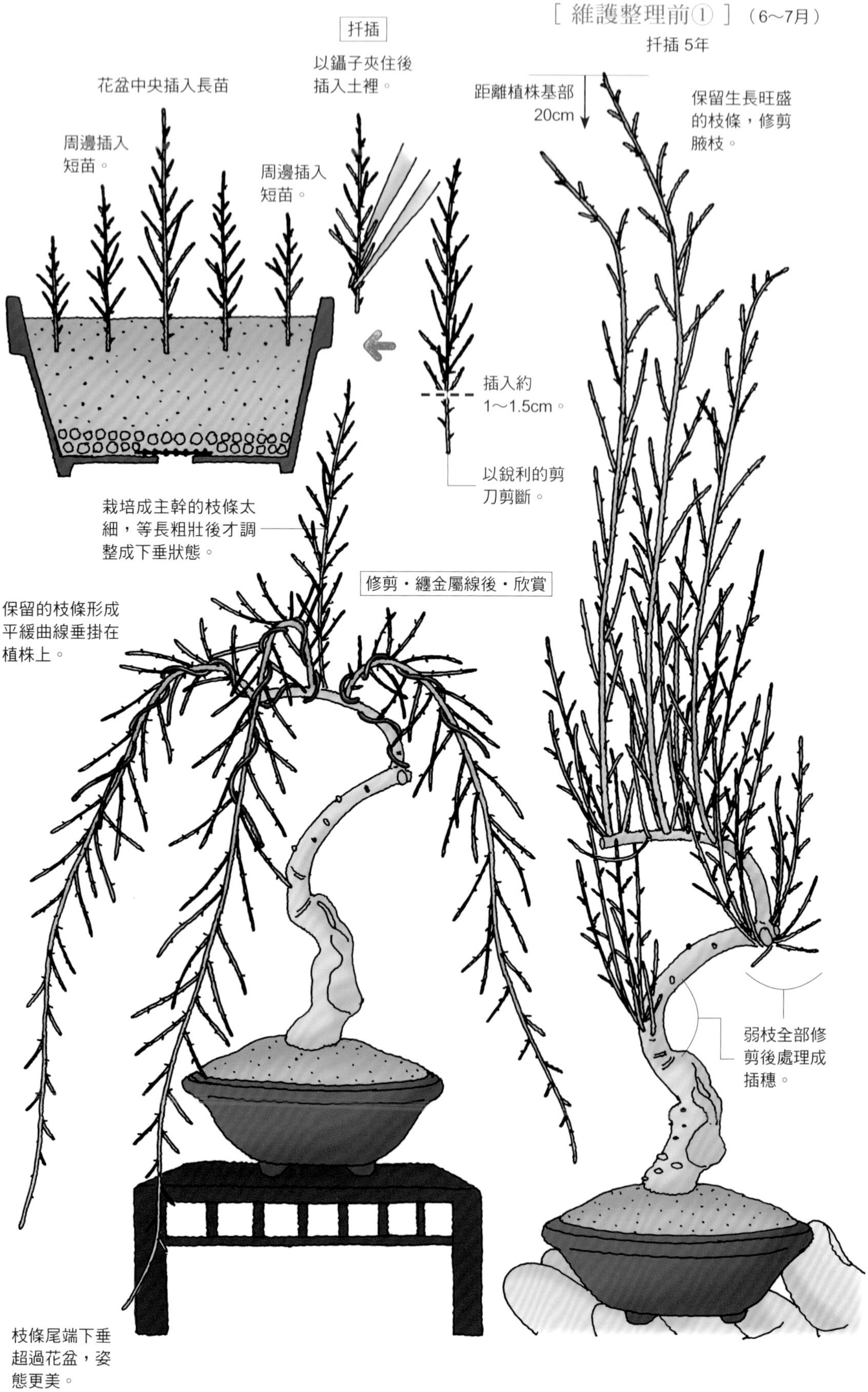
[維護整理前①]（6～7月）
扦插 5年
距離植株基部 20cm
保留生長旺盛的枝條，修剪腋枝。
弱枝全部修剪後處理成插穗。
扦插
以鑷子夾住後插入土裡。
花盆中央插入長苗
周邊插入短苗。
周邊插入短苗。
插入約1～1.5cm。
以銳利的剪刀剪斷。
栽培成主幹的枝條太細，等長粗壯後才調整成下垂狀態。
修剪・纏金屬線後・欣賞
保留的枝條形成平緩曲線垂掛在植株上。
枝條尾端下垂超過花盆，姿態更美。

栽培行事曆

月	生長狀態	移植	消毒	整姿	維護管理	肥料	澆水	繁殖
1月								
2月	休眠期		冬季期間	修剪	保護室		一週1～2次	
3月								扦插
4月								
5月	生長期・開花（5月～9月）		生長期			置肥	一天2～3次	
6月				纏金屬線				扦插
7月						液肥	一天3～4次	
8月					遮光			
9月								
10月	充實期					置肥	一天2～3次	
11月								
12月			冬季期間					

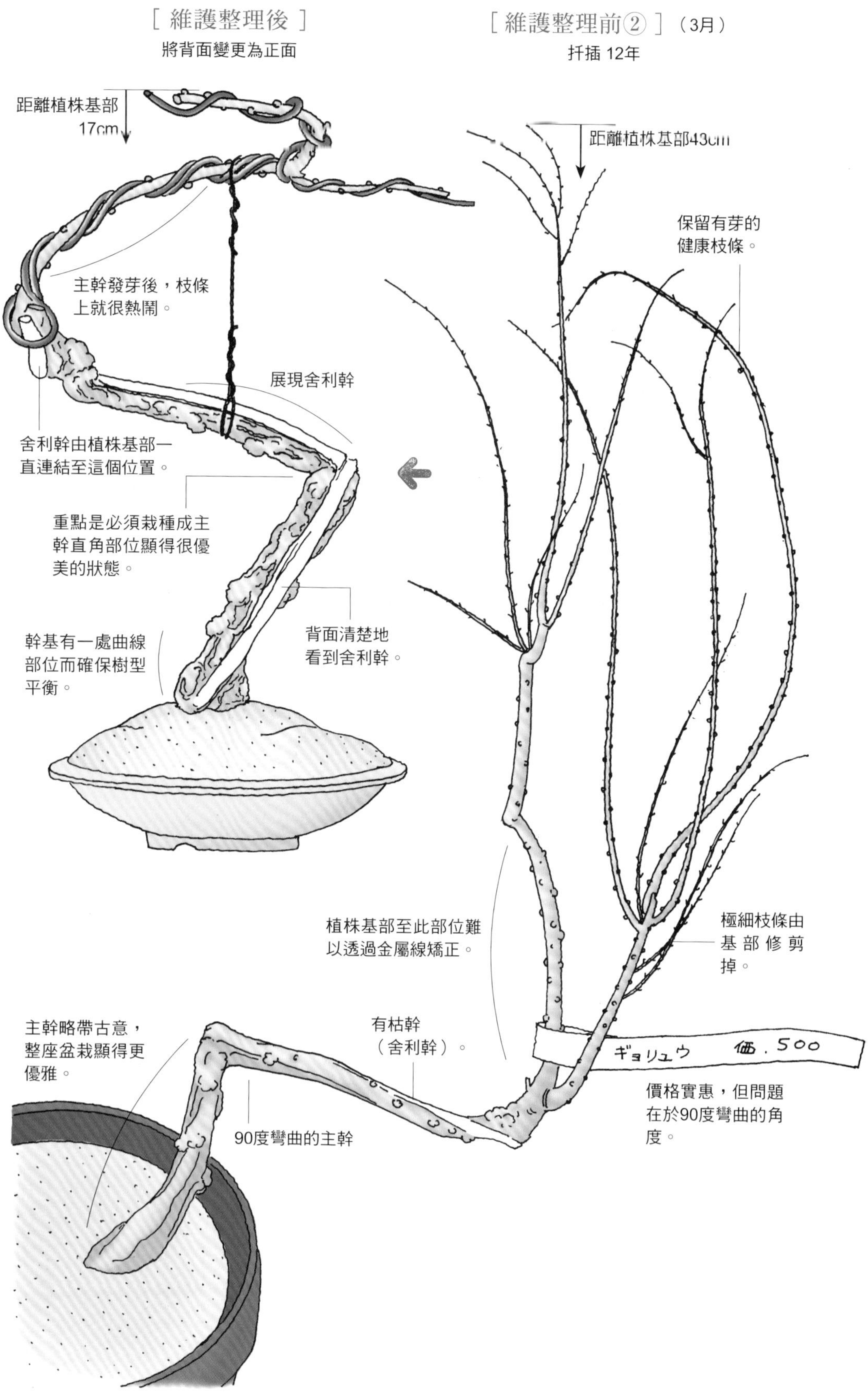
［維護整理後］
將背面變更為正面
距離植株基部17cm
主幹發芽後，枝條上就很熱鬧。
展現舍利幹
舍利幹由植株基部一直連結至這個位置。
重點是必須栽種成主幹直角部位顯得很優美的狀態。
背面清楚地看到舍利幹。
幹基有一處曲線部位而確保樹型平衡。
［維護整理前②］（3月）
扦插 12年
距離植株基部43cm
保留有芽的健康枝條。
植株基部至此部位難以透過金屬線矯正。
極細枝條由基部修剪掉。
主幹略帶古意，整座盆栽顯得更優雅。
有枯幹（舍利幹）。
90度彎曲的主幹
ギョリュウ 価.500
價格實惠，但問題在於90度彎曲的角度。

白葉釣樟

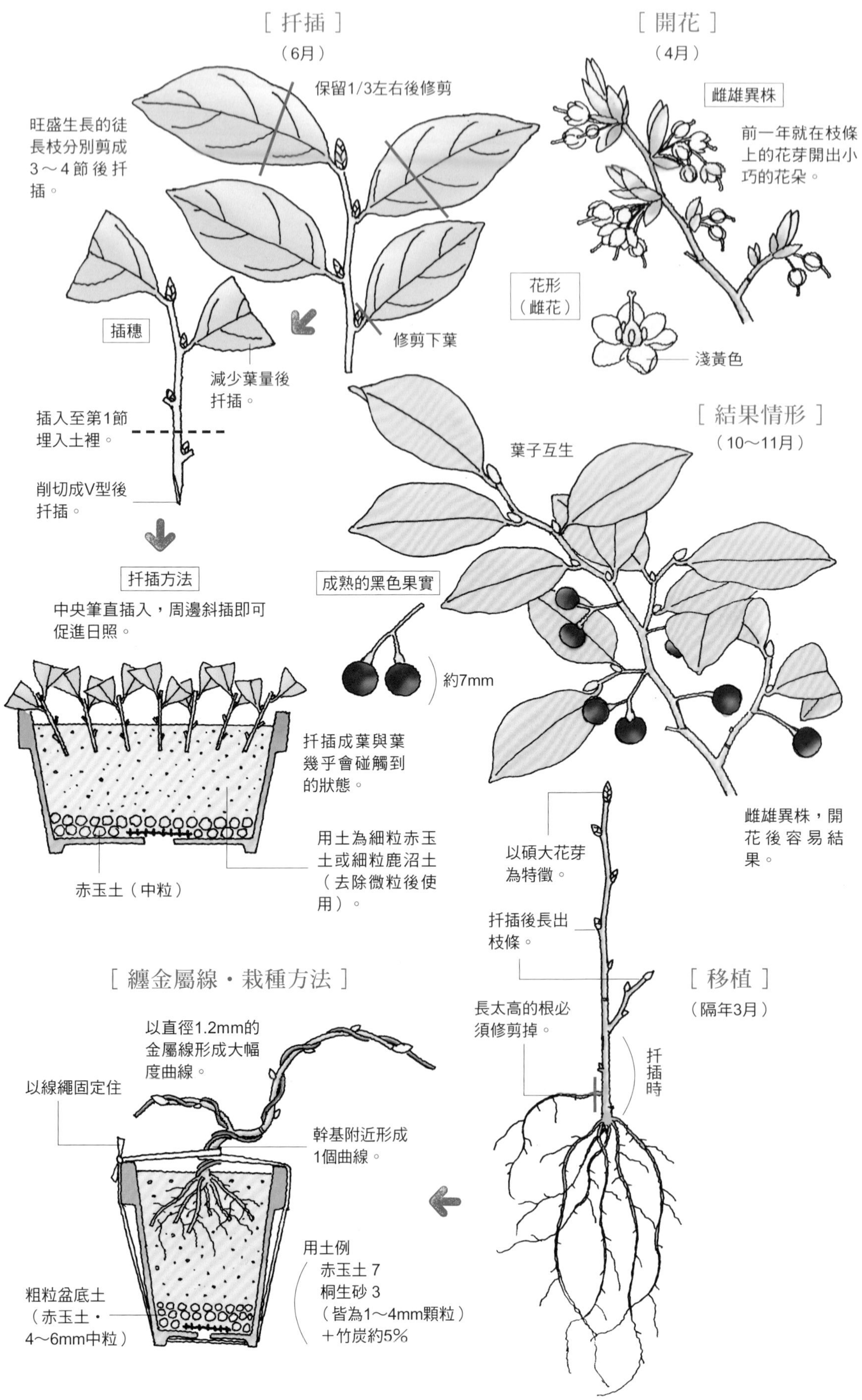
[扦插]
（6月）
保留1/3左右後修剪
旺盛生長的徒長枝分別剪成3～4節後扦插。
插穗
修剪下葉
減少葉量後扦插。
插入至第1節埋入土裡。
削切成V型後扦插。
扦插方法
中央筆直插入，周邊斜插即可促進日照。
扦插成葉與葉幾乎會碰觸到的狀態。
赤玉土（中粒）
用土為細粒赤玉土或細粒鹿沼土（去除微粒後使用）。
[開花]
（4月）
雌雄異株
前一年就在枝條上的花芽開出小巧的花朵。
花形（雌花）
淺黃色
[結果情形]
（10～11月）
葉子互生
成熟的黑色果實
約7mm
雌雄異株，開花後容易結果。
以碩大花芽為特徵。
扦插後長出枝條。
[移植]
（隔年3月）
長太高的根必須修剪掉。
扦插時
[纏金屬線・栽種方法]
以直徑1.2mm的金屬線形成大幅度曲線。
以線繩固定住
幹基附近形成1個曲線。
粗粒盆底土（赤玉土・4～6mm中粒）
用土例
赤玉土 7
桐生砂 3
（皆為1～4mm顆粒）
＋竹炭約5%

日文名	山香し
別名	山胡椒、假死柴
學名	*Lindera glauca*
分類	樟科（落葉闊葉樹／灌木）
花語	
花期	10～11月

4～5月萌芽時同時開出黃色小花，秋天結黑色果實。葉轉變成黃褐色後枯萎，轉變成茶色還一直掛在枝頭上而顯得優雅無比。因為葉片遲遲不落地（諧音：不落第）而被用於祈求金榜題名。適合以扦插、壓條與實生方式繁殖。

栽培行事曆

月	生長狀態	移植	消毒	整姿	維護管理	肥料	澆水	繁殖
1月								
2月	休眠期		冬季期間	修剪	保護室		一週1～2次	
3月				纏金屬線				實生
4月								
5月	生長期・開花（4～5月）		生長期	纏金屬線		置肥	一天2～3次	
6月								壓條
7月						液肥	一天3～4次	
8月					遮光			
9月								
10月	充實期・結果					置肥	一天2～3次	
11月				修剪				實生
12月			冬季期間					

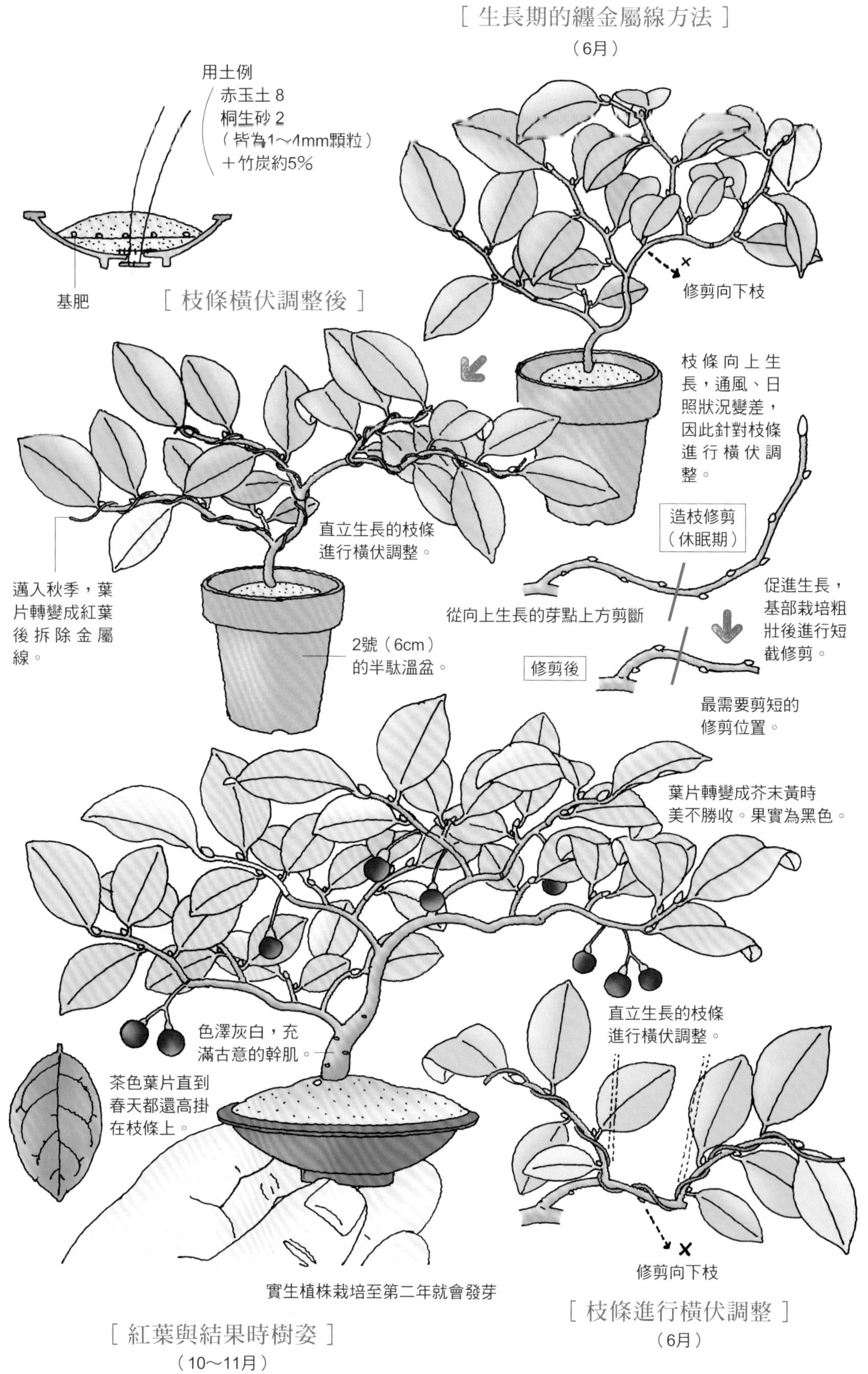
[生長期的纏金屬線方法]
（6月）
用土例
赤玉土 8
桐生砂 2
（皆為1～4mm顆粒）
＋竹炭約5%
基肥
[枝條橫伏調整後]
修剪向下枝
枝條向上生長，通風、日照狀況變差，因此針對枝條進行橫伏調整。
直立生長的枝條進行橫伏調整。
邁入秋季，葉片轉變成紅葉後拆除金屬線。
2號（6cm）的半駄溫盆。
造枝修剪（休眠期）
從向上生長的芽點上方剪斷
促進生長，基部栽培粗壯後進行短截修剪。
修剪後
最需要剪短的修剪位置。
葉片轉變成芥末黃時美不勝收。果實為黑色。
色澤灰白，充滿古意的幹肌。
茶色葉片直到春天都還高掛在枝條上。
直立生長的枝條進行橫伏調整。
修剪向下枝
實生植株栽培至第二年就會發芽
[紅葉與結果時樹姿]
（10～11月）
[枝條進行橫伏調整]
（6月）

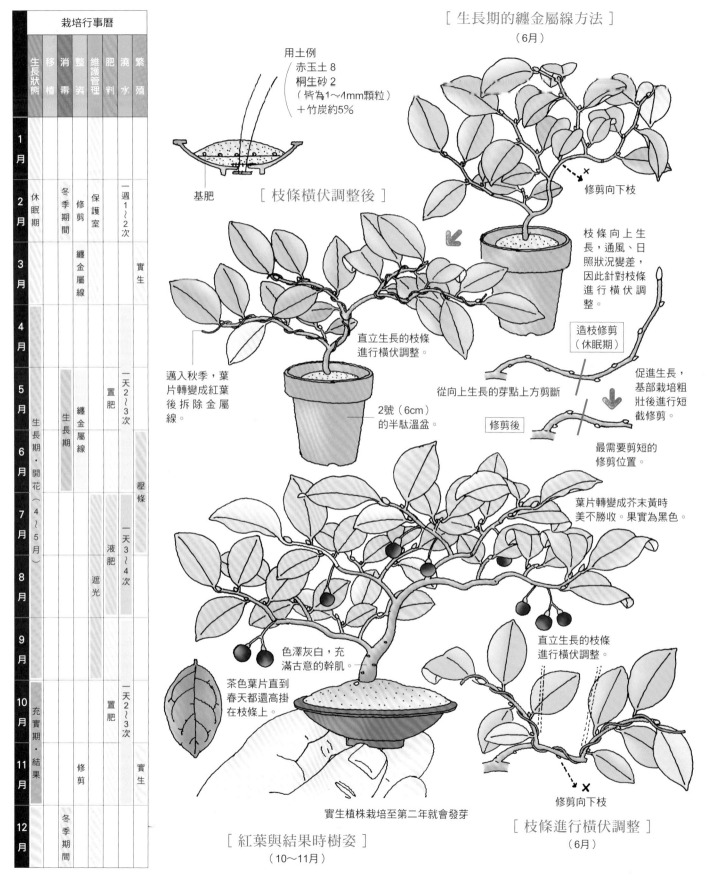

山毛櫸

[維護整理前]（7月）
距離植株基部
15cm
[摘芽]
保留2個芽
後摘芽。
摘除
插芽
（摘除的新芽）
淺淺地插入
約5mm。
蛭石（扦插用土）
小心纏繞，
避開芽點。
需要確實形成
曲線部位，必
須緊緊地纏繞
黏著膠帶。
[纏金屬線]
1.2mm的
金屬線。
如虛線部分那樣
在中途明顯地形
成曲線。
立即以金屬
線綁紮固定。
插入至盆底
單調、缺乏意
趣的主幹。
子葉的位置
感覺像實生3年
左右。在此期間
進行強度矯正。
[剪葉]
葉片大約剪
掉一半。
剪葉即可促進通風
與日照。
距離植株基部5cm
枝條橫伏調整
為圓弧狀。
[維護整理後]
俯瞰圖
左右11cm
枝條不修剪，
進行橫伏調整。
正面

12月	11月	10月	9月	8月	7月	6月	5月	4月	3月	2月	1月		
	充實期				生長期					休眠期		生長狀態	栽培行事曆
												移植	
冬季期間						生長期				冬季期間		消毒	
				切芽	纏金屬線		摘芽			修剪		整姿	
				遮光						保護室		維護管理	
		置肥		液肥		置肥						肥料	
		一天2～3次		一天3～4次			一天2～3次			一週1～2次		澆水	
	實生				壓條		插芽		實生			繁殖	

日文名	橅、山毛欅
別名	麻櫟金剛、石灰木
學名	*Fagus crenata*
分類	山毛櫸科 （落葉闊葉樹／喬木）
花語	「繁榮」
花期	10～11月

樹皮為光滑的灰白色。邁入秋季時樹葉轉成褐色，但會留在枝頭上過冬。春季長出新葉後才落葉，因而又稱讓葉。長出新葉時開花，結三角錐形堅硬種子後於秋季成熟。適合以實生、插芽方式繁殖。

日本風景不可或缺的主要盆栽樹種

維護管理方法 松柏

一聽到盆栽，立即會浮現在腦海中的，就是以松樹為首的松柏類盆栽。
兼具浩然之氣與古色古香氛圍的姿態，充滿著最具盆栽代表性的凜然氣勢與格調。

從千姿萬態的樹姿中發現盆栽的精髓

即便邁入冬季，松樹、杉木、檜木等常綠針葉樹的枝葉依然油綠，因此自古以來就被日本人視為節操凜然，遭遇困境依然不屈不撓，充滿堅毅不拔精神的象徵。盆栽界也一樣，視松柏類植物為健康與長壽的象徵，直到現在都還是創作盆栽時極為重要的中心樹種。

松柏類樹木適合用於創作任何樹型的盆栽（請參照P.156～157）。創作懸崖型盆栽時，讓人想起深山裡的懸崖峭壁；創作風飄型時，讓人聯想到岩石料峭嶙峋的高山或海邊景色，總是讓欣賞盆栽者充滿無限遐想。其次，粗糙龜裂的幹肌、風化後呈現白骨化的JIN（神幹）、SHARI（舍利幹）可說都是松柏類盆栽最吸引人之處。氣勢凜然磅礴的黑松、姿態優雅柔美的五葉松、充滿悠然灑脫氛圍的真柏，堪稱松柏類盆栽的御三家。

黑松

日文名	黑松
別名	雄松
學名	*Pinus thunbergii*
分類	松科（常綠針葉樹／喬木）
花語	「長生不老」「勇敢」
花期	10～11月

隨著樹齡的增長，樹皮龜裂成龜甲狀，剝落成鱗片狀。冬芽碩大且呈現白色，可輕易地與赤松區別（赤松的冬芽為紅褐色）。綠芽旺盛生長，必須摘芽、切芽以促進分枝，避免徒長。適合以實生、壓條方式繁殖。

［維護整理前①］

（3月）

實生 8年

土壤貧瘠的沿海地區沙地或山坡上，經常可見樹根裸露在外，呈現圖中樹型的黑松。相較於上部，單調的主幹中段進行改作後，可以栽培出樹高較低的樹型。

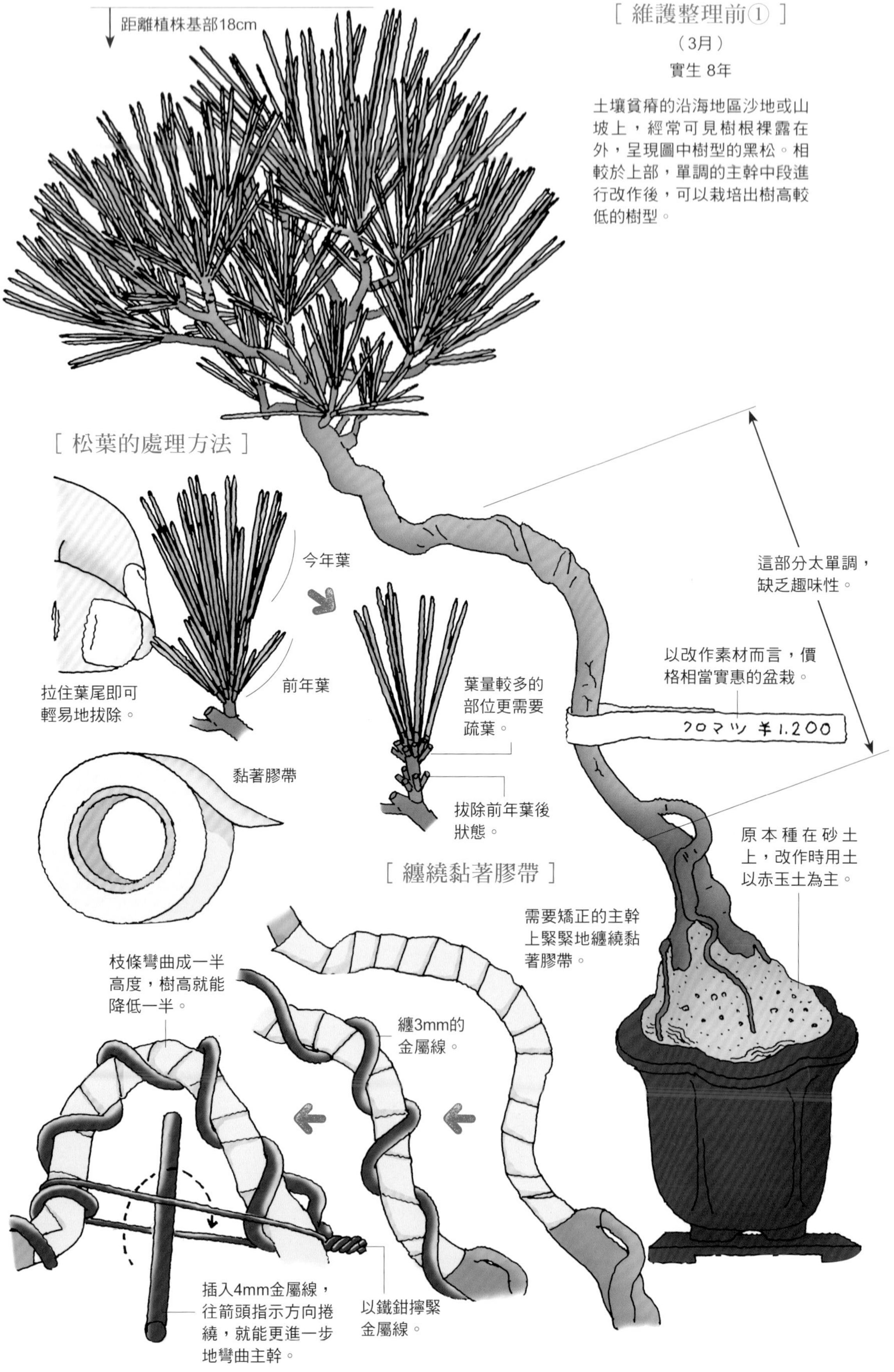
距離植株基部18cm
這部分太單調，缺乏趣味性。
以改作素材而言，價格相當實惠的盆栽。
クロマツ ¥1.200
原本種在砂土上，改作時用土以赤玉土為主。
［松葉的處理方法］
今年葉
前年葉
拉住葉尾即可輕易地拔除。
葉量較多的部位更需要疏葉。
拔除前年葉後狀態。
黏著膠帶
［纏繞黏著膠帶］
需要矯正的主幹上緊緊地纏繞黏著膠帶。
枝條彎曲成一半高度，樹高就能降低一半。
纏3mm的金屬線。
插入4mm金屬線，往箭頭指示方向捲繞，就能更進一步地彎曲主幹。
以鐵鉗擰緊金屬線。

[主幹的彎曲狀態（左側角度）]

[主幹的彎曲狀態（右側角度）]

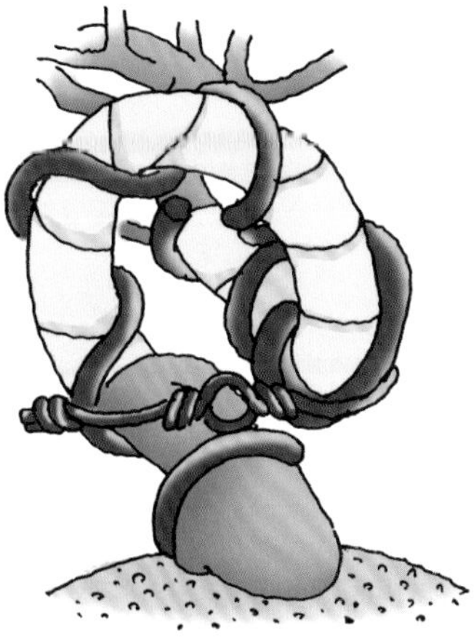

[根部情形]

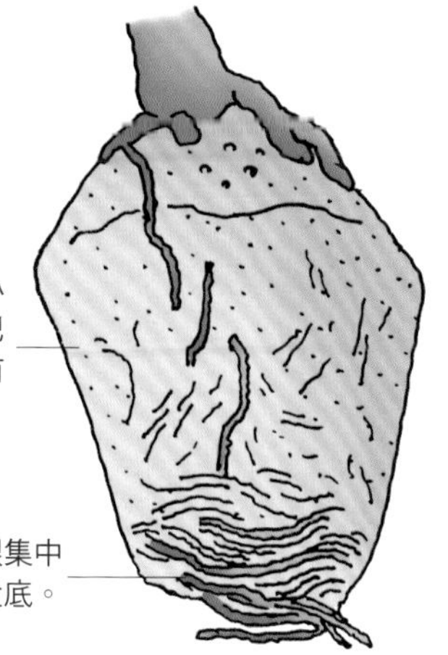
根盆布滿小根，顯然已經很久沒有移植。
卷根集中於盆底。

[栽種後]

[栽種方法]

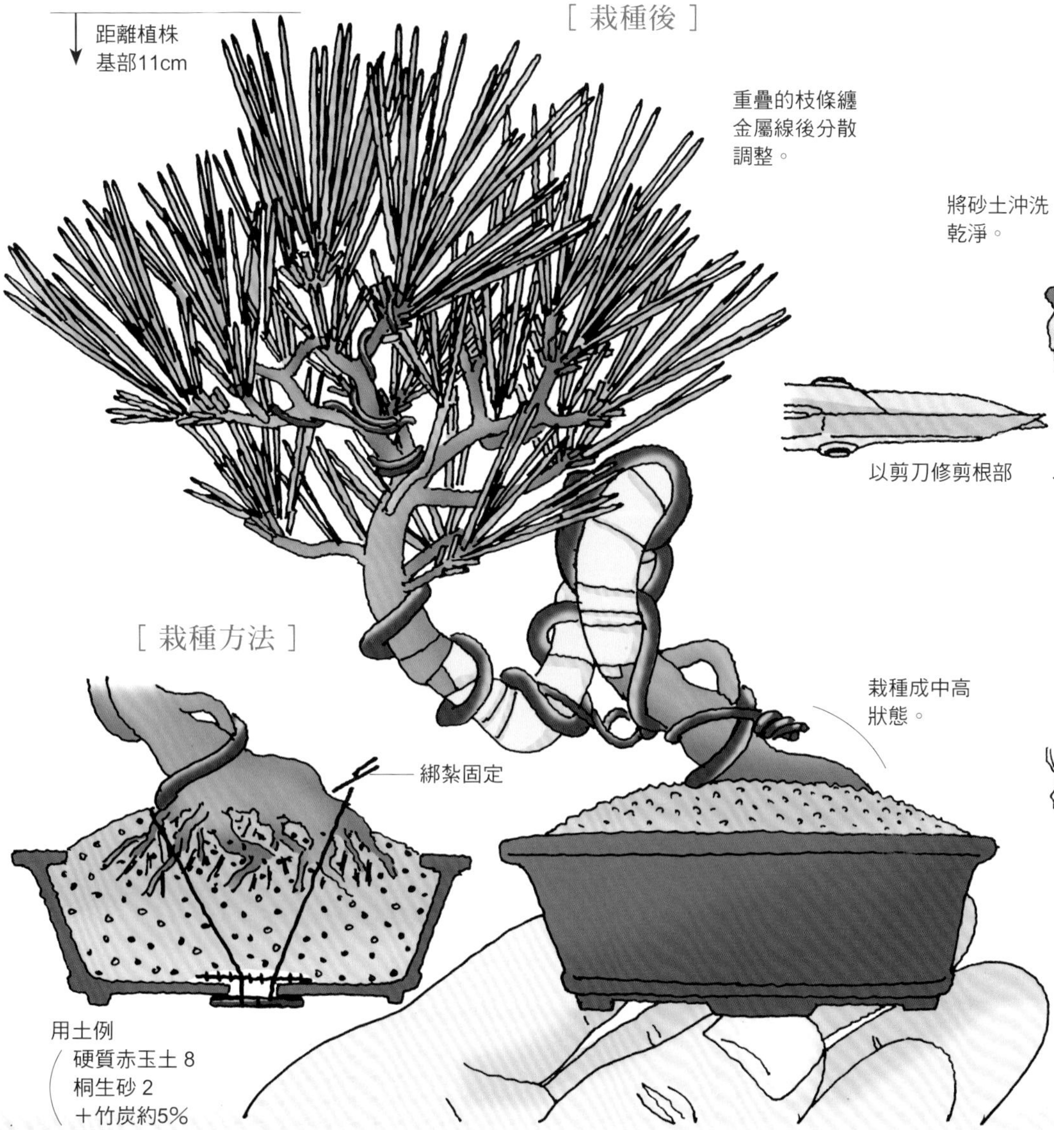
距離植株基部11cm
重疊的枝條纏金屬線後分散調整。
以剪刀修剪根部
綁紮固定
栽種成中高狀態。

用土例
硬質赤玉土 8
桐生砂 2
＋竹炭約5%

[修剪根部]

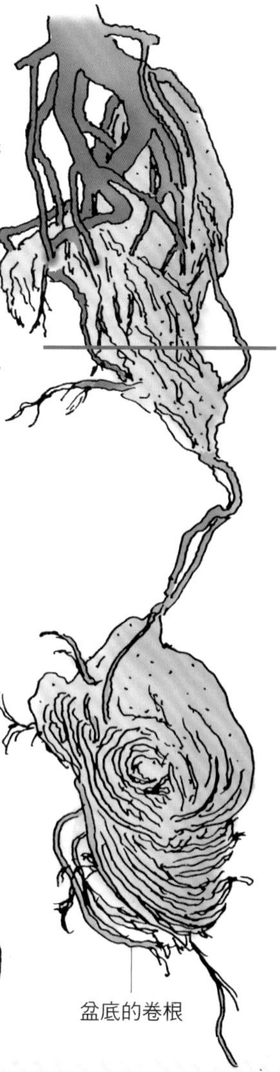
將砂土沖洗乾淨。
盆底的卷根

移植

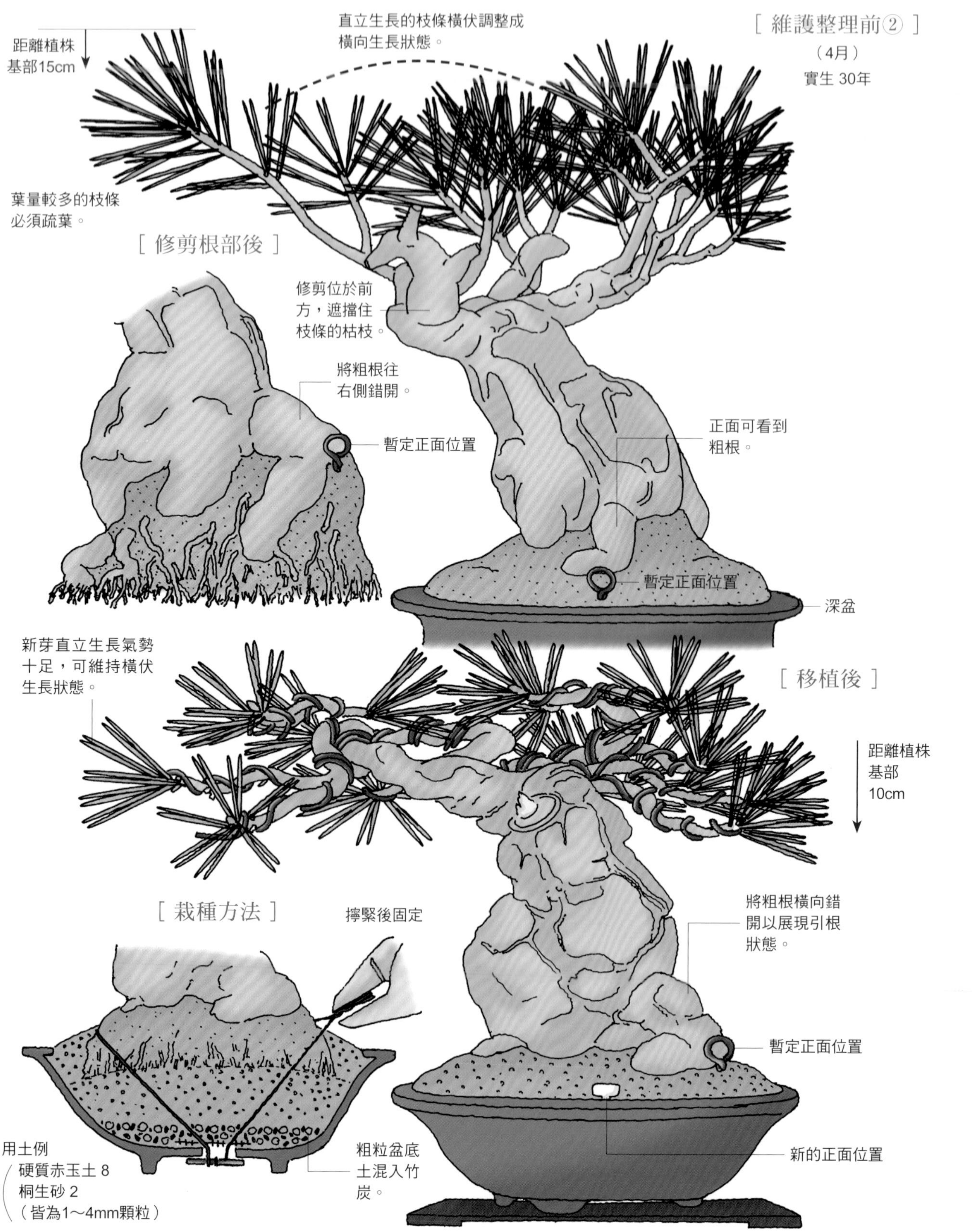

［ 維護整理前② ］
（4月）
實生 30年
直立生長的枝條橫伏調整成
橫向生長狀態。
距離植株
基部15cm
葉量較多的枝條
必須疏葉。
［ 修剪根部後 ］
修剪位於前
方，遮擋住
枝條的枯枝。
將粗根往
右側錯開。
暫定正面位置
正面可看到
粗根。
暫定正面位置
深盆
新芽直立生長氣勢
十足，可維持橫伏
生長狀態。
［ 移植後 ］
距離植株
基部
10cm
［ 栽種方法 ］
擰緊後固定
將粗根橫向錯
開以展現引根
狀態。
暫定正面位置
用土例
硬質赤玉土 8
桐生砂 2
（皆為1～4mm顆粒）
粗粒盆底
土混入竹
炭。
新的正面位置

栽培行事曆

	生長狀態	移植	消毒	整姿	維護管理	肥料	澆水	繁殖
1月								
2月	休眠期		冬季期間		保護室		一週1～2次	
3月								實生
4月								
5月			生長期	摘芽		置肥	一週1～2次	
6月	生長期			切芽				壓條
7月						液肥	一天2～3次	
8月					遮光			
9月								
10月	充實期					置肥	一天1～2次	
11月								
12月			冬季期間	拔葉				

[第二次切芽]
（6月下旬～7月上旬）

7月上旬連旺盛生長的芽都修剪
6月下旬左右先修剪生長力較弱的芽。
弱芽
剪下的弱芽

[芽的比較]

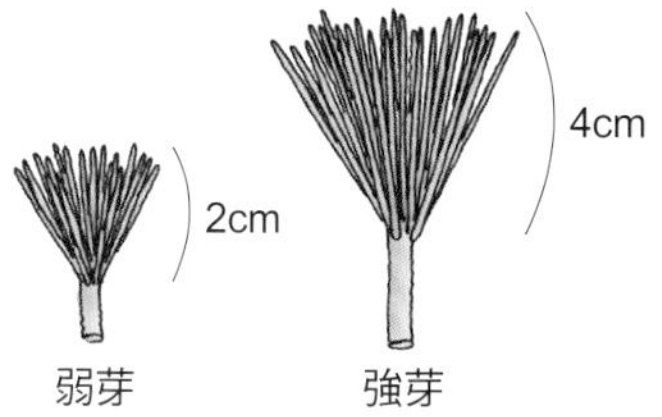
4cm
2cm
弱芽
強芽

[切芽後]

切芽後長出二次芽，秋天就會長出勢均力敵的新芽。

[摘芽]
（5月）

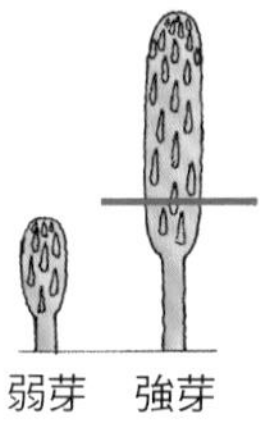
弱芽 強芽

將強芽摘成與弱芽相同大小以抑制生長。

五葉松

日文名	五葉松
別名	雌松
學名	*Pinus parviflora*
分類	松科（常綠針葉樹／喬木）
花語	「長生不老」「勇敢」
花期	10～11月

樹皮為暗灰色，隨著樹齡的增長而微微地剝落變薄。容易分枝，短枝萌芽力強。冬芽尾端渾圓，松葉帶白色。綠芽生長不如黑松旺盛，充其量只能摘除。適合以實生、嫁接、壓條方式繁殖。

［疏葉］

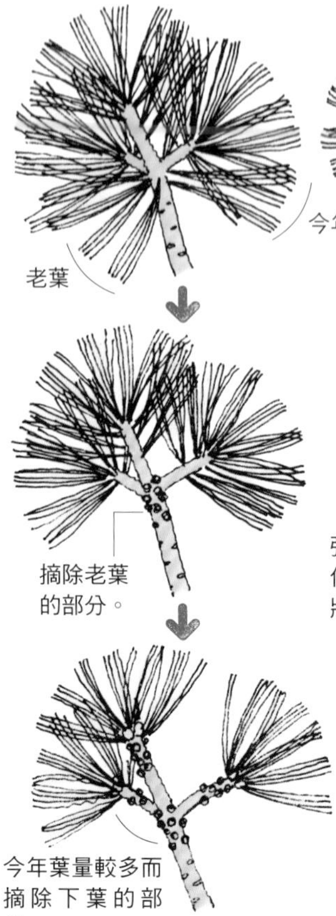
今年葉
老葉
摘除老葉的部分。
今年葉量較多而摘除下葉的部分。

［纏金屬線］

（4月）

實生 10年

春季由枝條中途摺曲似地矯正過主幹的植株。

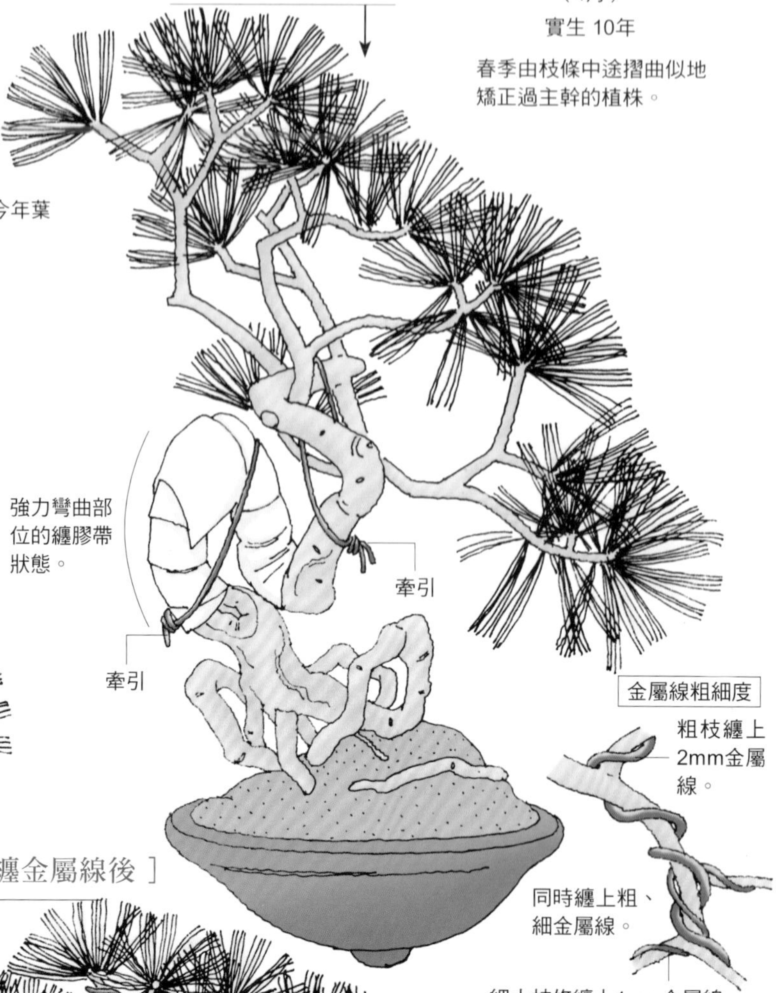
距離植株基部17cm
強力彎曲部位的纏膠帶狀態。
牽引
牽引
金屬線粗細度
粗枝纏上2mm金屬線。
同時纏上粗、細金屬線。
細小枝條纏上1mm金屬線

［枝條纏金屬線後］

距離植株基部9cm

正面圖

向下枝的金屬線纏法

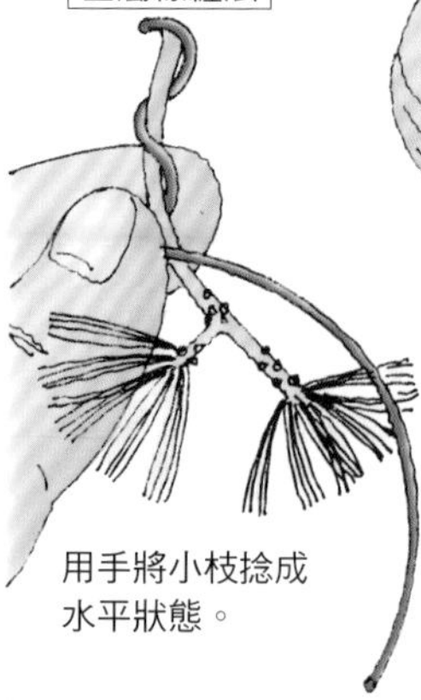
用手將小枝捻成水平狀態。

於上述狀態下纏金屬線就能固定住小枝。

俯瞰圖

背面
左側
正面側

[松葉的摘法]

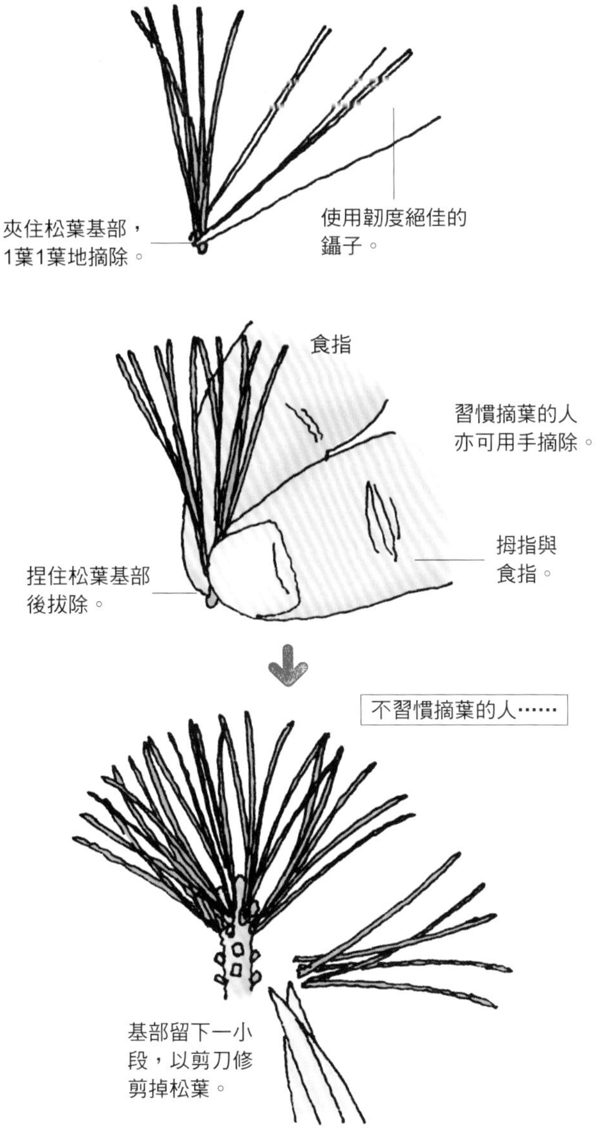
夾住松葉基部，
1葉1葉地摘除。
使用韌度絕佳的
鑷子。
食指
習慣摘葉的人
亦可用手摘除。
拇指與
食指。
捏住松葉基部
後拔除。
不習慣摘葉的人……
基部留下一小
段，以剪刀修
剪掉松葉。

[主幹的摺曲矯正方法]

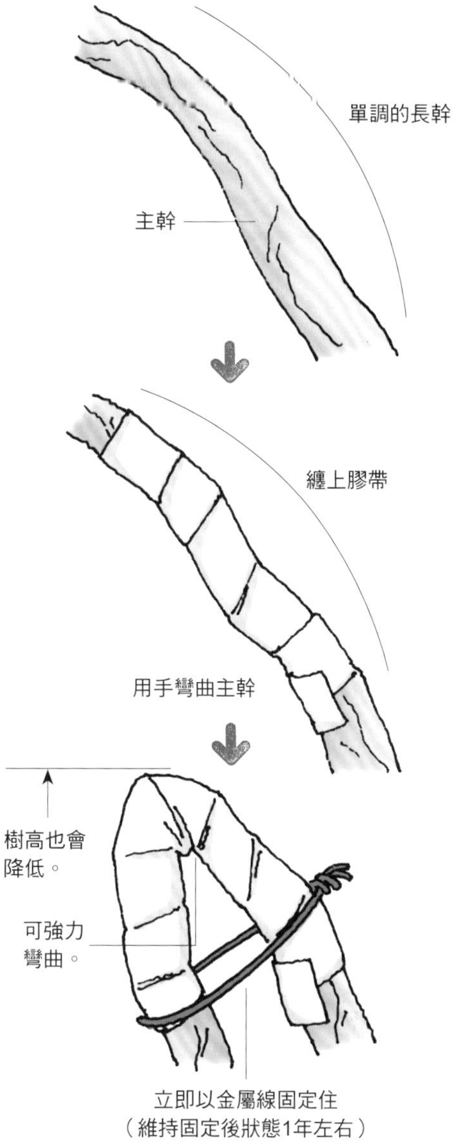
單調的長幹
主幹
纏上膠帶
用手彎曲主幹
樹高也會
降低。
可強力
彎曲。
立即以金屬線固定住
（維持固定後狀態1年左右）

[金屬線的配置方法]

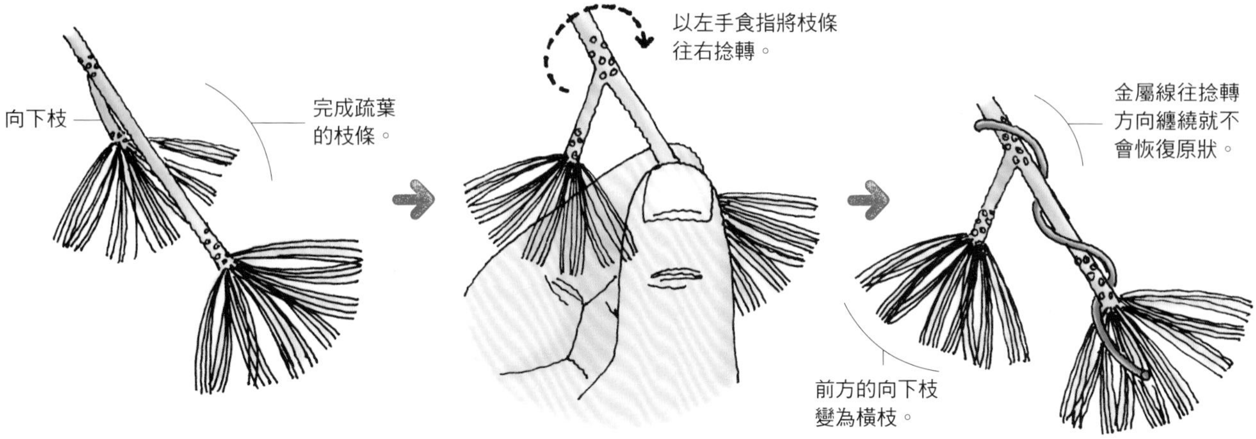
向下枝
完成疏葉
的枝條。
以左手食指將枝條
往右捻轉。
金屬線往捻轉
方向纏繞就不
會恢復原狀。
前方的向下枝
變為橫枝。

[拔除密生枝條尾端的松葉]

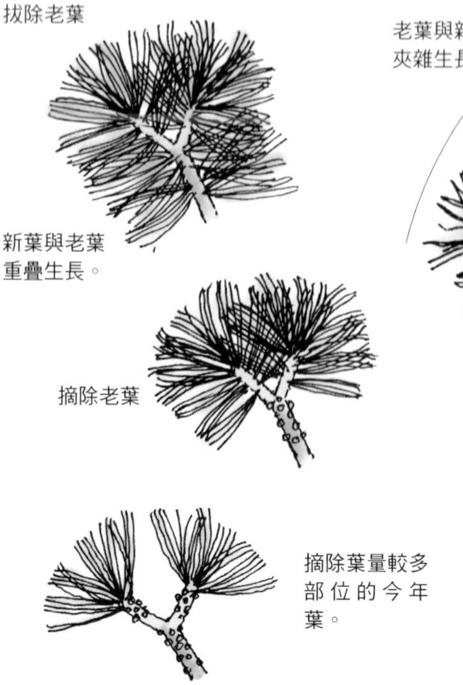
拔除老葉
新葉與老葉
重疊生長。
摘除老葉
摘除葉量較多
部位的今年
葉。

[夏季的移植方法]

適期為8月1日至10日左右

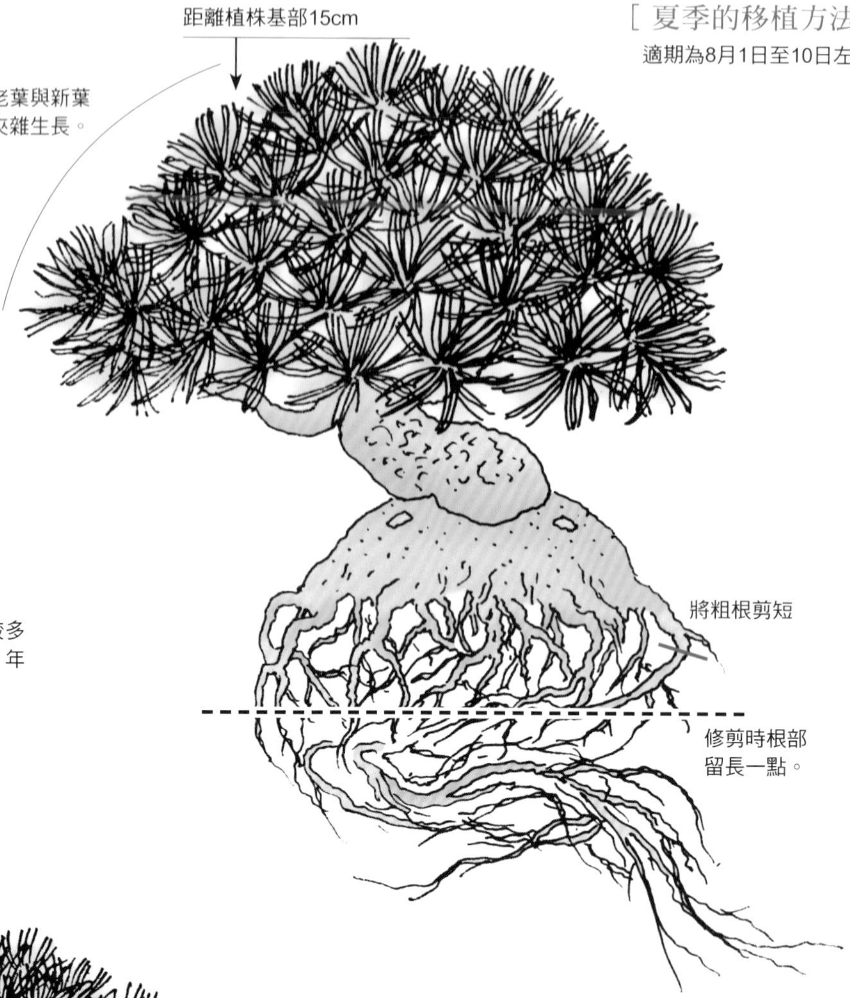
距離植株基部15cm
老葉與新葉
夾雜生長。
將粗根剪短
修剪時根部
留長一點。

[栽種方法]

可看到枝條、小枝，內部的
通風、日照狀況都好轉。
以金屬線固定住
用土例
赤玉土 7
桐生砂 3
竹炭

[活用共生菌]

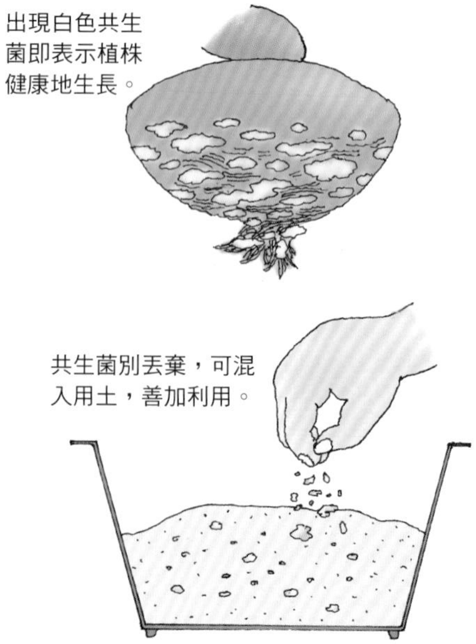
出現白色共生
菌即表示植株
健康地生長。
共生菌別丟棄，可混
入用土，善加利用。

栽培行事曆

月	生長狀態	移植	消毒	整姿	維護管理	肥料	澆水	繁殖
1月								
2月	休眠期		冬季期間		保護室		一週1次	嫁接
3月				修剪				實生
4月								
5月				摘芽			一天1次	
6月	生長期		生長期			置肥		壓條
7月						液肥	一天2次	
8月								
9月								
10月	充實期			纏金屬線		置肥	一天1次	
11月								
12月			冬季期間		冬季期間			

[盆栽置場] 向自生地學習

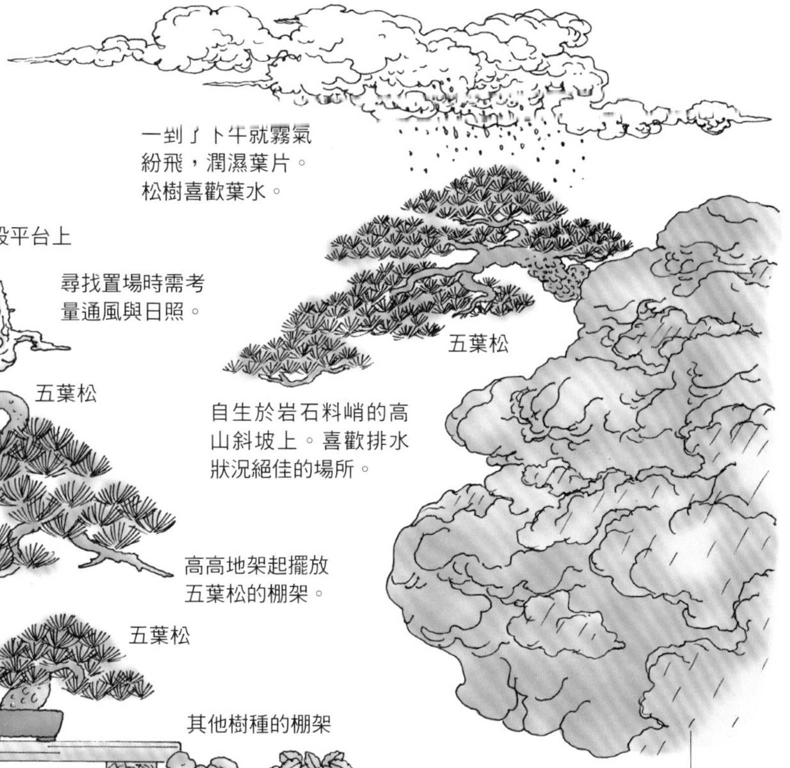
一到了下午就霧氣
紛飛，潤濕葉片。
松樹喜歡葉水。
五葉松
自生於岩石料峭的高
山斜坡上。喜歡排水
狀況絕佳的場所。
低矮灌木

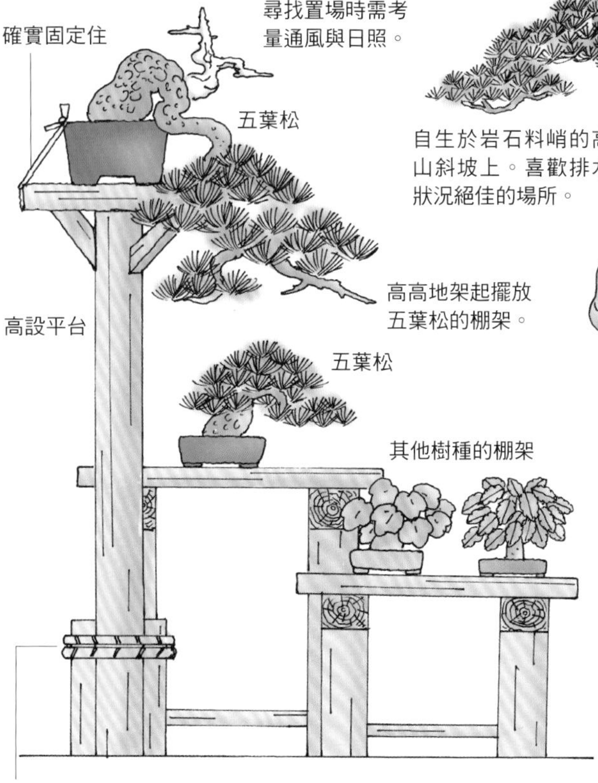
適合擺在高設平台上
尋找置場時需考
量通風與日照。
確實固定住
五葉松
高高地架起擺放
五葉松的棚架。
高設平台
五葉松
其他樹種的棚架
避免棚架傾倒

[澆水]

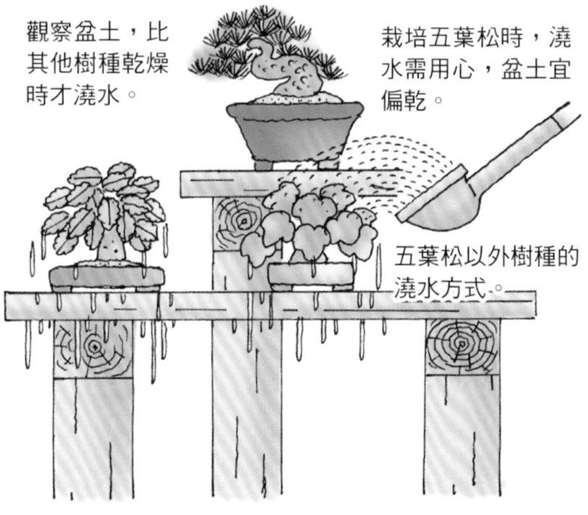
觀察盆土，比
其他樹種乾燥
時才澆水。
栽培五葉松時，澆
水需用心，盆土宜
偏乾。
五葉松以外樹種的
澆水方式。

[專業級栽種方法]

栽種成排水良好到幾乎快要乾涸缺水的狀態

綁紮固定
以拇指壓入
顆粒較大的
用土。
用土例
赤玉土 5
桐生砂 5

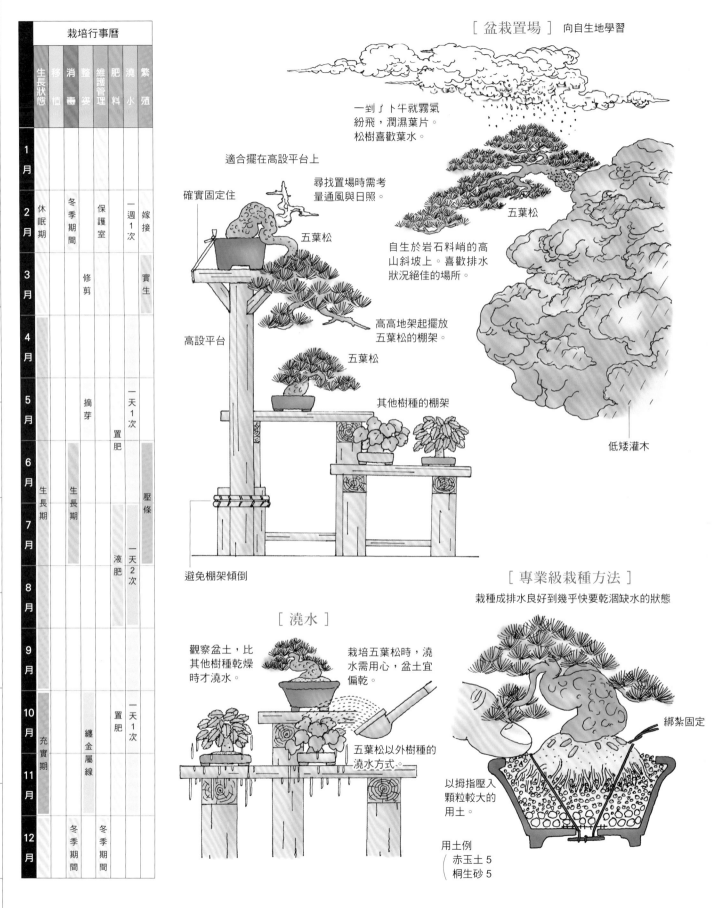

杜松

日文名	杜松
別名	歐洲刺柏、普圓柏
學名	*Juniperus rigida*
分類	柏科（常綠針葉樹／喬木）
花語	「保護」「救援」
花期	10～11月

常用於栽培盆栽的是歐洲刺柏與八房杜松。特性為木質部堅硬不易腐爛，常用於栽培漂亮的舍利幹與神幹。主幹不易形成諧順，必須將下枝栽培粗壯，促進幹基部位生長。適合以扦插、壓條方式繁殖。

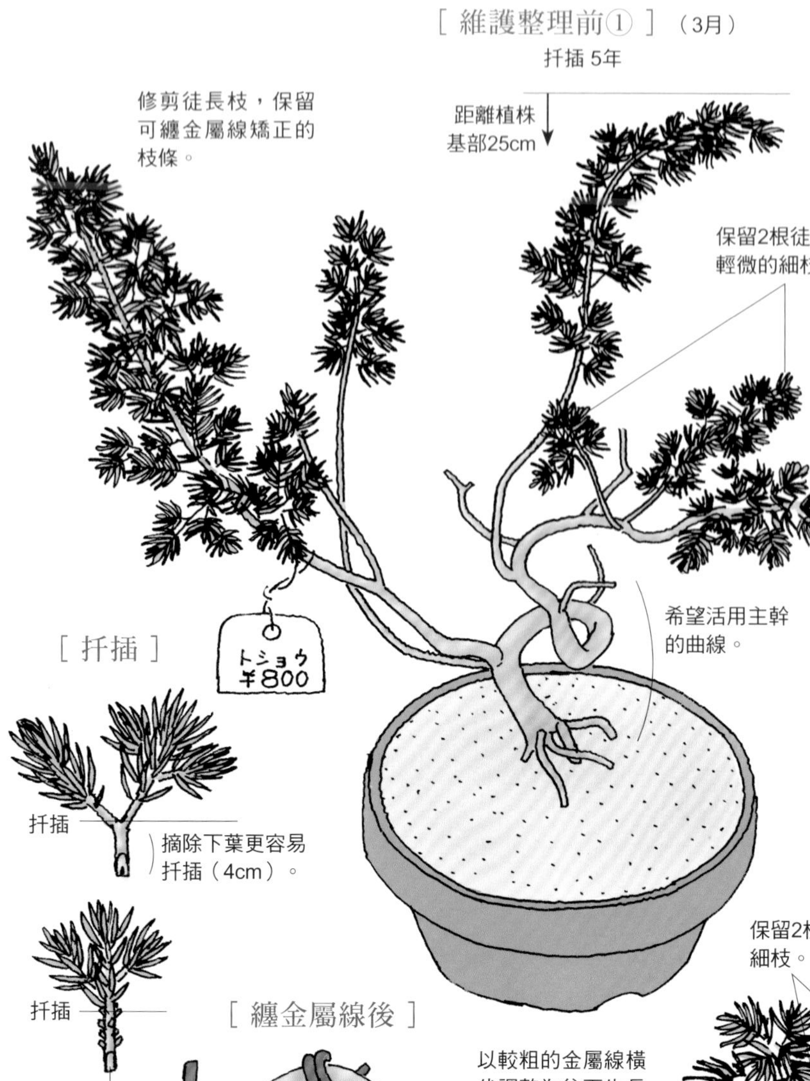
[維護整理前①]（3月）
扦插 5年
修剪徒長枝，保留可纏金屬線矯正的枝條。
距離植株基部25cm
保留2根徒長程度輕微的細枝。
トショウ
¥800
希望活用主幹的曲線。
[扦插]
扦插
摘除下葉更容易扦插（4cm）。
扦插
修剪下葉

[纏金屬線後]
以較粗的金屬線橫伏調整為往下生長狀態。
枝條留長一點，栽培成神幹。

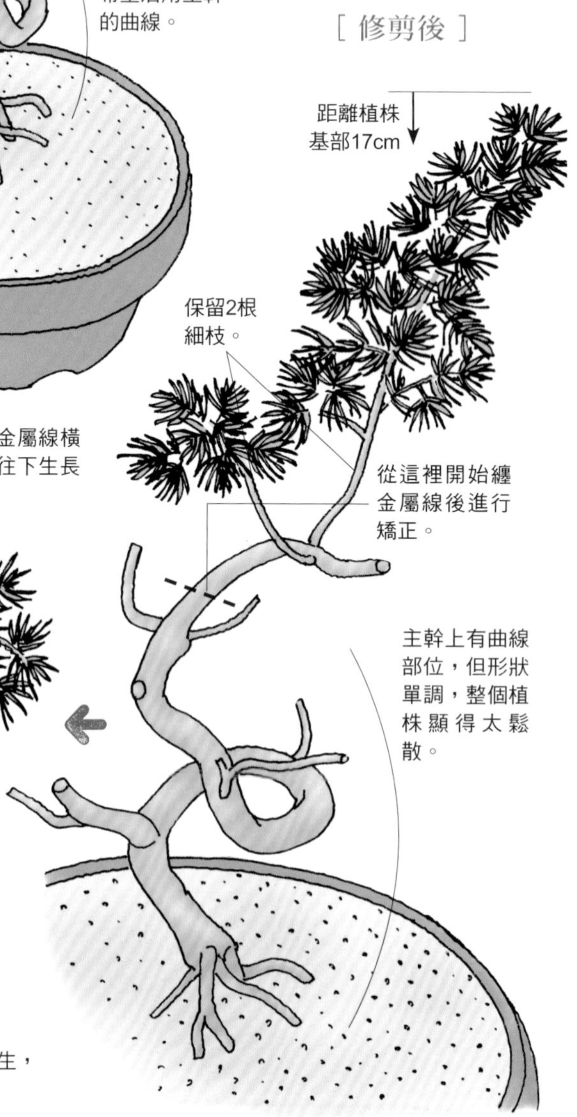
[修剪後]
距離植株基部17cm
保留2根細枝。
從這裡開始纏金屬線後進行矯正。
主幹上有曲線部位，但形狀單調，整個植株顯得太鬆散。

名為紫杜松，曾經大受歡迎的樹種。特徵為葉粗又密生，觸摸也不覺得刺痛。

[修剪根部]　[製作神枝]　[纏金屬線後（俯瞰圖）]

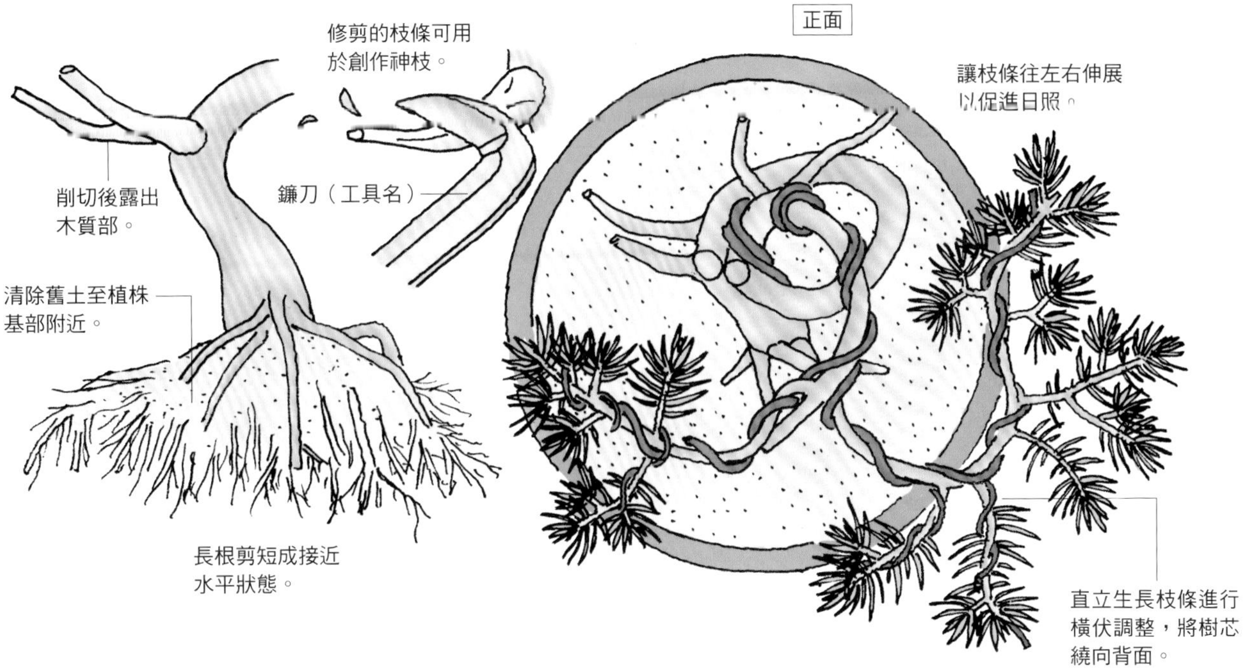
修剪的枝條可用
於創作神枝。
削切後露出
木質部。
鐮刀（工具名）
清除舊土至植株
基部附近。
長根剪短成接近
水平狀態。
正面
讓枝條往左右伸展
以促進日照。
直立生長枝條進行
橫伏調整，將樹芯
繞向背面。

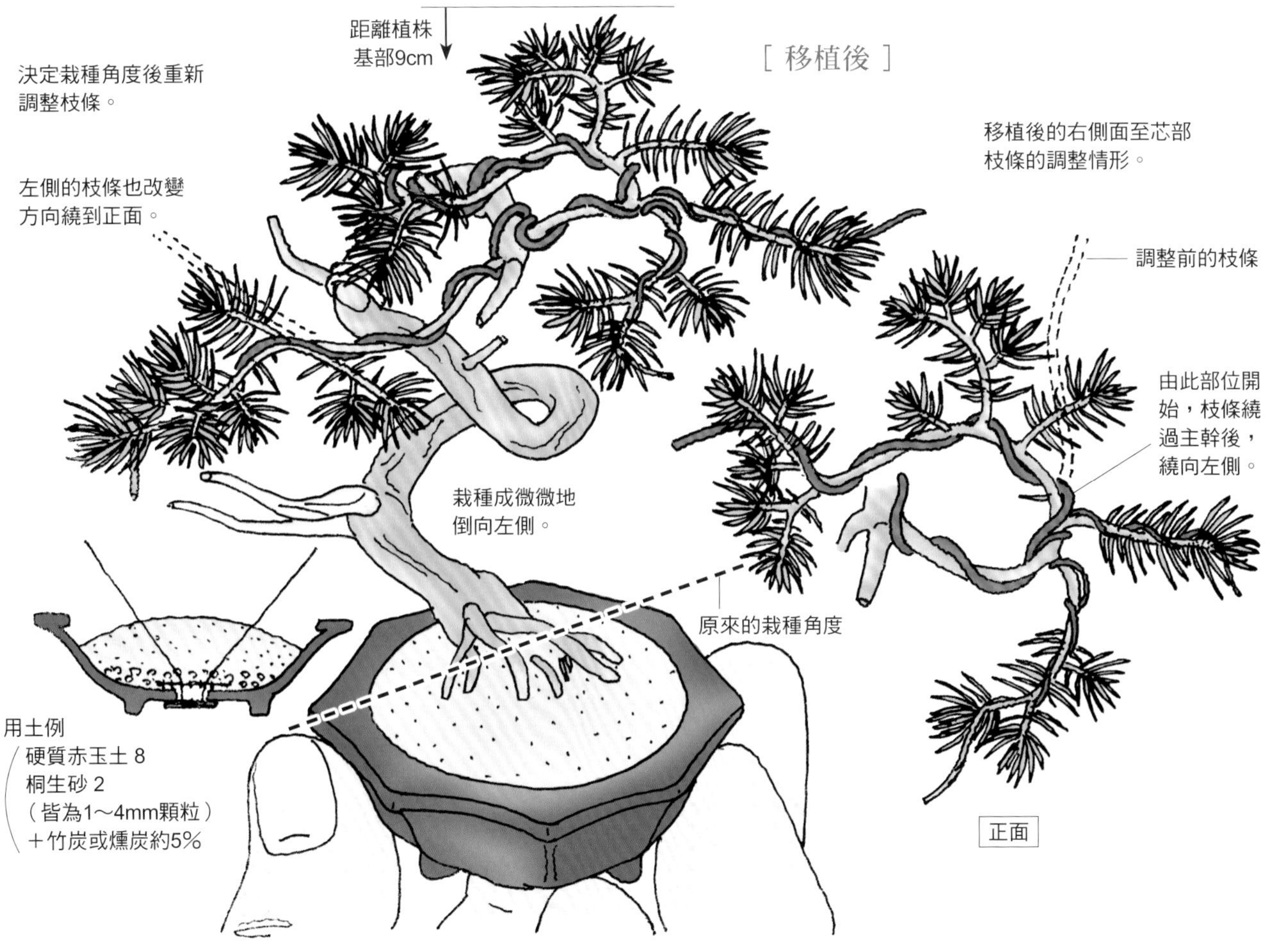
距離植株
基部9cm
[移植後]
決定栽種角度後重新
調整枝條。
左側的枝條也改變
方向繞到正面。
移植後的右側面至芯部
枝條的調整情形。
調整前的枝條
由此部位開
始，枝條繞
過主幹後，
繞向左側。
栽種成微微地
倒向左側。
原來的栽種角度
用土例
硬質赤玉土 8
桐生砂 2
（皆為1～4mm顆粒）
＋竹炭或燻炭約5%
正面

[維護整理前②]

（5月）

扦插後3～4年的植株。自然倒
下後生長，因此，主幹分別纏
金屬線後重新形成曲線。
新芽都已長大，
全部摘除。
距離植株基部20cm
4號盆（12cm）
決定直接用於創
作組合型盆栽。

[主幹纏金屬線]

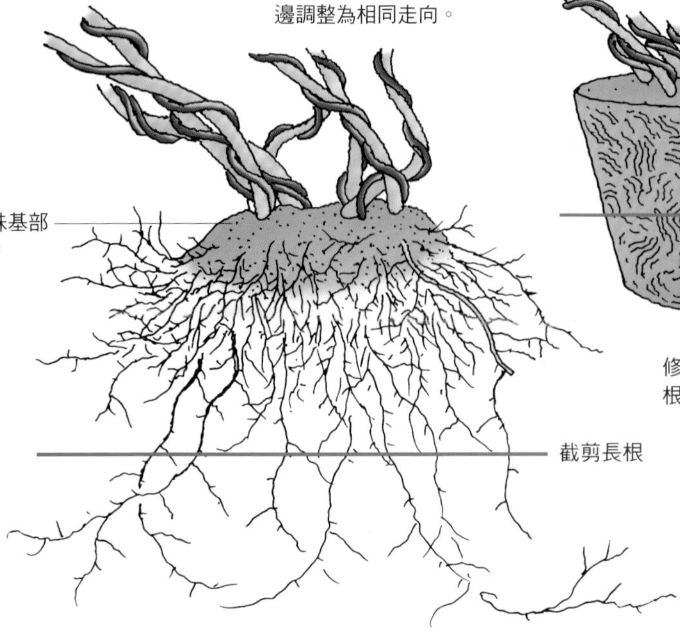
主幹分別形成曲線，
邊調整為相同走向。
保留植株基部
的用土。
截剪長根

[修剪根部]

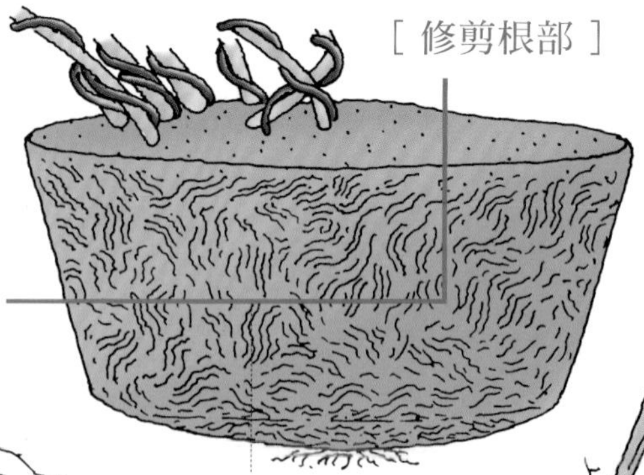
從花盆裡取
出植株，就
能看到布滿
根盆的紅色
樹根。
修剪根部時保留
根部至畫線處。

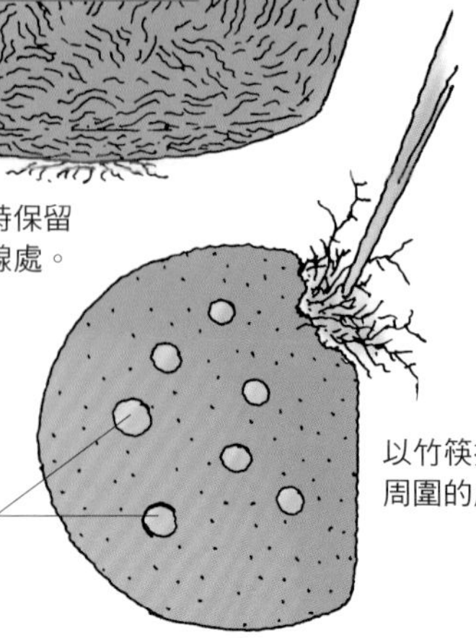
主幹
以竹筷撥鬆
周圍的用土。

栽培行事曆

月份	生長狀態	移植	消毒	整姿	維護管理	肥料	澆水	繁殖
1月								
2月	休眠期		冬季期間		保護室		一週1～2次	
3月								
4月				修剪				
5月						置肥	一天2～3次	扦插・壓條（6～7月）
6月	生長期		生長期					
7月				摘芽		液肥	一天3～4次	
8月					遮光			
9月								
10月	充實期					置肥	一天2～3次	
11月								
12月			冬季期間					

［修剪］

摘除枝條尾端的芽
植株基部
以不等邊三角形為大致基準，進行截剪。
摘除
枝條尾端

［栽種後］

距離植株基部10cm

採略微高植的狀態，周圍鋪貼剪碎的水苔（3個月左右清除）。

［幾年後的樹姿］

拆除金屬線，重新長出新芽，長成短枝後，就能欣賞到充滿森林風情的樹姿。

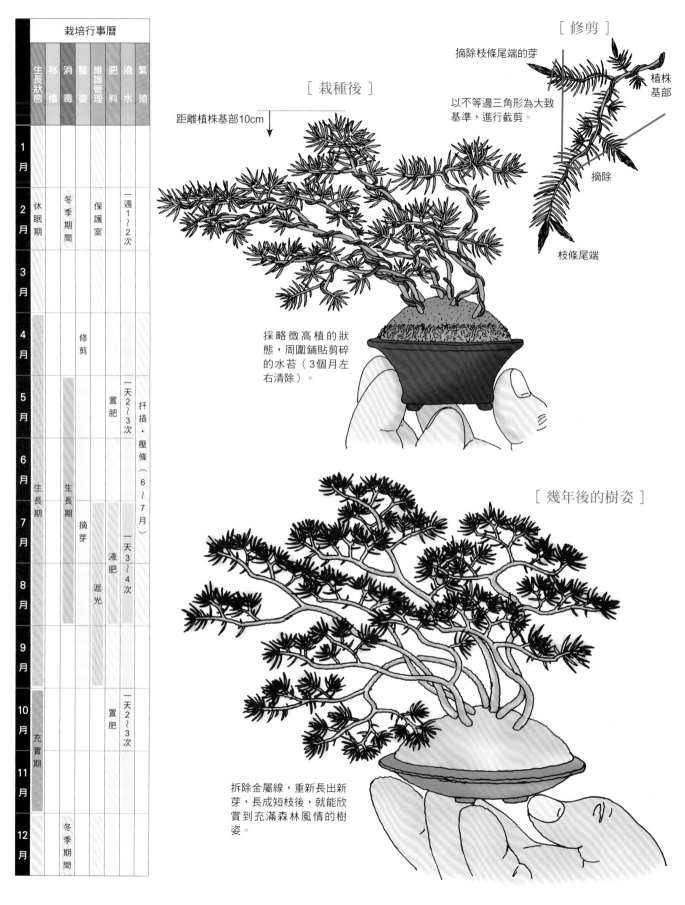

杉木

日文名	杉
別名	
學名	*Cryptomeria japonica*
分類	柏科（常綠針葉樹／喬木）
花語	「雄偉」「堅固」
花期	10～11月

日本特產針葉樹。萌芽力強，新芽陸續長出，直到秋天為止必須適時地摘芽。水分與養分不足時，樹勢就變差，葉色也變淡。具耐寒性，但冬季期間必須擺在不會接觸到乾冷空氣的場所，確實做好保護措施。建議以扦插方式繁殖。

［ 枝條纏金屬線 ］

呈現直立生長現象的枝條都進行橫伏調整。

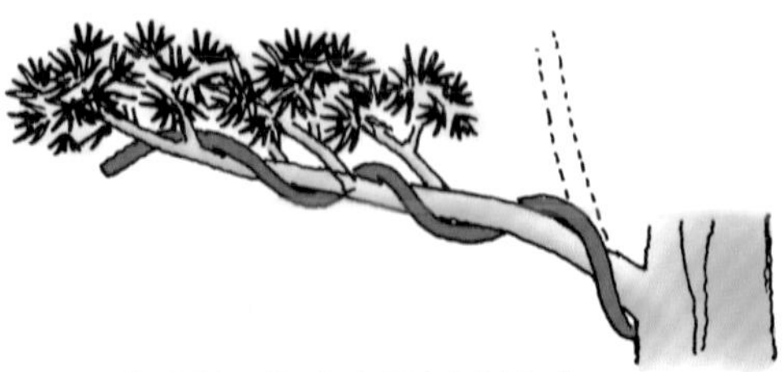

［ 頂部的金屬線纏法 ］

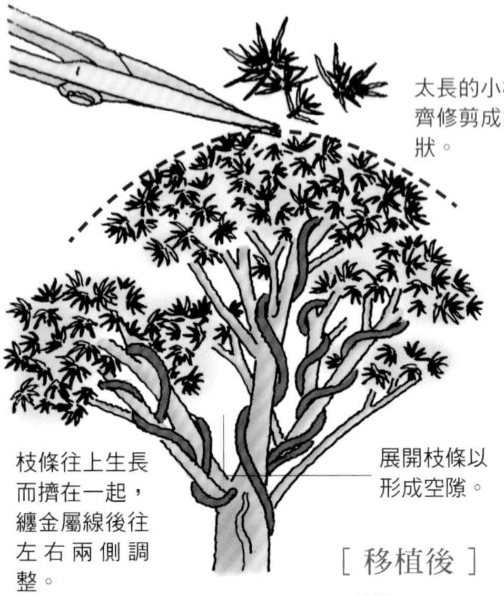
太長的小枝整齊修剪成圓弧狀。
枝條往上生長而擠在一起，纏金屬線後往左右兩側調整。
展開枝條以形成空隙。

［ 維護整理前 ］（3月）

扦插 8年

一再地摘芽就看不見枝條，形成糰子狀樹姿。

距離植株基部24cm
左右12cm

［ 移植後 ］

距離植株基部15cm
由下枝開始進行橫伏調整，將枝條的間隔處理得更明確。修剪小枝至整個植株看起來明顯小了一輪。

［ 修剪根部 ］

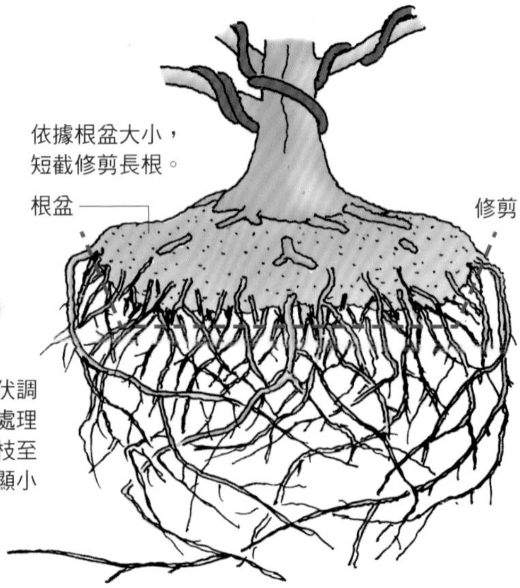
依據根盆大小，短截修剪長根。
根盆
修剪

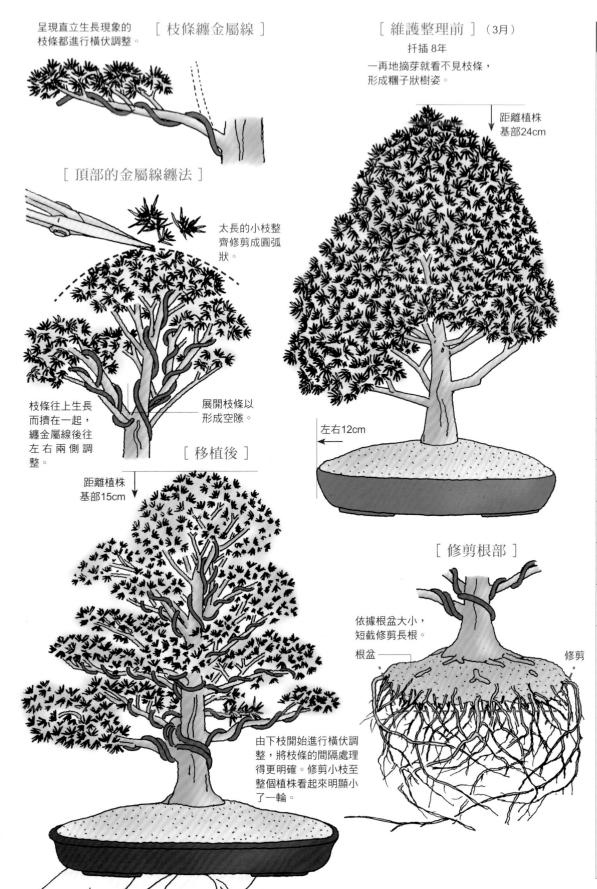

栽培行事曆

月	生長狀態	移植	消毒	整姿	維護管理	肥料	澆水	繁殖
1月								
2月	休眠期		冬季期間		保護室		一週1～2次	
3月				修剪				實生
4月								扦插
5月			生長期	摘芽		置肥	一天1～2次	
6月	生長期							扦插・壓條
7月						液肥	一天2～3次	
8月					遮光			
9月								
10月	充實期					置肥	一天1～2次	
11月								
12月			冬季期間					

［摘芽］
（5月～）
新芽長成穗狀前就摘除。
太長時以剪刀進行縮剪。

扦插後情形
以線繩確實地
綁紮固定。
赤玉土 7
桐生砂 3

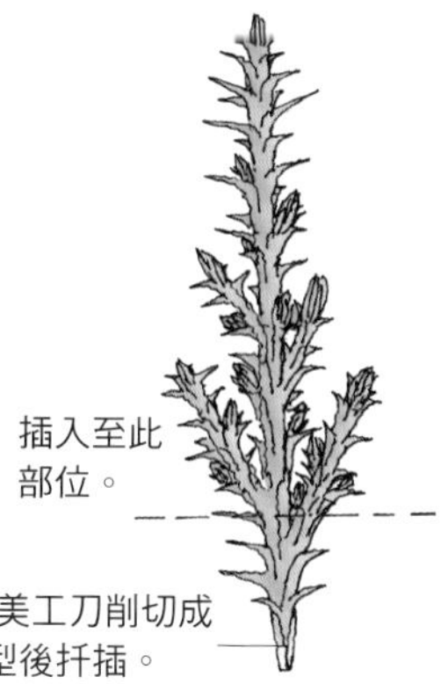
［扦插］
將1棵樹的頂部切斷後處
理成插穗，就能栽培成筆
直生長的優良素材。
插入至此
部位。
以美工刀削切成
V型後扦插。

新的芯部枝條
距離植株基部12cm
由━━處剪斷後整姿
改植後修剪掉
原來的主幹。
疏剪長得太茂
密的枝條。
為了讓基部生長粗壯，
所以要剪短生長中的枝
條。
由深盆移植到淺盆

［修剪］（4月）
扦插 10年

［移植後　幾年後的樹姿］
［摘芽］
（4～10月）
栽培樹冠部
新芽長成穗狀前，
一再地摘除新芽。
展現根盤

種入淺盆

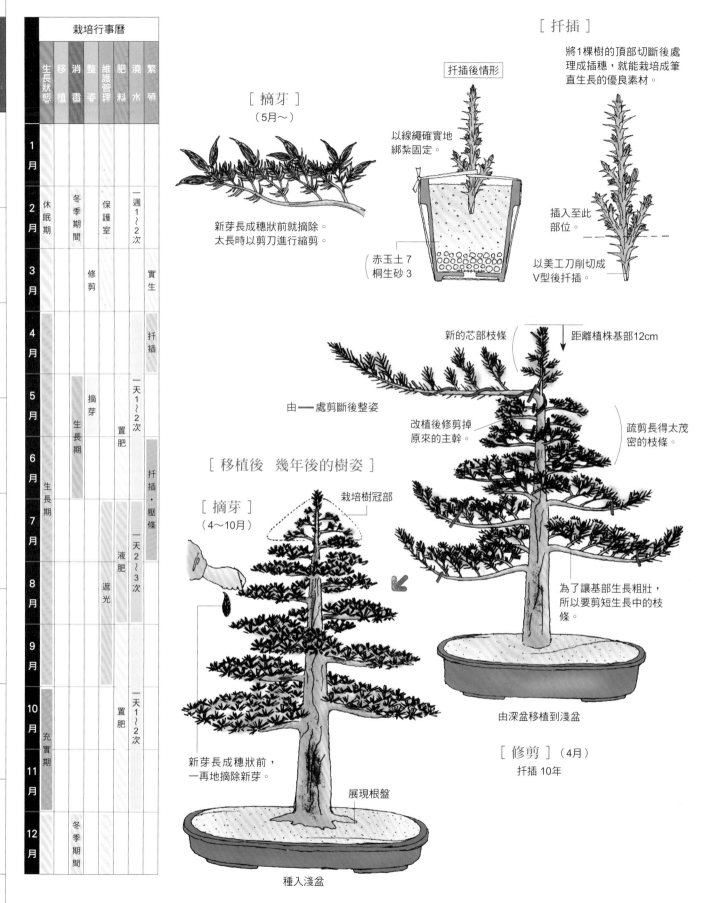

真柏

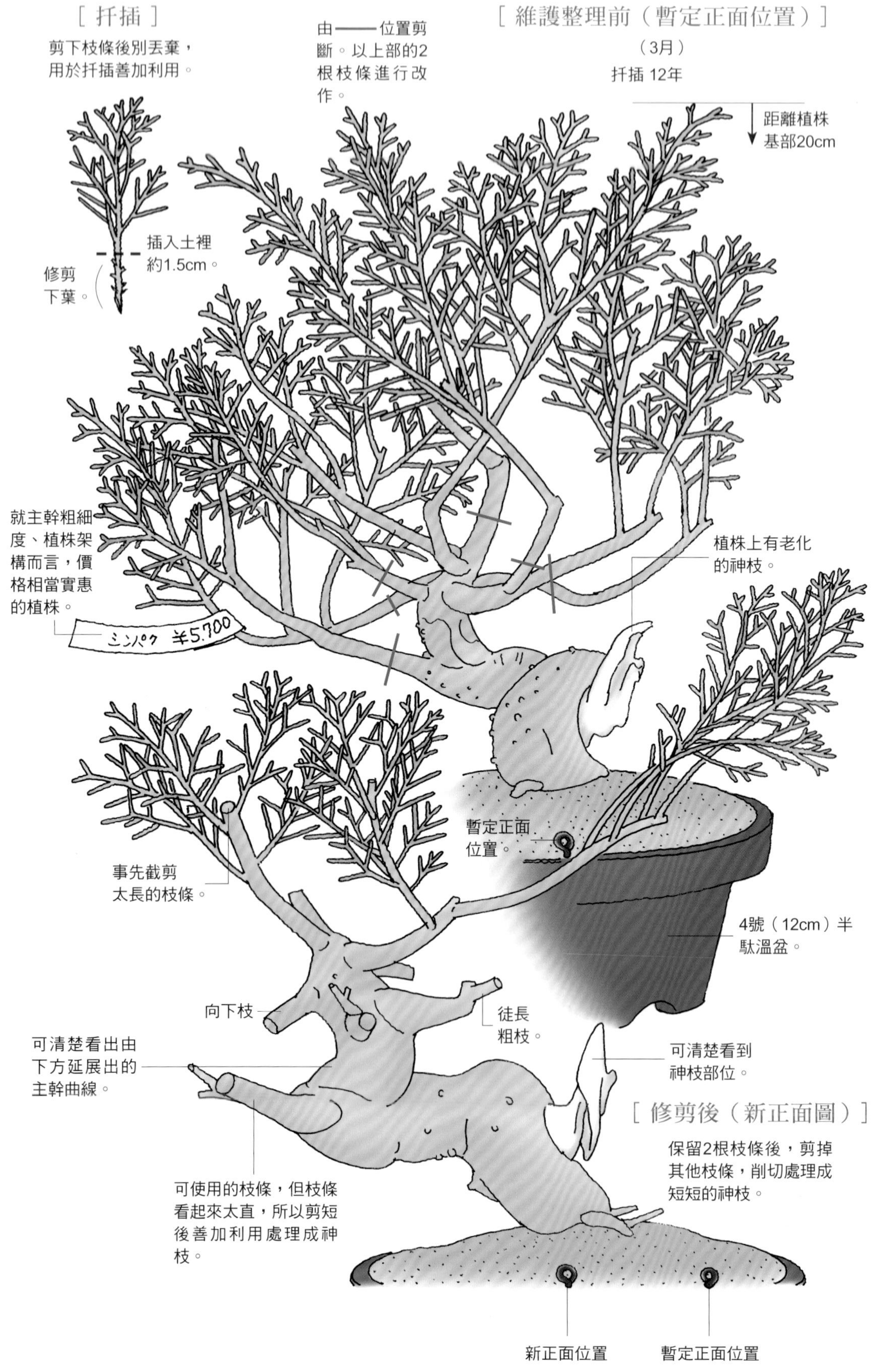
[扦插]
剪下枝條後別丟棄，用於扦插善加利用。
插入土裡約1.5cm。
修剪下葉。
由——位置剪斷。以上部的2根枝條進行改作。
[維護整理前（暫定正面位置）]
（3月）
扦插 12年
距離植株基部20cm
就主幹粗細度、植株架構而言，價格相當實惠的植株。
シンパク ¥5,700
植株上有老化的神枝。
暫定正面位置。
事先截剪太長的枝條。
4號（12cm）半駄溫盆。
向下枝
徒長粗枝。
可清楚看出由下方延展出的主幹曲線。
可清楚看到神枝部位。
[修剪後（新正面圖）]
保留2根枝條後，剪掉其他枝條，削切處理成短短的神枝。
可使用的枝條，但枝條看起來太直，所以剪短後善加利用處理成神枝。
新正面位置
暫定正面位置

日文名	深山柏槇
別名	真柏（※）
學名	*Sabina chinesis*
分類	柏科（常綠針葉樹／灌木）
花語	「守護你」
花期	10～3月（休眠期）

主幹呈捻轉狀態，枝條橫向生長。性喜弱鹼性用土，每年施用1次左右的燻炭等，以防止土壤酸化。木質部不易腐壞，可處理成漂亮的舍利幹或神枝。至秋天為止不斷地長出新芽，需隨時摘除新芽。適合以扦插方式繁殖。

※真柏：盆栽業界普遍採用的俗稱。

[枝條配置（俯瞰圖）]

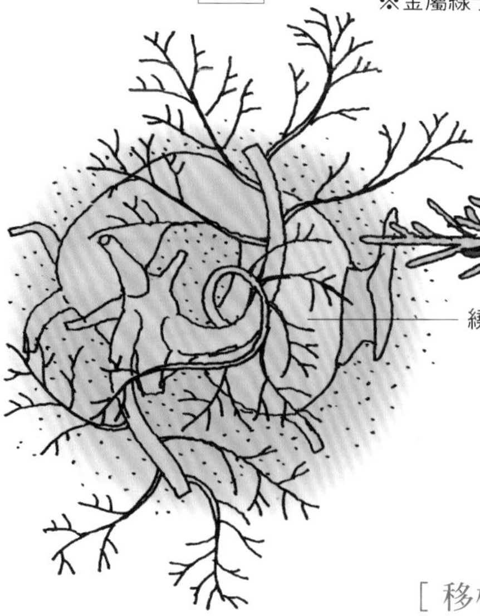
正面
※金屬線予以省略
繞到背面的枝條

[纏金屬線後]

微微地橫伏調整
將往右生長的
長枝條繞到植
株背後。
可清楚看出
主幹傾向。

[移植後（微調後）]

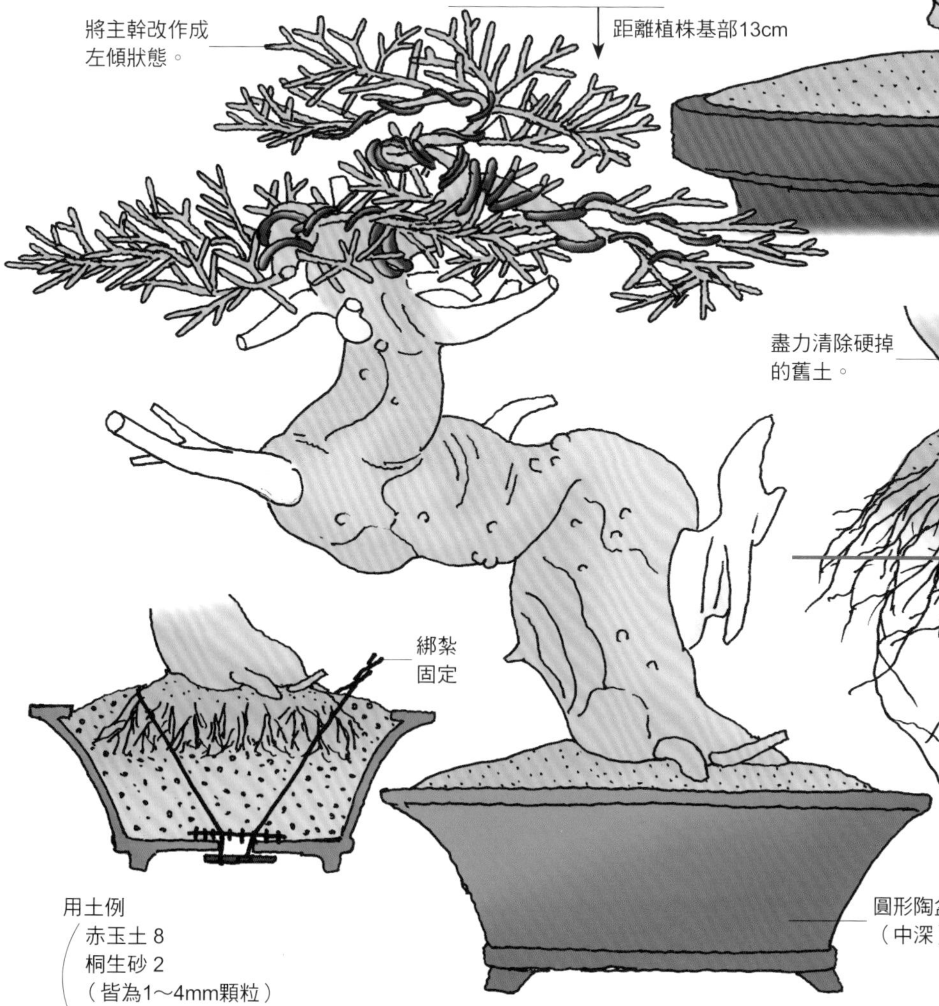
將主幹改作成
左傾狀態。
距離植株基部13cm
圓形陶盆
（中深）
綁紮
固定

用土例
赤玉土 8
桐生砂 2
（皆為1～4mm顆粒）
＋竹炭約5%

[修剪根部]

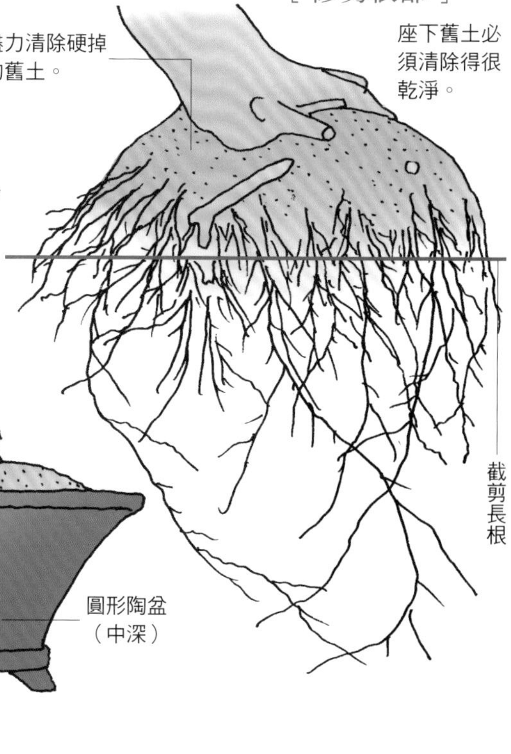
盡力清除硬掉
的舊土。
座下舊土必
須清除得很
乾淨。
截剪長根

栽培行事曆

月	生長狀態	移植	消毒	整姿	維護管理	肥料	澆水	繁殖
1月								
2月	休眠期		冬季期間		保護室		一週1次	
3月				修剪				扦插
4月								
5月						置肥	一天1～2次	
6月	生長期			摘芽				
7月			生長期			液肥	一天2～3次	扦插
8月					遮光			
9月								
10月	充實期			纏金屬線		置肥	一天1～2次	
11月								
12月			冬季期間					

[利用瞬間接著劑]

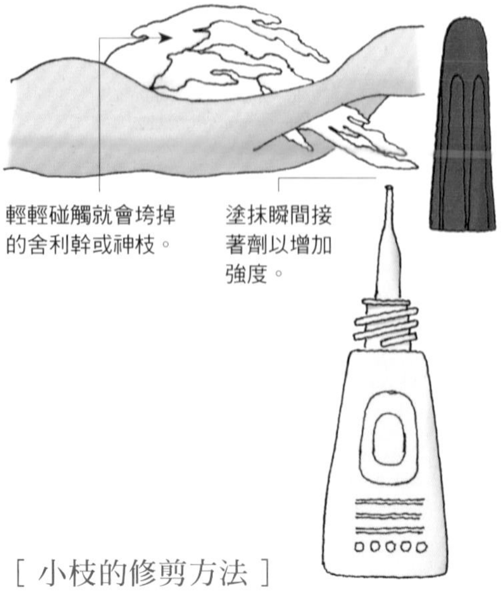

[紀州真柏與糸魚川真柏]

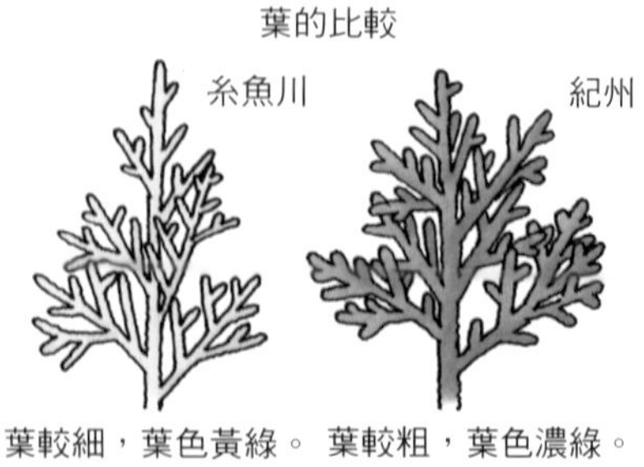

[舍利幹與神枝]

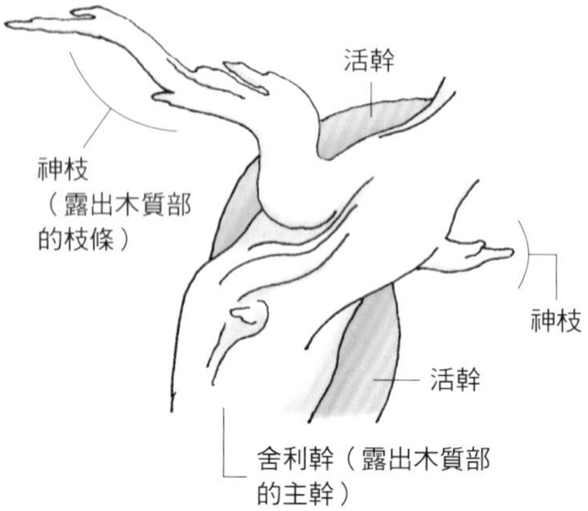

[小枝的修剪方法]

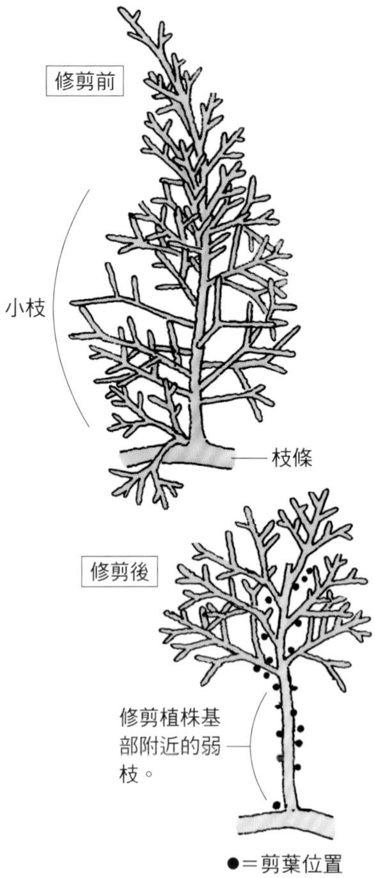

[摘芽]

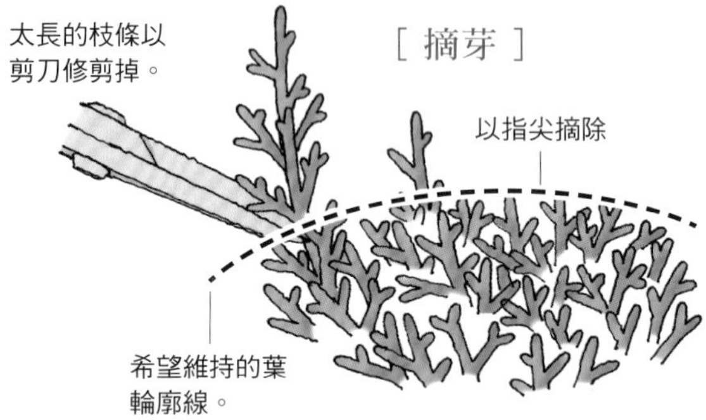

[調整為覆蓋枝條般的橫伏生長狀態]

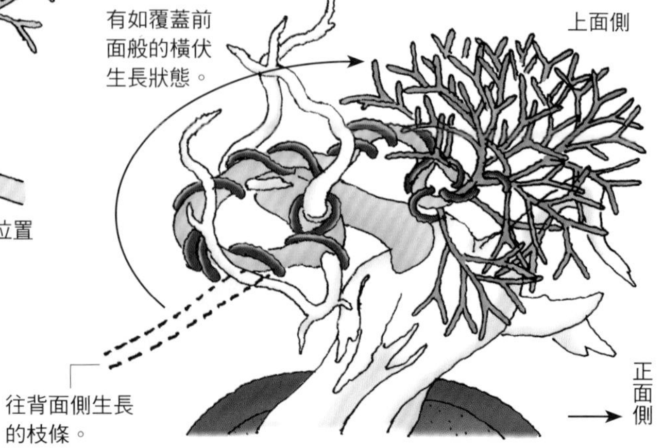

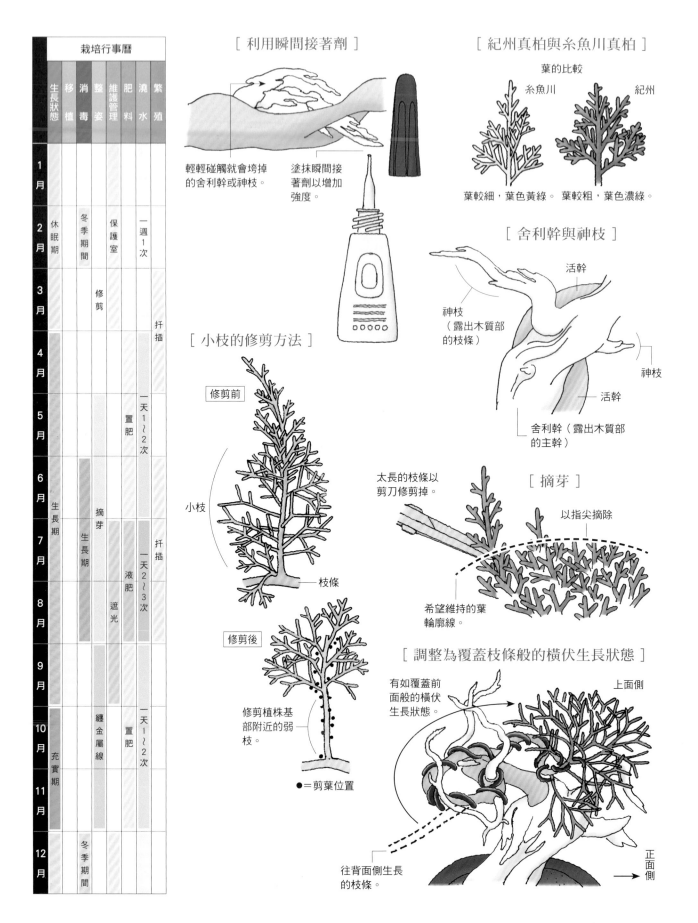

年度作業計畫

盆栽與生活

植物的樣貌會不斷地改變著，從中就能感覺出季節的變化。
書中記載資訊都是以日本關東地區為基準，參考時敬請配合當地的氣候變遷。

1月
配置與觀賞實例（室內）／保護室（溫室）種類
保護室（溫室）內的培育管理／
使用後花盆的維護整理／樹木的狀態與澆水
修剪與纏金屬線

2月
觀葉類（雜木）修剪①／修剪②／第二次冬季
消毒／移植／牽引與纏金屬線 ／ 保護室（溫室）
內的培育管理／修剪與扦插／準備粗粒盆底土
調整用土／休眠期的修剪／嫁接

3月
移出保護室（溫室）／移植／準備花盆
栽種方法／移植步驟／準備植床
用土種類／調整用土／調配例／用土例

4月
花卉類　開花與維護管理／果實類　開花與交配
觀葉類　摘芽／移植／澆水
蚜蟲對策／遲霜對策

5月
松柏摘芽／觀葉類　摘芽
果實類　開花期間的管理／殺蟲消毒
花卉類　開花／果實類　開花
觀葉類　第二次摘芽／抑制芽生長／追肥

6月
觀葉類　剃葉／壓條
落霜紅交配／黑松切芽
花卉類　花後修剪・開花期間的培育管理
梅雨季節的培育管理

7月
調整殺菌・殺蟲劑／遮光／病蟲害對策
梅雨季節的培育管理／徒長枝纏金屬線
黑松切芽／軸切插芽繁殖後種入花盆

8月
松柏類的維護管理／觀葉類 維護管理／摘芽
花卉類・果實類　維護管理／剃葉／
夏季缺水對策／五葉松移植①／五葉松移植②
葉水／颱風對策／葉燒處理／夏季澆水

9月
秋季移植／拆除遮光設施／秋季施肥／薔薇科
樹種移植／移植／切離壓條部位／木瓜梅移植
花卉類　處理徒長枝／果實類　花芽的葉燒處理
觀葉類　摘芽／松柏　拔除老葉

10月
展覽盆栽的維護整理／即售品的挑選方法
採集種子／種子保存／中和用土
成熟果實類　採集種子與保存
追肥／消毒／纏金屬線

11月
採集種子與保存（公園樹木等）／鳥害對策
公園採集種子／維護管理／松柏拔除老葉
柑橘類保護措施／落葉時的維護管理

12月
修剪・纏金屬線／冬季消毒
松柏類疏葉　纏金屬線／準備保護室（溫室）
黑松拔葉／新年裝飾／觀葉類 輕度修剪

天天與植物對話 植物健康地成長

以盆栽為首，喜愛的樹木陸續增加是一件值得欣慰的事情。只不過，一但樹木增加到某個程度時，就必須擬定確實可行的年度維護管理計畫。

敬請參考以下介紹的月份分別作業實例，重要的是必須配合自己的生活型態，在完全不會勉強的範圍內享受樹木的栽培樂趣。

盆栽如同飼養貓、狗等寵物，必須用心栽培呵護才會健康地成長。樹木既不會抗議，也不會抱怨，因此，栽培過程中必須隨時留意，仔細地觀察。最好的照顧方式，就是伴隨健康觀察的無聲對話。

栽培盆栽確實有完成型的說法，但是創作理想樹姿，卻是一條必須付諸努力的漫漫長路。

1月
January

☑ 配置與觀賞實例（室內）
☑ 保護室（溫室）種類
☑ 保護室（溫室）內的培育管理
☑ 使用後花盆的維護整理
☑ 樹木的狀態與澆水
☑ 修剪與纏金屬線

配置與觀賞實例（室內）

［玄關］

松梅圖
【主樹】
山楓
【添】
黃色金盞花
鋪上紅色或
綠色毛氈。
鞋櫃等

［壁龕］

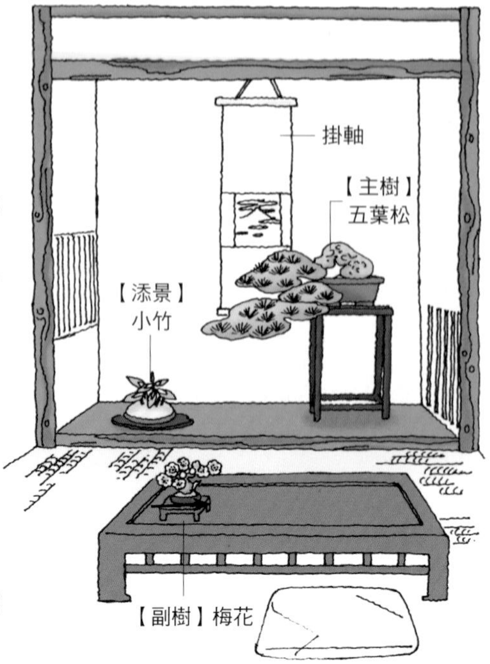
掛軸
【主樹】
五葉松
【添景】
小竹
【副樹】梅花

保護室（溫室）種類

［半地下式保護室］

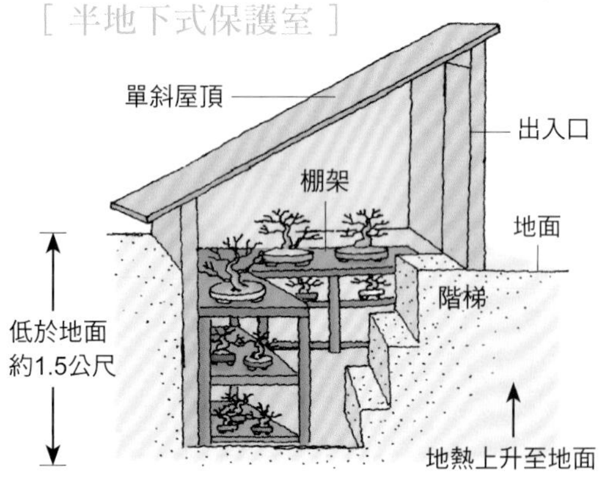
單斜屋頂
出入口
棚架
地面
階梯
低於地面
約1.5公尺
地熱上升至地面

［塑膠布溫室］

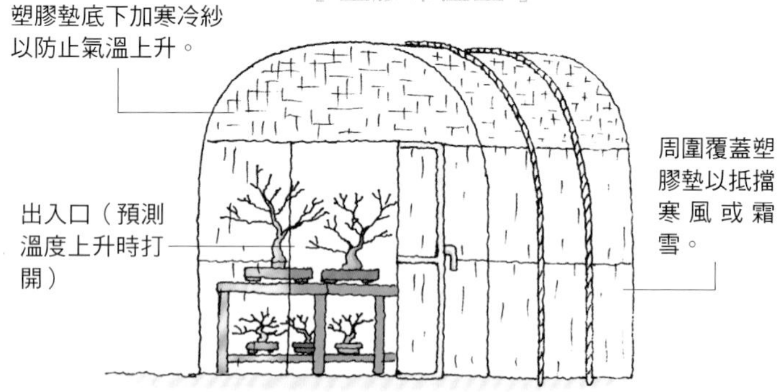
塑膠墊底下加寒冷紗
以防止氣溫上升。
出入口（預測
溫度上升時打
開）
周圍覆蓋塑
膠墊以抵擋
寒風或霜
雪。

［小盆栽用半地下式保護室］

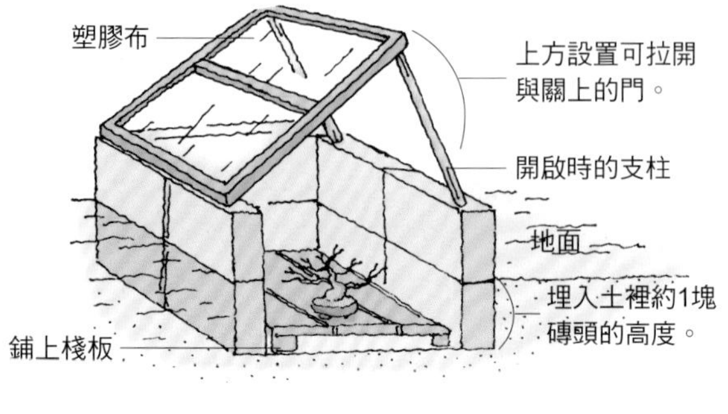
塑膠布
上方設置可拉開
與關上的門。
開啟時的支柱
地面
埋入土裡約1塊
磚頭的高度。
鋪上棧板

［棚架下方的保護室］

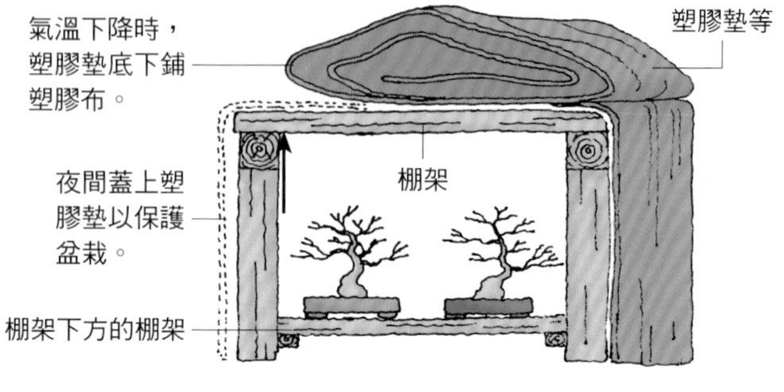
氣溫下降時，
塑膠墊底下鋪
塑膠布。
塑膠墊等
夜間蓋上塑
膠墊以保護
盆栽。
棚架
棚架下方的棚架

保護室（溫室）內的培育管理

例：塑膠布溫室

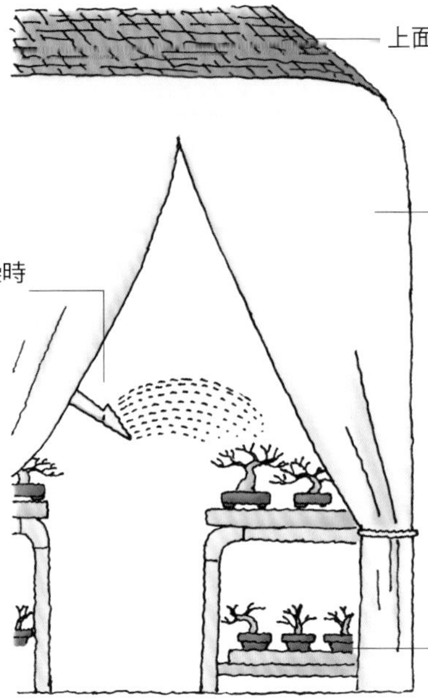
上面覆蓋寒冷紗
四周圍上塑膠墊
表土乾燥時
澆水。
擺放在塑膠布
溫室裡保護。

天氣晴朗，氣溫上
升時，打開出入口
以促進通風（夜間
關閉）。
感覺太乾燥的
樹木必須澆
水。

寒流來襲或氣溫偏低
時，關閉出入口。

［陽光充足的保護室］

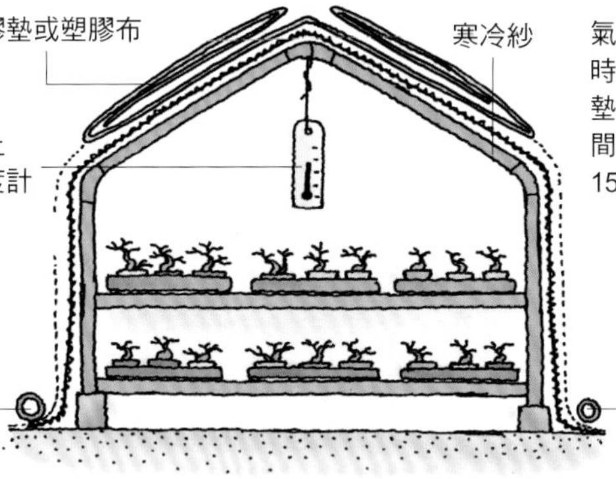
塑膠墊或塑膠布
寒冷紗
氣溫高於15℃
時，打開塑膠
墊、塑膠布，夜
間或氣溫低於
15℃時關閉。
掛上
溫度計
重物
重物

［陰涼的保護室］

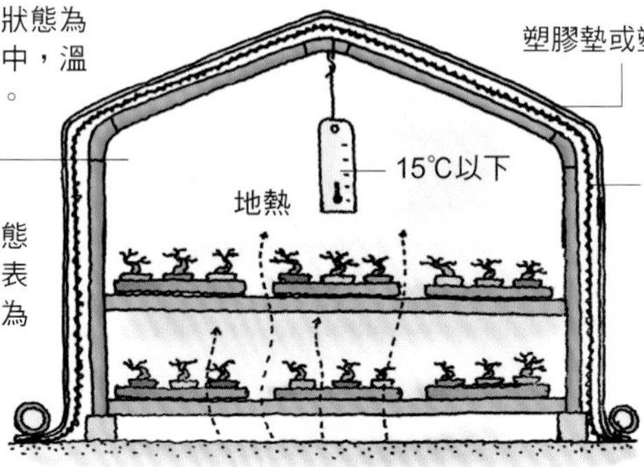
最理想狀態為
濕度適中，溫
差不大。
塑膠墊或塑膠布
15℃以下
地熱
寒冷紗
置於此狀態
下至盆土表
面乾掉為
止。
土地

使用後花盆的維護整理

放入鍋子等容器裡煮沸消毒

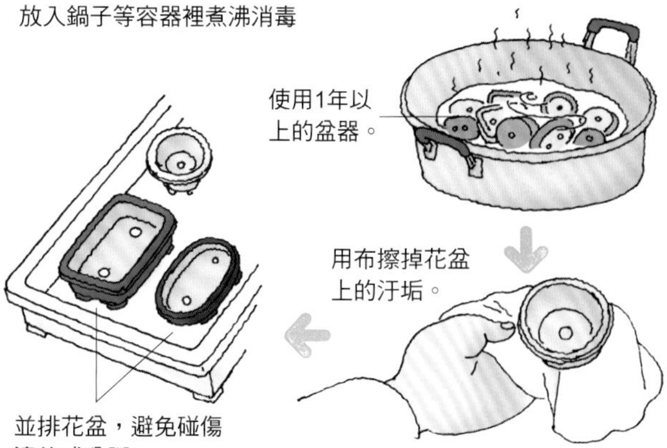
使用1年以
上的盆器。
用布擦掉花盆
上的汙垢。
並排花盆，避免碰傷
邊緣或盆腳。

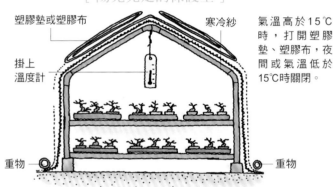

樹木的狀態與澆水

[常綠樹]

例：山茶花

從植株上方澆水不容易澆灌到用土。
冬季也不會落葉
必須從看得到用土的位置澆水。
葉子擋住枝條，修剪與纏金屬線作業不容易進行。
不容易看出盆土表面的乾燥程度。

[落葉樹]

例：山毛櫸

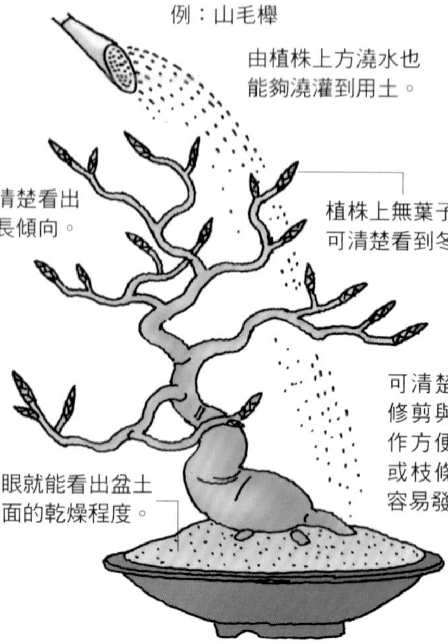

由植株上方澆水也能夠澆灌到用土。
可清楚看出生長傾向。
植株上無葉子，可清楚看到冬芽。
可清楚看到枝條，修剪與纏金屬線工作方便進行。主幹或枝條的病蟲害也容易發現。
一眼就能看出盆土表面的乾燥程度。

修剪與纏金屬線

[松柏]

例：五葉松

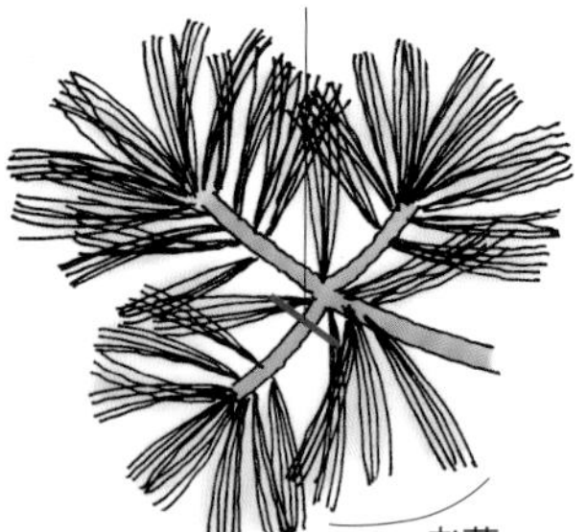

修剪向下生長的芽
老葉

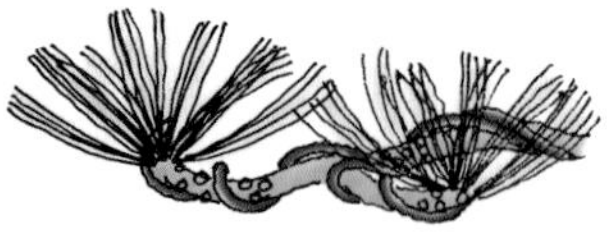

維護整理後
減少葉量
橫伏調整後枝條變稀疏

[常綠樹]

例：月桂樹

直立生長的枝條
纏金屬線後
直立生長的枝條纏金屬線，進行橫伏調整後，整個植株更充分地照射陽光。
需要截剪時，由枝條中途的葉子上方剪斷。

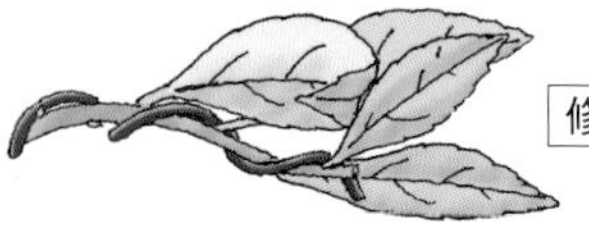

修剪後

纏金屬線
纏金屬線後橫伏調整

[觀葉類]

例：掌葉楓

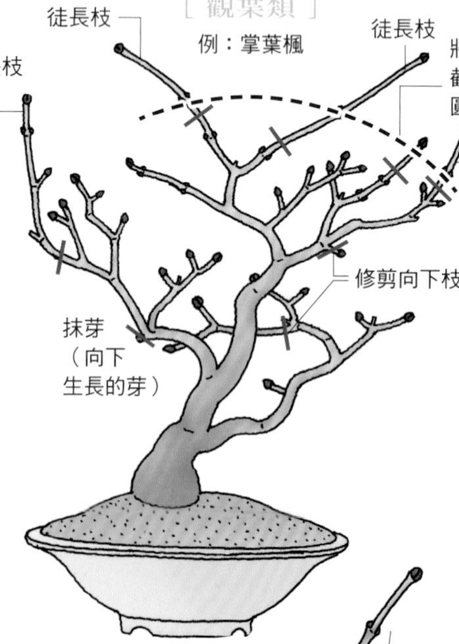

徒長枝
徒長枝
徒長枝
將枝條短截修剪成圓弧狀。
徒長枝
修剪向下枝
抹芽（向下生長的芽）

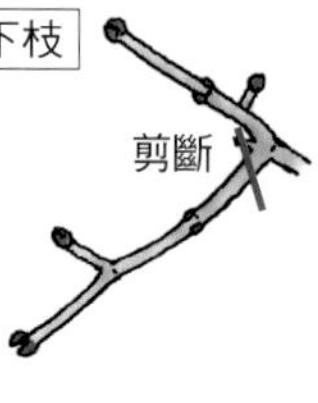

向下枝
剪斷

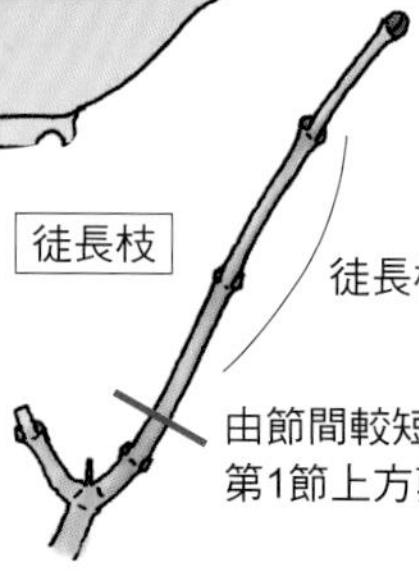

徒長枝
徒長枝
由節間較短的第1節上方剪斷。

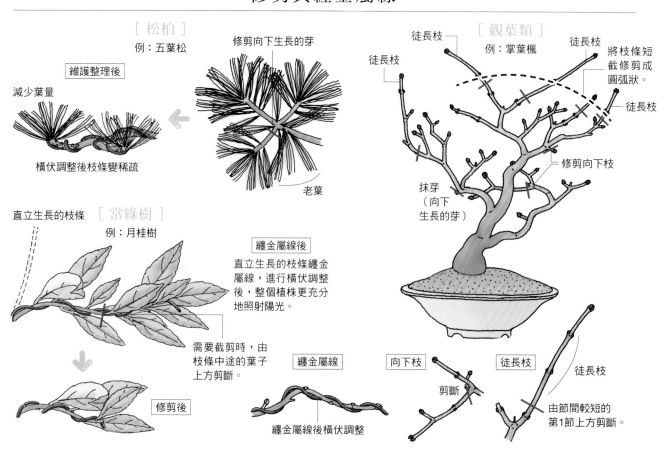

觀葉類（雜木）修剪①

例：欅樹

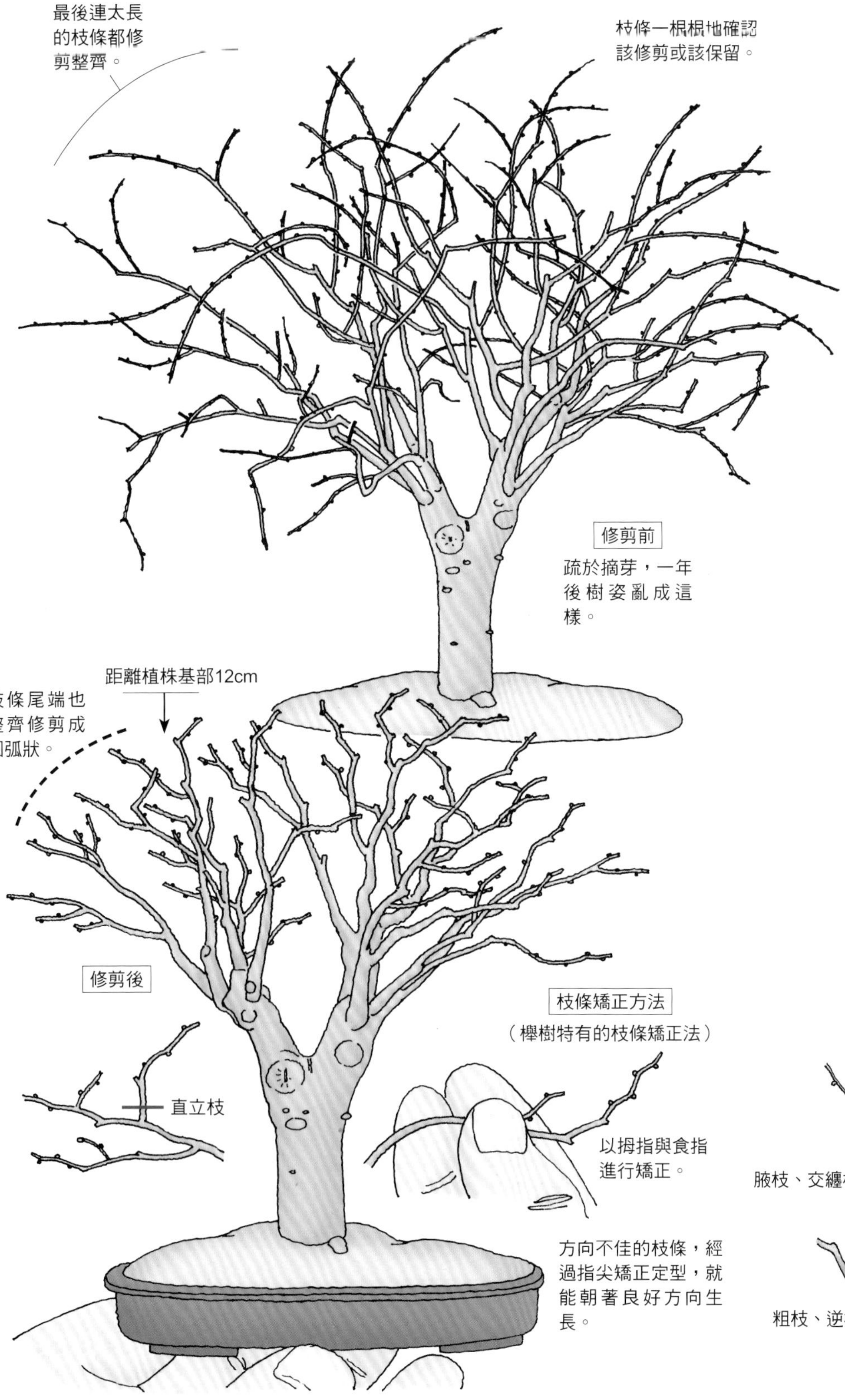
最後連太長
的枝條都修
剪整齊。
枝條一根根地確認
該修剪或該保留。
修剪前
疏於摘芽，一年
後樹姿亂成這
樣。
距離植株基部12cm
枝條尾端也
整齊修剪成
圓弧狀。
修剪後
枝條矯正方法
（欅樹特有的枝條矯正法）
直立枝
以拇指與食指
進行矯正。
方向不佳的枝條，經
過指尖矯正定型，就
能朝著良好方向生
長。

2月 February

- ☑ 觀葉類（雜木）修剪①
- ☑ 觀葉類（雜木）修剪②
- ☑ 第二次冬季消毒
- ☑ 移植
- ☑ 牽引與纏金屬線
- ☑ 保護室（溫室）內的培育管理
- ☑ 修剪與扦插
- ☑ 準備粗粒盆底土
- ☑ 調整用土
- ☑ 休眠期的修剪
- ☑ 嫁接

這些枝條都必須修剪掉

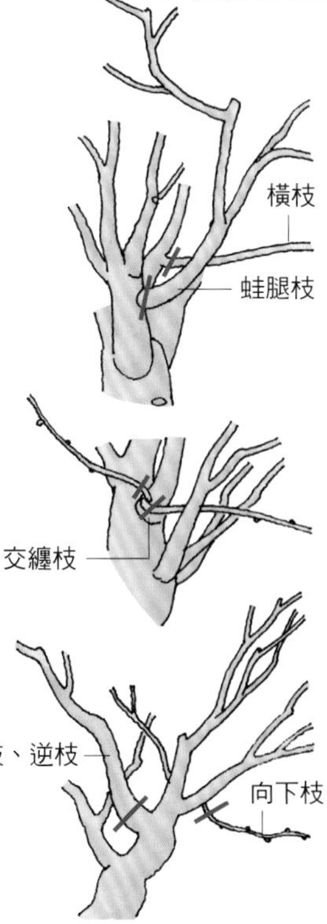
橫枝
蛙腿枝
腋枝、交纏枝
粗枝、逆枝
向下枝

觀葉類（雜木）修剪②

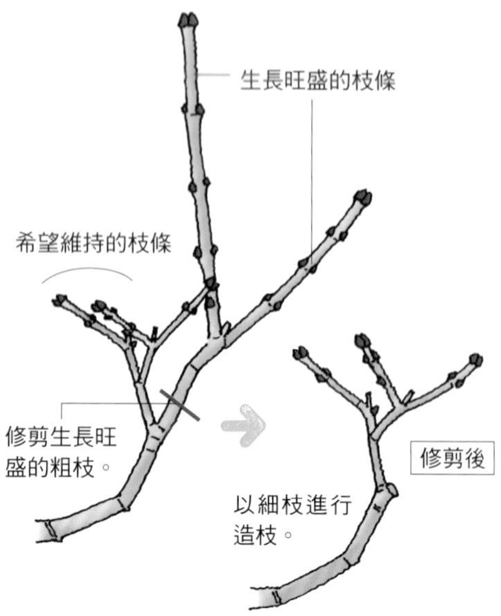
例：掌葉楓
生長旺盛的枝條
希望維持的枝條
修剪生長旺盛的粗枝。
修剪後
以細枝進行造枝。

第二次冬季消毒

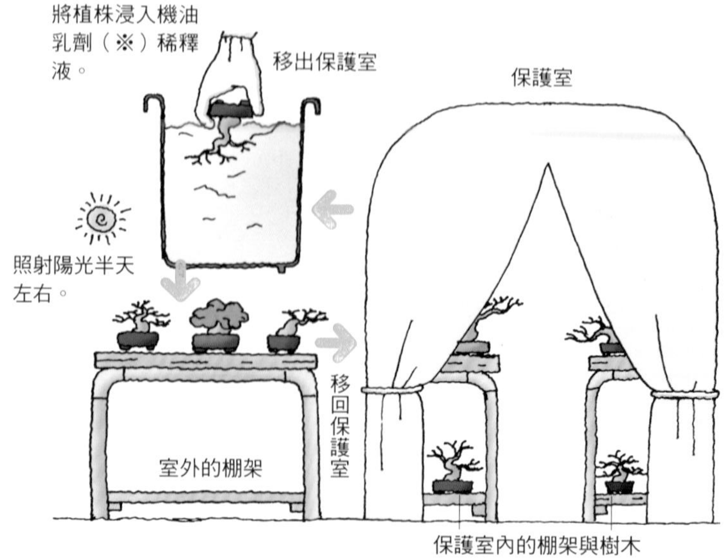
將植株浸入機油乳劑（※）稀釋液。
移出保護室
保護室
照射陽光半天左右。
移回保護室
室外的棚架
保護室內的棚架與樹木

移植

從下旬左右開始移植，但還需要擺在保護室裡。

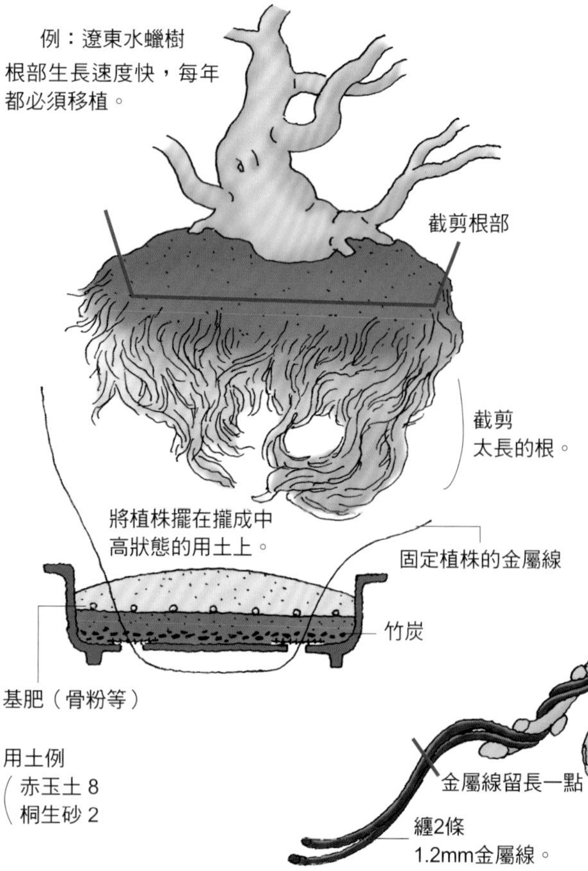
例：遼東水蠟樹
根部生長速度快，每年都必須移植。
截剪根部
截剪太長的根。
將植株擺在攏成中高狀態的用土上。
固定植株的金屬線
竹炭
基肥（骨粉等）
用土例
赤玉土 8
桐生砂 2

牽引與纏金屬線

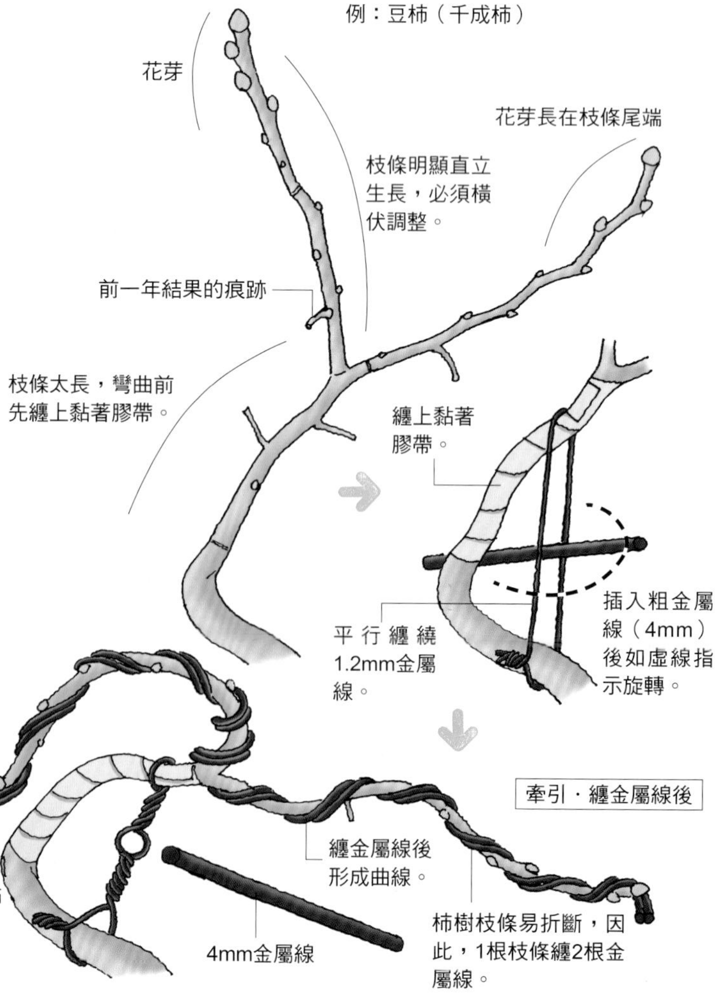
例：豆柿（千成柿）
花芽
花芽長在枝條尾端
枝條明顯直立生長，必須橫伏調整。
前一年結果的痕跡
枝條太長，彎曲前先纏上黏著膠帶。
纏上黏著膠帶。
平行纏繞1.2mm金屬線。
插入粗金屬線（4mm）後如虛線指示旋轉。
牽引・纏金屬線後
纏金屬線後形成曲線。
金屬線留長一點
纏2條1.2mm金屬線。
4mm金屬線
柿樹枝條易折斷，因此，1根枝條纏2根金屬線。

※機油乳劑：過去常用「石灰硫磺混合劑」，現在零售不容易買到。

保護室（溫室）內的培育管理

條件各不相同，重點是必須了解自家保護室的乾燥程度。

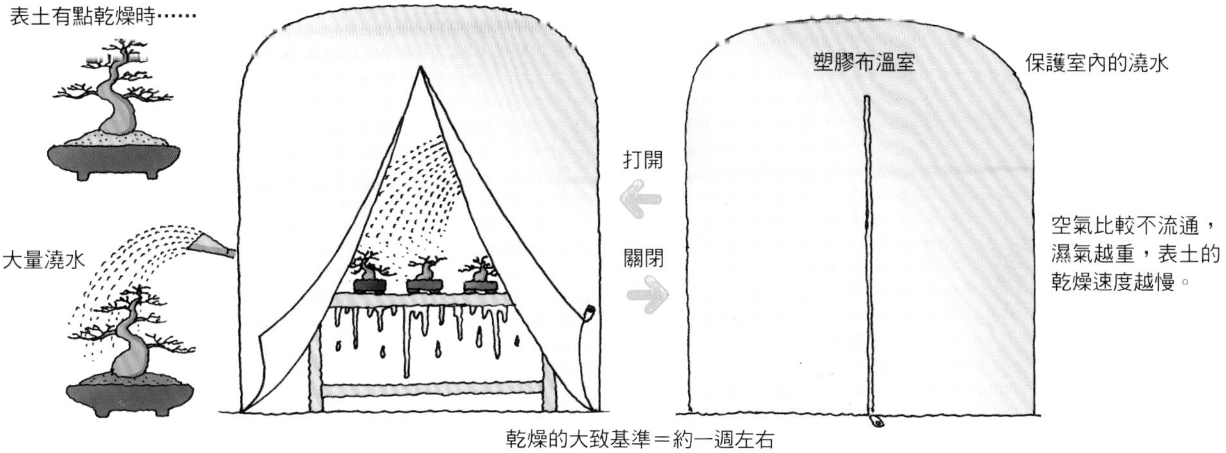
表土有點乾燥時……
大量澆水
塑膠布溫室
保護室內的澆水
打開
關閉
空氣比較不流通，
濕氣越重，表土的
乾燥速度越慢。

乾燥的大致基準＝約一週左右

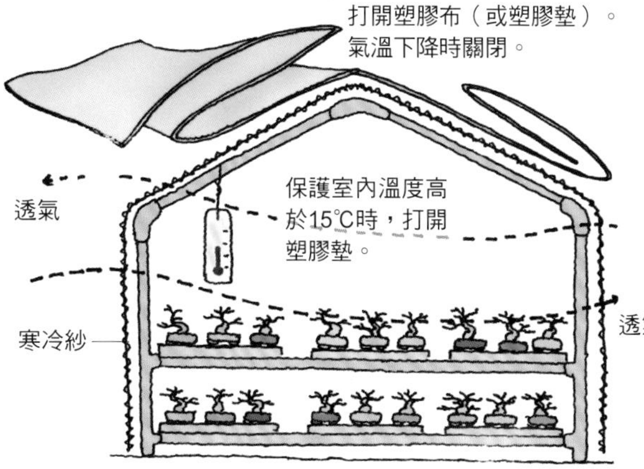
打開塑膠布（或塑膠墊）。
氣溫下降時關閉。
保護室內溫度高
於15℃時，打開
塑膠墊。
透氣
寒冷紗
透氣

修剪與扦插

準備插床，插入剪下的枝條。

剪下過長枝條，作為扦插使用。

準備粗粒盆底土

鋪在盆底的粗粒盆底土，混入泥土或沙子亦可（4～6mm顆粒）。

竹炭
盆栽用 竹炭
竹翁
小
粒
ゴロ土
以4mm網目的篩子篩
剩下的粗粒土壤作為
盆底土。
篩子網目4mm

竹炭直接或混入粗粒盆底土或直接使用皆可（4～6mm顆粒）。

調整用土

明年移植前的準備工作（請參照P.160～P.161）

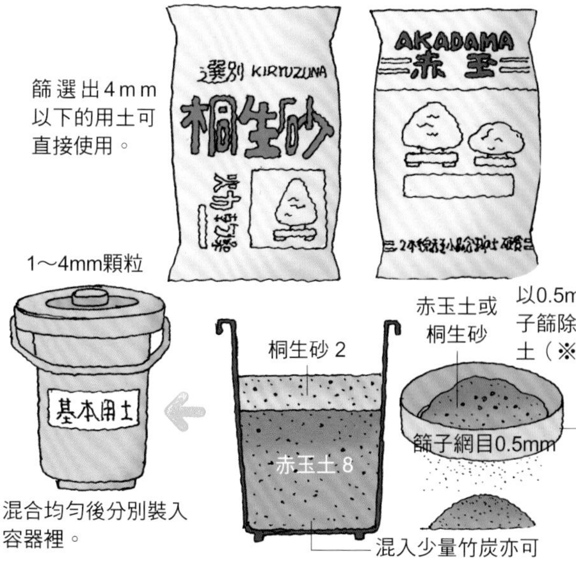
篩選過的桐生砂
硬質赤玉土
篩選出4mm
以下的用土可
直接使用。
KIRYUZUNA
桐生砂
AKADAMA
赤玉
1～4mm顆粒
基本用土
桐生砂 2
赤玉土 8
赤玉土或
桐生砂
以0.5mm篩
子篩除微粒
土（※）。
篩子網目0.5mm
混入少量竹炭亦可

混合均勻後分別裝入容器裡。

※微粒土：細如火山灰粒子的粉狀土壤。

休眠期的修剪

例：熊柳（果實類）

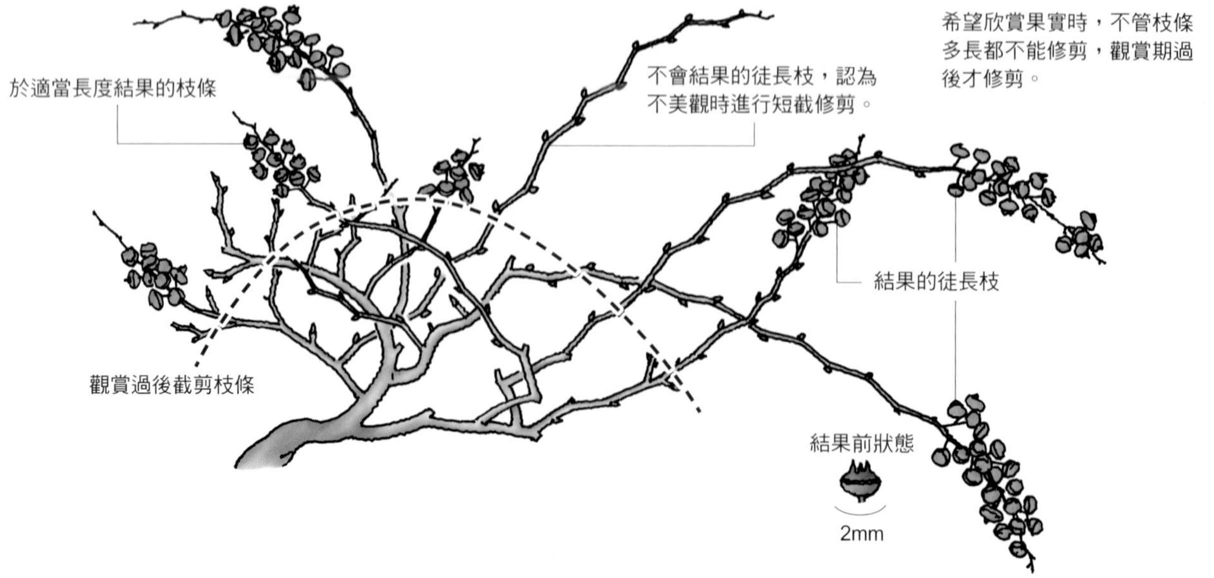
希望欣賞果實時，不管枝條多長都不能修剪，觀賞期過後才修剪。
於適當長度結果的枝條
不會結果的徒長枝，認為不美觀時進行短截修剪。
結果的徒長枝
觀賞過後截剪枝條
結果前狀態
2mm

嫁接

實生植株也不會出現雌株，因此必須嫁接。

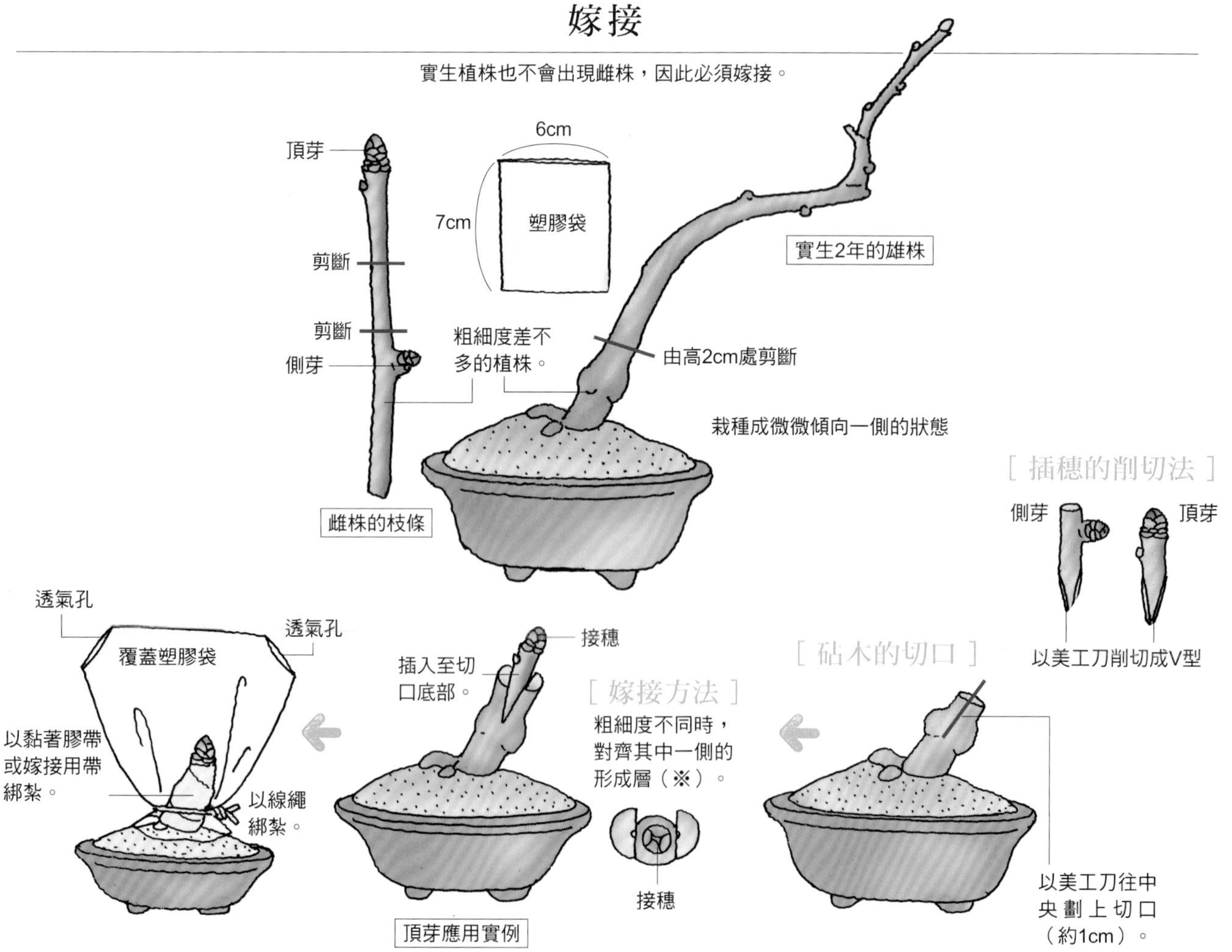
頂芽
剪斷
剪斷
側芽
雌株的枝條
6cm
7cm
塑膠袋
粗細度差不多的植株。
實生2年的雄株
由高2cm處剪斷
栽種成微微傾向一側的狀態
[插穗的削切法]
側芽
頂芽
以美工刀削切成V型
[砧木的切口]
以美工刀往中央劃上切口（約1cm）。
[嫁接方法]
粗細度不同時，對齊其中一側的形成層（※）。
接穗
接穗
插入至切口底部。
頂芽應用實例
透氣孔
透氣孔
覆蓋塑膠袋
以黏著膠帶或嫁接用帶綁紮。
以線繩綁紮。

※形成層：與主幹、根部生長粗壯息息相關的分裂組織。請參照P.182。

移出保護室（溫室）

3月
March

- ☑移出保護室（溫室）
- ☑移植
- ☑準備花盆
- ☑栽種方法
- ☑移植步驟
- ☑準備植床
- ☑用土種類
- ☑調整用土
- ☑調配例
- ☑用土例

[塑膠布溫室]

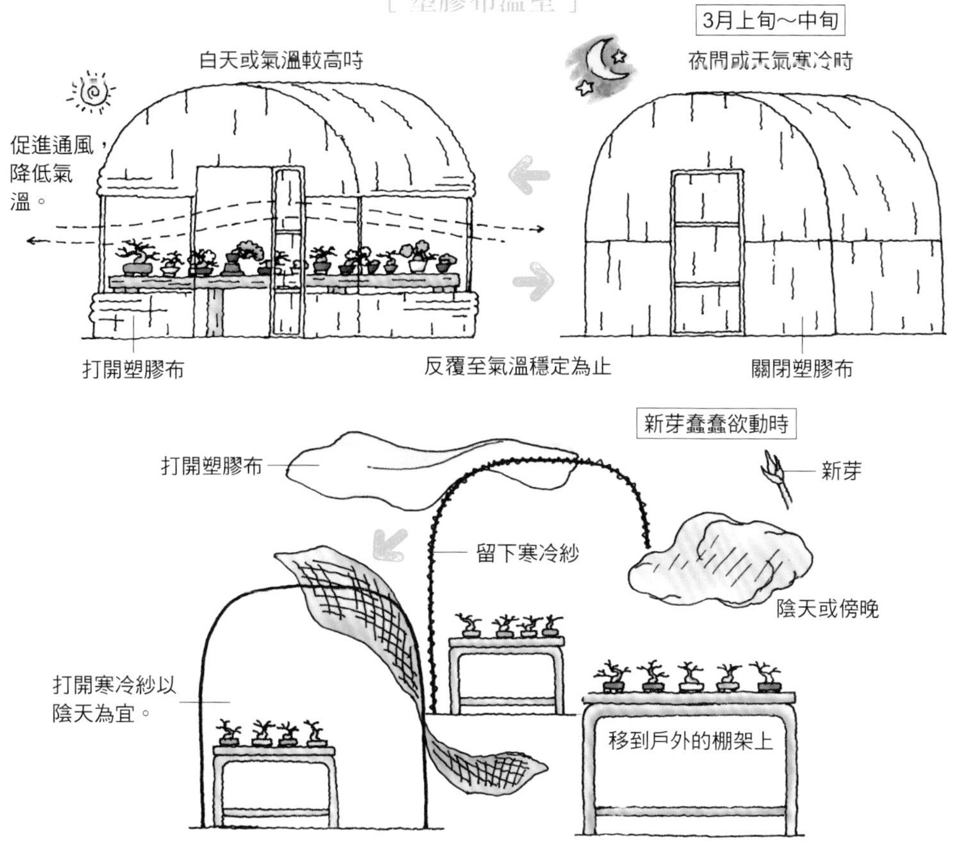
3月上旬～中旬
白天或氣溫較高時
夜間或天氣寒冷時
促進通風，降低氣溫。
打開塑膠布
反覆至氣溫穩定為止
關閉塑膠布
新芽蠢蠢欲動時
打開塑膠布
新芽
留下寒冷紗
陰天或傍晚
打開寒冷紗以陰天為宜。
移到戶外的棚架上

[半地下式溫室]

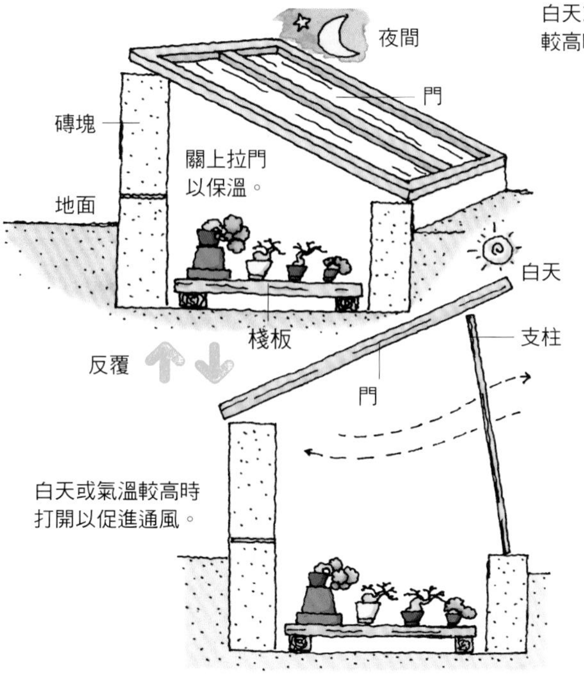
夜間
門
磚塊
關上拉門以保溫。
地面
白天
棧板
支柱
反覆
門
白天或氣溫較高時打開以促進通風。

[棚架下]

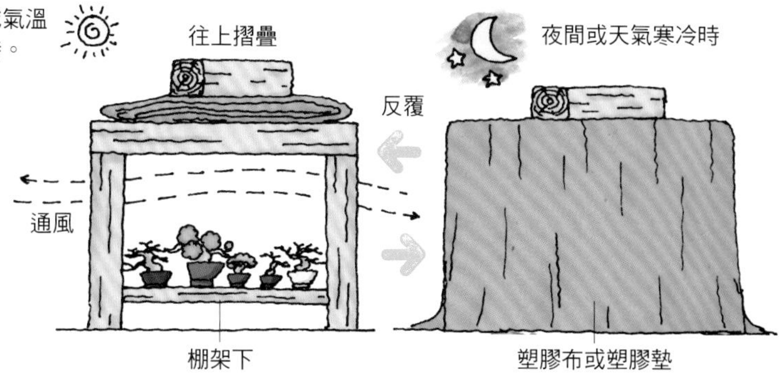
白天或氣溫較高時。
往上摺疊
夜間或天氣寒冷時
反覆
通風
棚架下
塑膠布或塑膠墊

[保麗龍箱]

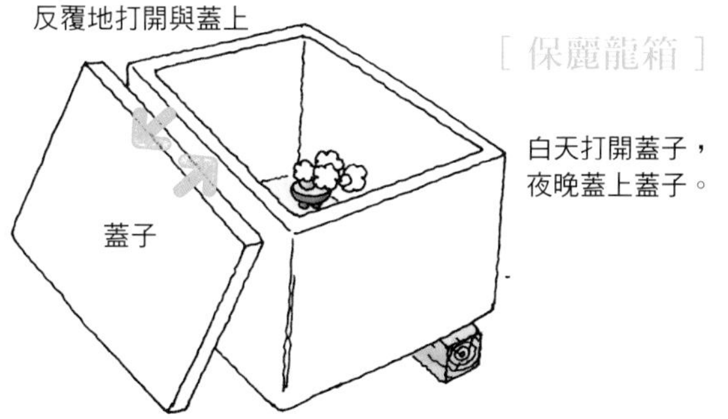
反覆地打開與蓋上
蓋子
白天打開蓋子，夜晚蓋上蓋子。

移植

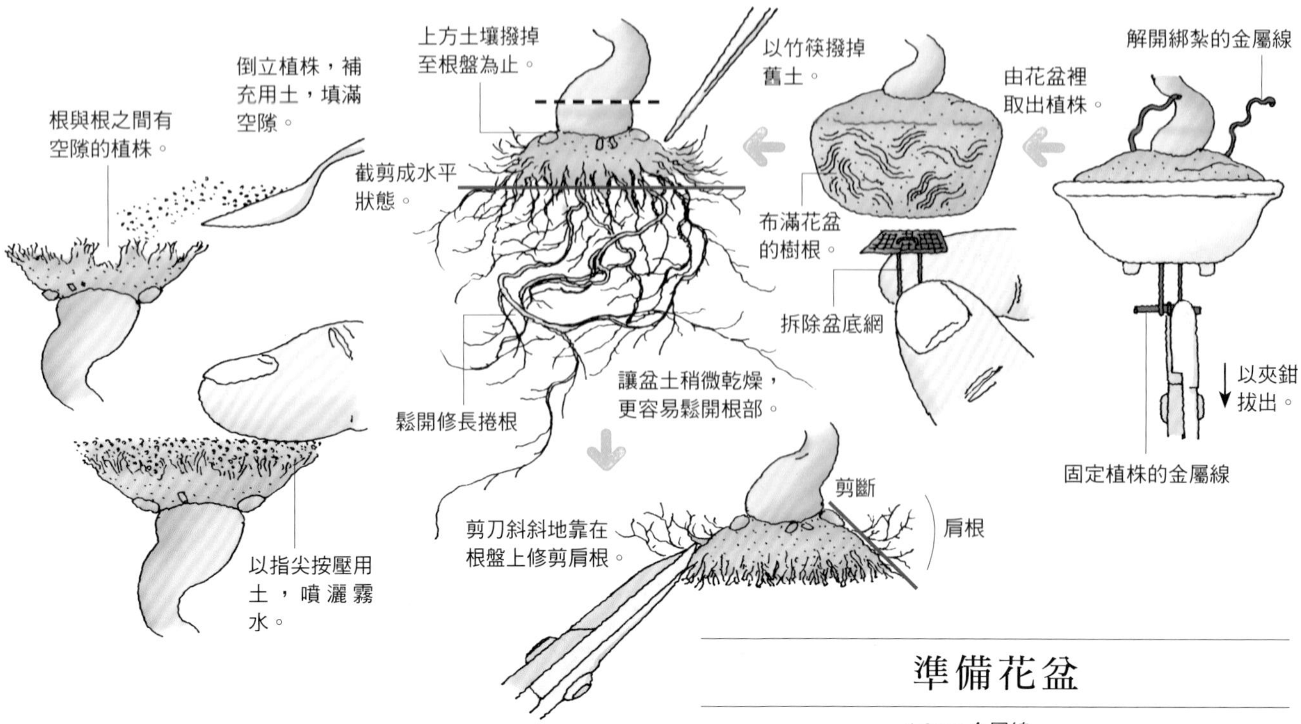
解開綁紮的金屬線
由花盆裡取出植株。
以夾鉗拔出。
固定植株的金屬線
以竹筷撥掉舊土。
布滿花盆的樹根。
拆除盆底網
上方土壤撥掉至根盤為止。
截剪成水平狀態。
鬆開修長捲根
讓盆土稍微乾燥，更容易鬆開根部。
剪斷
肩根
剪刀斜斜地靠在根盤上修剪肩根。
根與根之間有空隙的植株。
倒立植株，補充用土，填滿空隙。
以指尖按壓用土，噴灑霧水。

準備花盆

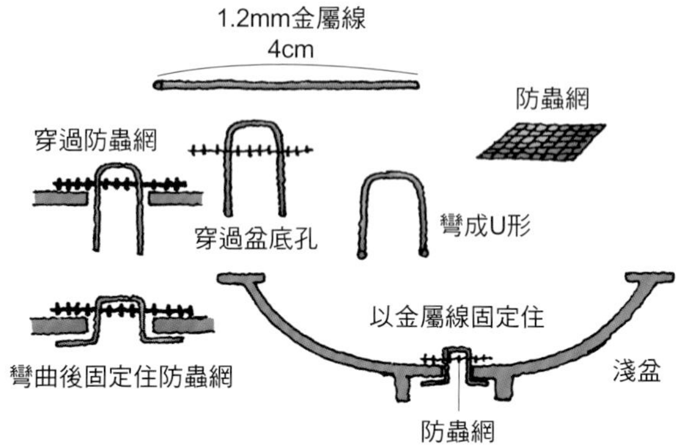
1.2mm金屬線
4cm
防蟲網
穿過防蟲網
穿過盆底孔
彎成U形
彎曲後固定住防蟲網
以金屬線固定住
淺盆
防蟲網

栽種方法

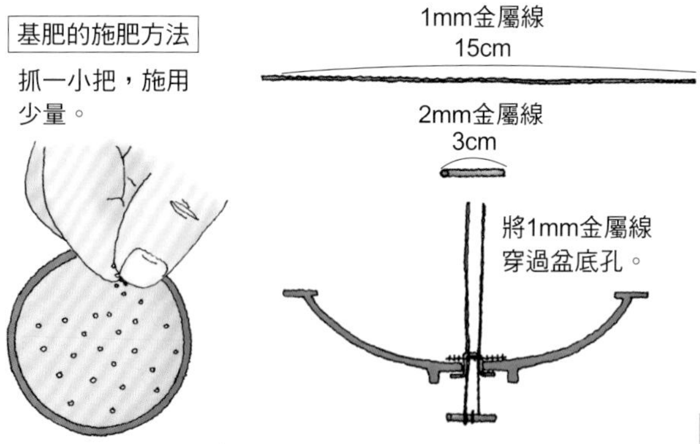
基肥的施肥方法
抓一小把，施用少量。
1mm金屬線
15cm
2mm金屬線
3cm
將1mm金屬線穿過盆底孔。

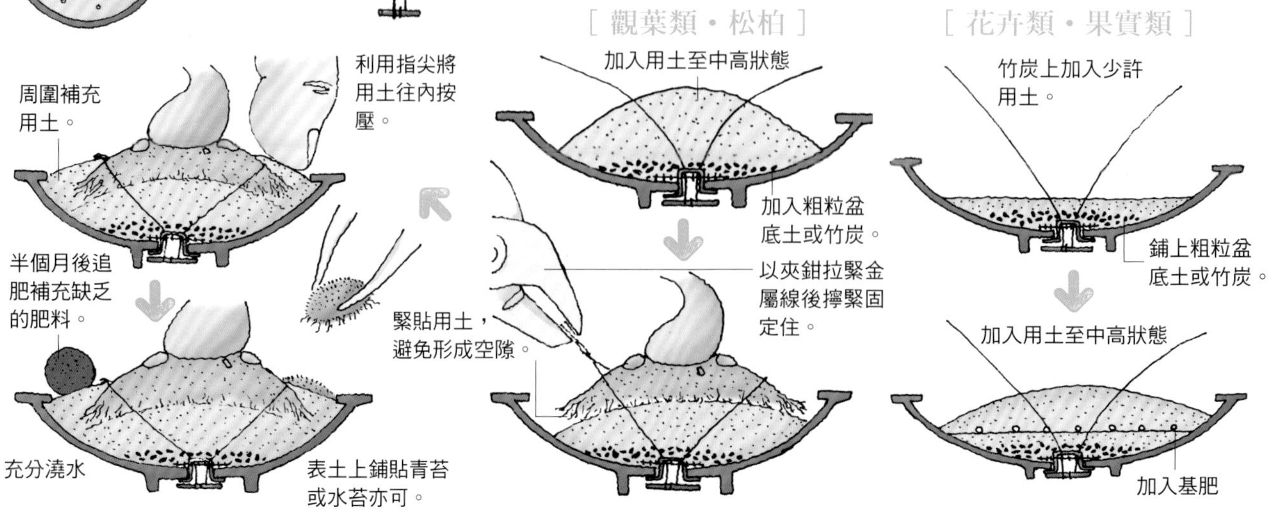
[觀葉類・松柏]
加入用土至中高狀態
加入粗粒盆底土或竹炭。
以夾鉗拉緊金屬線後擰緊固定住。
緊貼用土，避免形成空隙。
[花卉類・果實類]
竹炭上加入少許用土。
鋪上粗粒盆底土或竹炭。
加入用土至中高狀態
加入基肥
周圍補充用土。
利用指尖將用土往內按壓。
半個月後追肥補充缺乏的肥料。
充分澆水
表土上鋪貼青苔或水苔亦可。

移植步驟

例：將三角楓從3號盆移植到4號盆

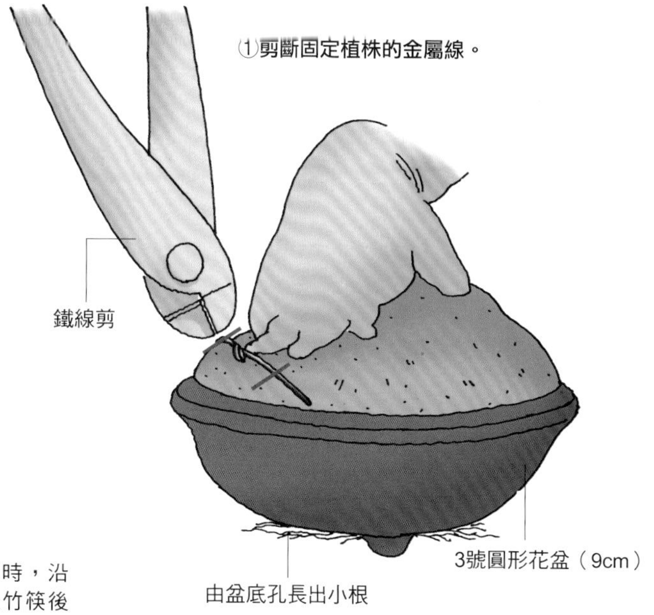
①剪斷固定植株的金屬線。
鐵線剪
3號圓形花盆（9cm）
由盆底孔長出小根

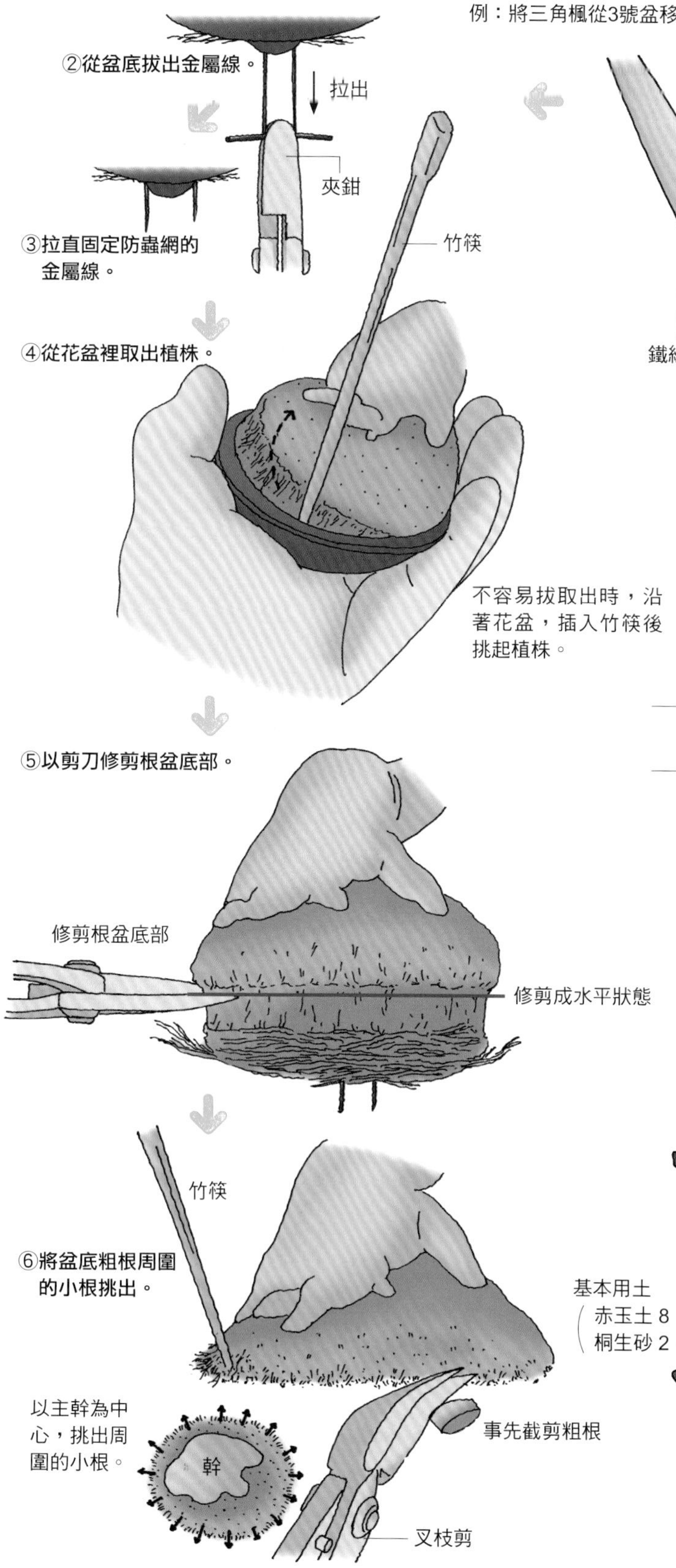
②從盆底拔出金屬線。
拉出
夾鉗
③拉直固定防蟲網的金屬線。
竹筷
④從花盆裡取出植株。
不容易拔取出時，沿著花盆，插入竹筷後挑起植株。
⑤以剪刀修剪根盆底部。
修剪根盆底部
修剪成水平狀態
竹筷
⑥將盆底粗根周圍的小根挑出。
基本用土
赤玉土 8
桐生砂 2（1～4mm顆粒）
以主幹為中心，挑出周圍的小根。
幹
事先截剪粗根
叉枝剪

準備植床

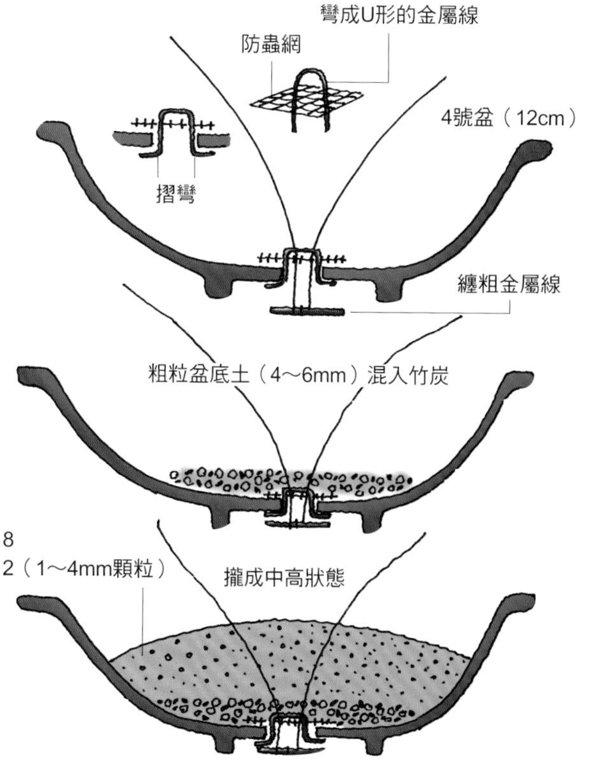
彎成U形的金屬線
防蟲網
4號盆（12cm）
摺彎
纏粗金屬線
粗粒盆底土（4～6mm）混入竹炭
攏成中高狀態

※花卉類、果實類的粗粒盆底土添加基肥。

用土種類

桐生砂（其他如富士砂等）

燻炭或竹炭

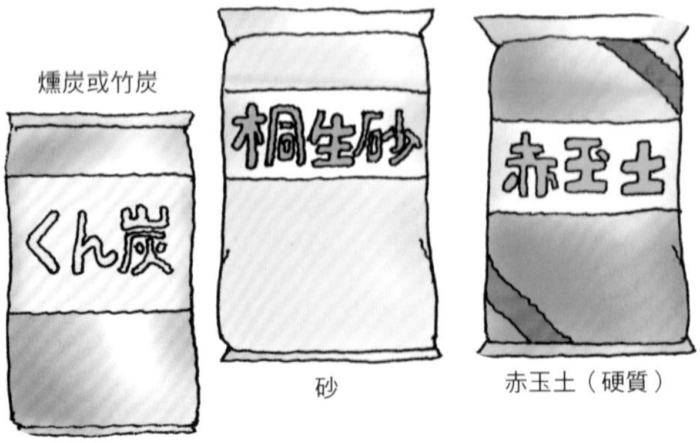
くん炭
桐生砂
赤玉土

砂

赤玉土（硬質）

調配例

燻炭 1/2杯

砂 2杯

赤玉土 8杯

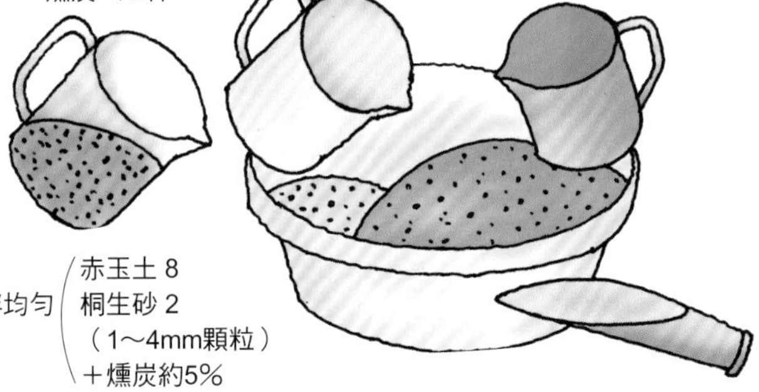

攪拌均勻（赤玉土 8
桐生砂 2
（1～4mm顆粒）
＋燻炭約5%

用土例

[4 號盆（栽培用盆）]

盆徑12cm

1～4mm的用土

綁紮固定

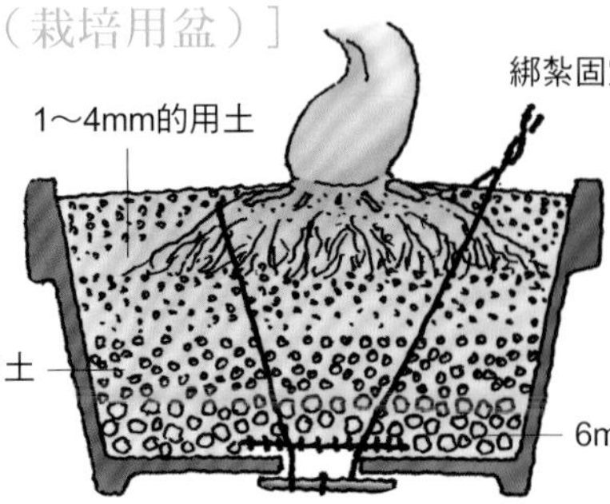

6～4mm的用土

6mm以上的粗粒盆底土

[3 號盆]

盆徑9cm

綁紮固定

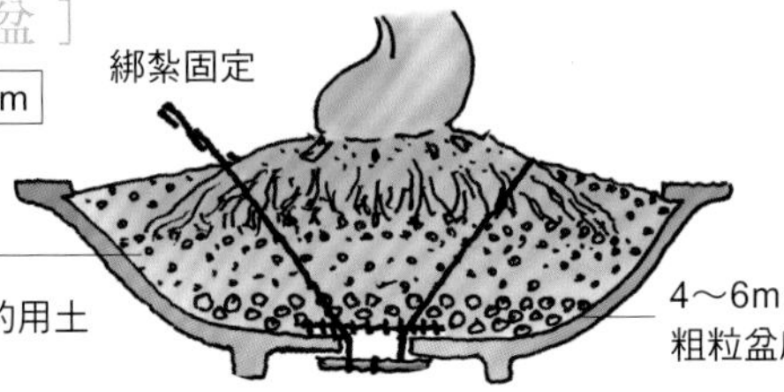

1～4mm的用土

4～6mm的粗粒盆底土

[2 號盆]

盆徑6cm

1～2.5mm的用土

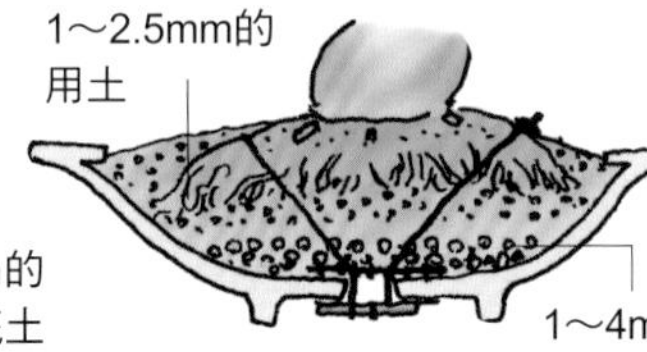

1～4mm的粗粒盆底土

[1 號盆]

盆徑3cm

0.5～1mm的用土

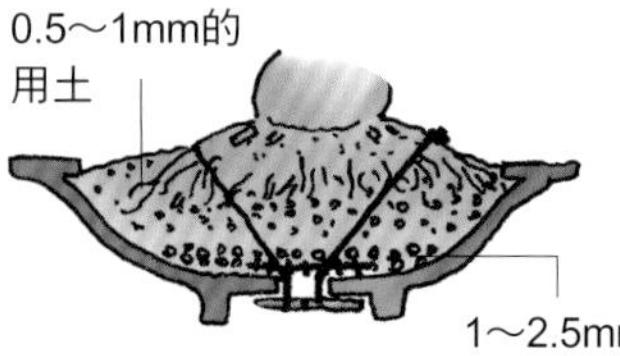

1～2.5mm粗粒盆底土

調整用土（過篩方法）

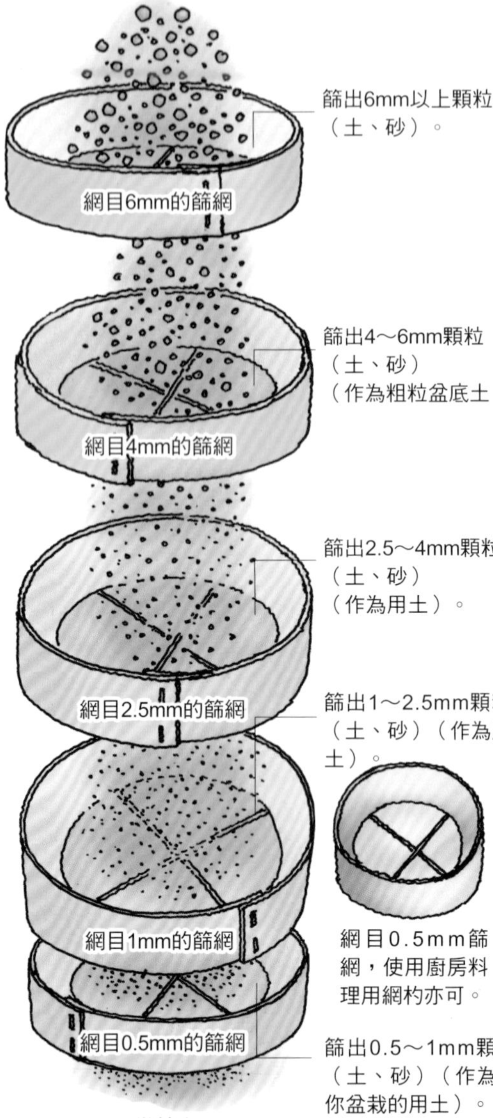
網目6mm的篩網
網目4mm的篩網
網目2.5mm的篩網
網目1mm的篩網
網目0.5mm的篩網

篩出6mm以上顆粒（土、砂）。

篩出4～6mm顆粒（土、砂）（作為粗粒盆底土）。

篩出2.5～4mm顆粒（土、砂）（作為用土）。

篩出1～2.5mm顆粒（土、砂）（作為用土）。

網目0.5mm篩網，使用廚房料理用網杓亦可。

篩出0.5～1mm顆粒（土、砂）（作為迷你盆栽的用土）。

微粒土（創作附石型盆栽時可混合泥炭土後使用）

※花盆大小以號數表示。盆徑每增加3cm（1吋）即增加1號。

花卉類　開花與維護管理

4月
April

- ☑ 花卉類　開花與維護管理
- ☑ 果實類　開花與交配
- ☑ 觀葉類　摘芽
- ☑ 花卉類　花後摘芽
- ☑ 移植
- ☑ 澆水
- ☑ 蚜蟲對策
- ☑ 遲霜對策

例：木瓜梅

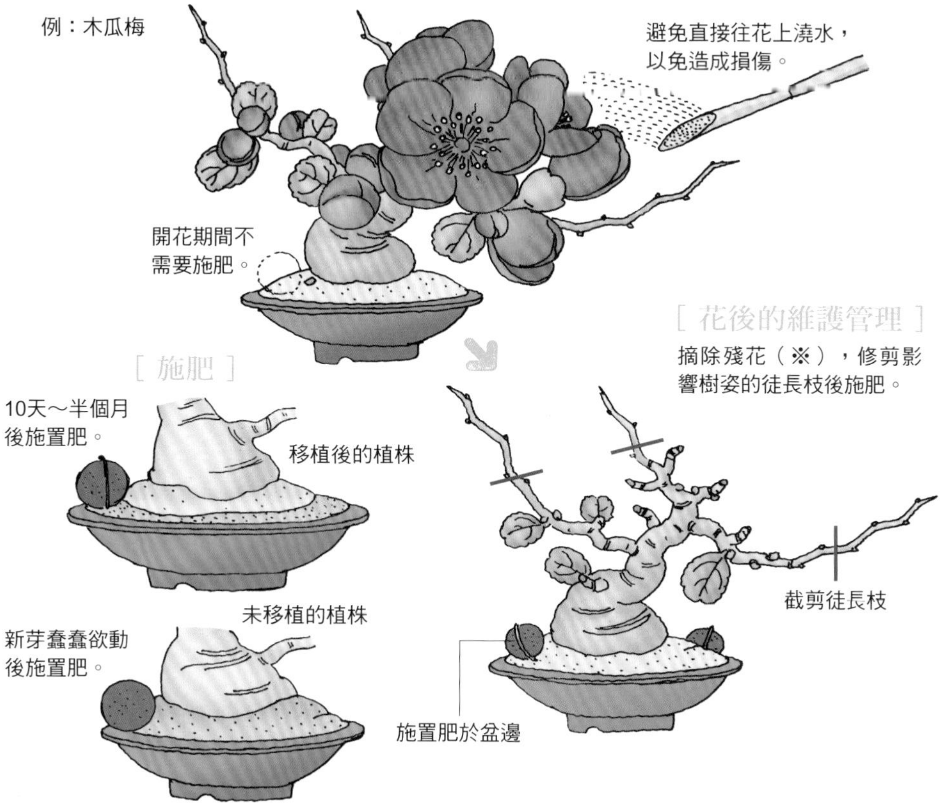
避免直接往花上澆水，
以免造成損傷。
開花期間不
需要施肥。
[施肥]
10天～半個月
後施置肥。
移植後的植株
未移植的植株
新芽蠢蠢欲動
後施置肥。
[花後的維護管理]
摘除殘花（※），修剪影
響樹姿的徒長枝後施肥。
截剪徒長枝
施置肥於盆邊

例：櫻花

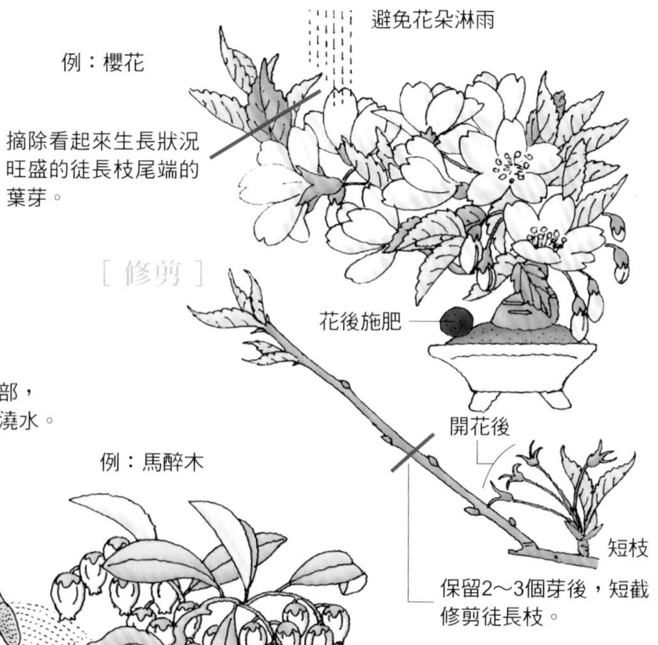
避免花朵淋雨
摘除看起來生長狀況
旺盛的徒長枝尾端的
葉芽。
[修剪]
花後施肥
開花後
短枝
保留2～3個芽後，短截
修剪徒長枝。

例：馬醉木

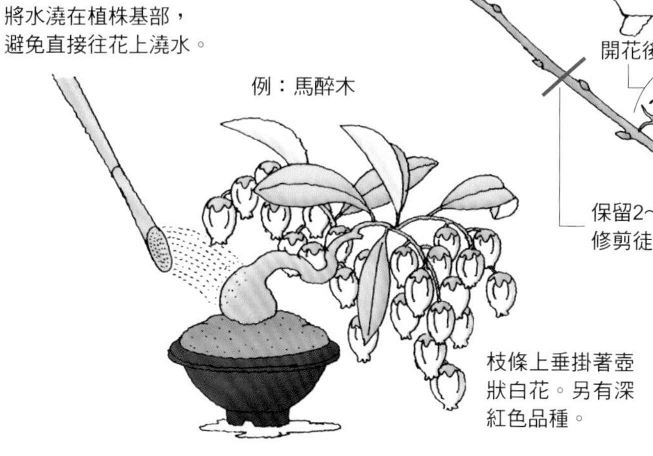
將水澆在植株基部，
避免直接往花上澆水。
枝條上垂掛著壺
狀白花。另有深
紅色品種。

例：梅花

開7～8成後進行
花後修剪。

[修剪]
整齊地修剪成圓弧狀
葉芽
枝條尾端的
葉芽。
保留枝條基
部附近的葉
芽後截剪枝
條。
修剪後

※摘除殘花：花謝後摘除還留在枝條上的花朵，亦具備預防植株弱化與罹患病蟲害等作用。＝去除殘花。

果實類 開花與交配

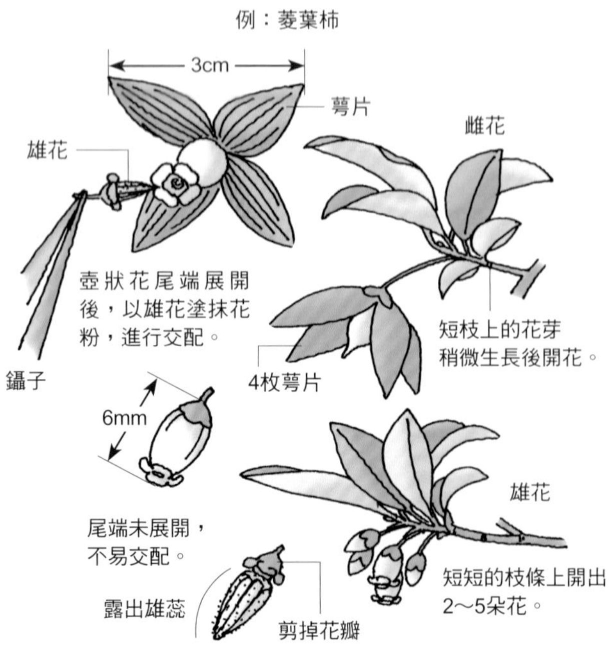
例：菱葉柿
3cm
萼片
雄花
雌花
壺狀花尾端展開後，以雄花塗抹花粉，進行交配。
鑷子
4枚萼片
短枝上的花芽稍微生長後開花。
6mm
尾端未展開，不易交配。
露出雄蕊
剪掉花瓣
雄花
短短的枝條上開出2～5朵花。

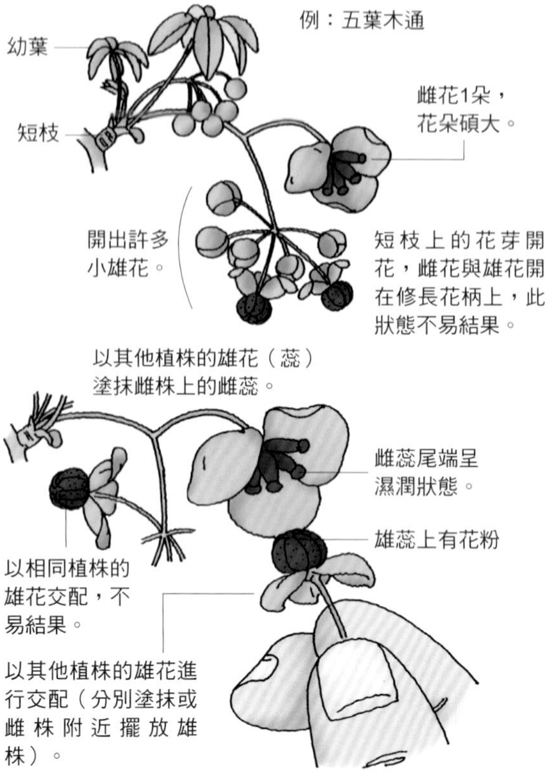
例：五葉木通
幼葉
短枝
雌花1朵，花朵碩大。
開出許多小雄花。
短枝上的花芽開花，雌花與雄花開在修長花柄上，此狀態不易結果。
以其他植株的雄花（蕊）塗抹雌株上的雌蕊。
雌蕊尾端呈濕潤狀態。
雄蕊上有花粉
以相同植株的雄花交配，不易結果。
以其他植株的雄花進行交配（分別塗抹或雌株附近擺放雄株）。

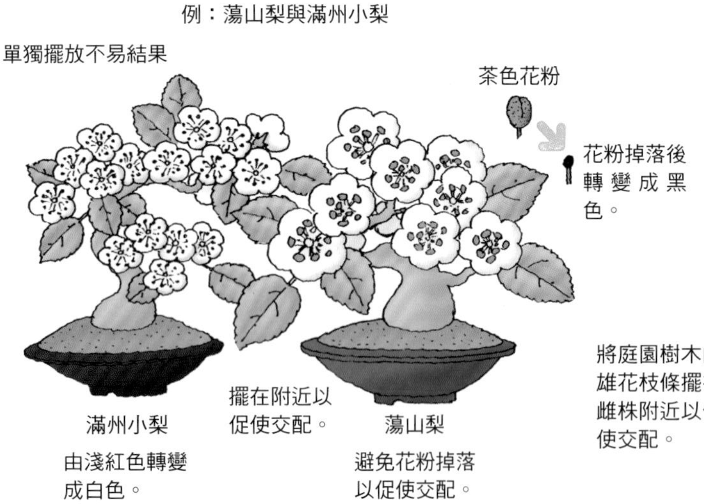
例：蕩山梨與滿州小梨
單獨擺放不易結果
茶色花粉
花粉掉落後轉變成黑色。
擺在附近以促使交配。
滿州小梨
蕩山梨
由淺紅色轉變成白色。
避免花粉掉落以促使交配。

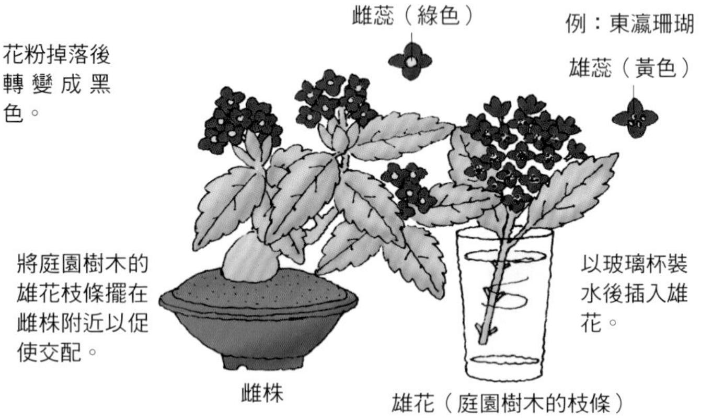
雌蕊（綠色）
例：東瀛珊瑚
雄蕊（黃色）
將庭園樹木的雄花枝條擺在雌株附近以促使交配。
以玻璃杯裝水後插入雄花。
雌株
雄花（庭園樹木的枝條）

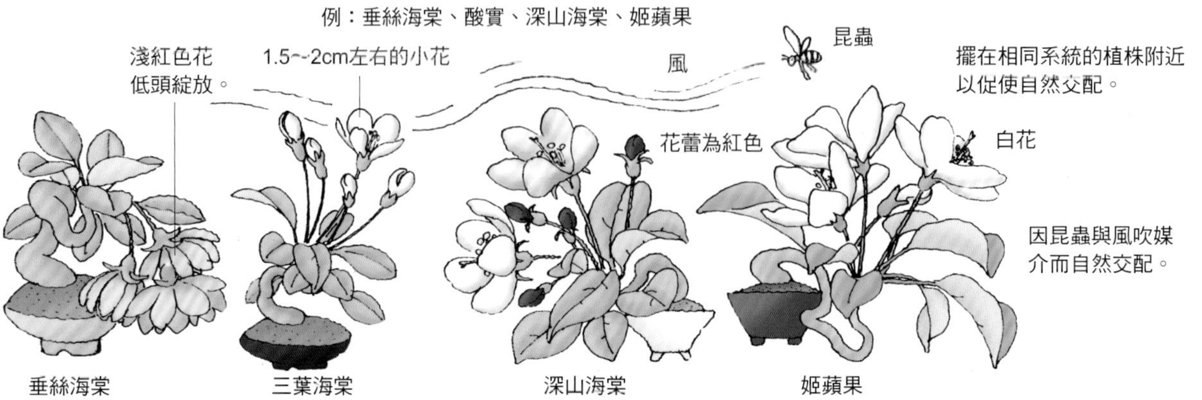
例：垂絲海棠、酸實、深山海棠、姬蘋果
淺紅色花低頭綻放。
1.5～2cm左右的小花
風
昆蟲
擺在相同系統的植株附近以促使自然交配。
花蕾為紅色
白花
因昆蟲與風吹媒介而自然交配。
垂絲海棠
三葉海棠
深山海棠
姬蘋果

移植

[暖帶樹種] 例：梔子花　　[松柏] 例：黑松

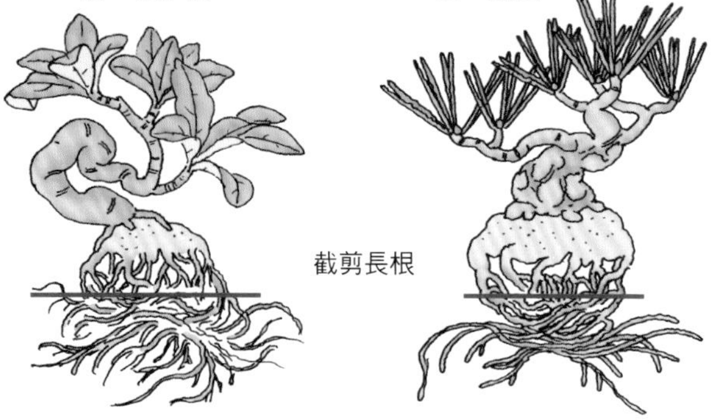
截剪長根

澆水

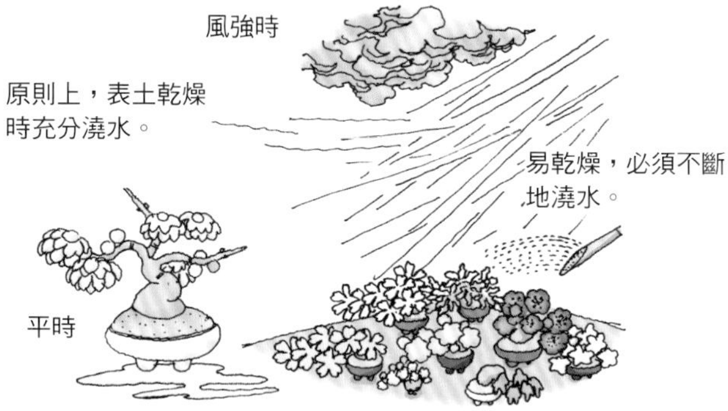
風強時
原則上，表土乾燥時充分澆水。
易乾燥，必須不斷地澆水。
平時

蚜蟲對策

附著在新芽上的蚜蟲
將顆粒狀殺蟲劑撒在表土上。

遲霜對策

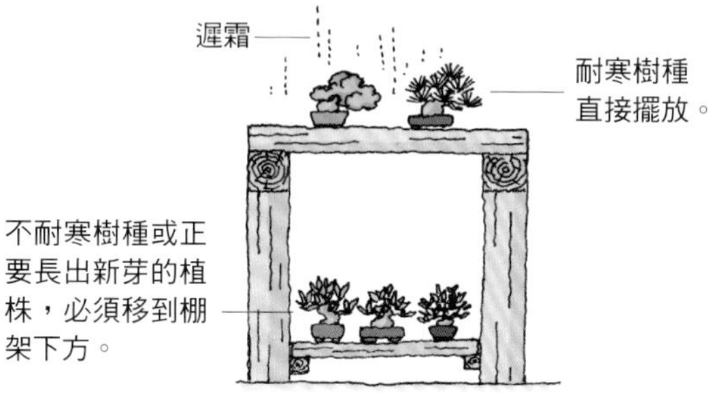
遲霜
耐寒樹種直接擺放。
不耐寒樹種或正要長出新芽的植株，必須移到棚架下方。

觀葉類　摘芽

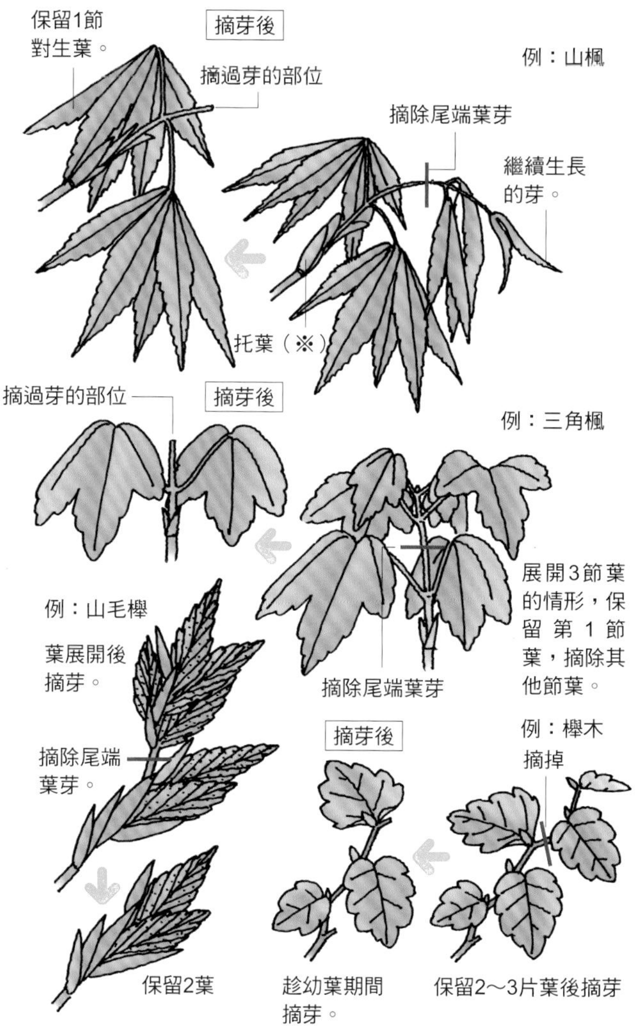
保留1節對生葉。
摘芽後
摘過芽的部位
例：山楓
摘除尾端葉芽
繼續生長的芽。
托葉（※）
摘過芽的部位
摘芽後
例：三角楓
展開3節葉的情形，保留第1節葉，摘除其他節葉。
摘除尾端葉芽
例：山毛櫸
葉展開後摘芽。
摘除尾端葉芽。
保留2葉
摘芽後
例：欅木
摘掉
趁幼葉期間摘芽。
保留2～3片葉後摘芽

花卉類　花後摘芽

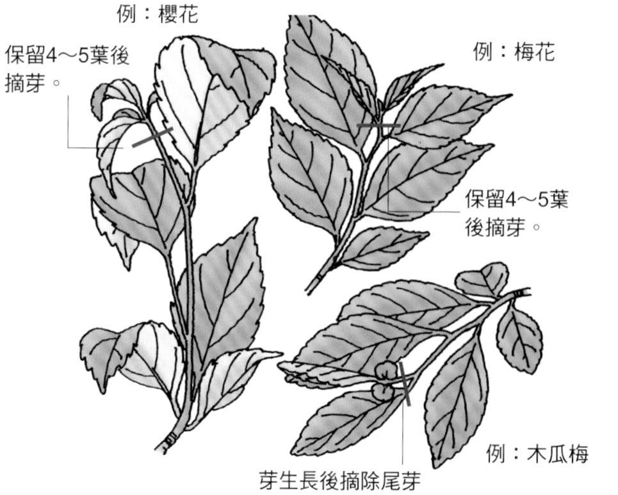
例：櫻花
保留4～5葉後摘芽。
例：梅花
保留4～5葉後摘芽。
例：木瓜梅
芽生長後摘除尾芽

※托葉：對生於葉柄基部，具保護新生嫩芽的作用。請參照P.192。

5月
May

- ☑ 松柏　摘芽
- ☑ 觀葉類　摘芽
- ☑ 果實類　開花期間的管理
- ☑ 殺蟲消毒
- ☑ 花卉類　開花
- ☑ 果實類　開花
- ☑ 觀葉類　第二次摘芽
- ☑ 抑制芽生長
- ☑ 追肥

松柏摘芽

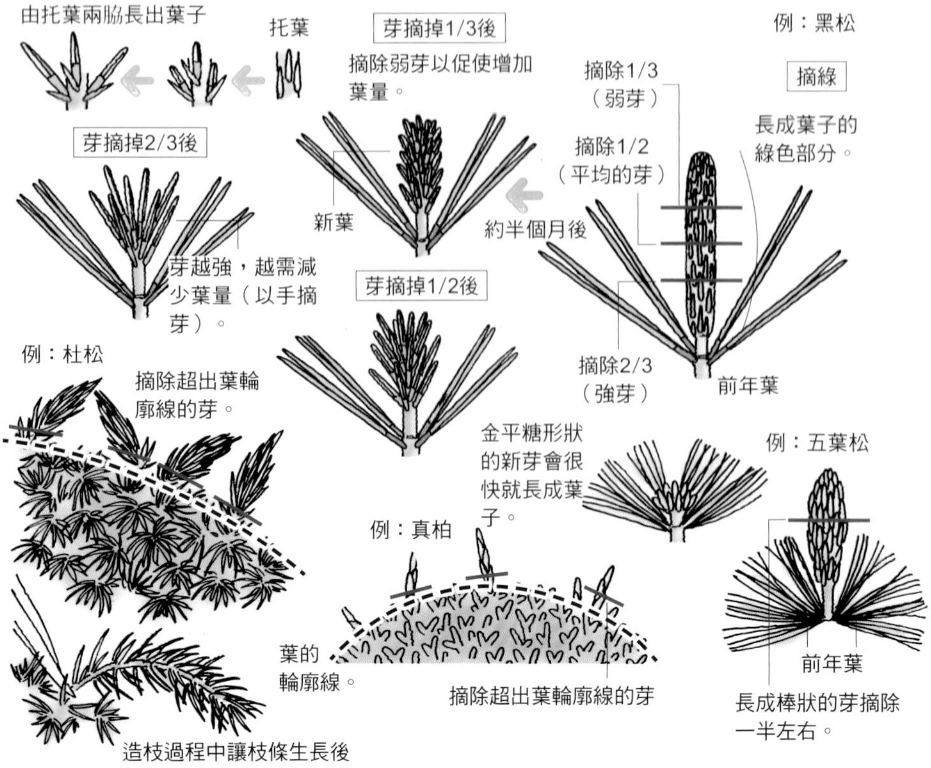
由托葉兩脇長出葉子
托葉
芽摘掉1/3後
摘除弱芽以促使增加葉量。
例：黑松
摘除1/3（弱芽）
摘線
長成葉子的綠色部分。
芽摘掉2/3後
摘除1/2（平均的芽）
新葉
約半個月後
芽越強，越需減少葉量（以手摘芽）。
芽摘掉1/2後
例：杜松
摘除超出葉輪廓線的芽。
摘除2/3（強芽）
前年葉
金平糖形狀的新芽會很快就長成葉子。
例：五葉松
例：真柏
葉的輪廓線。
摘除超出葉輪廓線的芽
前年葉
長成棒狀的芽摘除一半左右。
造枝過程中讓枝條生長後才以剪刀進行修剪。

※詳情請參照P.100～「維護管理方法」（松柏）。

觀葉類　摘芽

例：山毛櫸
摘除超出葉輪廓線的芽

果實類　開花期間的管理

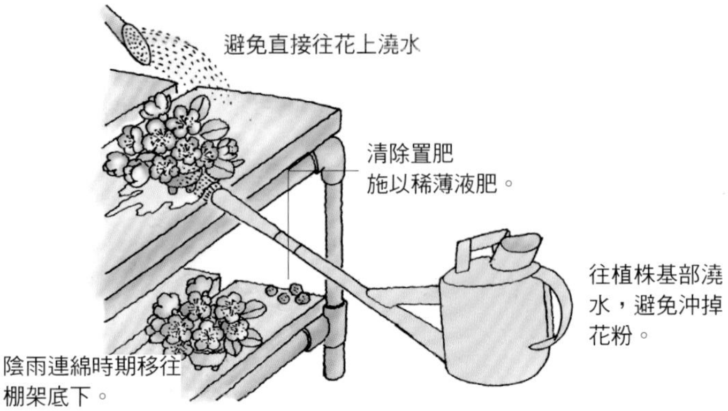
避免直接往花上澆水
清除置肥
施以稀薄液肥。
往植株基部澆水，避免沖掉花粉。
陰雨連綿時期移往棚架底下。

殺蟲消毒

狀況許可時建議預防消毒

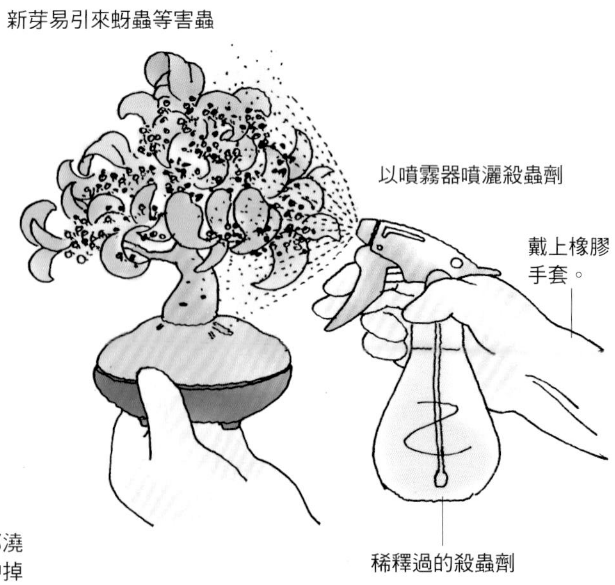
新芽易引來蚜蟲等害蟲
以噴霧器噴灑殺蟲劑
戴上橡膠手套。
稀釋過的殺蟲劑

觀葉類　第二次摘芽

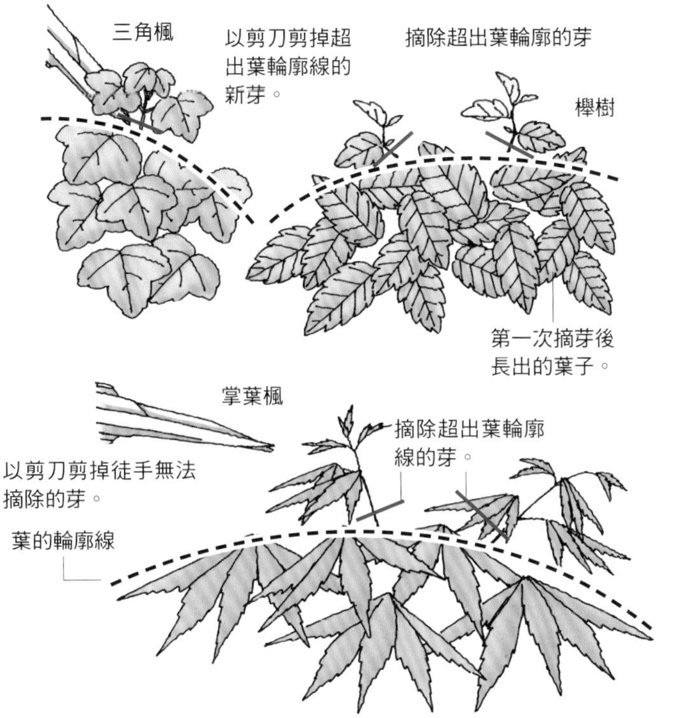
三角楓
以剪刀剪掉超出葉輪廓線的新芽。
摘除超出葉輪廓的芽
櫸樹
第一次摘芽後長出的葉子。
掌葉楓
摘除超出葉輪廓線的芽。
以剪刀剪掉徒手無法摘除的芽。
葉的輪廓線

花卉類　開花

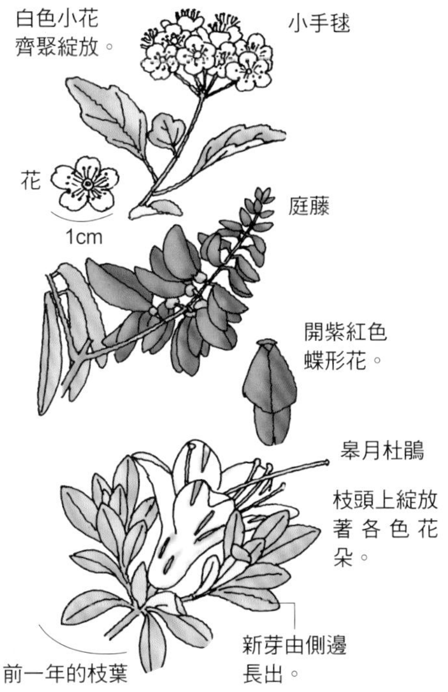
白色小花齊聚綻放。
小手毬
花
1cm
庭藤
開紫紅色蝶形花。
皋月杜鵑
枝頭上綻放著各色花朵。
新芽由側邊長出。
前一年的枝葉

抑制芽生長

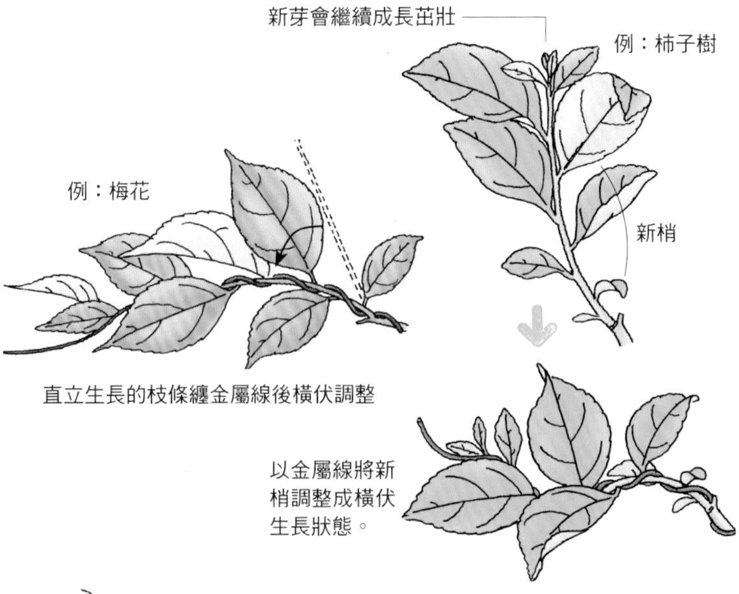
新芽會繼續成長茁壯
例：柿子樹
新梢
例：梅花
直立生長的枝條纏金屬線後橫伏調整
以金屬線將新梢調整成橫伏生長狀態。

果實類　開花

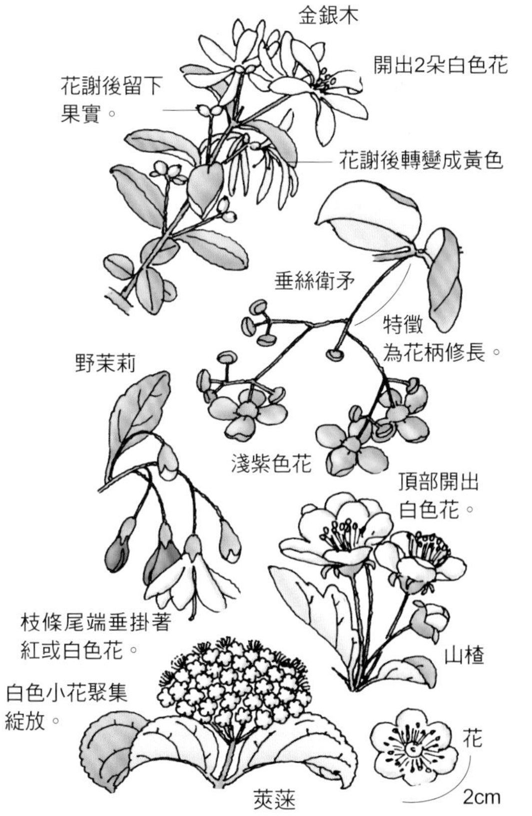
金銀木
開出2朵白色花
花謝後留下果實。
花謝後轉變成黃色
垂絲衛矛
特徵為花柄修長。
野茉莉
淺紫色花
頂部開出白色花。
枝條尾端垂掛著紅或白色花。
山楂
白色小花聚集綻放。
花
2cm
莢蒾

追肥

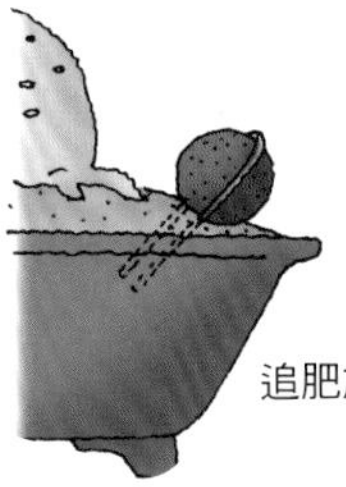
追肥施於花盆周圍（施置肥）

6月
June

- 觀葉類 剝葉
- 壓條
- 落霜紅交配
- 黑松切芽
- 花卉類 花後修剪．開花期間的培育管理
- 梅雨季節的培育管理

觀葉類 剝葉

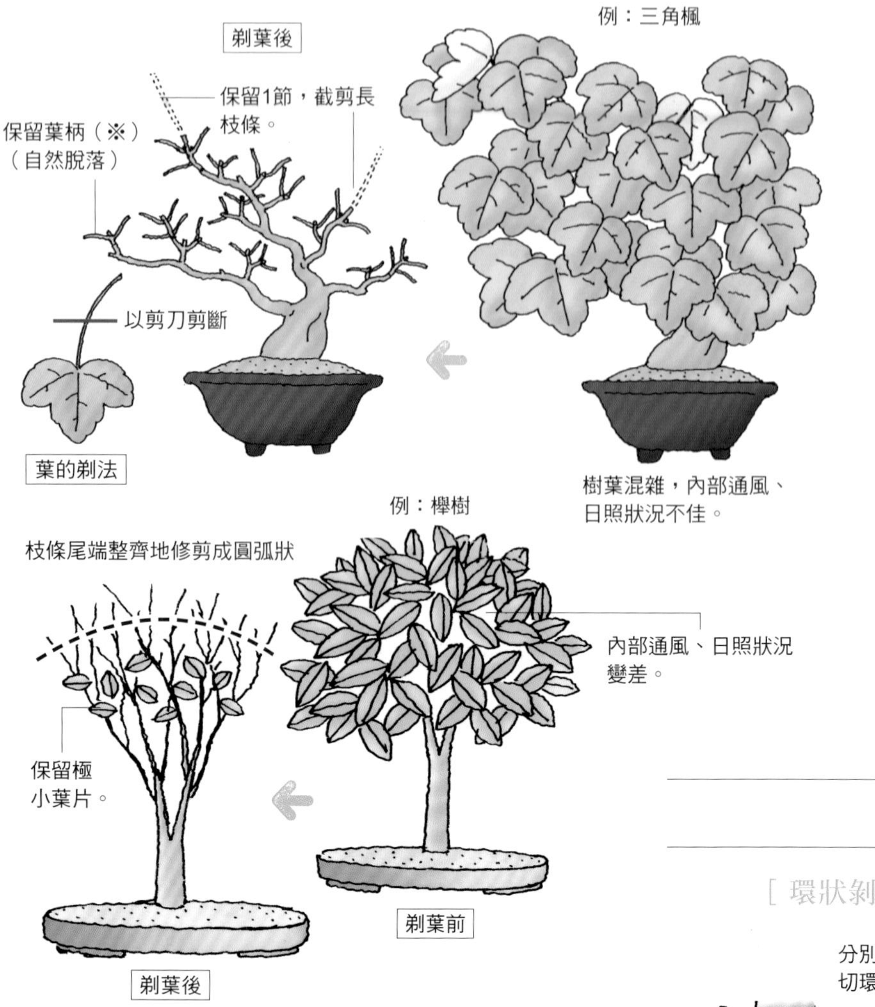
例：三角楓
剝葉後
保留1節，截剪長枝條。
保留葉柄（※）（自然脫落）
以剪刀剪斷
葉的剝法
樹葉混雜，內部通風、日照狀況不佳。
例：櫸樹
枝條尾端整齊地修剪成圓弧狀
內部通風、日照狀況變差。
保留極小葉片。
剝葉前
剝葉後

落霜紅交配

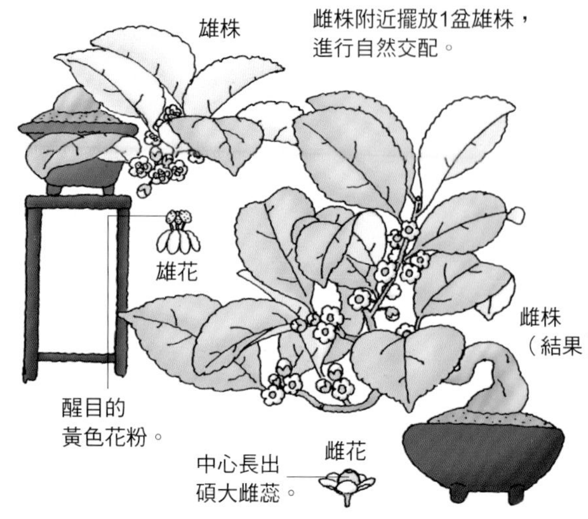
雄株
雌株附近擺放1盆雄株，進行自然交配。
雄花
雌株（結果）
醒目的黃色花粉。
中心長出碩大雌蕊。
雌花

壓條

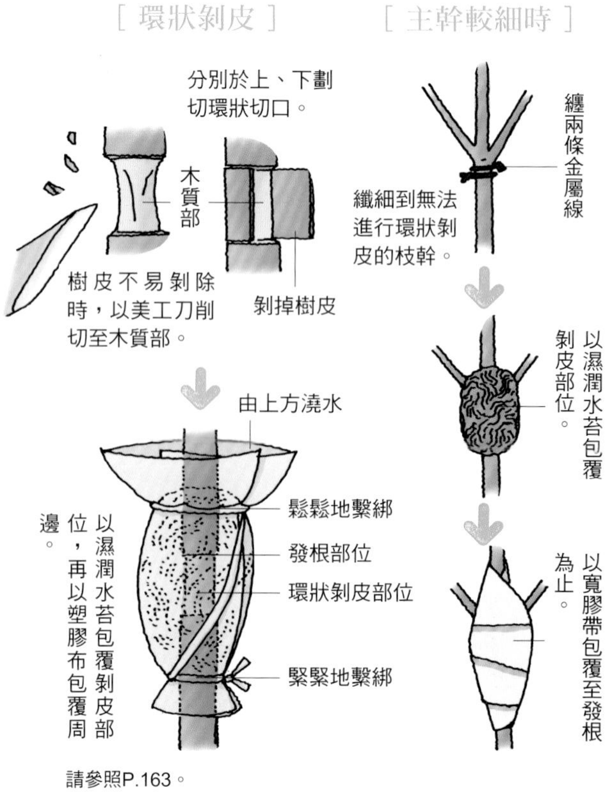
［環狀剝皮］
［主幹較細時］
分別於上、下劃切環狀切口。
木質部
樹皮不易剝除時，以美工刀削切至木質部。
剝掉樹皮
由上方澆水
鬆鬆地繫綁
發根部位
環狀剝皮部位
緊緊地繫綁
以濕潤水苔包覆剝皮部位，再以塑膠布包覆周邊。
纏兩條金屬線
纖細到無法進行環狀剝皮的枝幹。
以濕潤水苔包覆剝皮部位。
以寬膠帶包覆至發根為止。

請參照P.163。

※葉柄：連結葉片與枝幹的部位，是養分送往莖、葉的通路。請參照P.192。

黑松切芽（6月下旬）

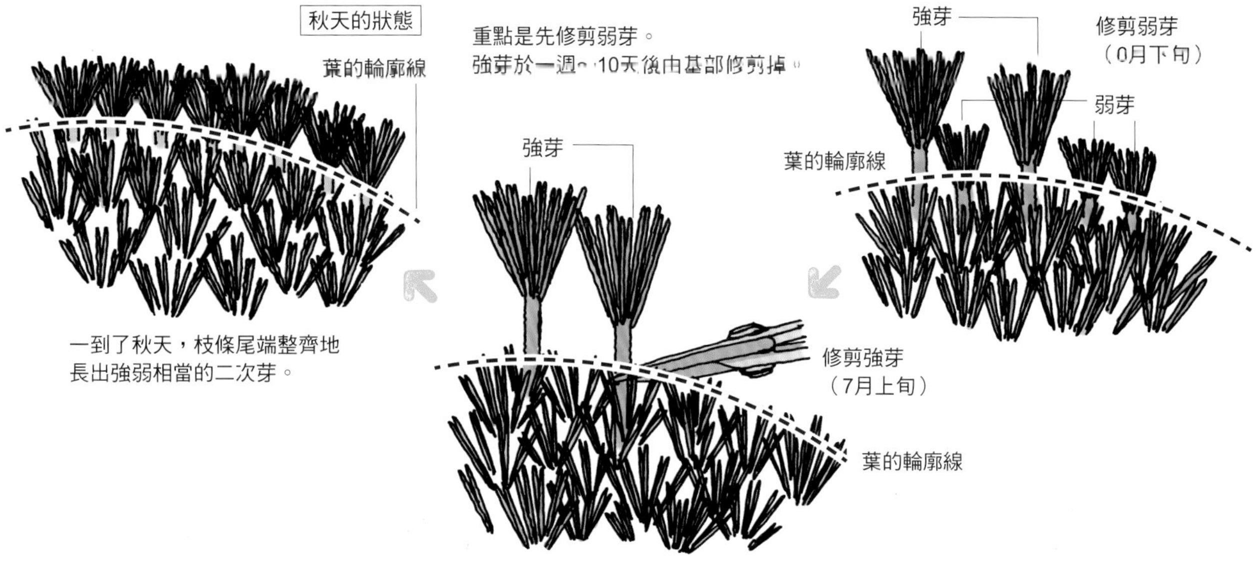
秋天的狀態
葉的輪廓線
重點是先修剪弱芽。
強芽於一週～10天後由基部修剪掉。
強芽
修剪弱芽
（6月下旬）
弱芽
葉的輪廓線
強芽
一到了秋天，枝條尾端整齊地
長出強弱相當的二次芽。
修剪強芽
（7月上旬）
葉的輪廓線

花卉類　花後修剪・開花期間的培育管理

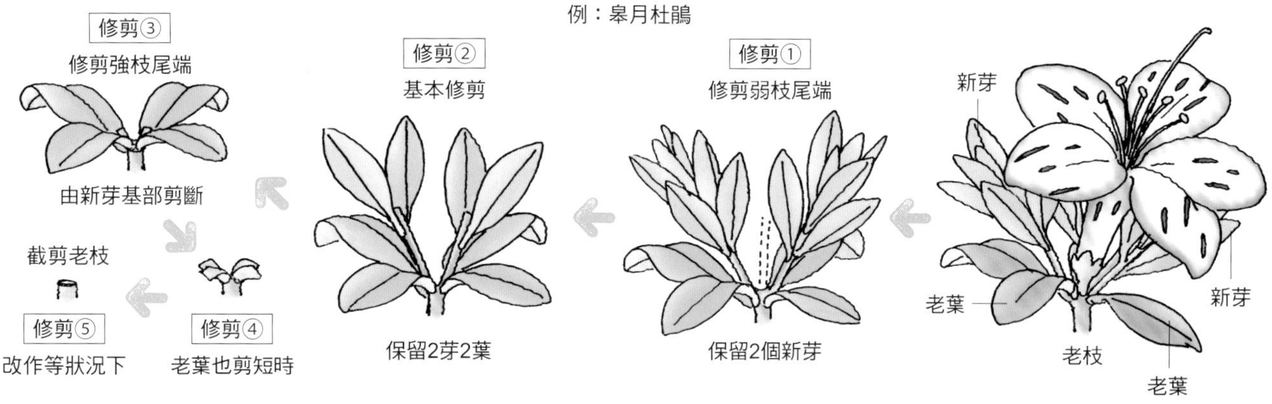
例：皋月杜鵑
修剪③
修剪強枝尾端
修剪②
基本修剪
修剪①
修剪弱枝尾端
新芽
由新芽基部剪斷
截剪老枝
修剪⑤
改作等狀況下
修剪④
老葉也剪短時
保留2芽2葉
保留2個新芽
老葉
新芽
老枝
老葉

梅雨季節的培育管理

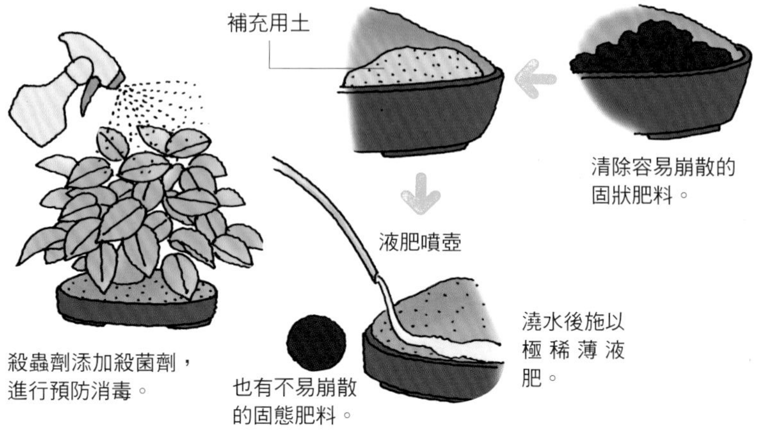
補充用土
清除容易崩散的
固狀肥料。
液肥噴壺
殺蟲劑添加殺菌劑，
進行預防消毒。
也有不易崩散
的固態肥料。
澆水後施以
極稀薄液
肥。

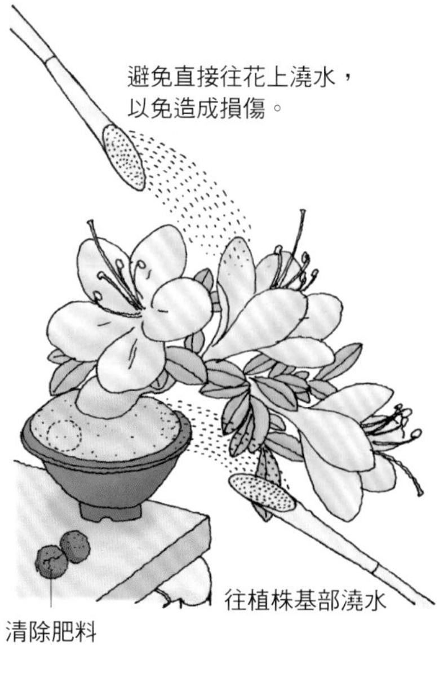
避免直接往花上澆水，
以免造成損傷。
往植株基部澆水
清除肥料

7月
July

- 調整殺菌・殺蟲劑
- 遮光
- 病蟲害對策
- 梅雨季節的培育管理
- 徒長枝纏金屬線
- 黑松切芽
- 軸切插芽繁殖後種入花盆

調整殺菌・殺蟲劑

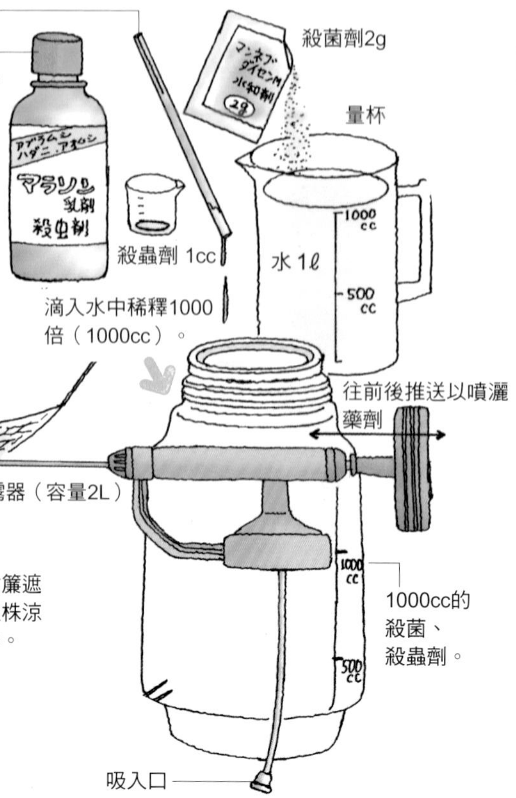
展著劑
以免洗筷沾取2～6滴
展著劑後滴入。
殺蟲劑
稀釋1000倍
殺菌劑2g
量杯
水 1ℓ
1000 cc
500 cc
殺蟲劑 1cc
滴入水中稀釋1000
倍（1000cc）。
往前後推送以噴灑
藥劑
噴霧器（容量2L）
1000cc的
殺菌、
殺蟲劑。
吸入口
轉動噴嘴就能調節成
噴霧狀或水柱狀。

遮光（7月中旬～9月上旬）

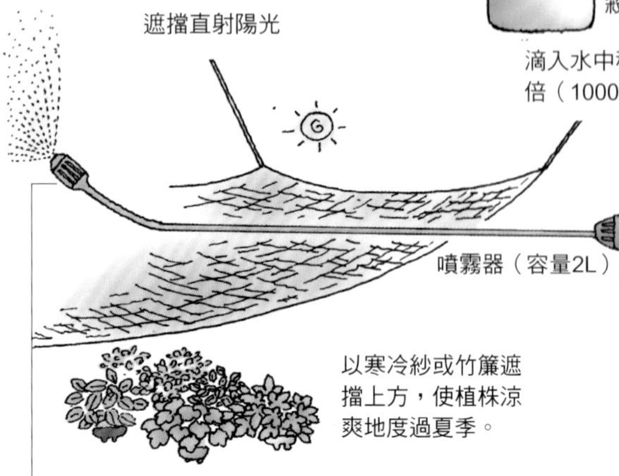
遮擋直射陽光
以寒冷紗或竹簾遮
擋上方，使植株涼
爽地度過夏季。

病蟲害對策

[捕殺幼蟲]

鑷子
對葉造成食害
柑橘類的樹木
用土上出現褐色糞便時
必須格外小心。

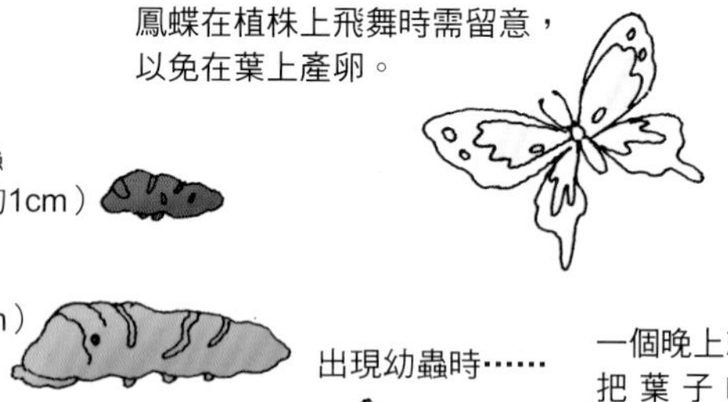
鳳蝶在植株上飛舞時需留意，
以免在葉上產卵。
鳳蝶幼蟲
（深褐色，長約1cm）
成熟幼蟲
（綠色，長約4～5cm）

[預防]

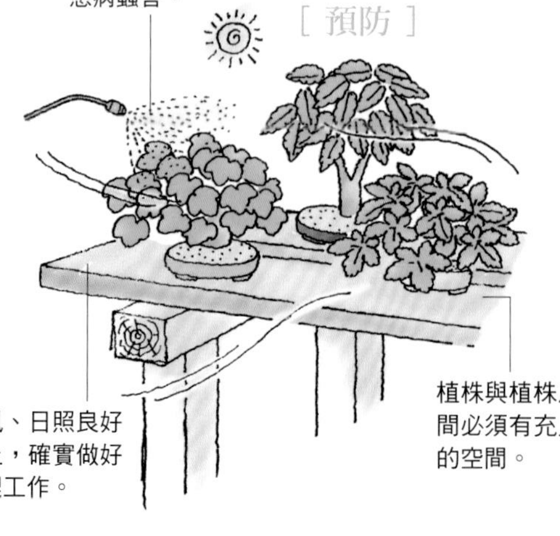
確實做好預防消
毒工作，以免罹
患病蟲害。
置於通風、日照良好
的棚架上，確實做好
維護管理工作。
植株與植株之
間必須有充足
的空間。

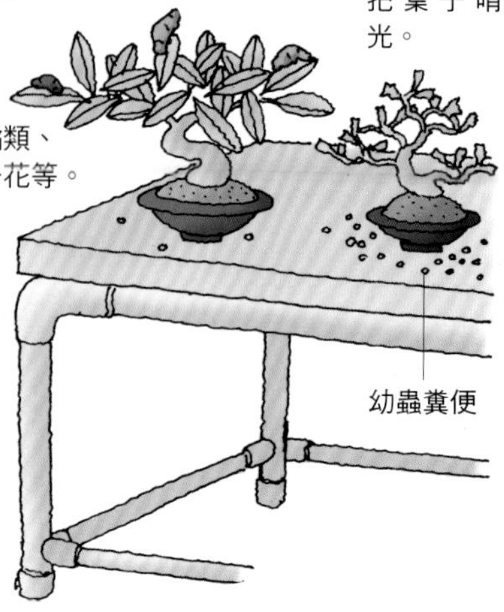
出現幼蟲時……
一個晚上就
把 葉 子 啃
光。
柑橘類、
梔子花等。
幼蟲糞便

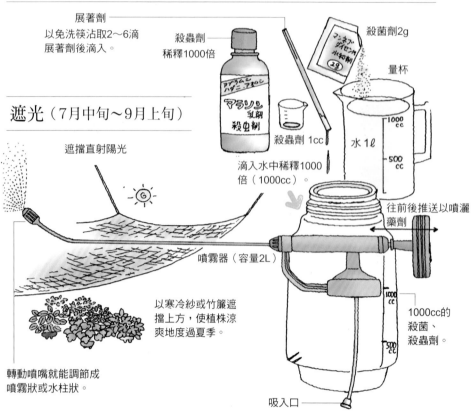

梅雨季節的培育管理

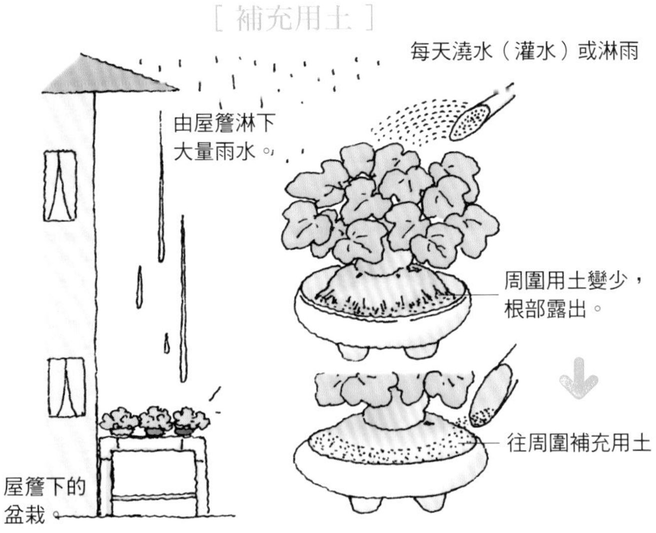
[補充用土]
每天澆水（灌水）或淋雨
由屋簷淋下
大量雨水。
周圍用土變少，
根部露出。
往周圍補充用土
屋簷下的
盆栽。

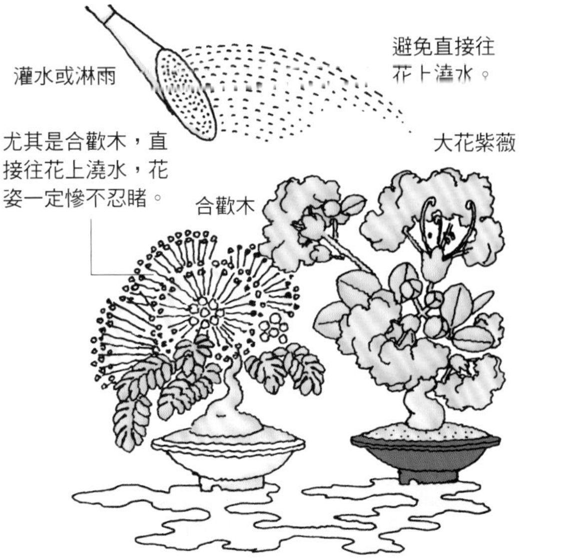
灌水或淋雨
避免直接往
花上澆水。
尤其是合歡木，直
接往花上澆水，花
姿一定慘不忍睹。
合歡木
大花紫薇

徒長枝纏金屬線

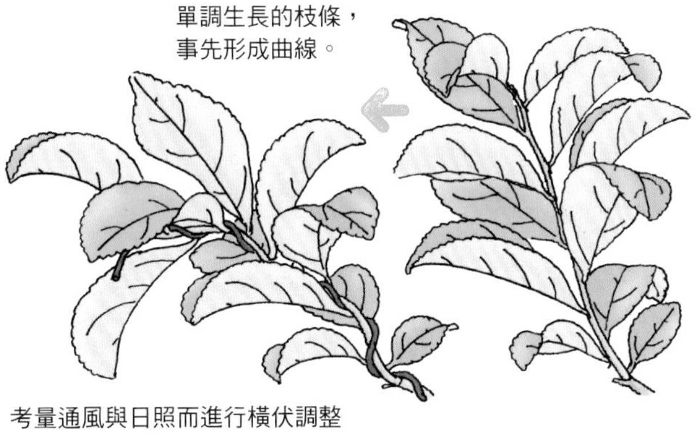
單調生長的枝條，
事先形成曲線。
考量通風與日照而進行橫伏調整

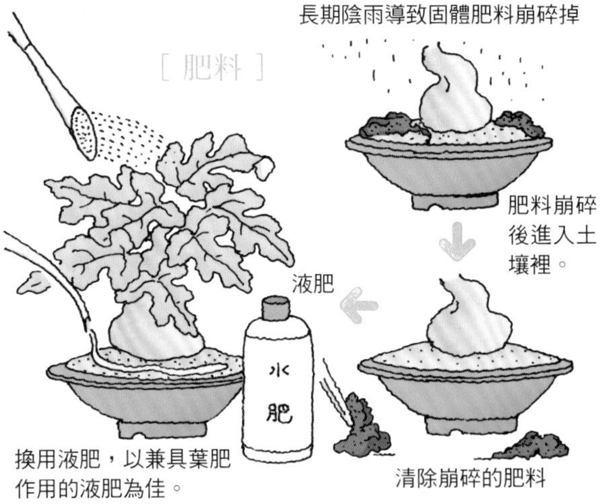
[肥料]
長期陰雨導致固體肥料崩碎掉
肥料崩碎
後進入土
壤裡。
液肥
水
肥
換用液肥，以兼具葉肥
作用的液肥為佳。
清除崩碎的肥料

黑松切芽（強芽）

例：黑松

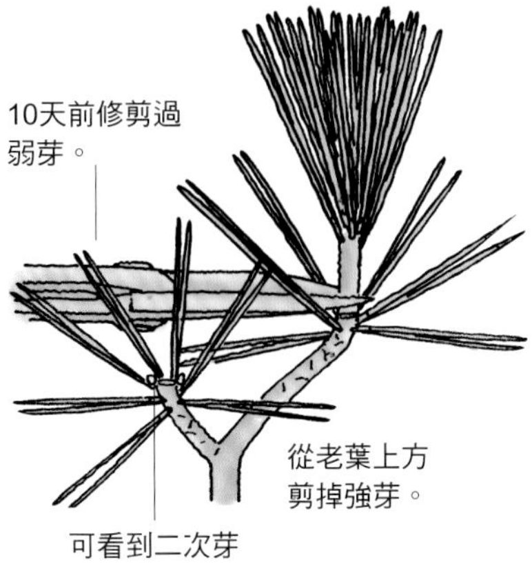
10天前修剪過
弱芽。
從老葉上方
剪掉強芽。
可看到二次芽

軸切插芽繁殖後種入花盆

例：櫸樹

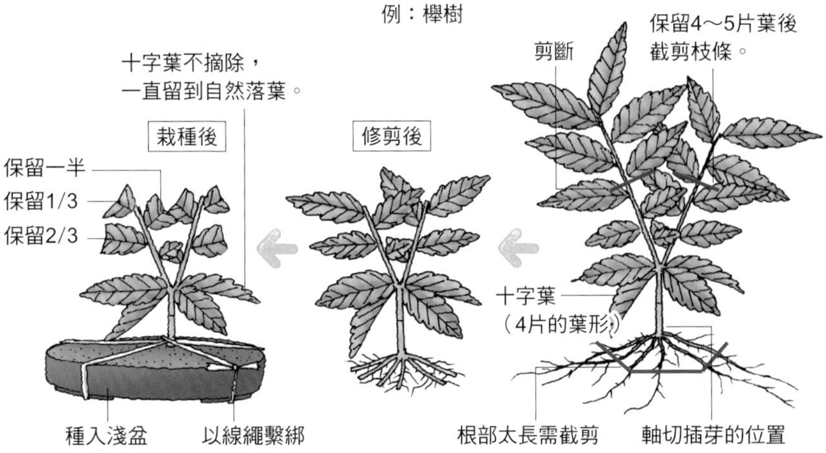
十字葉不摘除，
一直留到自然落葉。
栽種後
修剪後
剪斷
保留4～5片葉後
截剪枝條。
保留一半
保留1/3
保留2/3
十字葉
（4片的葉形）
種入淺盆
以線繩繫綁
根部太長需截剪
軸切插芽的位置

8月
August

- 松柏的維護管理
- 觀葉類　維護管理
- 摘芽
- 花卉類．果實類 維護管理
- 剝葉
- 夏季缺水對策
- 五葉松移植①
- 五葉松移植②
- 葉水
- 颱風對策
- 葉燒處理
- 夏季澆水

松柏類的維護管理

例：黑松

[抹芽]（葉省略）

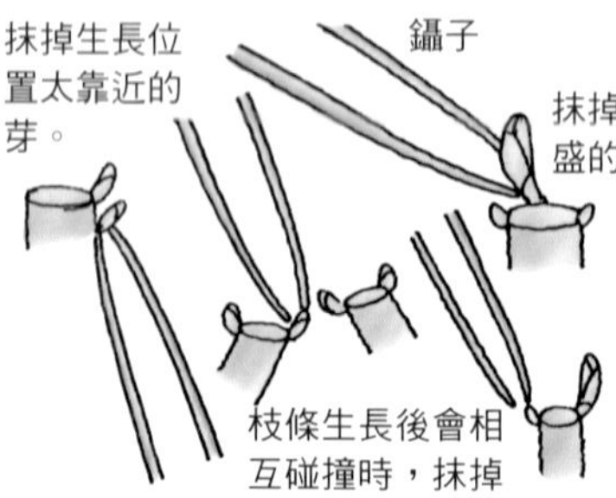
抹掉生長位置太靠近的芽。
鑷子
抹掉生長旺盛的強芽。
枝條生長後會相互碰撞時，抹掉其中一個芽。
弱枝上的強芽保留，弱芽抹掉。

[二次芽抹芽]

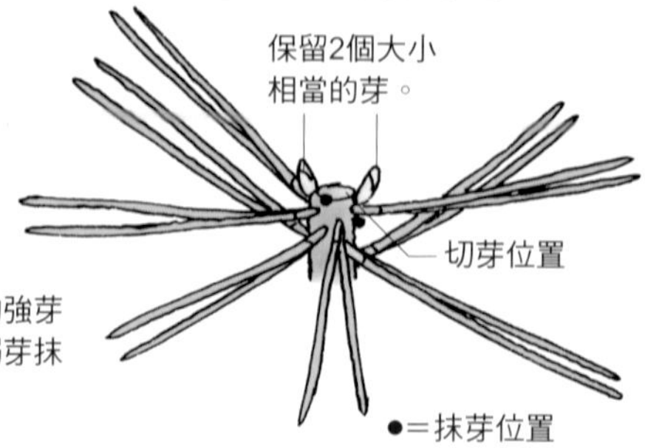
保留2個大小相當的芽。
切芽位置
●＝抹芽位置

摘芽

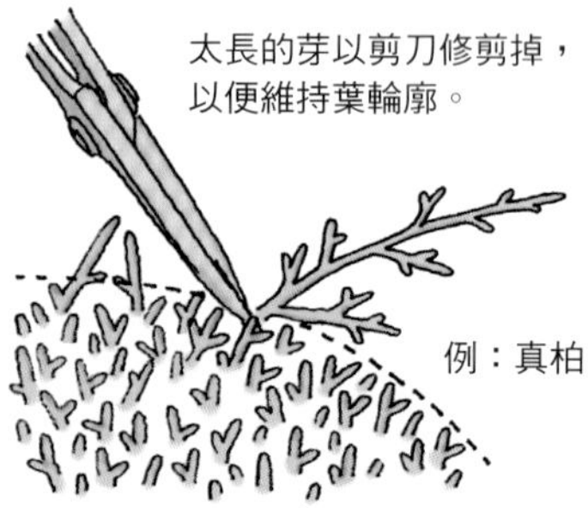
太長的芽以剪刀修剪掉，以便維持葉輪廓。
例：真柏

觀葉類　維護管理

[二次芽摘芽]

例：櫸樹

以修枝剪剪斷
以指尖摘除
摘除超出葉輪廓線的芽。
二次芽展開成葉子

花卉類．果實類　維護管理

[花後修剪]

例：大花紫薇

開7成左右後修剪。
保留2～3節

[開花時期的交配]

例：日本南五味子

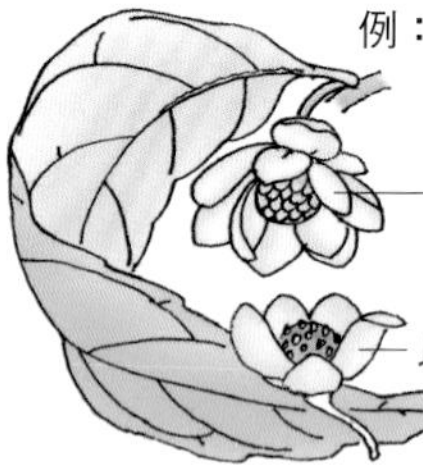
雌花（具淺綠色花床）。需要其他植株的雄花，否則不易結果。
以雄花交配

剝葉

例：山毛櫸

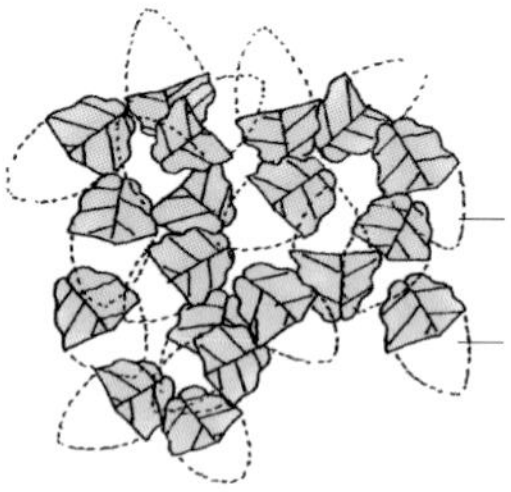
葉太混雜時，進行剝葉，以促進通風。

夏季缺水對策（用土明顯乾燥的植株）

易乾燥、易缺水的藤類、合歡木、柳樹等樹種，採用效果最顯著。

[腰水]

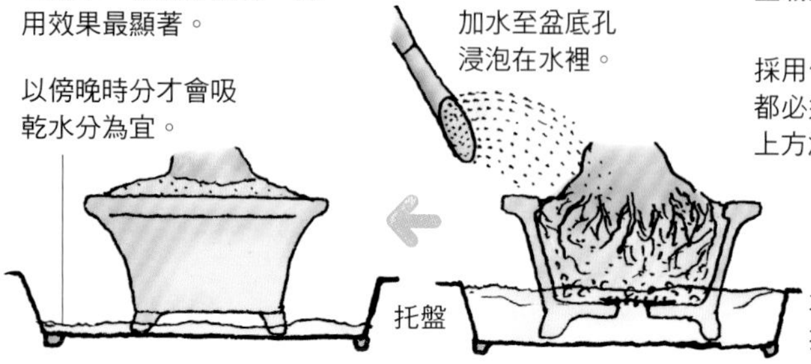
加水至盆底孔浸泡在水裡。
以傍晚時分才會吸乾水分為宜。
托盤
水溫上升時把水倒掉。

加入用土至花盆的1/2左右，用於擺放盆栽即可避免植株缺水。

[雙重盆]

採用任何方式都必須由植株上方澆水。
加入用土後，放入整個盆栽。
用土
栽培用盆
盆底長出根部時修剪掉。

五葉松移植①

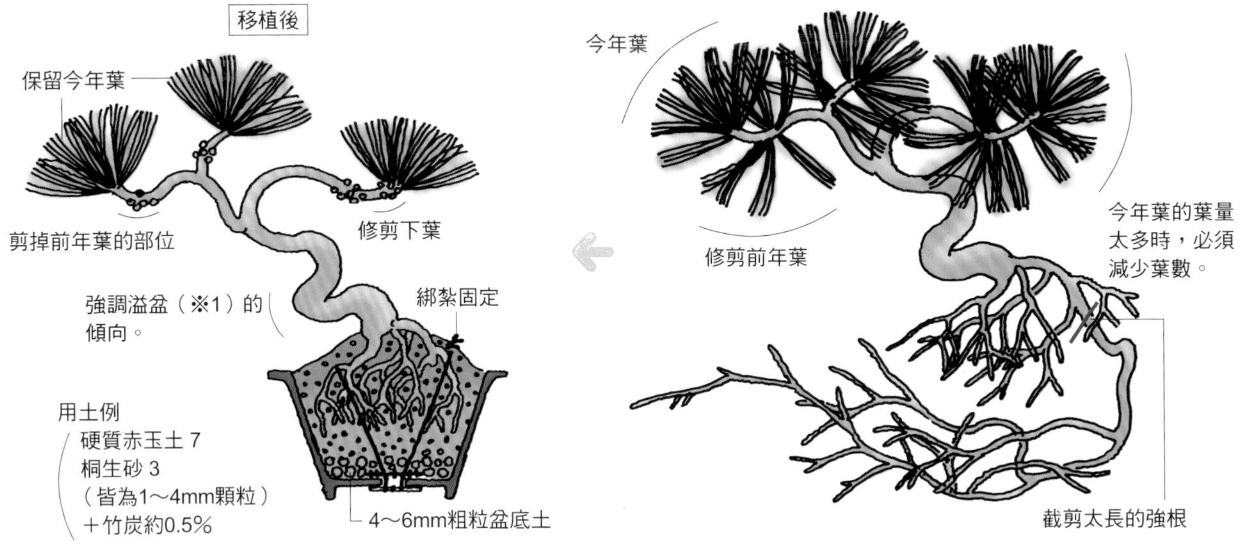
移植後
保留今年葉
剪掉前年葉的部位
修剪下葉
強調溢盆（※1）的傾向。
綁紮固定
用土例
硬質赤玉土 7
桐生砂 3
（皆為1～4mm顆粒）
＋竹炭約0.5%
4～6mm粗粒盆底土
今年葉
修剪前年葉
今年葉的葉量太多時，必須減少葉數。
截剪太長的強根

五葉松移植②

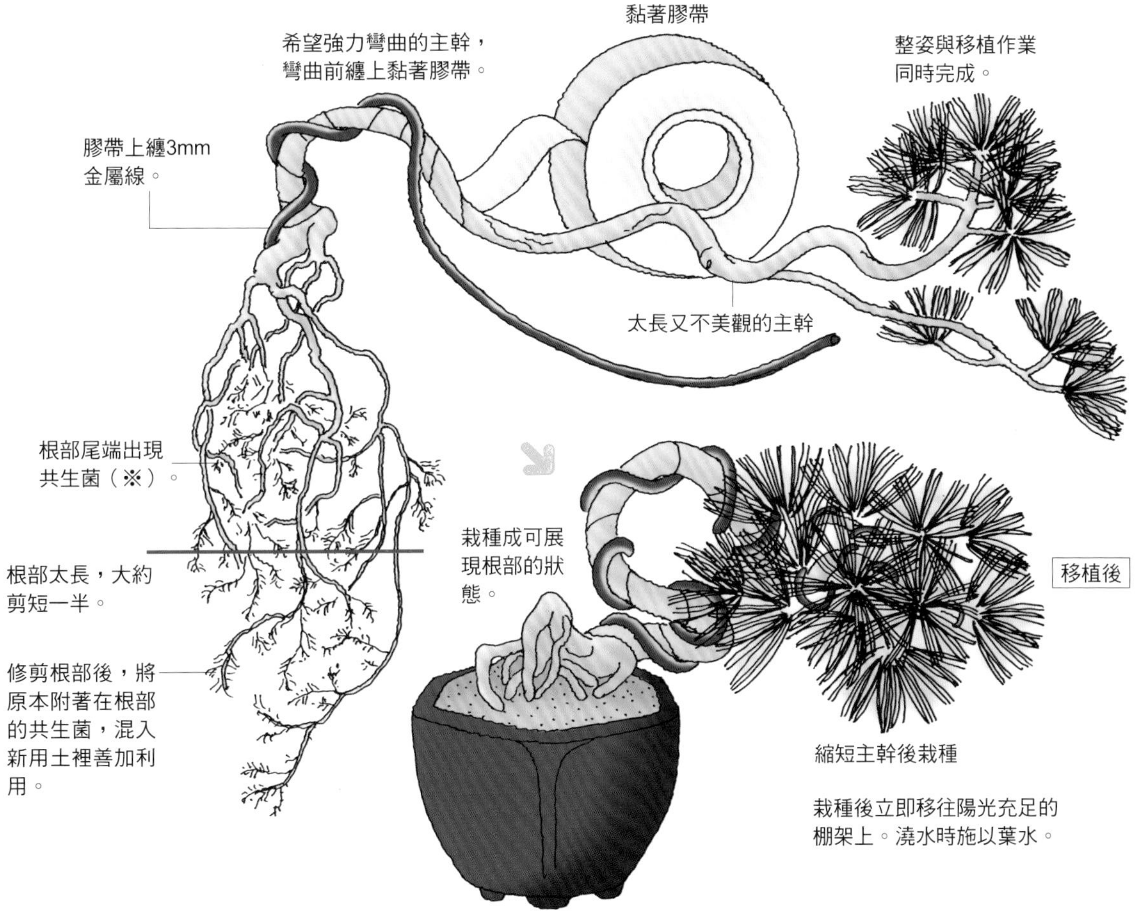
黏著膠帶
希望強力彎曲的主幹，彎曲前纏上黏著膠帶。
整姿與移植作業同時完成。
膠帶上纏3mm金屬線。
太長又不美觀的主幹
根部尾端出現共生菌（※）。
根部太長，大約剪短一半。
修剪根部後，將原本附著在根部的共生菌，混入新用土裡善加利用。
栽種成可展現根部的狀態。
移植後
縮短主幹後栽種
栽種後立即移往陽光充足的棚架上。澆水時施以葉水。

※1　溢盆：盆栽用語，指枝葉滿出花盆似地超出花盆範圍的狀態。
※2　共生菌：與植物共生，在植物根部的根圈範圍或細胞裡繁殖，可為植株提供氮素等，與植物吸收碳水化合物等養分息息相關的菌類。

葉水

直接往葉子上澆水。
沖掉附著在葉上的汙垢。
具備預防杜松等樹木罹患葉蟎的作用。
還具備降低盆溫的效果

颱風對策

留意強風、大雨
留意電視台播報的颱風預報。
將擺在高設平台等設施上的盆栽移到較低的場所。
將盆栽移到棚架底下。
來不及維護時，先覆蓋寒冷紗。

葉燒處理

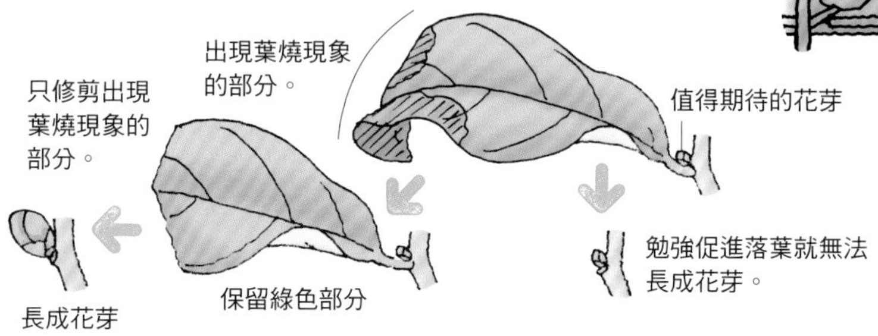
出現葉燒現象的部分。
只修剪出現葉燒現象的部分。
值得期待的花芽
勉強促進落葉就無法長成花芽。
保留綠色部分
長成花芽

夏季澆水

[夜間]　[日間]　[陽光直射的盆栽]　[遮光下的盆栽]

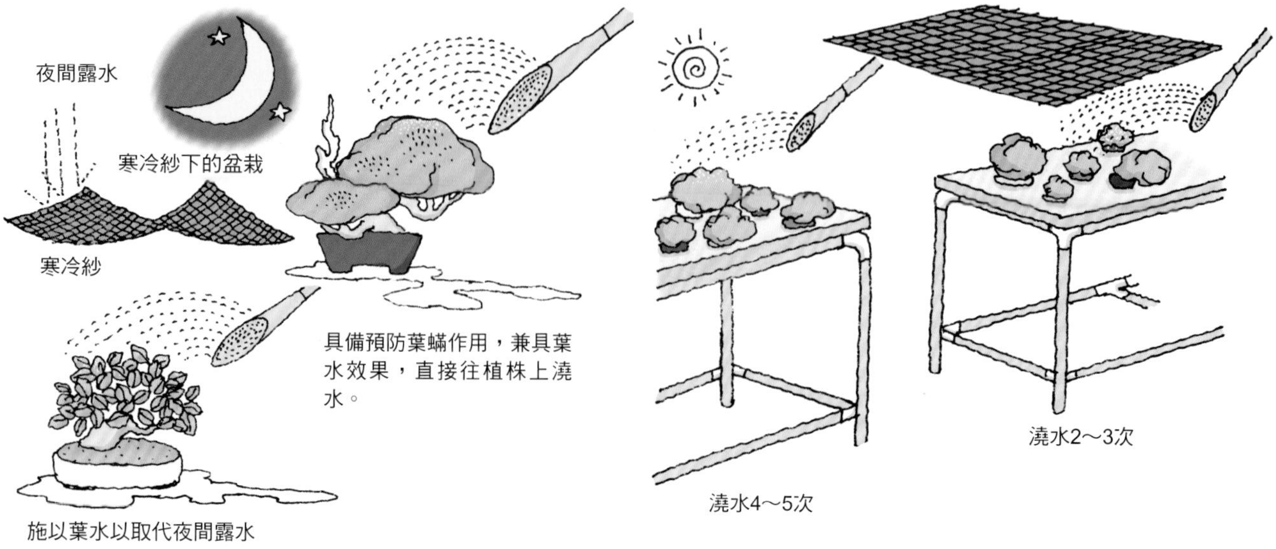
夜間露水
寒冷紗下的盆栽
寒冷紗
具備預防葉蟎作用，兼具葉水效果，直接往植株上澆水。
施以葉水以取代夜間露水
澆水2～3次
澆水4～5次

9月
September

☑ 秋季移植
☑ 拆除遮光設施
☑ 秋季施肥
☑ 薔薇科樹種移植
☑ 移植
☑ 切離壓條部位
☑ 木瓜梅移植
☑ 花卉類　處理徒長枝
☑ 果實類　花芽的葉燒處理
☑ 觀葉類　摘芽
☑ 松柏　拔除老葉

秋季移植（9月中旬左右）

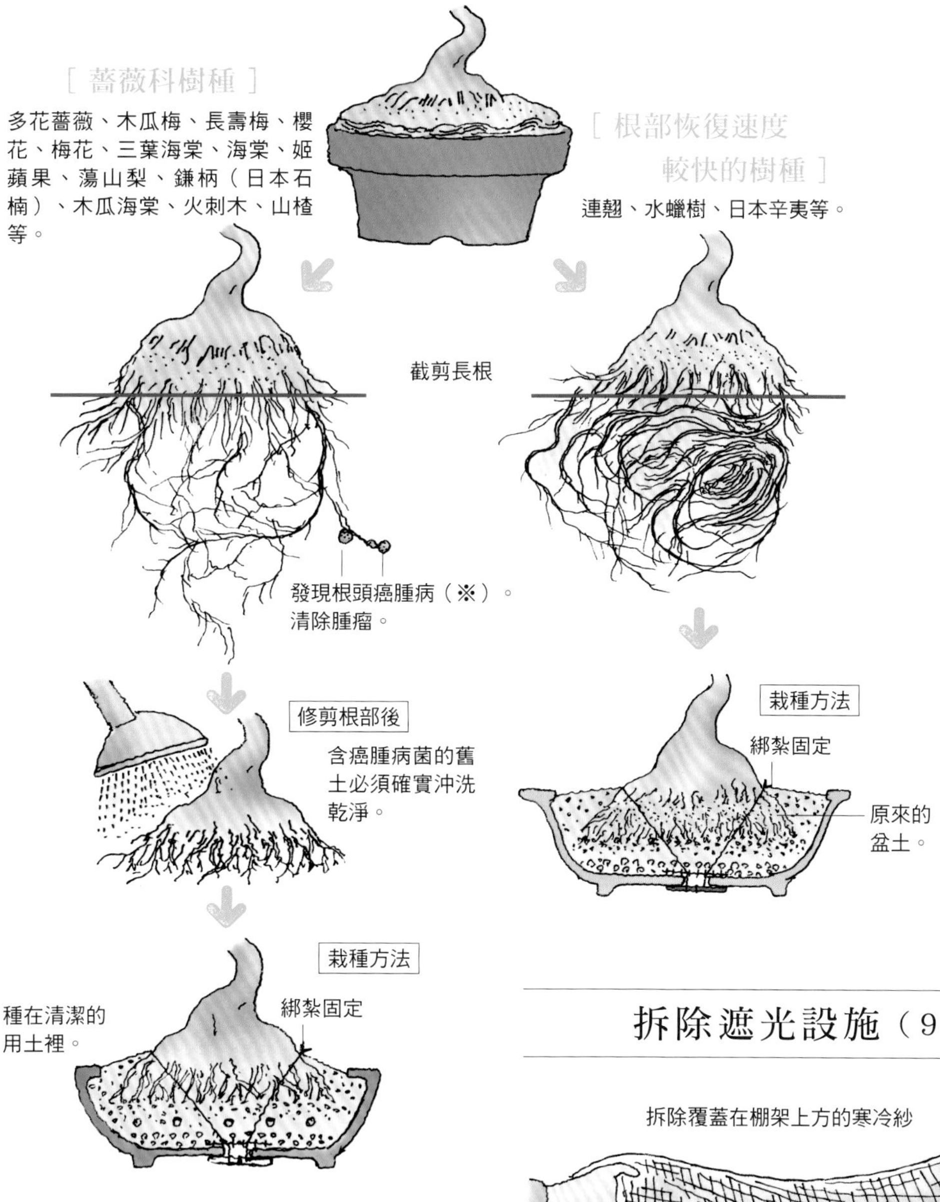
[薔薇科樹種]
多花薔薇、木瓜梅、長壽梅、櫻花、梅花、三葉海棠、海棠、姬蘋果、蕩山梨、鎌柄（日本石楠）、木瓜海棠、火刺木、山楂等。
[根部恢復速度較快的樹種]
連翹、水蠟樹、日本辛夷等。
截剪長根
發現根頭癌腫病（※）。清除腫瘤。
修剪根部後
含癌腫病菌的舊土必須確實沖洗乾淨。
栽種方法
綁紮固定
種在清潔的用土裡。
栽種方法
綁紮固定
原來的盆土。

拆除遮光設施（9月中旬左右）

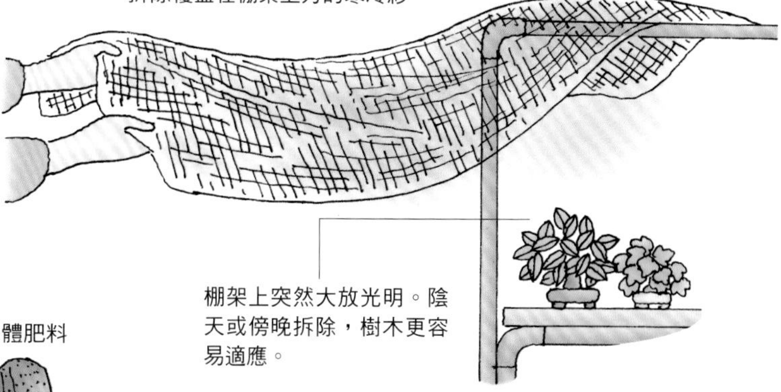
拆除覆蓋在棚架上方的寒冷紗
棚架上突然大放光明。陰天或傍晚拆除，樹木更容易適應。

秋季施肥

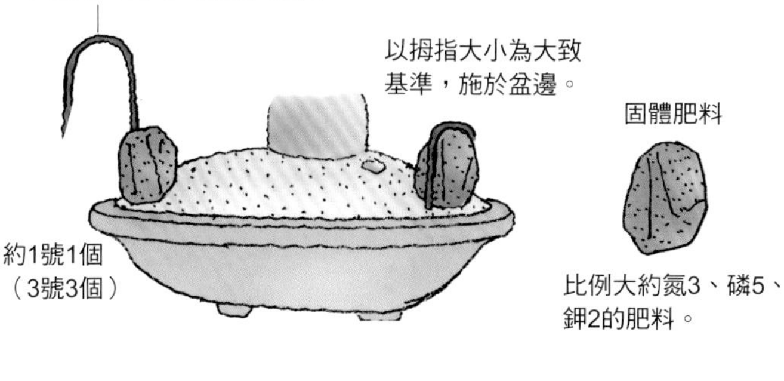
以摺成U型的金屬線固定住
以拇指大小為大致基準，施於盆邊。
固體肥料
約1號1個（3號3個）
比例大約氮3、磷5、鉀2的肥料。

※根頭癌腫病：棲息土壤中的細菌引發的植物疾病。大多為植物根部呈現腫瘤狀，症狀轉移惡化後，導致植株弱化。

薔薇科樹種移植

[消毒用具]　[可能治癒的疾病]　[不可能治癒的疾病]

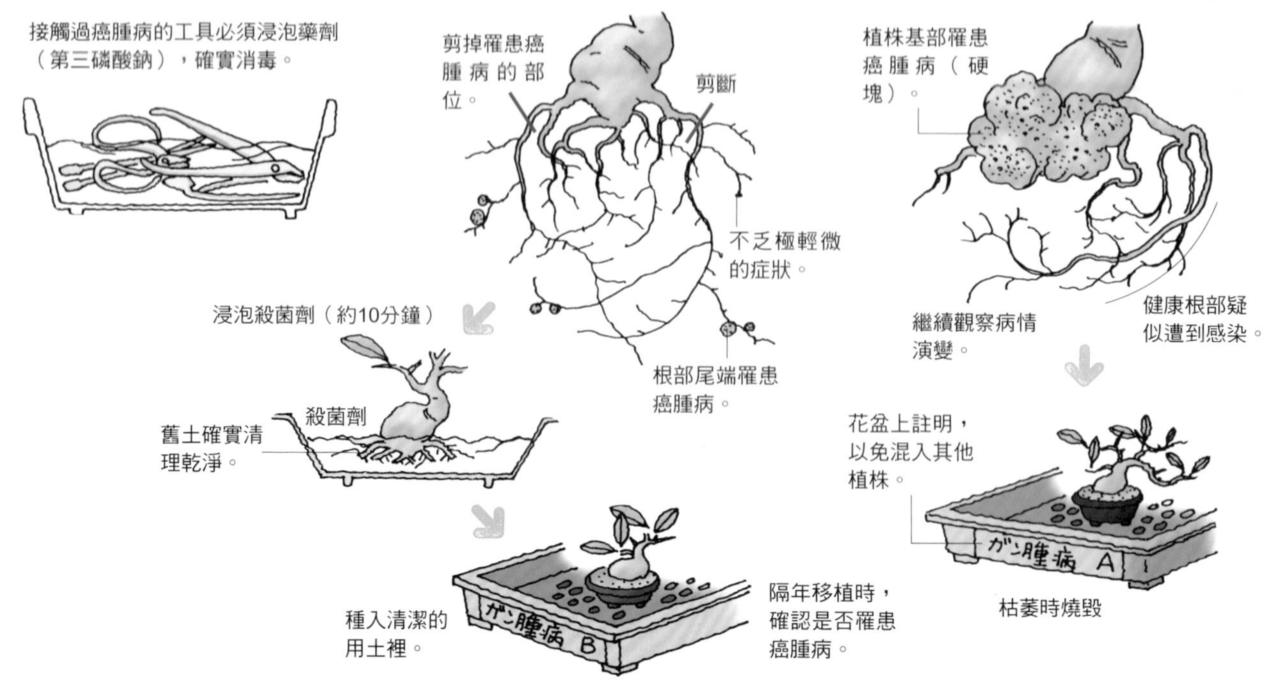

接觸過癌腫病的工具必須浸泡藥劑（第三磷酸鈉），確實消毒。
浸泡殺菌劑（約10分鐘）
殺菌劑
舊土確實清理乾淨。
種入清潔的用土裡。
剪掉罹患癌腫病的部位。
剪斷
不乏極輕微的症狀。
根部尾端罹患癌腫病。
ガン腫病 B
隔年移植時，確認是否罹患癌腫病。
植株基部罹患癌腫病（硬塊）。
繼續觀察病情演變。
健康根部疑似遭到感染。
花盆上註明，以免混入其他植株。
ガン腫病 A
枯萎時燒毀

移植

例：富士櫻

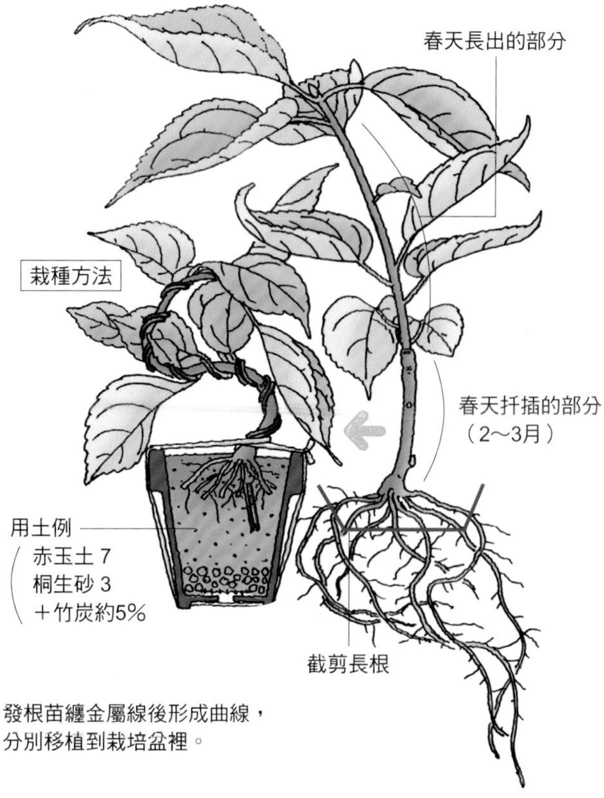

春天長出的部分
栽種方法
春天扦插的部分（2～3月）
用土例
赤玉土 7
桐生砂 3
＋竹炭約5%
截剪長根

發根苗纏金屬線後形成曲線，分別移植到栽培盆裡。

切離壓條部位

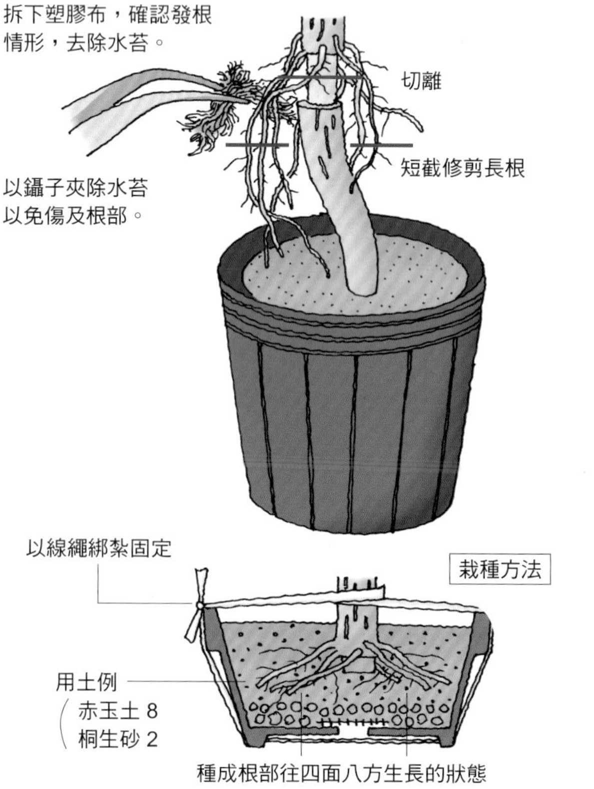

拆下塑膠布，確認發根情形，去除水苔。
切離
短截修剪長根
以鑷子夾除水苔以免傷及根部。
以線繩綁紮固定
栽種方法
用土例
赤玉土 8
桐生砂 2
種成根部往四面八方生長的狀態

木瓜梅移植

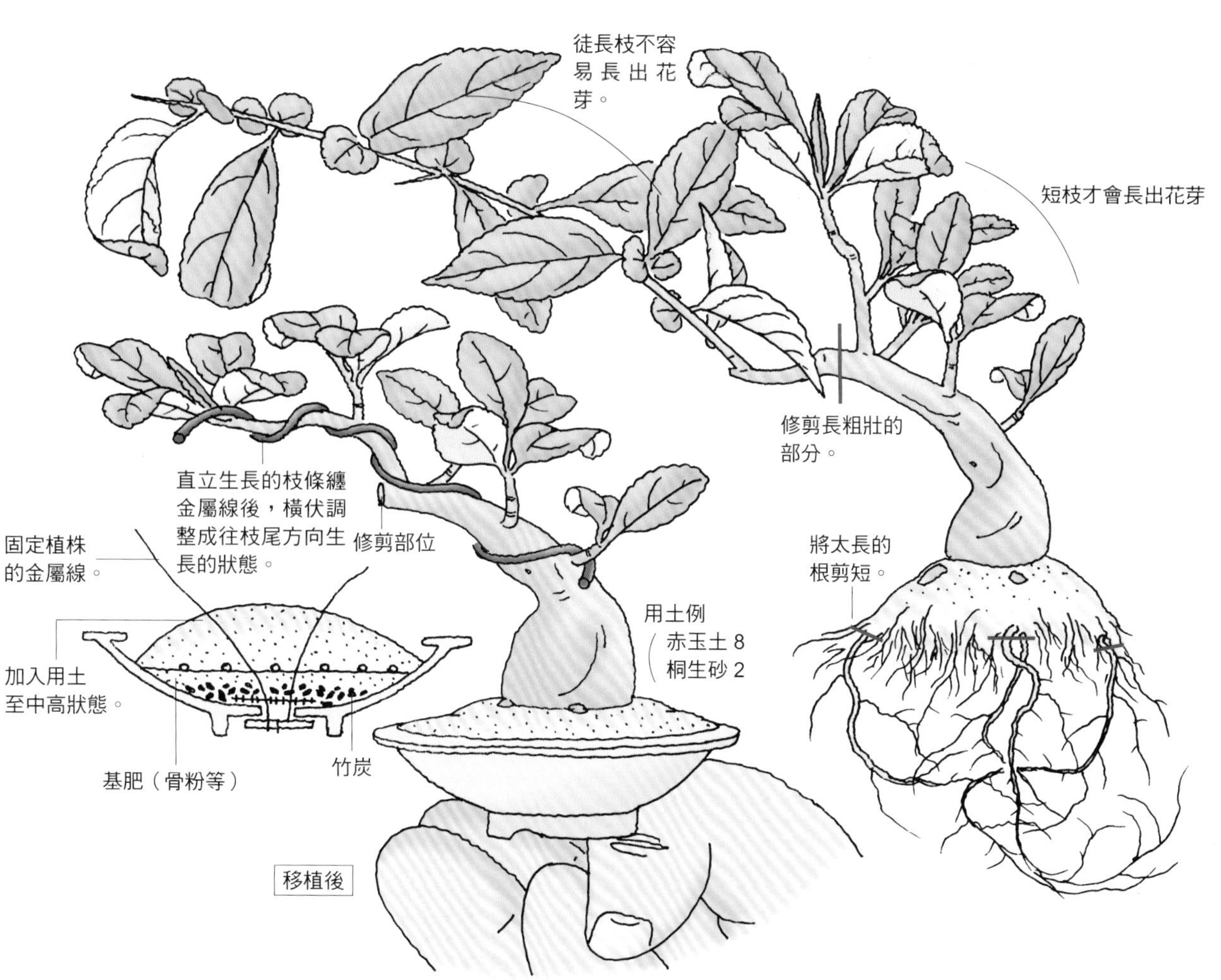
徒長枝不容易長出花芽。
短枝才會長出花芽
修剪長粗壯的部分。
直立生長的枝條纏金屬線後，橫伏調整成往枝尾方向生長的狀態。
固定植株的金屬線。
修剪部位
將太長的根剪短。
用土例
赤玉土 8
桐生砂 2
加入用土至中高狀態。
基肥（骨粉等）
竹炭
移植後

花卉類　處理徒長枝

例：櫻花

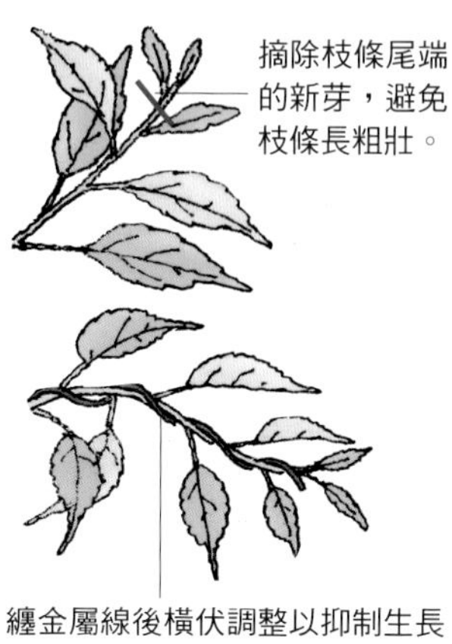
摘除枝條尾端的新芽，避免枝條長粗壯。
纏金屬線後橫伏調整以抑制生長

果實類　花芽的葉燒處理

例：姬蘋果

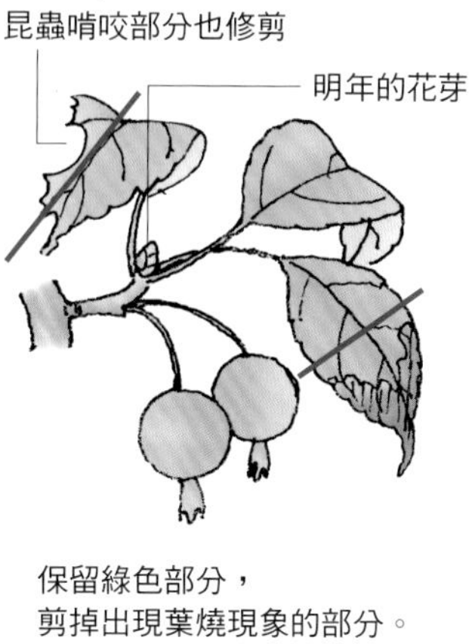
昆蟲啃咬部分也修剪
明年的花芽

保留綠色部分，
剪掉出現葉燒現象的部分。

觀葉類　摘芽

例：三角楓

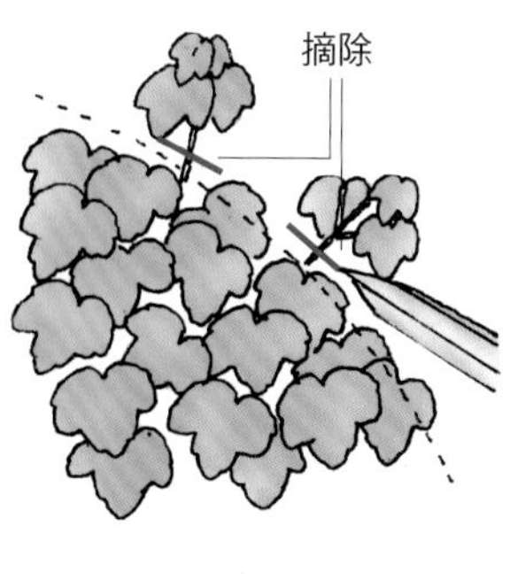
摘除

一再地摘除超出
葉輪廓的芽。

松柏　拔除老葉

例：真柏

老葉

以鑷子等夾除轉變成
茶色的老葉。

10月 October

- ☑ 展覽盆栽的維護整理
- ☑ 即售品的挑選方法
- ☑ 採集種子
- ☑ 種子保存
- ☑ 中和用土
- ☑ 成熟果實類 採集種子與保存
- ☑ 追肥
- ☑ 消毒
- ☑ 纏金屬線

展覽盆栽的維護整理

例：火刺木

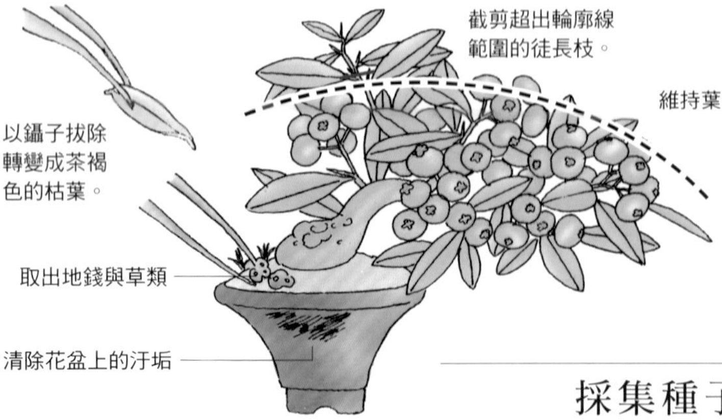
截剪超出輪廓線範圍的徒長枝。
維持葉的輪廓線
以鑷子拔除轉變成茶褐色的枯葉。
取出地錢與草類
清除花盆上的汙垢

即售品的挑選方法

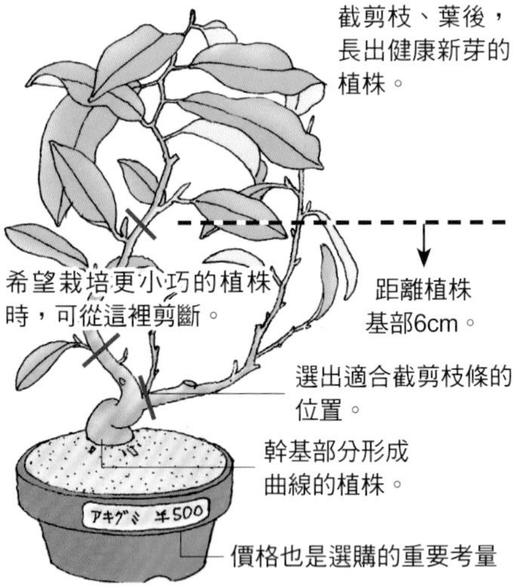
截剪枝、葉後，長出健康新芽的植株。
希望栽培更小巧的植株時，可從這裡剪斷。
距離植株基部6cm。
選出適合截剪枝條的位置。
幹基部分形成曲線的植株。
アキグミ ¥500
價格也是選購的重要考量

確實紮根，不會晃動的植株。

採集種子

例：櫸樹10月20日～

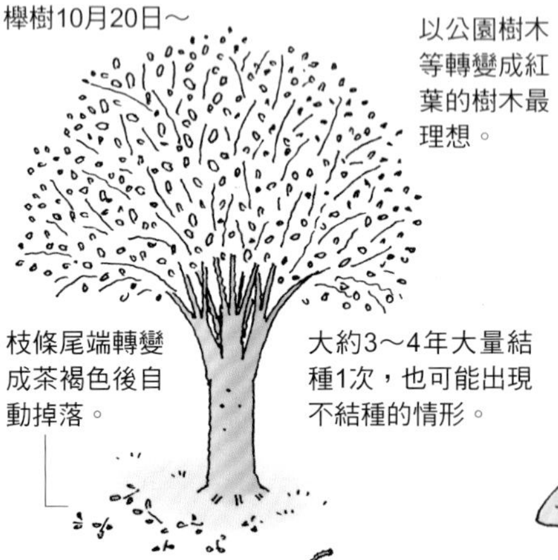
以公園樹木等轉變成紅葉的樹木最理想。
枝條尾端轉變成茶褐色後自動掉落。
大約3～4年大量結種1次，也可能出現不結種的情形。

採集枝條尾端的種子。
4mm
長在葉子基部的種子。

ケヤキ
裝入信封，放入冰箱裡保存至隔年春天。

［採播］［種子的篩選方法］

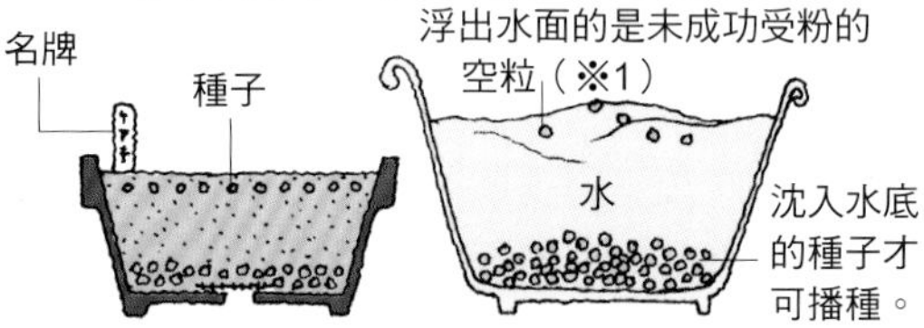
名牌
種子
浮出水面的是未成功受粉的空粒（※1）
水
沉入水底的種子才可播種。

種子保存

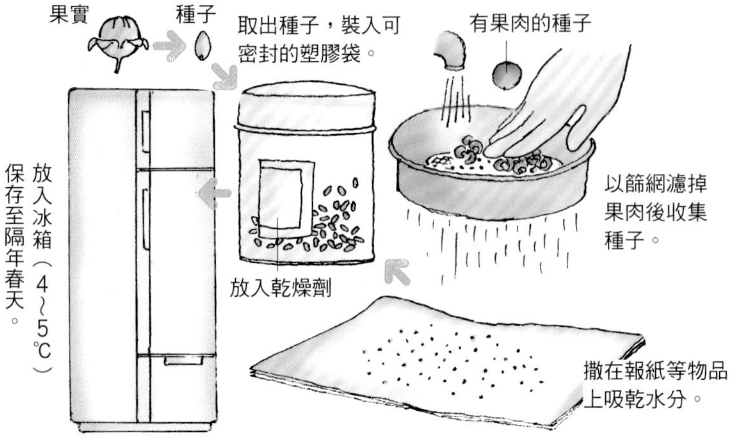
果實
種子
取出種子，裝入可密封的塑膠袋。
有果肉的種子
放入冰箱保存至隔年春天。（4～5℃）
放入乾燥劑
以篩網濾掉果肉後收集種子。
撒在報紙等物品上吸乾水分。

中和用土

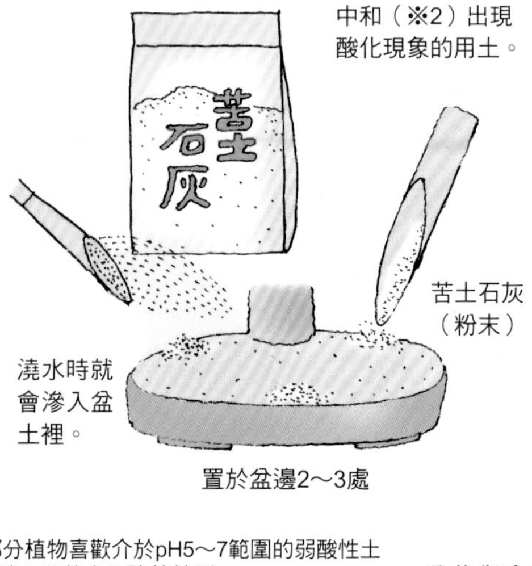
中和（※2）出現酸化現象的用土。
苦土石灰
苦土石灰（粉末）
澆水時就會滲入盆土裡。
置於盆邊2～3處

※1　空粒：未成功受粉，不具備發芽能力的種子。
※2　中和：化學用語中指的是酸鹼值（pH）7。植物需要的酸鹼值高低因樹種而不同，大部分植物喜歡介於pH5～7範圍的弱酸性土壤。以酸鹼值高於7，呈鹼性狀態的土壤栽種植物，易出現缺乏鐵、錳等微量元素或磷酸吸收能力下降等情形。

成熟果實類　採集種子與保存

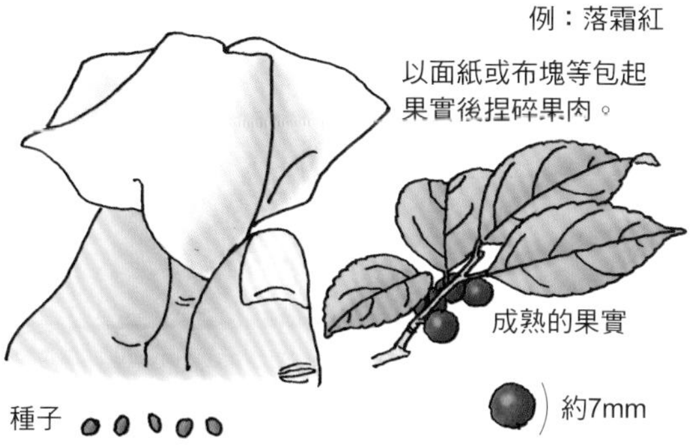
例：落霜紅
以面紙或布塊等包起果實後捏碎果肉。
成熟的果實
種子
約7mm

種子確實清洗乾淨後晾乾，裝入信封等，放入冰箱裡保存至隔年春天。

追肥

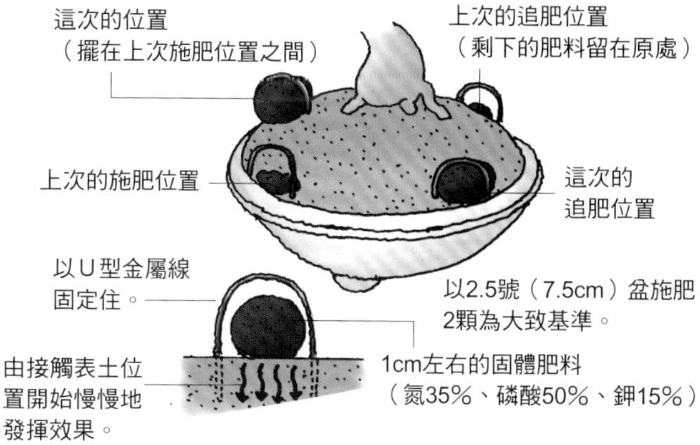
這次的位置
（擺在上次施肥位置之間）
上次的追肥位置
（剩下的肥料留在原處）
上次的施肥位置
這次的
追肥位置
以U型金屬線
固定住。
以2.5號（7.5cm）盆施肥
2顆為大致基準。
由接觸表土位
置開始慢慢地
發揮效果。
1cm左右的固體肥料
（氮35%、磷酸50%、鉀15%）

消毒

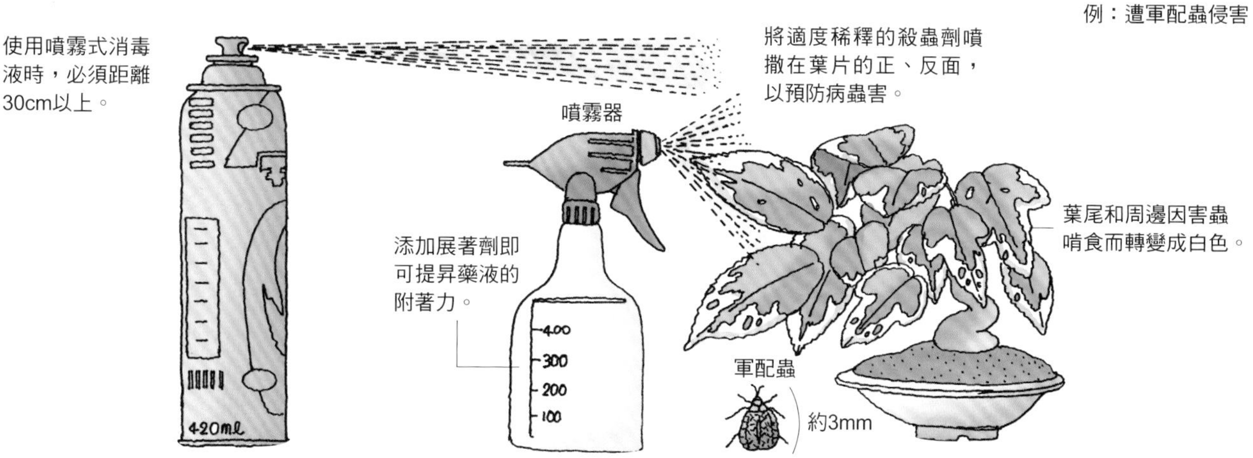
例：遭軍配蟲侵害
使用噴霧式消毒
液時，必須距離
30cm以上。
將適度稀釋的殺蟲劑噴
撒在葉片的正、反面，
以預防病蟲害。
噴霧器
420ml
添加展著劑即
可提昇藥液的
附著力。
400
300
200
100
葉尾和周邊因害蟲
啃食而轉變成白色。
軍配蟲
約3mm

纏金屬線

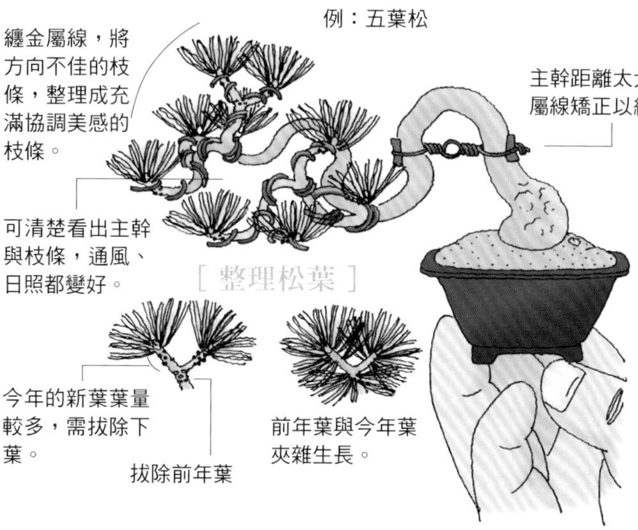
例：五葉松
纏金屬線，將
方向不佳的枝
條，整理成充
滿協調美感的
枝條。
主幹距離太大時，以金
屬線矯正以縮小距離。
可清楚看出主幹
與枝條，通風、
日照都變好。
［整理松葉］
今年的新葉葉量
較多，需拔除下
葉。
拔除前年葉
前年葉與今年葉
夾雜生長。

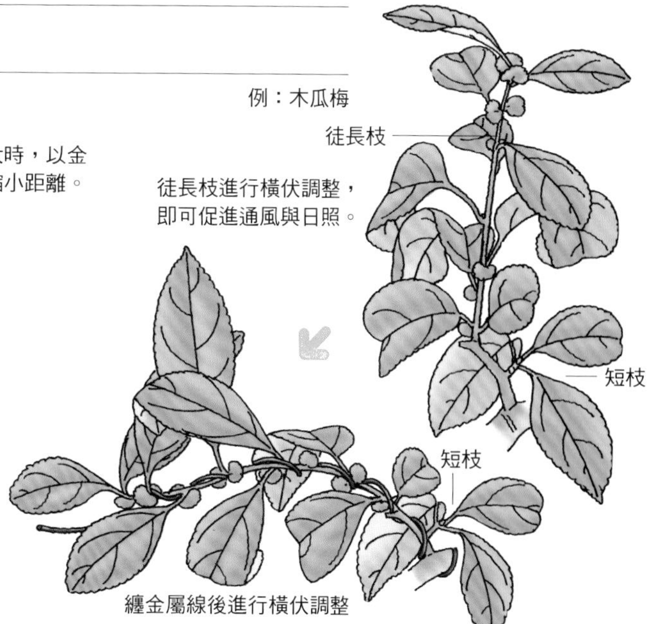
例：木瓜梅
徒長枝
徒長枝進行橫伏調整，
即可促進通風與日照。
短枝
短枝
纏金屬線後進行橫伏調整

11月
November

- 採集種子與保存（公園樹木等）
- 鳥害對策
- 公園採集種子
- 維護管理
- 松柏拔除老葉
- 柑橘類保護措施
- 落葉時的維護管理

採集種子與保存（公園樹木等）

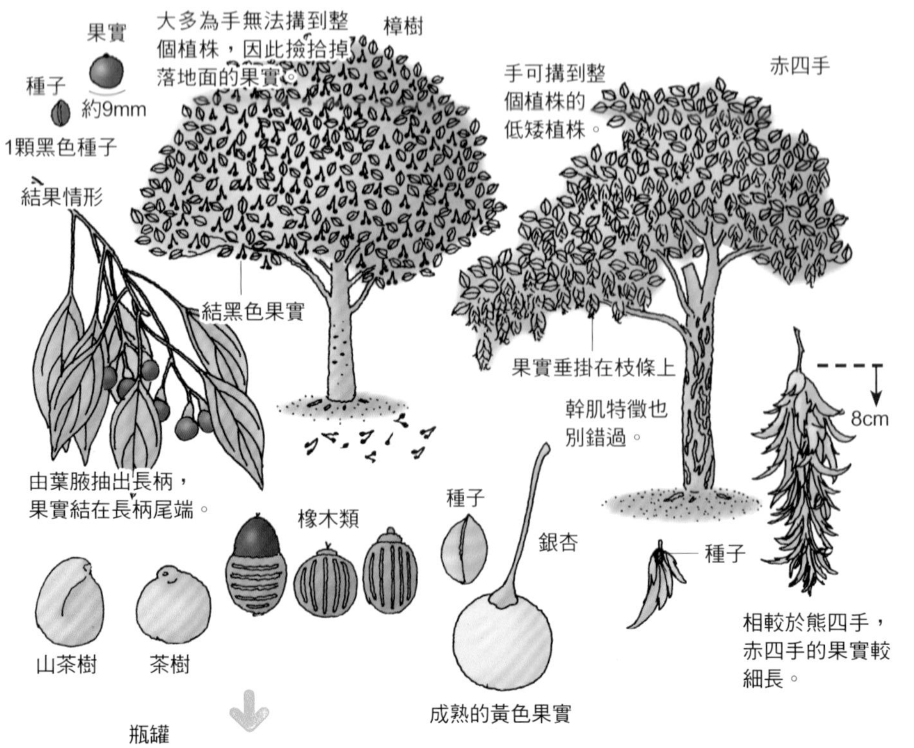
果實
種子
約9mm
1顆黑色種子
大多為手無法搆到整個植株，因此撿拾掉落地面的果實。
樟樹
手可搆到整個植株的低矮植株。
赤四手
結果情形
結黑色果實
果實垂掛在枝條上
幹肌特徵也別錯過。
8cm
由葉腋抽出長柄，果實結在長柄尾端。
橡木類
種子
銀杏
種子
山茶樹
茶樹
成熟的黃色果實
相較於熊四手，赤四手的果實較細長。

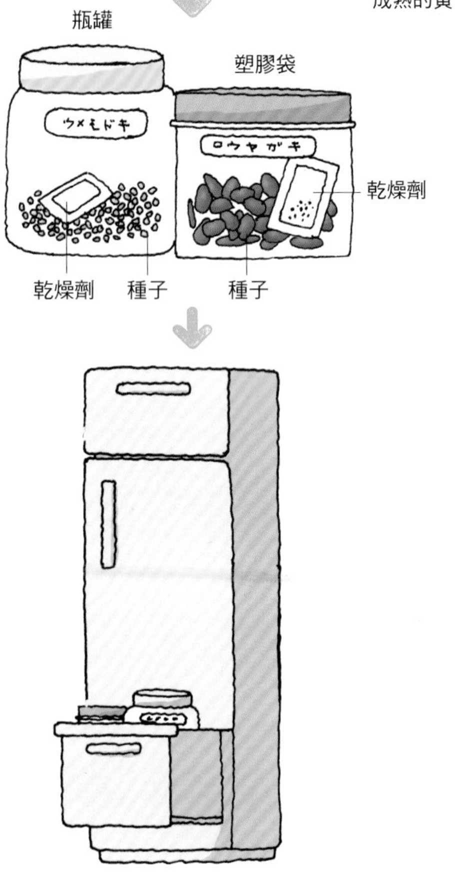
瓶罐
塑膠袋
ウメモドキ
ロウヤガキ
乾燥劑
乾燥劑
種子
種子

放入冰箱保存至隔年春天

鳥害對策

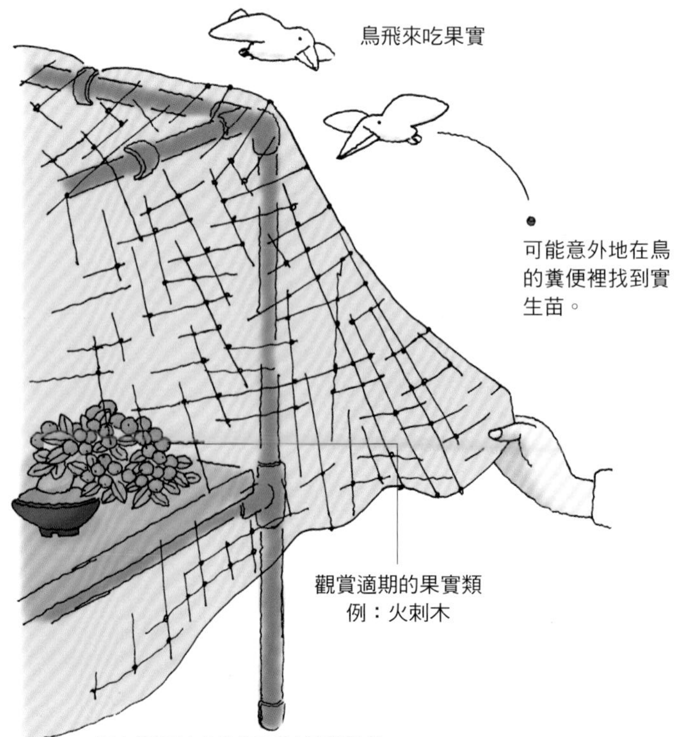
鳥飛來吃果實
可能意外地在鳥的糞便裡找到實生苗。
觀賞適期的果實類
例：火刺木

掛上網目較大的網子以保護盆栽

公園採集種子

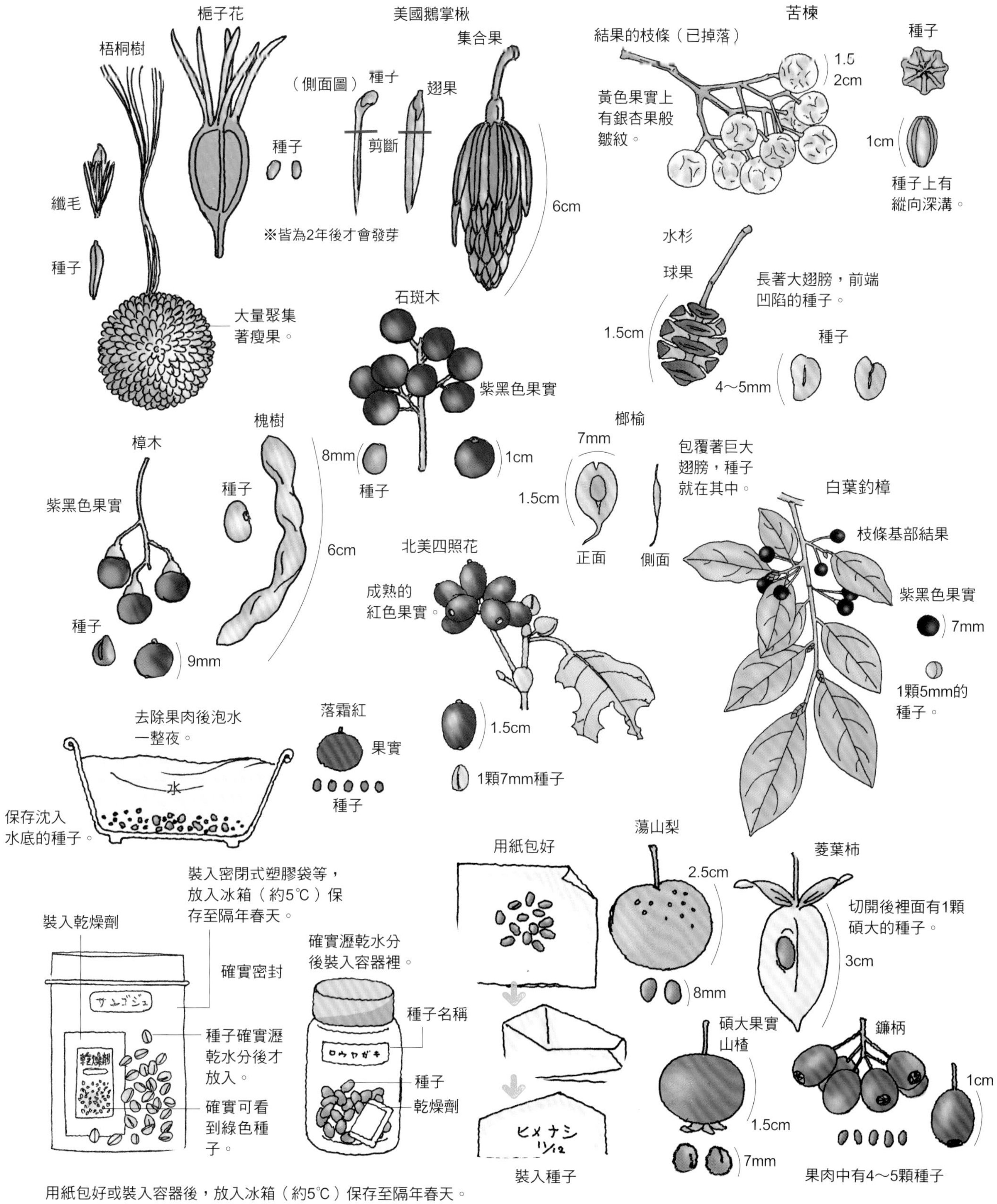
梧桐樹
纖毛
種子
大量聚集著瘦果。
梔子花
美國鵝掌楸
（側面圖）
種子
翅果
剪斷
種子
※皆為2年後才會發芽
集合果
6cm
苦楝
結果的枝條（已掉落）
黃色果實上有銀杏果般皺紋。
1.5
2cm
種子
1cm
種子上有縱向深溝。
水杉
球果
1.5cm
長著大翅膀，前端凹陷的種子。
種子
4～5mm
石斑木
紫黑色果實
8mm
種子
1cm
樟木
紫黑色果實
種子
9mm
槐樹
種子
6cm
榔榆
7mm
1.5cm
包覆著巨大翅膀，種子就在其中。
正面
側面
白葉釣樟
枝條基部結果
紫黑色果實
7mm
1顆5mm的種子。
北美四照花
成熟的紅色果實。
1.5cm
1顆7mm種子
去除果肉後泡水一整夜。
水
保存沈入水底的種子。
落霜紅
果實
種子
用紙包好
裝入種子
ヒメナシ
11/12
蕩山梨
2.5cm
8mm
菱葉柿
切開後裡面有1顆碩大的種子。
3cm
裝入密閉式塑膠袋等，放入冰箱（約5℃）保存至隔年春天。
裝入乾燥劑
確實密封
サンゴジュ
乾燥剤
種子確實瀝乾水分後才放入。
確實可看到綠色種子。
確實瀝乾水分後裝入容器裡。
種子名稱
ロウヤガキ
種子
乾燥劑
碩大果實
山楂
1.5cm
7mm
鐮柄
1cm
果肉中有4～5顆種子

用紙包好或裝入容器後，放入冰箱（約5℃）保存至隔年春天。

維護管理

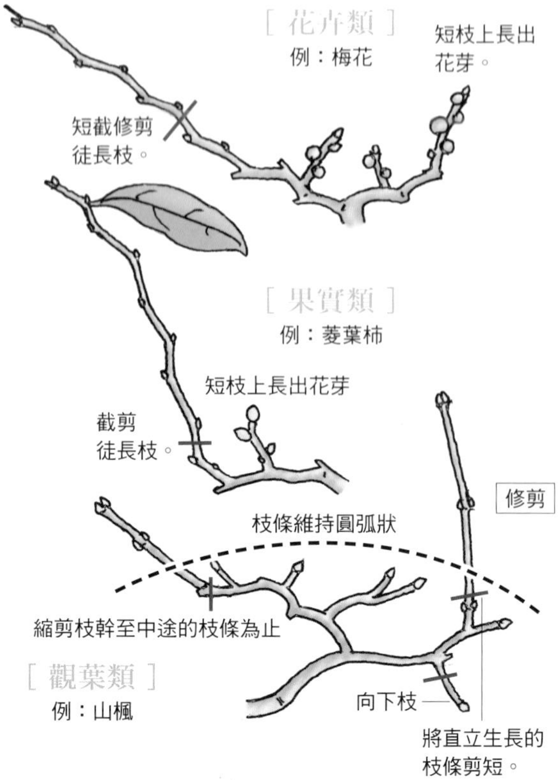
[花卉類]
例：梅花
短枝上長出花芽。
短截修剪徒長枝。
[果實類]
例：蔓葉柿
短枝上長出花芽
截剪徒長枝。
修剪
枝條維持圓弧狀
縮剪枝幹至中途的枝條為止
[觀葉類]
例：山楓
向下枝
將直立生長的枝條剪短。

柑橘類保護措施

[保麗龍箱]

日間打開箱蓋以照射陽光

夜間～早晨蓋上箱蓋以避免霜害。

[簡易溫室]
下霜前移入保護室。
金橘等

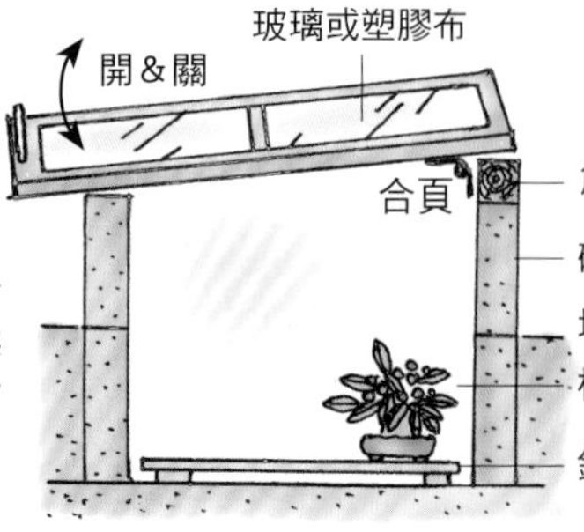
玻璃或塑膠布
開＆關
合頁
角材
磚塊
地面
柑橘類
鋪上棧板

陸續加入暖帶樹種或比較不耐寒的常綠樹等樹種。

[半地下式保護室]

松柏拔除老葉

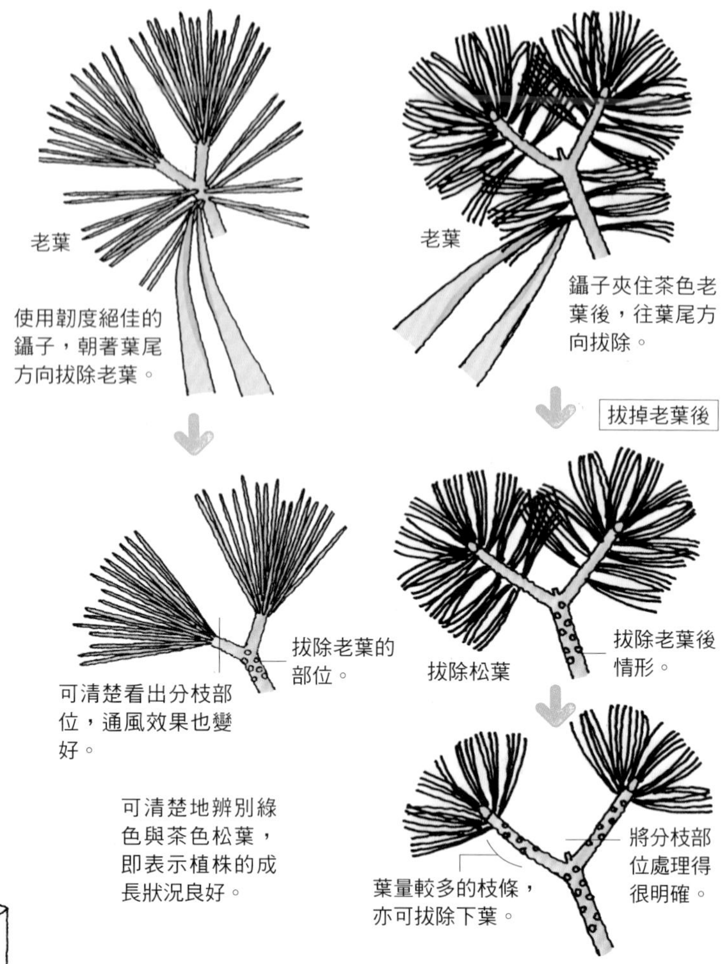
例：黑松
例：五葉松
老葉
使用韌度絕佳的鑷子，朝著葉尾方向拔除老葉。
老葉
鑷子夾住茶色老葉後，往葉尾方向拔除。
拔掉老葉後
拔除老葉的部位。
可清楚看出分枝部位，通風效果也變好。
拔除松葉
拔除老葉後情形。
將分枝部位處理得很明確。
葉量較多的枝條，亦可拔除下葉。

可清楚地辨別綠色與茶色松葉，即表示植株的成長狀況良好。

落葉期間的維護管理

（拆除金屬線、纏金屬線、除草、施肥）

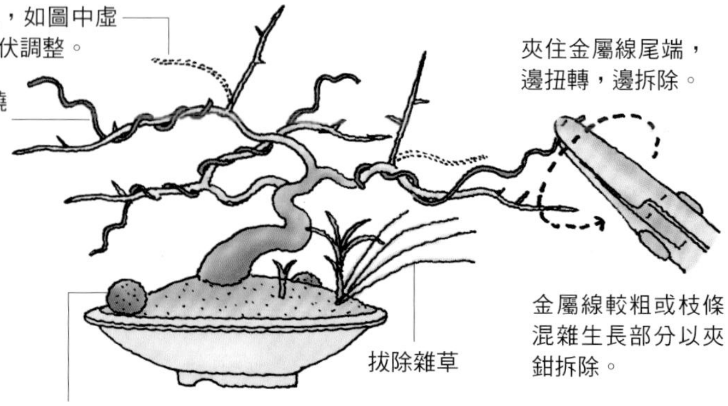
直立生長的枝條，纏金屬線後，如圖中虛線進行橫伏調整。
拆除6月纏繞的金屬線。
夾住金屬線尾端，邊扭轉，邊拆除。
金屬線較粗或枝條混雜生長部分以夾鉗拆除。
拔除雜草
11月上旬施置肥後，今年就不必再施肥了。

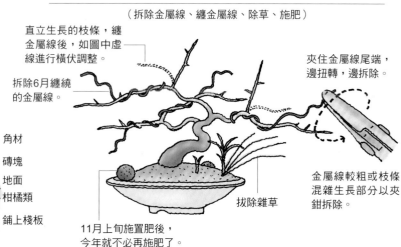

修剪、纏金屬線

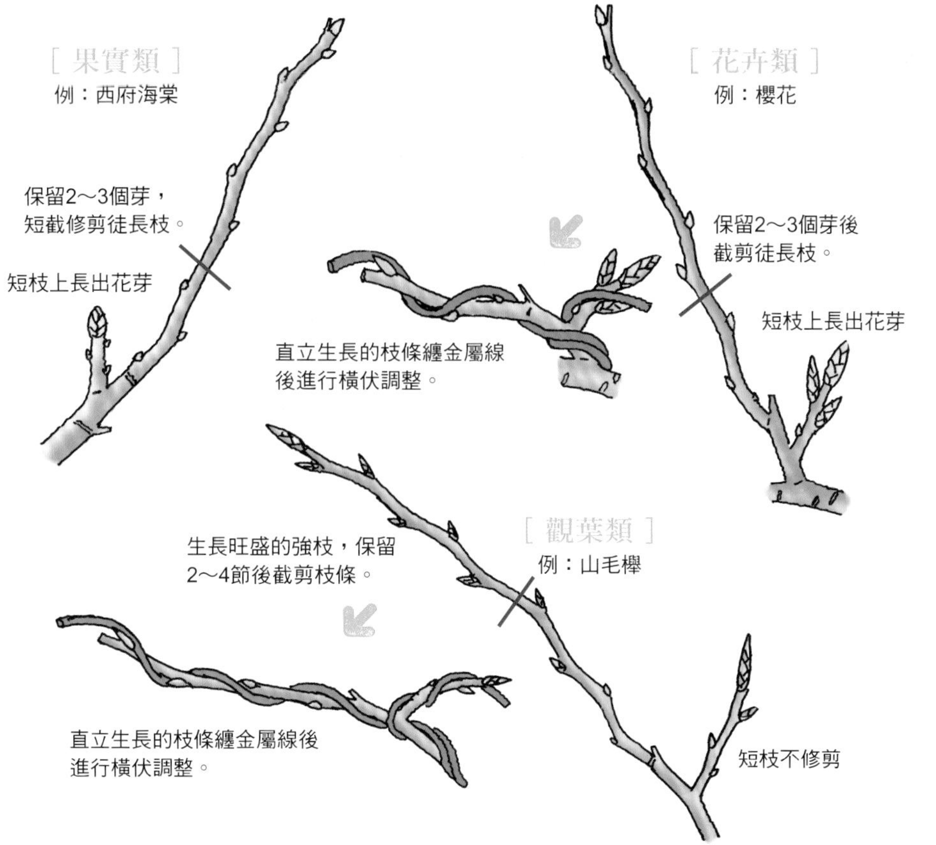
[果實類]
例：西府海棠
保留2～3個芽，
短截修剪徒長枝。
短枝上長出花芽
直立生長的枝條纏金屬線
後進行橫伏調整。
[花卉類]
例：櫻花
保留2～3個芽後
截剪徒長枝。
短枝上長出花芽
生長旺盛的強枝，保留
2～4節後截剪枝條。
[觀葉類]
例：山毛櫸
直立生長的枝條纏金屬線後
進行橫伏調整。
短枝不修剪

- ☑修剪、纏金屬線
- ☑冬季消毒
- ☑松柏類疏葉
  纏金屬線
- ☑準備保護室（溫室）
- ☑黑松拔葉
- ☑新年裝飾
- ☑觀葉類　輕度修剪

冬季消毒

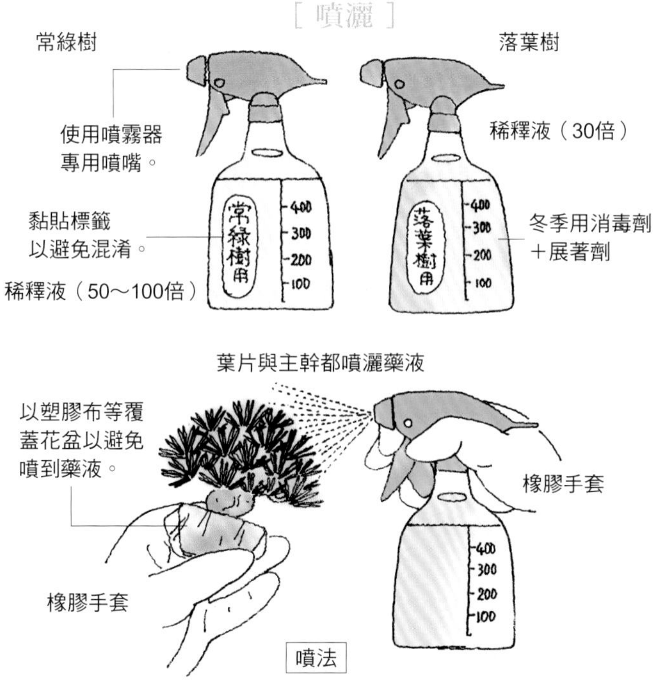
[噴灑]
常綠樹
使用噴霧器
專用噴嘴。
黏貼標籤
以避免混淆。
稀釋液（50～100倍）
常綠樹用
400
300
200
100
落葉樹
稀釋液（30倍）
落葉樹用
冬季用消毒劑
＋展著劑
葉片與主幹都噴灑藥液
以塑膠布等覆
蓋花盆以避免
噴到藥液。
橡膠手套
橡膠手套
噴法

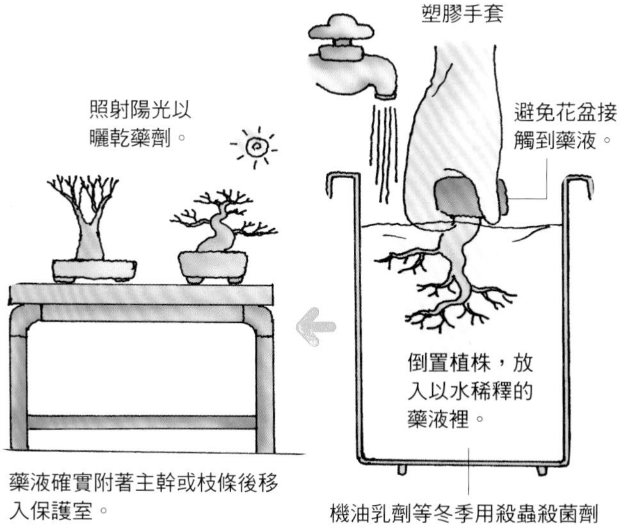
塑膠手套
照射陽光以
曬乾藥劑。
避免花盆接
觸到藥液。
倒置植株，放
入以水稀釋的
藥液裡。
藥液確實附著主幹或枝條後移
入保護室。
機油乳劑等冬季用殺蟲殺菌劑

松柏類疏葉　纏金屬線

例：黑松

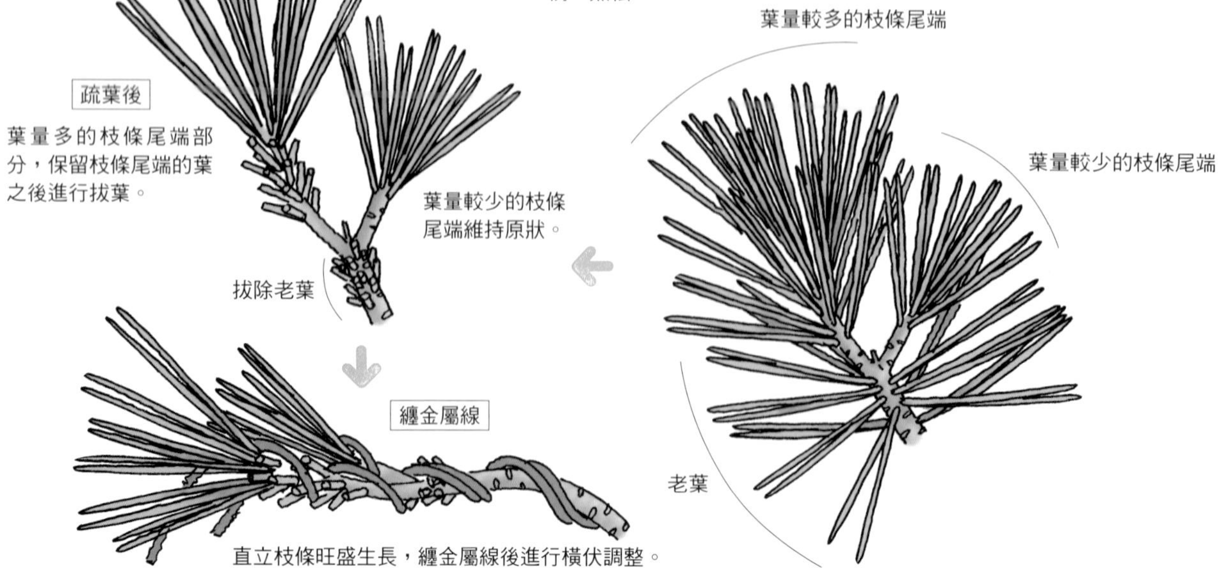
葉量較多的枝條尾端
疏葉後
葉量多的枝條尾端部分，保留枝條尾端的葉之後進行拔葉。
葉量較少的枝條尾端維持原狀。
葉量較少的枝條尾端
拔除老葉
纏金屬線
老葉
直立枝條旺盛生長，纏金屬線後進行橫伏調整。

準備保護室（溫室）

例：塑膠布溫室

溫室屋頂加上寒冷紗以防止氣溫上升。
周圍覆蓋塑膠布。
溫室內設置棚架
出入口

黑松拔葉（強芽）

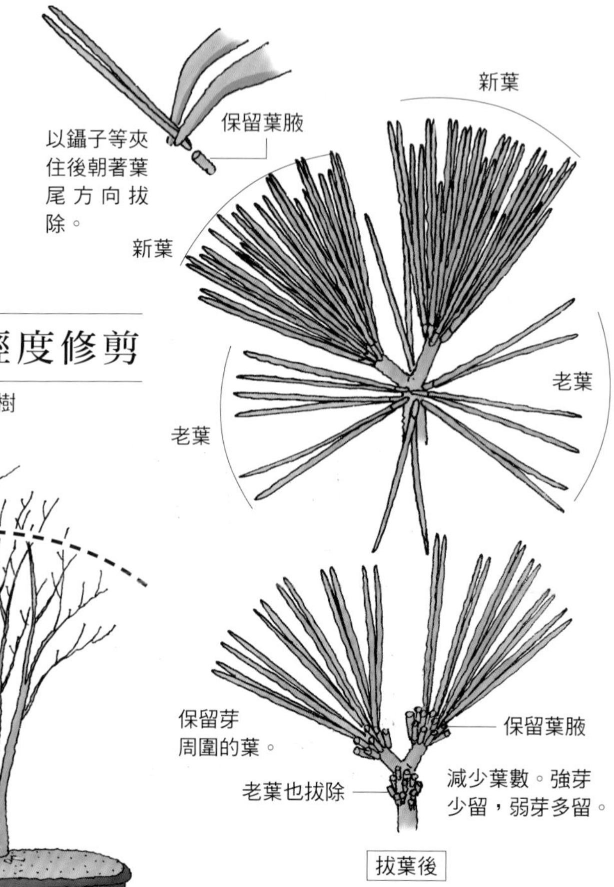
以鑷子等夾住後朝著葉尾方向拔除。
保留葉腋
新葉
新葉
老葉
老葉
保留芽周圍的葉。
保留葉腋
老葉也拔除
減少葉數。強芽少留，弱芽多留。
拔葉後

新年裝飾

例：玄關

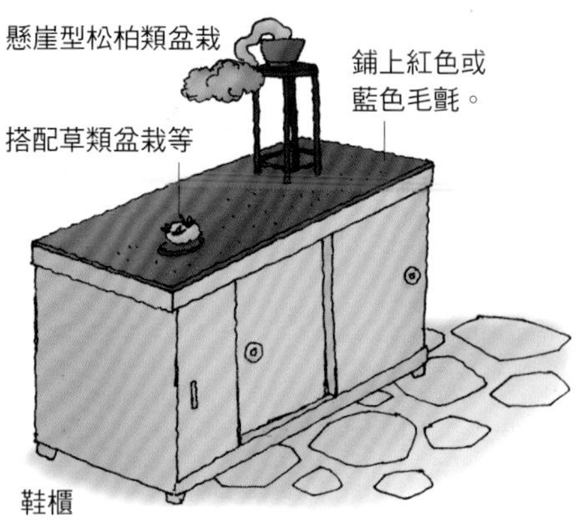
懸崖型松柏類盆栽
鋪上紅色或藍色毛氈。
搭配草類盆栽等
鞋櫃

※請參照P.152。

觀葉類　輕度修剪

例：櫸樹

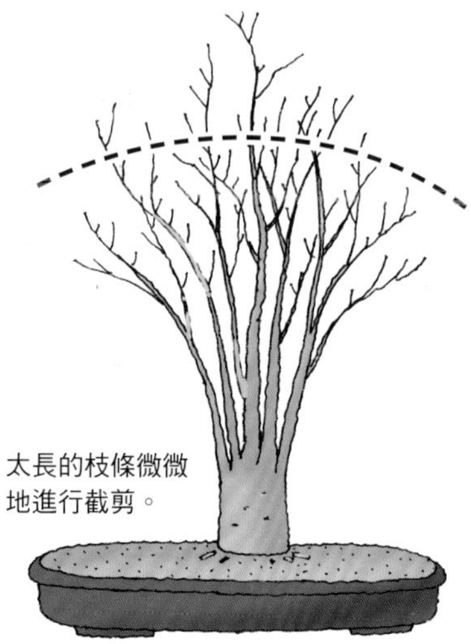
太長的枝條微微地進行截剪。

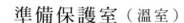

盡情欣賞活藝術品應具備的基本知識

盆栽鑑賞

草木與盆栽的協調美感，悠久歷史的縮影，充滿生命力與神性的姿態——。
牢記各種類型的盆栽欣賞訣竅吧！

各部位名稱與構造

役枝
盆栽欣賞、調和樹型、樹型結構上不可或缺的枝條。
圖中盆栽的第一、二、三、四枝即具備這些作用。

樹高
根盤至頭部的高度。

樹冠
包括頭部，位於植株最頂端，枝葉密生的部分。

頭部
盆栽的最頂端部分，樹冠的頂部。

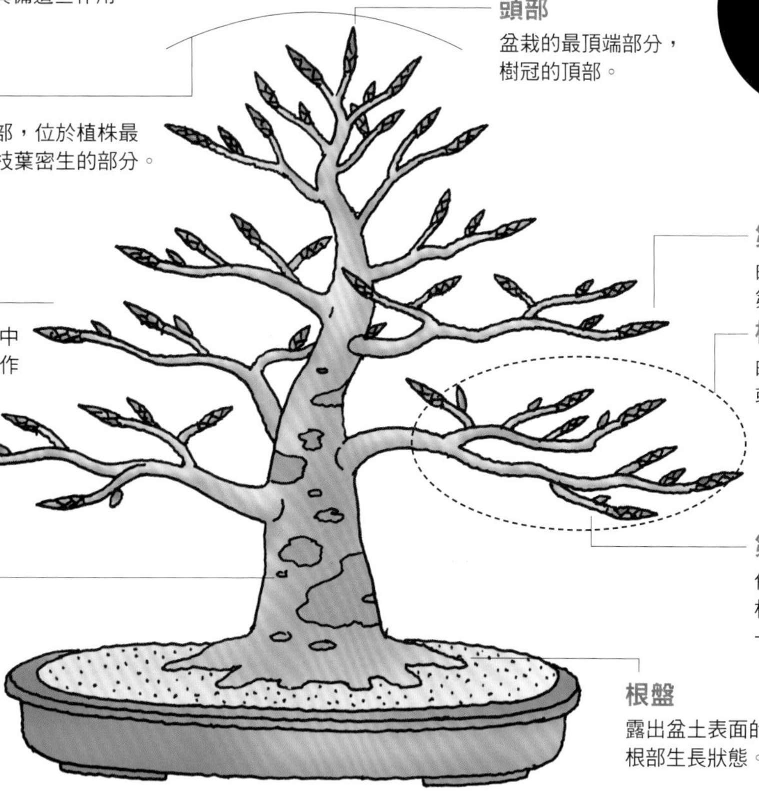

第四枝
由植株基部算起的第四根枝條。

枝棚
由枝條長出的小枝或樹葉的集團。

第三枝（背枝）
由植株基部算起的第3根枝條。圖中植株的第三枝充分發揮「背枝」作用，成功地營造了縱深感。

第一枝
最靠近植株基部的枝條。＝下枝。

第二枝
位於第一枝上方的枝條，大多位於第一枝的另一側。

主幹
幹基（根盤連接主幹的部分）粗壯穩重，越往枝梢自然漸細，充滿巨木感的植株，即稱為主幹「諧順絕佳」的樹木。

根盤
露出盆土表面的根部生長狀態。

欣賞濃縮著四季變化以及融入空間的和諧美感

將時間拉回到十二世紀的中國——。

當時，人們將樹木或岩石等擺在平坦如盤的土器上，稱之為「盆山」、「盆假山」，該作法傳入日本後，歷經一段獨特的發展過程，奠定了盆栽之名，江戶時代已經廣受愛好者喜愛。

將植物種在花盆裡，這是世界各國都能看到的文化，但是，盆栽欣賞的是草木與花盆融為一體，以及盆栽所在空間的整體之「美」。

自然界的浩瀚景色或大樹等不可能搬進家裡，然而，小樹盆栽上卻能欣賞到莊嚴、優美、侘寂等充滿無限魅力的大自然本質。不畏強風驟雨、彎曲的主幹加上粗壯的根、龜裂粗糙的幹肌、遭到雷擊或風雪侵襲、枝幹腐朽似地呈現白骨化或空洞化，卻依然堅強地活下去的堅強生命觀，都是日本人的敏銳覺察力與精湛技藝才表現得出來的境界。

盆栽可說是一項尊重大自然，與充滿四季變化的大自然共存共榮，由日本的風土孕育出來的自然崇拜藝術作品。

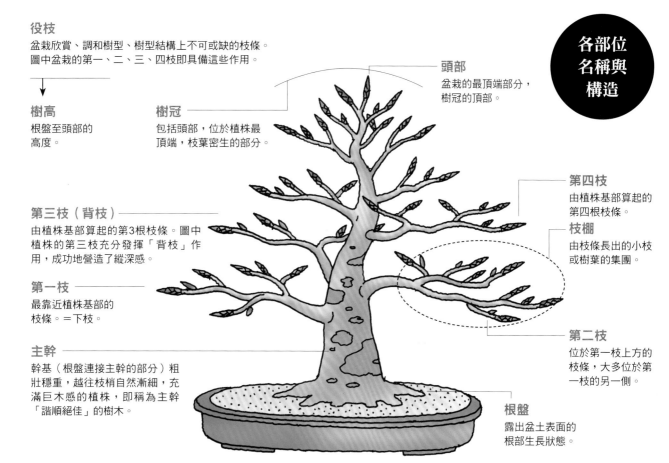

「盆栽的欣賞訣竅」

壁龕裝飾

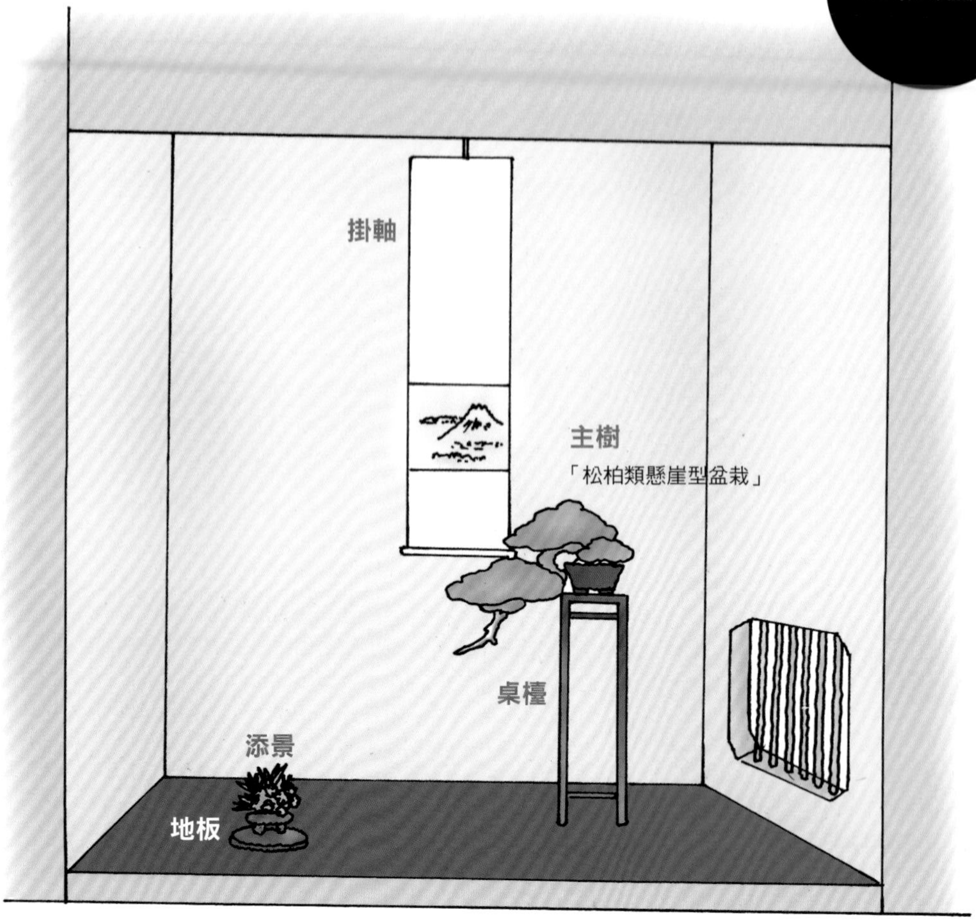

以栽培成傾向左側的松柏類懸崖型盆栽為主樹，設置成枝條像是剛好接觸到掛軸的狀態。旁邊搭配充滿季節感的草類或花卉類小盆栽。將「掛軸」、「主樹」、「添景」配置成不等邊三角形狀態。以掛軸上描繪的山景為遠景，松柏類盆栽為中近景，下草類為近景，巧妙地構成充滿季節感與壯闊景色的壁龕裝飾。

寄宿在傳統裝飾方式的壯闊自然美景

以壁龕為中心的室內空間，就是最能夠展現盆栽美麗風采的舞台，同時也是年節活動與招待賓客時至為重要的場所。

用於裝飾壁龕的裝飾稱為壁龕裝飾，架起屏風後鋪上毛氈，上面擺放裝飾則稱為「座席裝飾」。

壁龕裝飾通常由「主樹」、「添景」盆栽以及「掛軸」三大項目構成，主樹為松柏類樹木時，會以花卉類或下草類添景盆栽來表現季節感。

主樹傾向朝著掛軸配置，擺好桌檯或鋪上地板後擺放盆栽，挑選的掛軸必須能夠襯托主樹。座席裝飾則是由主樹與添景盆栽兩項構成。

背景必須符合慣例，原則上必須具備長期栽培的調和與美感。另一方面，配合高樓大廈等現代化生活空間的裝飾方式也越來越多樣化。確立基本原則後該如何運用，正是盆栽愛好者展現技巧的絕佳機會，同時也可說是盆栽創作最有趣之處。

欣賞盆栽意趣

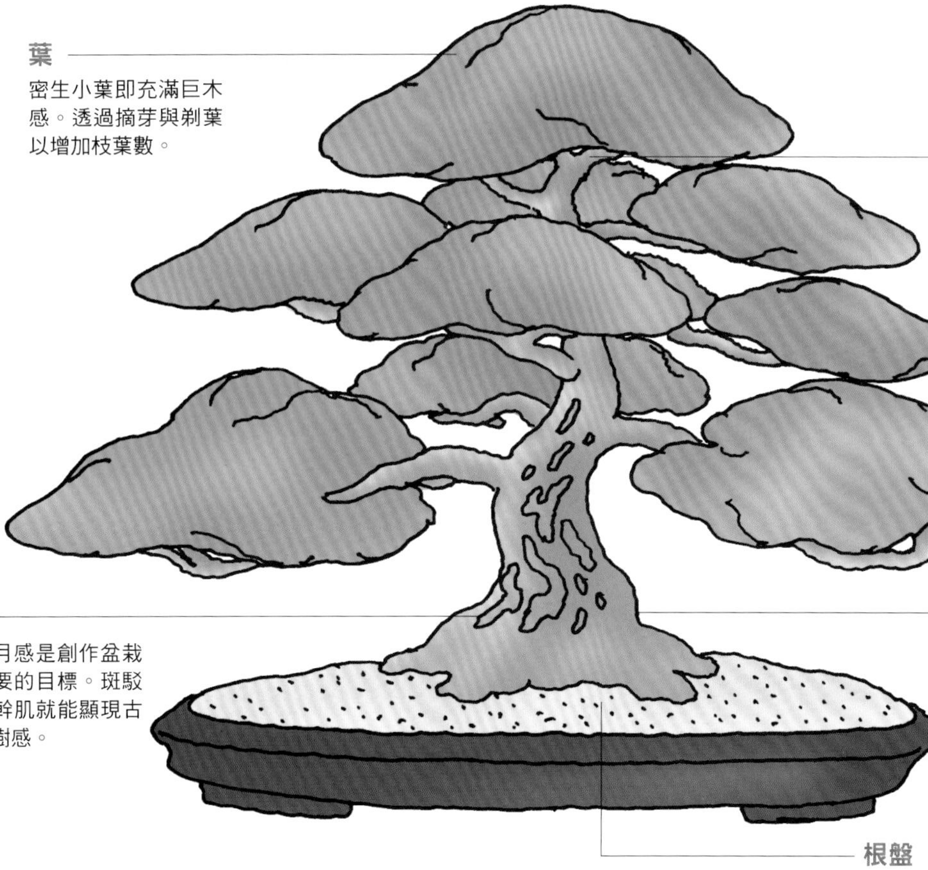
葉
密生小葉即充滿巨木感。透過摘芽與剃葉以增加枝葉數。
枝勢
由第一枝開始，越往上，枝條越短、越細，枝條的間隔也越狹窄，充滿巨木感的狀態。
幹肌
展現歲月感是創作盆栽至為重要的目標。斑駁粗糙的幹肌就能顯現古木、老樹感。
幹基
植株基部至第一枝（最下方的枝條）為止的部位稱「幹基」，必須展現強而有力的氣勢與曲線美等。
根盤
粗壯穩重、強而有力，安定感十足，充滿巨木相。

整體與各部位的欣賞訣竅

欣賞盆栽時，建議先站在盆栽正面（表側），大致瀏覽過包括花盆、桌檯在內的整個景觀後，才仔細地欣賞細部。

視線先落在植株的一半高度，由下往上依序欣賞「根盤」、「幹基」、「主幹」、「枝勢」、「葉」、「花」等部分。

將上圖視為五葉松時，像老鷹抓小雞似地緊緊地抓住盆土的「根盤」，就讓人不由地聯想起老樹。根盤至第一枝為止的幹基形成平緩曲線，龜裂粗糙的幹肌充滿古意，呈現出歷經風霜的歲月感，綠葉展現的是樹木的堅強生命力。根盤至幹基之間的最理想姿態是能讓人聯想到高山的稜線。

盆栽都是在人們精心培育管理下完成，其中包括花了數百年心血才完成的嘔心瀝血之作。栽培盆栽就能深深地感受到時間、技術、生命力，但是栽培幼樹時，不妨試著想像著未來樹姿也不錯。栽培盆栽通常以具備該樹種特徵的完成型（充實期）為最理想，因此，季節感方面大多著重於秋冬意趣。若以栽培盆栽比喻人生，那麼，一件理想樹型的盆栽，就如同一個人的人格達到完成境界的晚年姿態。

盆栽的種類

依盆栽大小分類

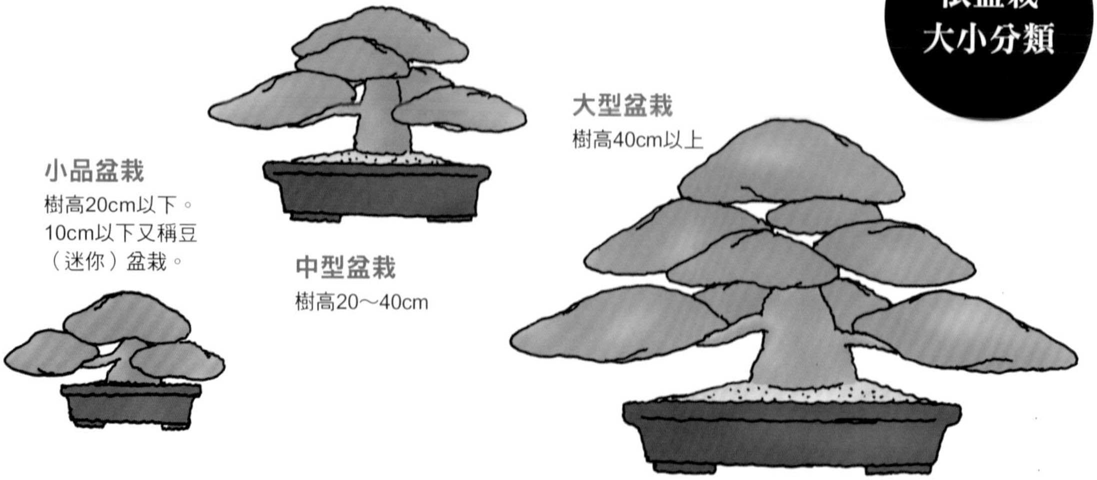

小品盆栽
樹高20cm以下。10cm以下又稱豆（迷你）盆栽。

中型盆栽
樹高20～40cm

大型盆栽
樹高40cm以上

依主要欣賞部位分類可大致分成五個種類

盆栽通常依據樹種，針對主要的鑑賞部位進行分類。盆栽可依據此基準區分成「松柏類」、「觀葉類」、「花卉類」、「果實類」、「雜草類」五大類。

這五大類又可大致分成「樹木類」與「草類」，本書是以「樹木類」相關探討為主，除常綠針葉樹的「松柏類」外，書中將「樹木類」歸類為「雜木類」。

盆栽可隨著四季變化展現出不同的風貌，觀賞時期因種類而不同。「花卉類」盆栽的觀賞時期為春夏期間，「果實類」盆栽為果實成熟後顏色變得更深濃的秋季；「觀葉類」盆栽最燦爛的時期為秋天的紅葉，但落葉後枝幹，亦即寒樹姿態也是非常值得欣賞的部分。

「松柏類」盆栽通常能健康成長又長壽，因此是最具盆栽代表性，最能夠代表日本風景的樹種。一年四季都能欣賞，但是最美的時期為長出整齊嫩綠針葉的秋季期間。接下來將分門別類地針對各種類盆栽的特徵與欣賞方式進行更深入的探討。

◆松柏類盆栽

一提到盆栽，腦海中就浮現松樹類者不乏其人吧！

栽培常綠針葉樹盆栽，一年到頭都能欣賞到綠意，以知名的「德川家光的五葉松」為首，樹齡相當高的名品、名木非常多，傳統的盆栽裝飾都是以這類松柏為主樹。

松柏姿態優美、生命力強，兼具古色與風格，適合用於創作任何樹型的盆栽。

松柏類樹木中的黑松、五葉松、真柏並稱御三家，是相當受歡迎的樹種。

◆花卉類盆栽

開花時最具觀賞價值的樹種就是「花卉類」，一年四季都能夠以鮮豔色彩、怡人香氣，營造充滿華麗優雅、風情萬種的空間。

花卉類盆栽中以素稱「梅盆」，率先帶來春天信息的梅花最富人氣，皐月杜鵑也是廣受喜愛，甚至有人專門栽種的花卉類盆栽。

花卉類盆栽最值得欣賞的當然是花，但是既然稱為盆栽，根盆與主幹就必須充滿盆栽意趣，必須像其他盆栽一樣，於移植換盆時調整樹型，修剪枝葉時應避免摘掉花芽。

梅花、櫻花、皐月杜鵑、長壽梅、茶花、木瓜梅等都是相當具代表性，適合用於栽培花卉類盆栽的樹種。

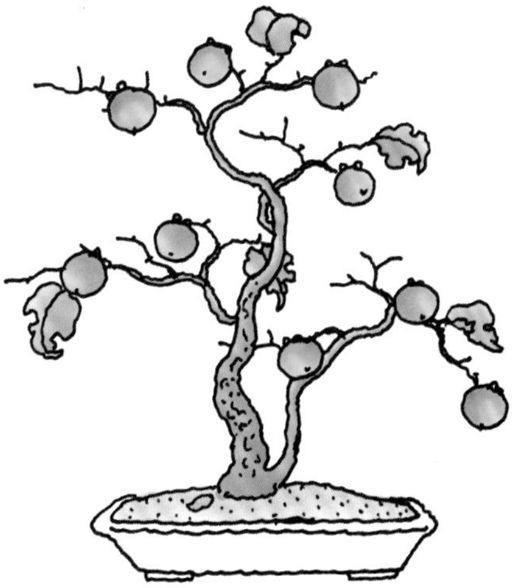

◆果實類盆栽

觀賞期為果實成熟時期的樹種稱為「果實類」。

開花後結出存在感十足的果實，兼具色彩之美與可愛外型的樹種。落葉後果實依然高掛在枝頭上，充滿富饒生命象徵。果實類通常於秋冬季節結果，其中包括胡頹子等於春夏期間結果的樹種。果實小巧的樹種比較適合用於創作盆栽。樹上結滿小巧紅色果實的落霜紅、易讓人聯想起日本深秋景色的柿子、香氣怡人的木瓜海棠等，都是相當受歡迎的果實類盆栽樹種。其他樹種如：胡頹子、姬蘋果、梔子花、山楂、火刺木等。巧妙地運用果實與花盆的色彩搭配，更能突顯出盆栽的魅力。

◆觀葉類盆栽

將栽培重點擺在隨著季節而產生變化的葉片風貌上，具觀賞價值的闊葉樹就屬於「觀葉類」植物。觀葉類植物通常一到了冬季就會落葉，亦不乏縮緬葛等終年常綠的樹種。

從春天發芽，初夏新綠，秋天紅葉，主幹與枝條上的葉片落盡後的「寒樹」姿態，就能欣賞到充滿四季變化的美麗景色。

其次，葉片的顏色、枝條的姿態、細膩的幹肌等，觀葉類盆栽上值得欣賞部分不勝枚舉。樹型也各不相同，是很建議初學者用於享受盆栽創作樂趣的樹種。

代表樹種如：掌葉楓、三角楓、櫸木、山毛櫸、曾呂、岩四手、日本紫莖等。

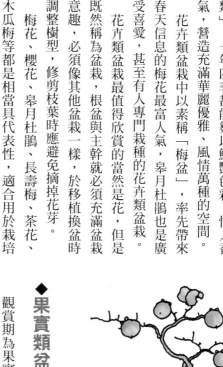

盆栽的基本樹型

斜幹型

主幹傾向於左右的任一側，枝葉往前後左右配置，不會偏向於同一個方向的樹型。

自然界常見的樹型，配置枝條時需營造安定感。

直幹型

植株高聳，主幹筆直地朝著天空中生長，根部往四面八方延伸，樹型以左右對稱的三角形為最理想。

創作盆栽的最基本樹型，但需要高度栽培技術。

模樣木型

盆栽界稱主幹與枝條往前後左右彎曲的狀態為「描繪模樣」。描繪的狀態以幹基曲線和緩，越往上曲線越明顯為最理想。常用於創作盆栽，可欣賞到曲線之美的樹型。

雙幹型

由同一個植株（根部）長出，於植株基部分成2根樹幹後形成的樹型。粗壯高挑者為主幹，低矮纖細者為副幹，又稱親幹和子幹。

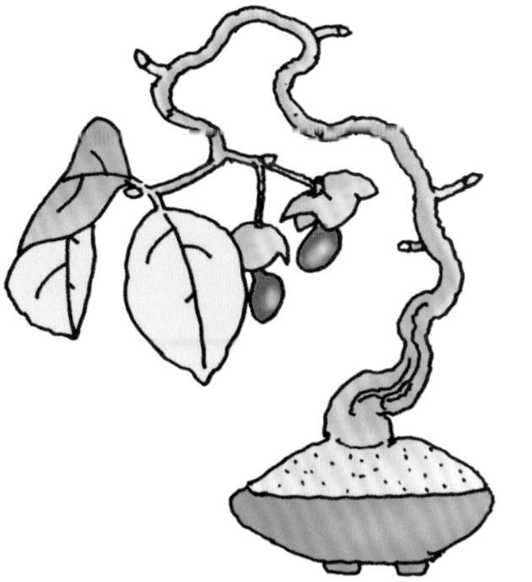

文人木型

主幹纖細，下方無枝條，整體上纖細瘦弱的樹型。因輕妙瀟灑姿態而廣為江戶時代文人雅士之喜愛而得名。

叢生型

由植株基部長出好幾根主幹的樹型。鑑賞重點為主幹與不同粗細、高度的其他枝幹構成的協調美感。枝幹數以三幹、五幹、七幹等奇數為基本。

風飄型

生長在高山或海邊，主幹至枝條尾端被強風吹襲而往同一個方向生長的樹型。最適合以松柏類樹木栽培出面對大自然環境嚴峻考驗的樹型。

附石型

如同合植型盆栽，模仿自然風景，自古以來廣受喜愛，常用於表現樹木生長在深山懸崖峭壁或海岸岩壁等意境，充滿野趣的樹型。

懸崖型

根部長在懸崖峭壁上，表現堅強生命力的樹型。枝幹下垂程度低於盆底者稱懸崖型，高於盆底者稱半懸崖型。

合植型

一個花盆裡栽種好幾棵相同種類的樹木，充滿森林意象的樹型。草類盆栽不乏由好幾種植物構成的合植型盆栽，但於本書中恕不多加介紹。

邁出盆栽創作的第一步

必備物品

盆栽園、園藝店、大賣場、網路商城等都能買到的物品。
亦可使用一般園藝用品、生活上使用的工具。

1／基本工具＆材料

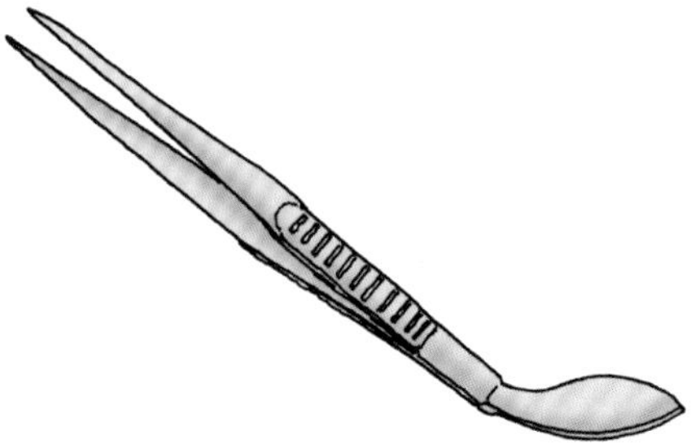

鑷子（尾端呈抹刀狀）

摘芽、抹芽、疏葉及除草，或鋪貼、取下水苔時使用。抹刀狀部位可用於抹平表土。

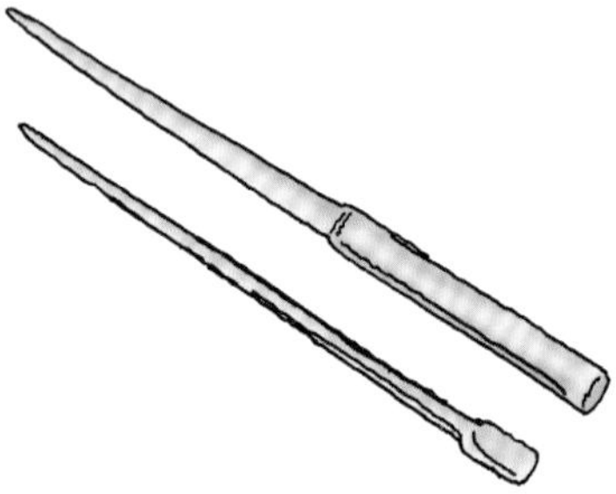

竹筷

栽種、移植過程中用於鬆開糾結在一起的根部，可確實插入用土與根部之間。

修枝剪

修剪纖細枝葉時使用。刀刃細尖的修枝剪更好用，與修根剪明確區分以確保鋒利。

金屬線

除彎曲主幹與枝條時使用外，還可用於固定盆底網或根部。市面上可買到1.5mm與3.0mm的園藝用金屬線。

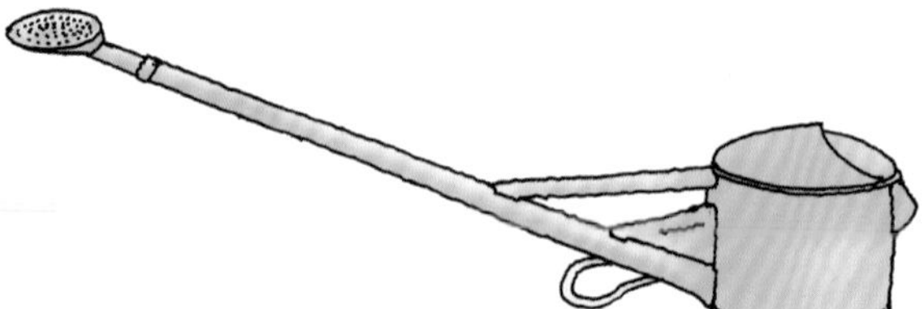

噴壺

使用銅質噴壺，具抑制細菌作用，盆栽專家與資深愛好者的栽培場所常見工具。

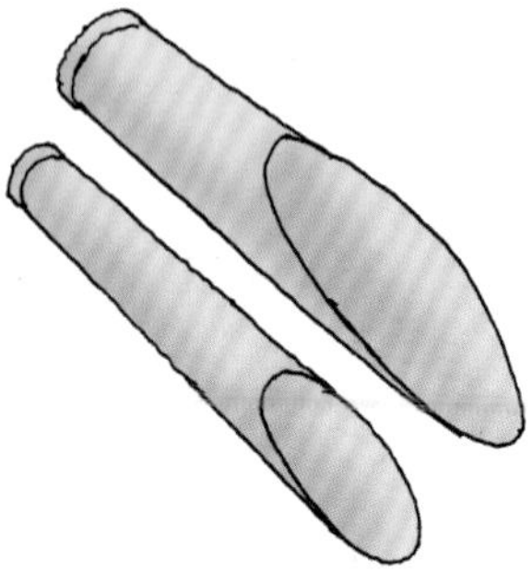

土鏟

栽種、移植過程中需加入盆土時的便利工具。建議配合花盆規模選用大小適中的土鏟。

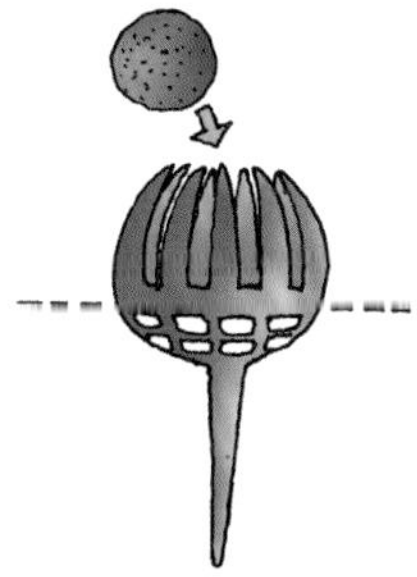

肥料容器

將固體肥料固定在盆土表面，亦具備欲防蟲鳥食害作用。

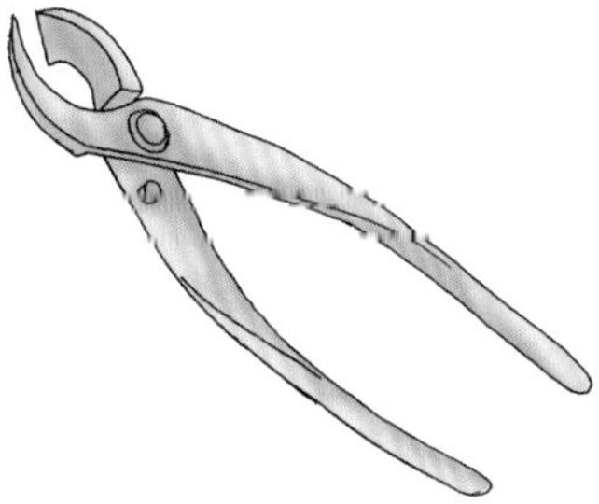

叉枝剪

修剪主幹、粗枝、根部、三叉枝等部位時使用。修剪後切口整齊，不會留下結痂狀態。

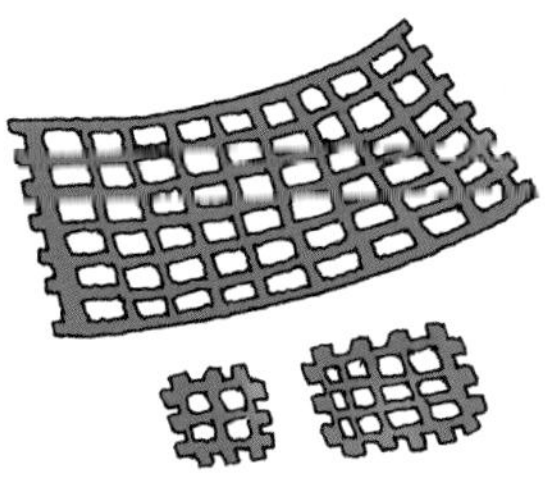

盆底網

避免土壤由盆底孔流出或昆蟲侵入。需配合孔徑裁剪成適當大小後使用。

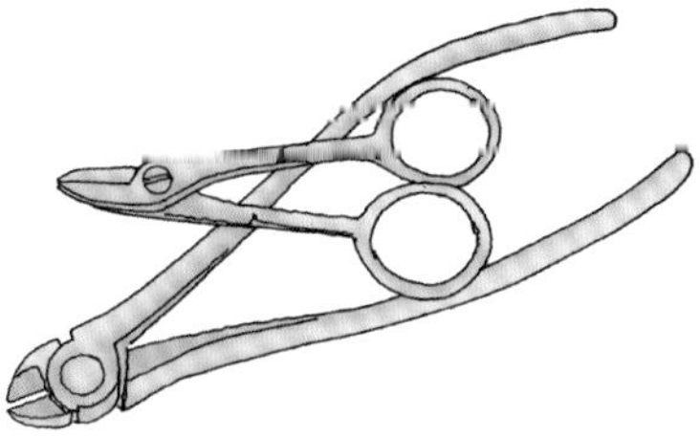

鐵線剪

纏金屬線或栽種等過程中需要使用金屬線時的必需品，同時也是拆除金屬線時的重要工具。

修根剪

移植等作業中使用，可整齊地修剪根部或粗枝。

潤滑油

剪刀類工具使用後擦乾水分，塗抹潤滑油以確保鋒利。

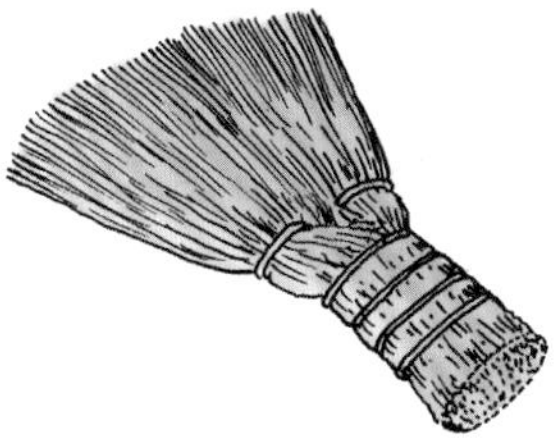

棕櫚掃把

作業時清掃周邊環境或清理用土表面的便利工具。

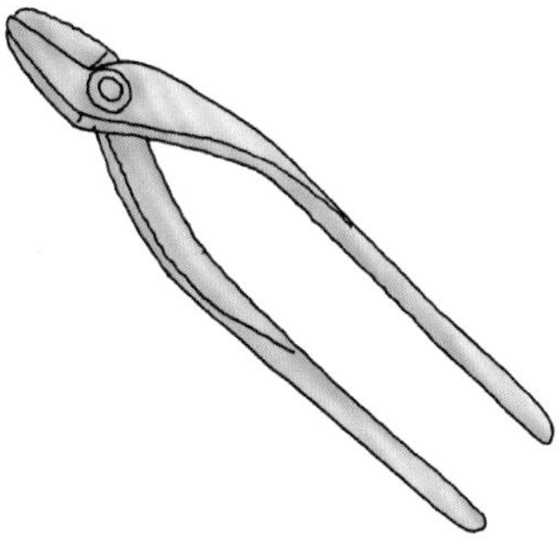

鐵鉗

栽種等狀況下用於擰緊金屬線以固定住根部，或拆除纏繞在植株上的金屬線。

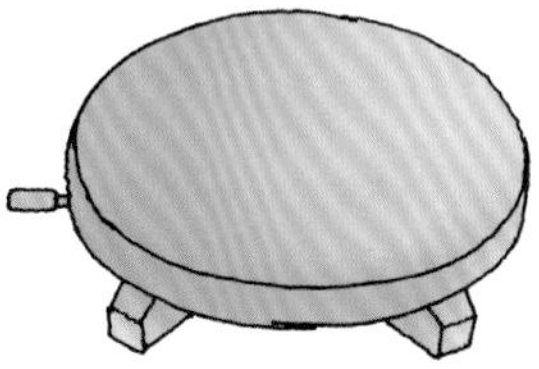

旋轉台

可360度旋轉，因此可從每個角度觀察植株，提昇作業效率。

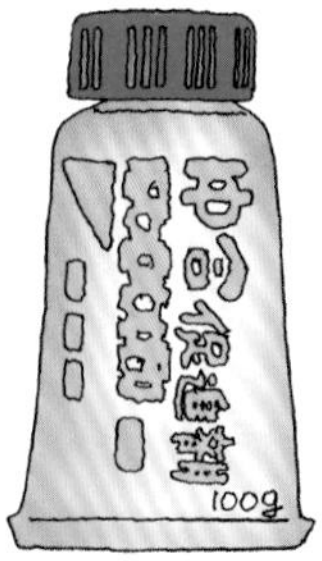

癒合劑

修剪枝條後塗抹傷口，以避免雜菌入侵，促進傷口癒合。

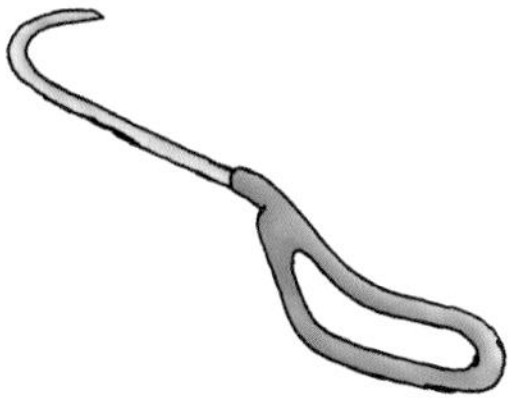

理根器

移植等作業中，鬆開糾結在一起的根部時使用最方便。

抹刀

移植等作業中，於澆水前抹平面積較大的盆土時使用。

2／土壤與植物（盆栽用土）

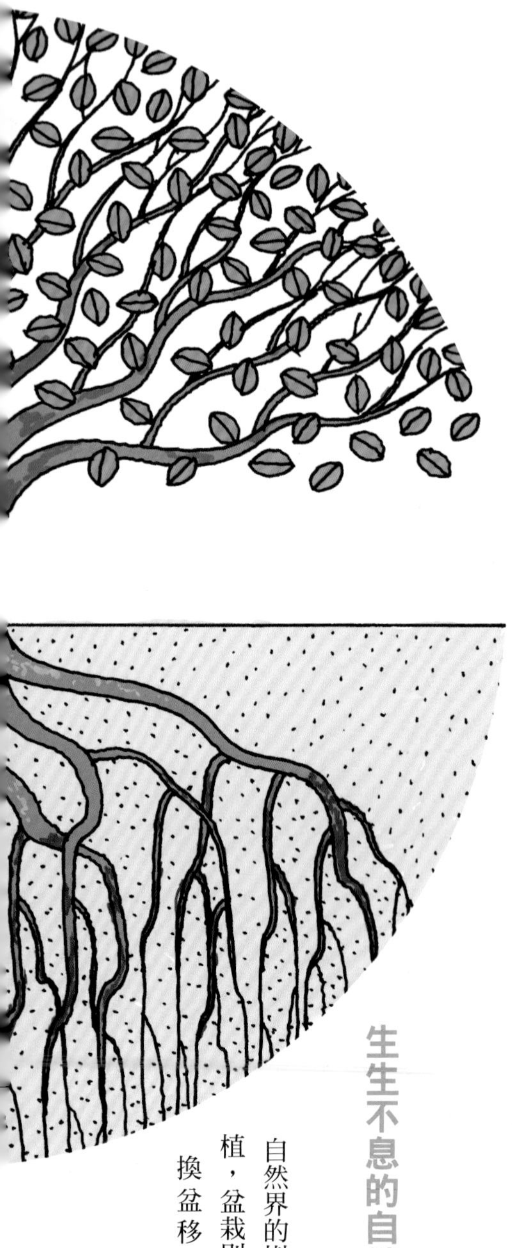

植物也會呼吸

包括人類在內，動物每天都不間斷地吃下食物，攝取人體所需養分。其次，攝取養分的其中一部分經過消化後，由碳水化合物轉換成分子更小的葡萄糖，再分解成日常活動所需的能量，學術上稱這些過程為「呼吸」。嚴格來說，鼻子是空氣的出入口，肺部為氧氣與二氧化碳的交換場所，並非呼吸場所。不只是動物，包括植物在內，所有的生物體內的細胞，都不間斷地進行著這種呼吸。

和先前提到的動物不一樣，植物具備製造維持生命必要養分的能力，該能力稱為「光合作用」，發揮該作用的部位為葉綠體，也就是說植物是指「具備葉綠體，能夠透過光合作用製造所需養分的生物」。因此，動物被稱為「異營性生物」，相對地，植物被稱為「自營性生物」。

接下來將以上述解說為前提，更深入地介紹排水良好的土壤，對也會呼吸的植物之重要性，以及栽培用土對於盆栽是多麼重要。

植物是否健康地成長，關鍵在於該植物的根部生長狀態。其次，根部生長狀態好不好，與根部生長場所的土質（土壤）好不好息息相關。關於這一點，無論自然樹木或盆栽都適用。

那麼，土壤該具備哪些條件才能夠讓植物的根部健康地生長呢？接著就一起來針對自然界的樹木根部盤據的大地與盆栽用土進行比較，試著找出相關的條件吧！

生生不息的自然界土壤

自然界的樹木不需要移植，盆栽則必須定期地換盆移植，原因在於，人地上的土壤一年四季隨時都在更新，相對地，花盆裡的土壤狀態則是日益惡化。

天然樹木源源不絕地透過落葉、落枝、倒木、死根、動物排泄物或屍體、微生物屍體等補給有機物質，提供營養來源。植物體內會自行合成蛋白質，因此，氮成分為不可或缺。但是植物無法直接攝取富含於空氣中的氮氣。

因此，植物必須透過根部吸收氨、硝酸鹽等含氮成分的化合物，而落葉等有機物質就是氨、硝酸鹽的主要來源。

其次，具備將這些有機物質分解成氨與硝酸鹽，促進植物吸收該成分的是棲息於土壤中的無數土壤微生物（菌類、細菌、棲息於土壤中的小動物）。

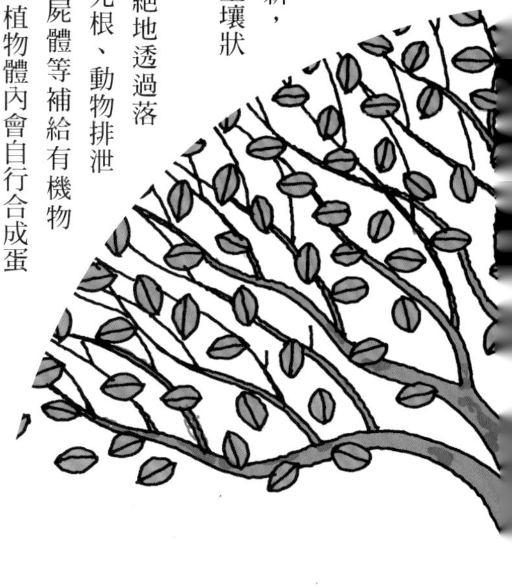

土壤中需要空氣

春天播種、栽種苗木前，農人必須耕耘稻田或田園。耕耘的目的是希望在土壤中形成空間（存在空氣的空間）。

在土壤中保有適度讓空氣存在的空間，對於盆栽用土來說是必要的。植物的根部在受到降雨或澆水得到從土壤上層供給的水分同時，其實將多餘的水分藉由重力排出也很重要。

這個空間（空隙）即具備促進排水，穩定地為植物提供新鮮水分的作用。同時植物也會透過葉片上的氣孔，直接吸入大氣中的空氣，但不管土壤中有多少空氣，根部還是無法直接吸收到空氣。根部呼吸所需要的氧氣中，有一部分是由溶解於水中的狀態所供給。

培育盆栽必須使用粒狀用土的原因

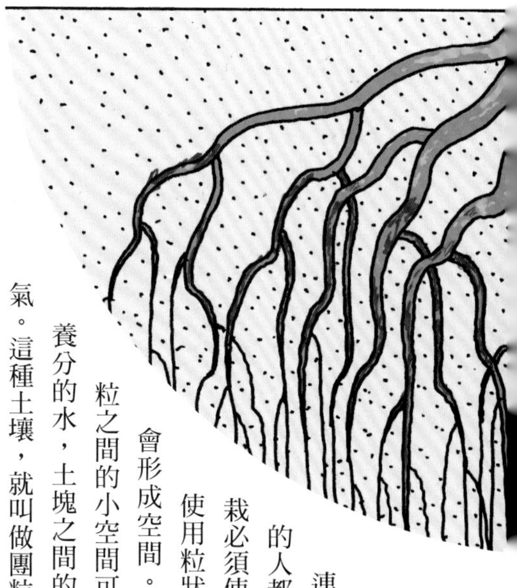

連第一次購買盆栽的人都知道吧！培育盆栽必須使用粒狀用土。使用粒狀用土，盆土裡就會形成空間。澆水後，土壤微粒之間的小空間可儲存飽含水分與養分的水，土塊之間的大空間則充滿空氣。這種土壤，就叫做團粒構造或粒狀構造的土壤。

此土壤就是盆栽界所謂的「排水、保水效果良好的土壤」。不過，下雨、日常澆水、根部生長擠滿花盆等狀況下，土壤的團粒構造就會漸漸地瓦解，盆土呈現阻塞狀態，必須靠「移植」才能解除該狀態。

經過多年的栽培後，用土裡的大空隙被瓦解的粒子填滿，「移植」是避免因為空氣不足而造成的排水狀況惡化，以及改善容易造成缺水問題等惡劣環境時，絕對不可或缺的作業。

繁殖天然素材後栽培成喜愛的盆栽

素材的繁殖方法

利用修剪下來的枝條或根部，就能輕易地繁殖素材，栽培成喜愛的樹木。
一起來看看本單元中收錄的盆栽素材繁殖方法吧！

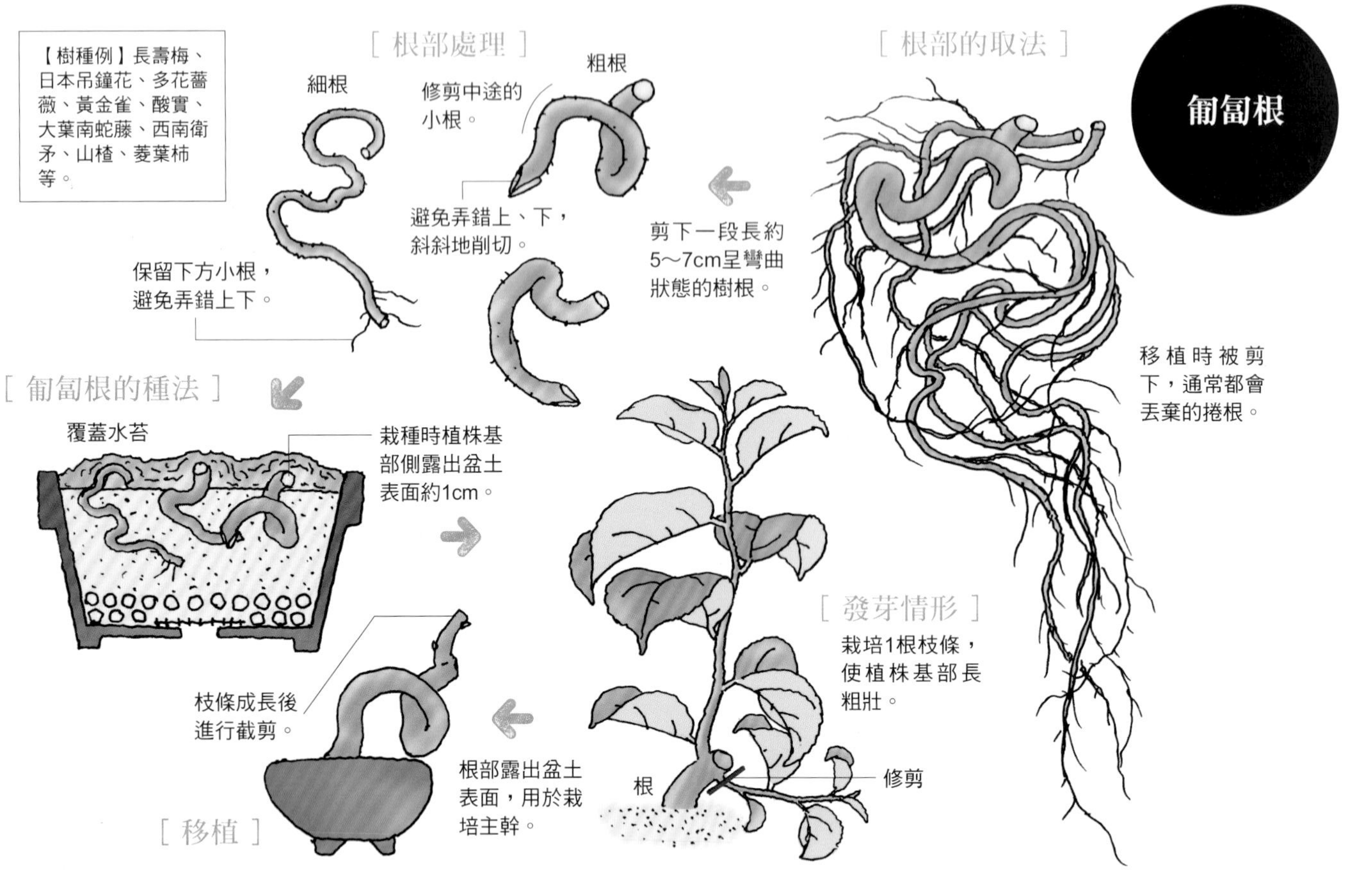
匍匐根
［根部的取法］
剪下一段長約5～7cm呈彎曲狀態的樹根。
移植時被剪下，通常都會丟棄的捲根。
［根部處理］
細根
粗根
修剪中途的小根。
避免弄錯上、下，斜斜地削切。
保留下方小根，避免弄錯上下。
【樹種例】長壽梅、日本吊鐘花、多花薔薇、黃金雀、酸實、大葉南蛇藤、西南衛矛、山楂、菱葉柿等。
［匍匐根的種法］
覆蓋水苔
栽種時植株基部側露出盆土表面約1cm。
［發芽情形］
栽培1根枝條，使植株基部長粗壯。
根
修剪
根部露出盆土表面，用於栽培主幹。
枝條成長後進行截剪。
［移植］

從頭開始創作「盆栽」的各種繁殖方法

創作素材，亦即繁殖，這是大部分盆栽愛好者日常生活中從不間斷的工作。盆栽樹種大多源自於扦插與實生等，因此很容易栽培。即便從頭開始，不必花大錢就能夠創作喜愛的盆栽。

移植或修剪時，樹根或枝條不丟棄，插入栽培用土的繁殖方法就叫做「匍匐根繁殖」或「扦插、插芽繁殖」。大部分樹種的發根、發芽率都很高，可栽培成一年生盆栽，尤其是匍匐根繁殖，一開始就使用呈彎曲狀態的根部，因此是取得植株基部呈彎曲狀態等絕佳素材的最好辦法。

從果實取得種子，將種子播入栽培用土後促使發芽長成苗木，也是取得「實生」素材的最佳途徑。栽培實生苗才能一睹芽露臉竄出盆土時的動人畫面。

於主幹或粗枝中途彎曲狀態良好的部位，促使發根後切離的繁殖方式稱「壓條法」。採用壓條法時需要些技巧，相對地，切離後就能取得植株基部相當粗壯並已經形成彎曲狀態的絕佳素材。壓條法可說是不需要花費多年時間，就能取得氣勢磅礴植株的絕佳方法。

壓條

［發根、切離］

（2～3個月後）

打開塑膠布後情形

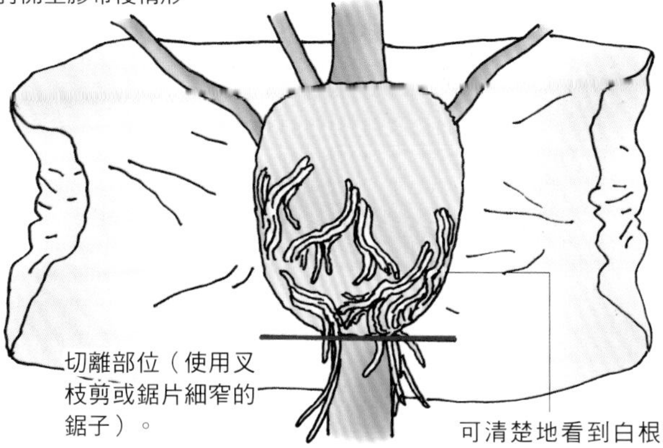

切離部位（使用叉枝剪或鋸片細窄的鋸子）。

可清楚地看到白根浮出水苔表面的情形。

不習慣處理作業時，可包著水苔直接栽種。

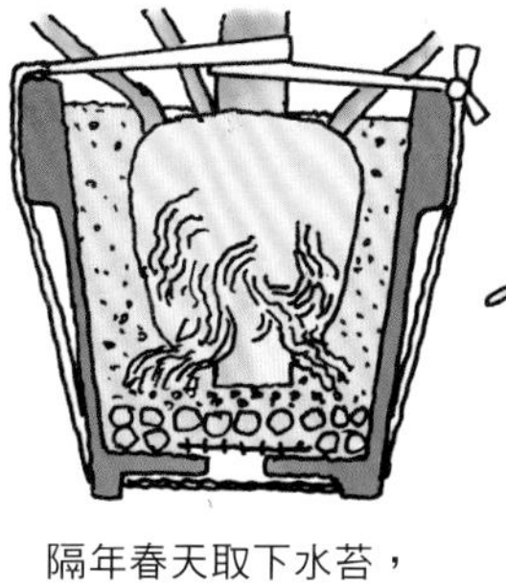

隔年春天取下水苔，以叉枝剪將根部剪短後移植。

去除水苔後情形

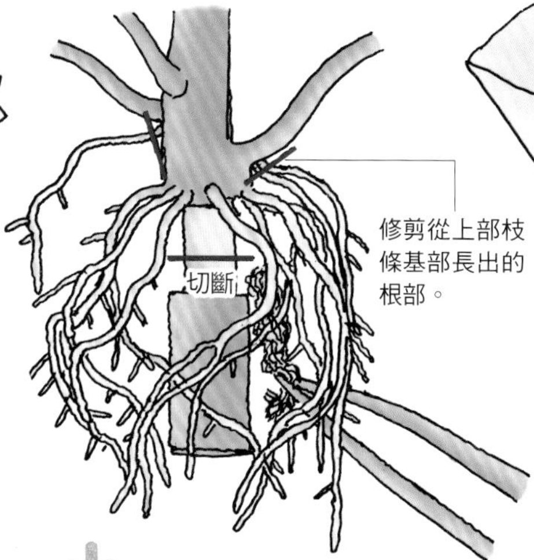

修剪從上部枝條基部長出的根部。

［栽種方法］

以線繩確實綁紮固定。

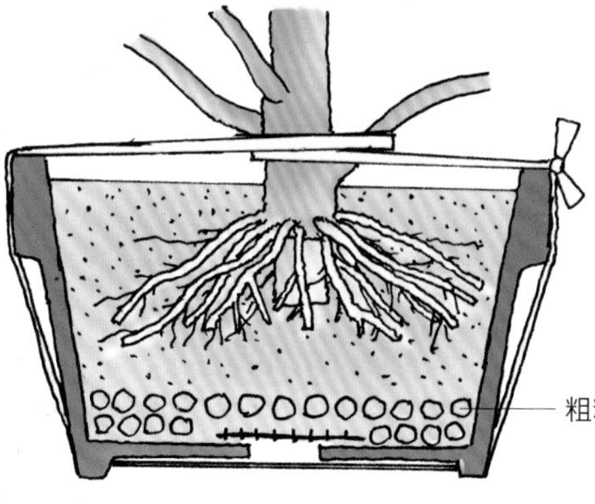

用土例
赤玉土 7
桐生砂 3

粗粒盆底土

【樹種例】大花紫薇、櫸樹、縮緬葛、日本紫莖、山毛櫸、掌葉楓、銀杏、胡頹子、梔子花、石榴、大葉南蛇藤、火刺木、西南衛矛、山楂、小檗、菱葉柿、黑松、真柏、杜松、杉木等

［壓條步驟］

（6～7月）

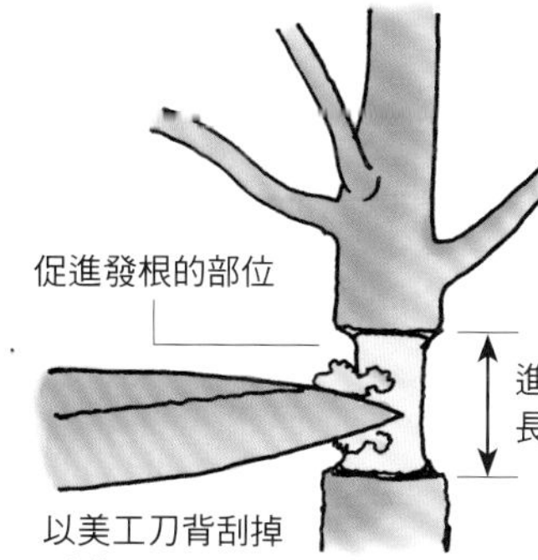

促進發根的部位

進行環狀剝皮，長度約直徑的1.5倍。

以美工刀背刮掉形成層。

水苔泡水，微微地擠乾水分後，包覆剝皮部位。

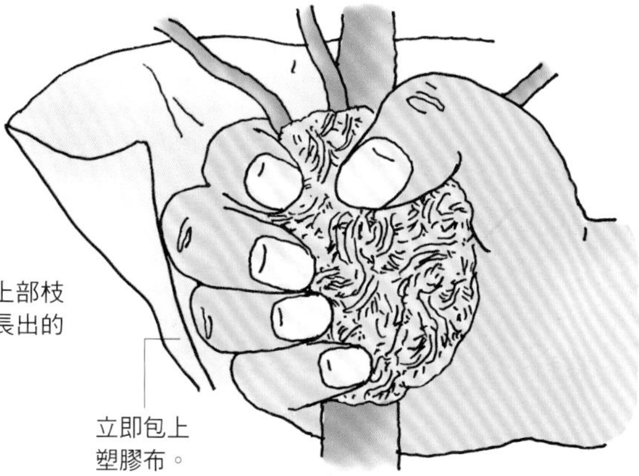

立即包上塑膠布。

以塑膠布包覆水苔，再以線繩繫綁。

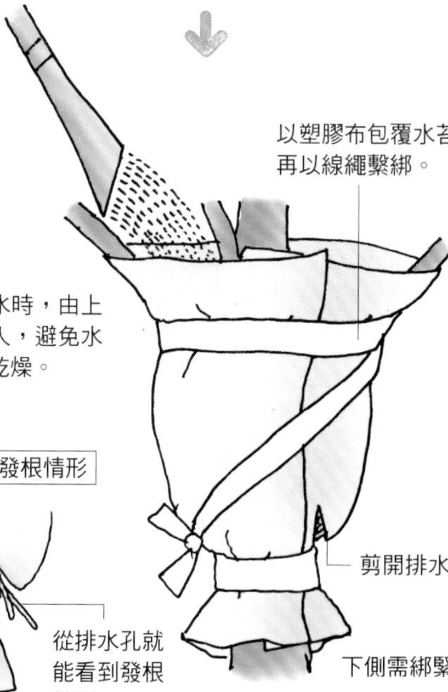

需灌水時，由上方澆入，避免水苔太乾燥。

剪開排水孔

下側需綁緊

確認發根情形

從排水孔就能看到發根情形。

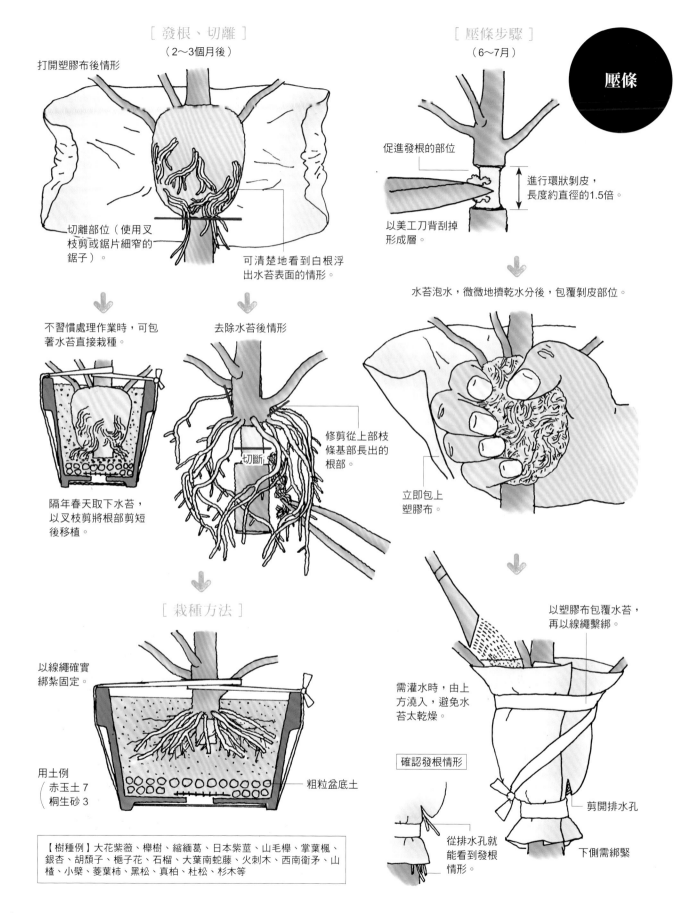

實生

【樹種例】幾乎各樹種皆適用，但不乏發芽率較低的樹種。

[美國鵝掌楸的發芽過程]

（5月）

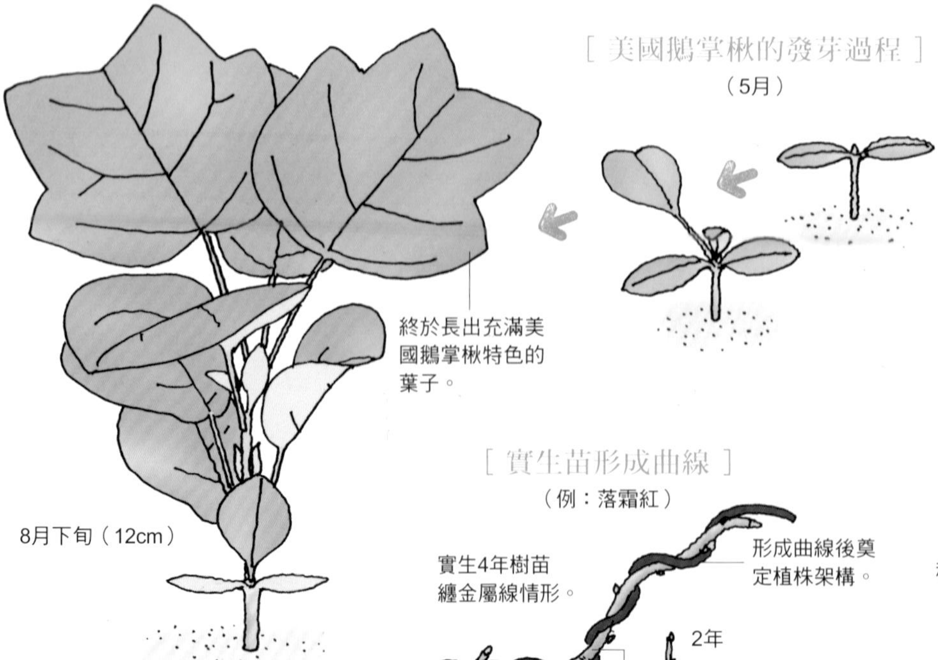

覆土（種子播植於苗床的深度）以種子大小的2倍為原則。
終於長出充滿美國鵝掌楸特色的葉子。
8月下旬（12cm）

[實生苗形成曲線]

（例：落霜紅）

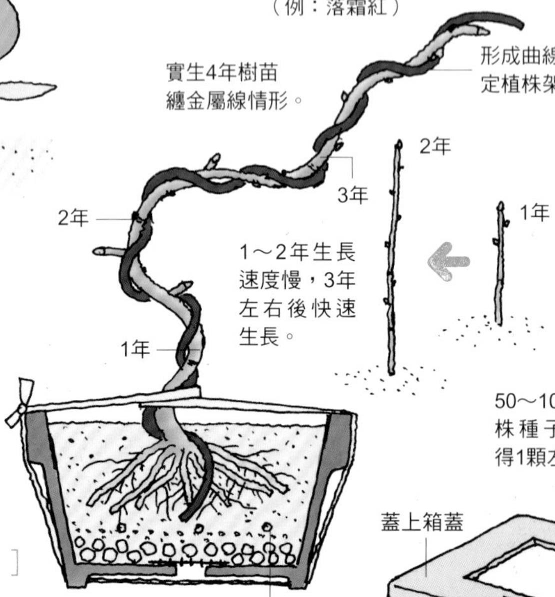

實生4年樹苗纏金屬線情形。
形成曲線後奠定植株架構。
2年
3年
2年
1年
1年
1～2年生長速度慢，3年左右後快速生長。
少量基肥

[花形]

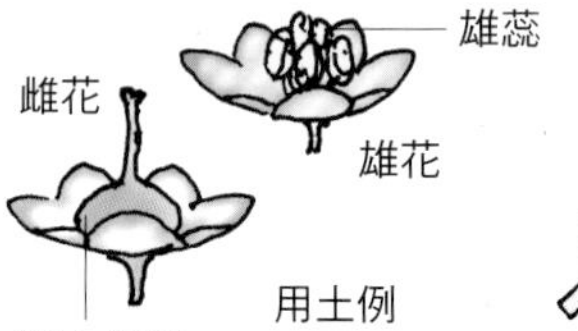

雄蕊
雌花
雄花
碩大雌蕊

用土例
赤玉土 7
桐生砂 3
＋燻炭5%

[實生6年　果實欣賞]

（秋）

雌株結果時情形。
短枝容易開花結果。
易長出蘖枝。善加利用位置良好的蘖枝。

希望實生植株於4～5年後開花，因此需先確認植株性別。附近擺放雄株，促使交配，促進開花結果。

[種子的採集與保存]

乾燥的種子
（例：美國鵝掌楸）

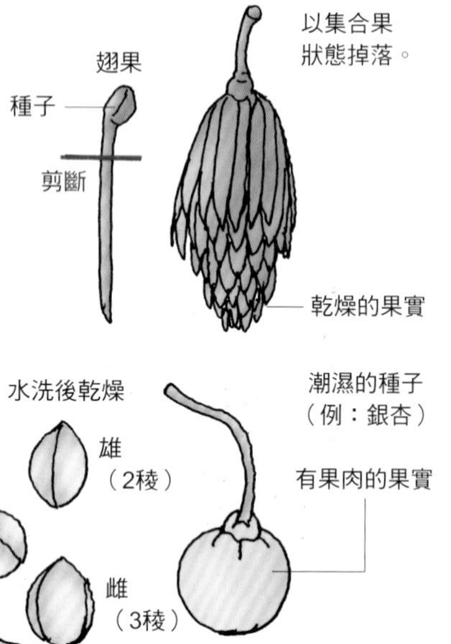

以集合果狀態掉落。
翅果
種子
剪斷
乾燥的果實
水洗後乾燥
潮濕的種子
（例：銀杏）
雄
（2稜）
有果肉的果實
50～100顆雌株種子可取得1顆左右。
雌
（3稜）

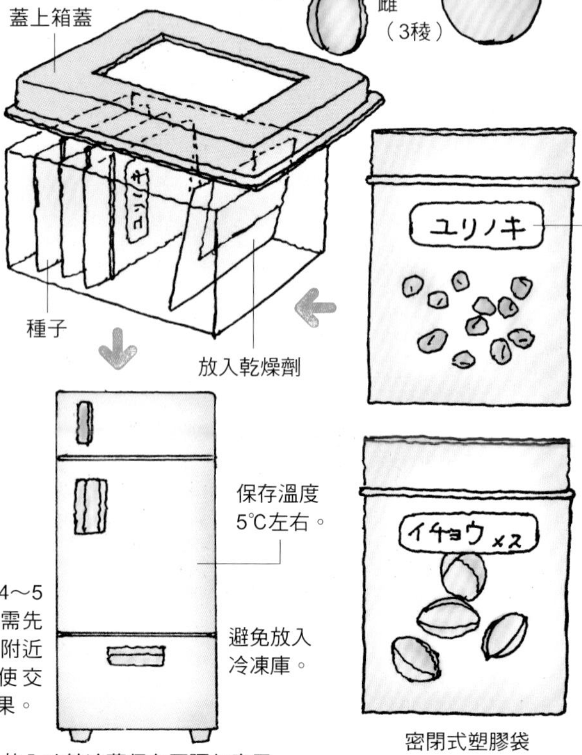

蓋上箱蓋
種子
放入乾燥劑
ユリノキ
植物名牌
保存溫度5℃左右。
避免放入冷凍庫。
イチョウ メス

放入冰箱冷藏保存至隔年春天

密閉式塑膠袋

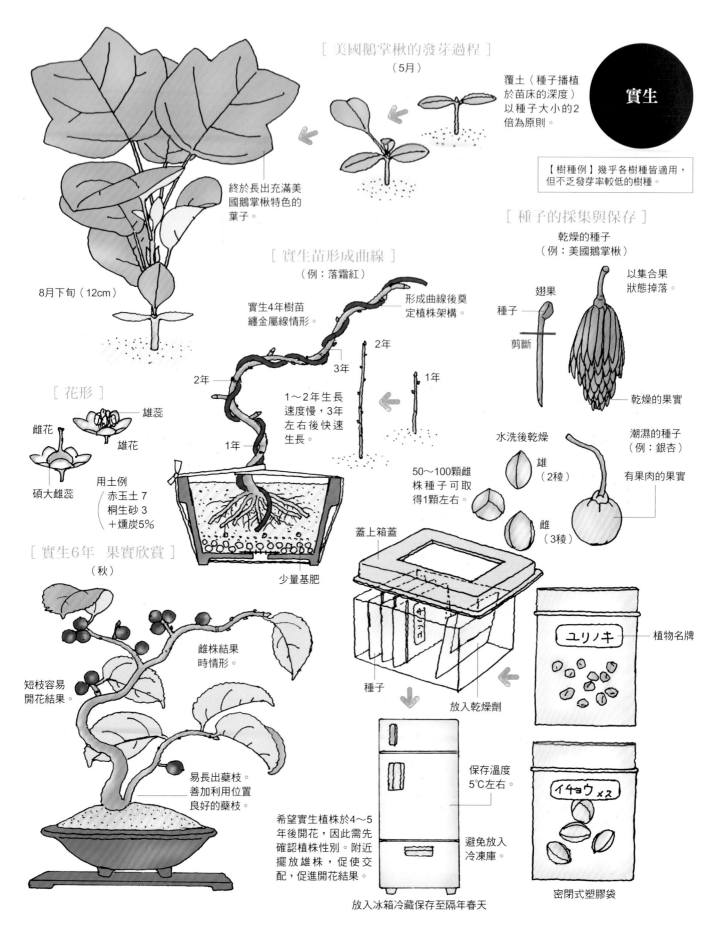

扦插 插芽

因樹種而不同，以實生後長出的雙葉或新梢部分適合採用，又稱「插芽」。

[扦插]

春天長出的新梢長粗壯後進行扦插的繁殖方法，大部分樹種都可採用。

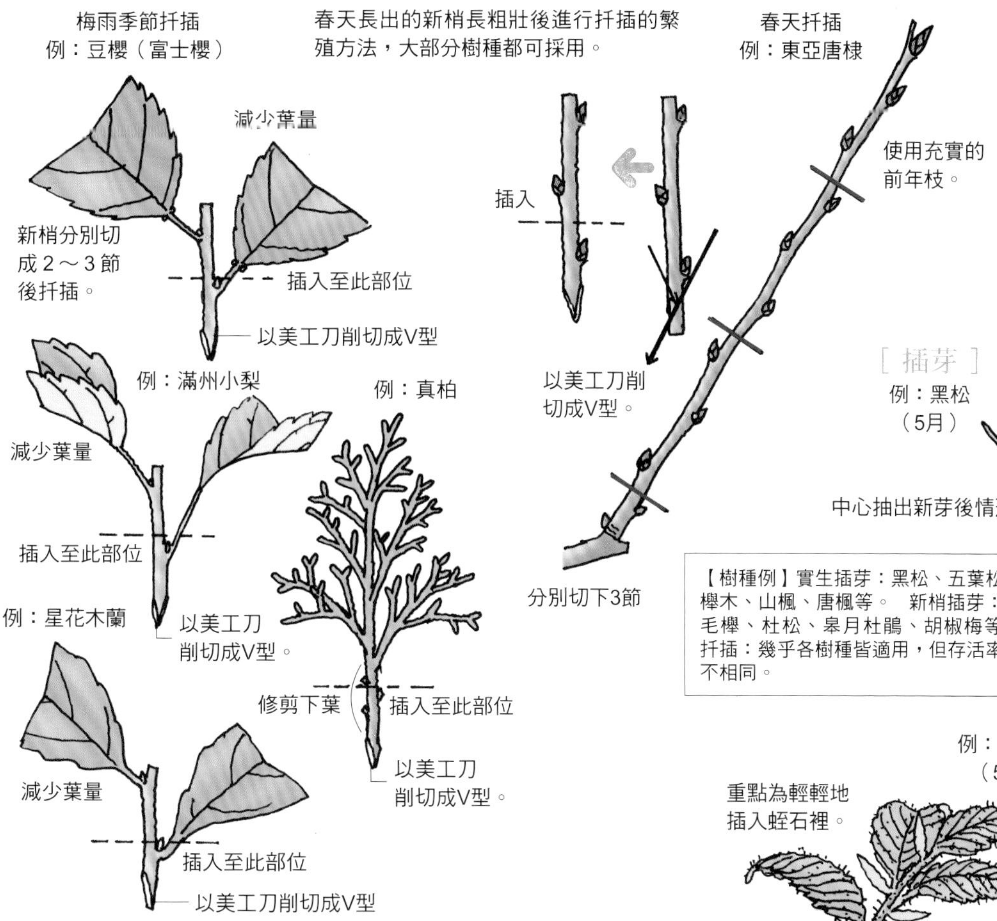
梅雨季節扦插
例：豆櫻（富士櫻）
減少葉量
新梢分別切成2～3節後扦插。
插入至此部位
以美工刀削切成V型
例：滿州小梨
減少葉量
插入至此部位
以美工刀削切成V型。
例：星花木蘭
減少葉量
插入至此部位
以美工刀削切成V型
例：真柏
修剪下葉
插入至此部位
以美工刀削切成V型。
春天扦插
例：東亞唐棣
插入
以美工刀削切成V型。
使用充實的前年枝。
分別切下3節

【樹種例】實生插芽：黑松、五葉松、櫸木、山楓、唐楓等。 新梢插芽：山毛櫸、杜松、皋月杜鵑、胡椒梅等。扦插：幾乎各樹種皆適用，但存活率各不相同。

[插芽]

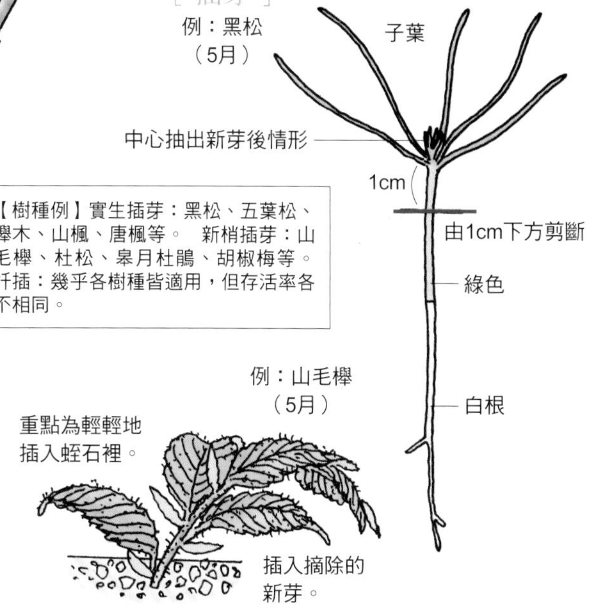
例：黑松
（5月）
子葉
中心抽出新芽後情形
1cm
由1cm下方剪斷
綠色
白根
例：山毛櫸
（5月）
重點為輕輕地插入蛭石裡。
插入摘除的新芽。

[扦插樹苗形成曲線]

（1～2年後的樹苗）

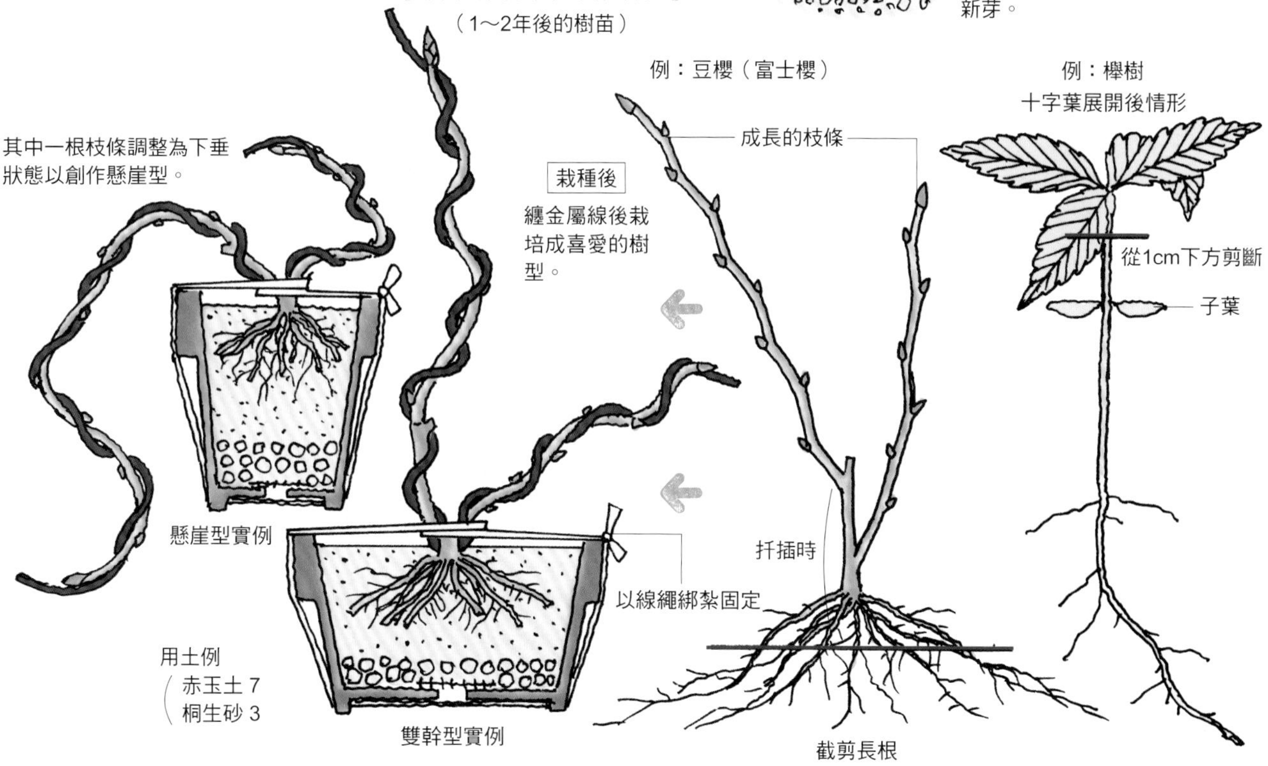
其中一根枝條調整為下垂狀態以創作懸崖型。
栽種後
纏金屬線後栽培成喜愛的樹型。
懸崖型實例
以線繩綁紮固定
用土例
赤玉土 7
桐生砂 3
雙幹型實例
例：豆櫻（富士櫻）
成長的枝條
扦插時
截剪長根
例：櫸樹
十字葉展開後情形
從1cm下方剪斷
子葉

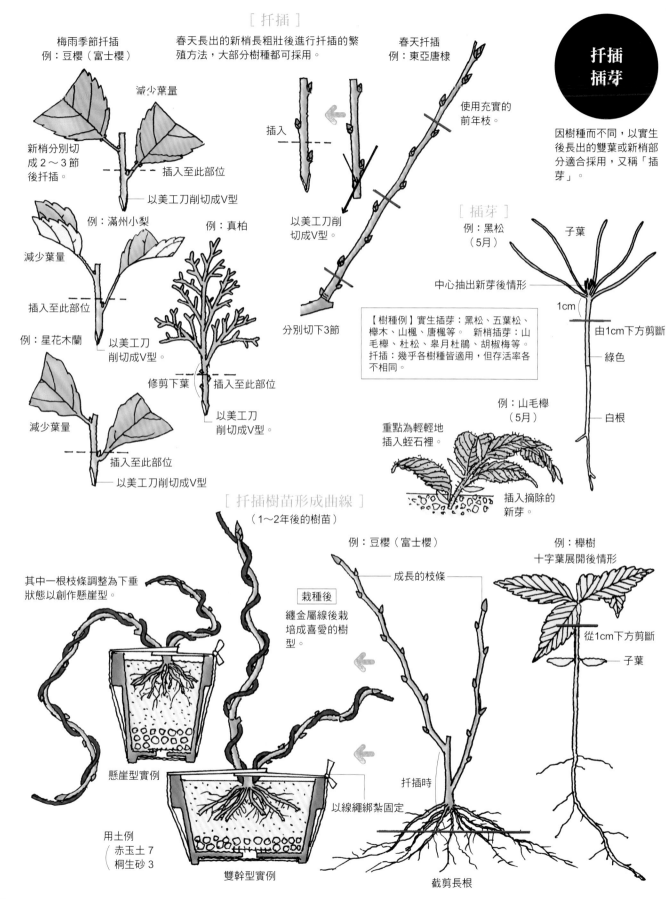

「鉢盆種類」

【泥鉢盆】柴勝朱泥木瓜式鉢　12.6×10.2×4.9cm

【泥鉢盆】舟山紫泥外緣隅入雲足長方鉢
15×12.5×4.5cm

【泥鉢盆】北彩朱泥切立隅入雲足正方鉢　9×9×6cm

形形色色、樣式豐富多元的小品盆栽用花盆。
在意「鉢映（盆樹輝映）」即表示您也是一個非常了不起的盆栽愛好者。

【變體鉢】三枝利男青瓷釜型鉢　3.8×3cm

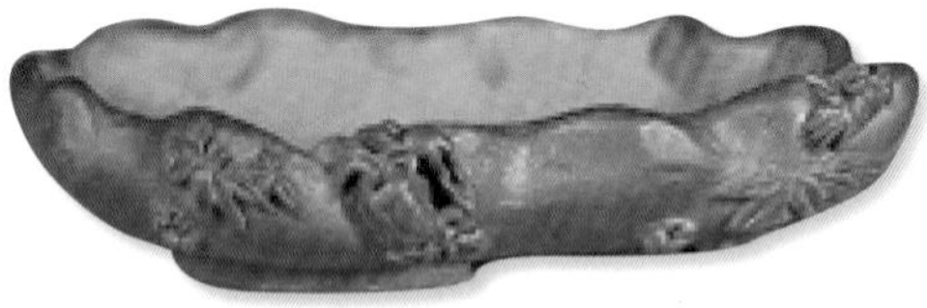

【變體鉢】駿河山正紫泥蟹雕刻切足變形鉢
11×7.5×2.3cm

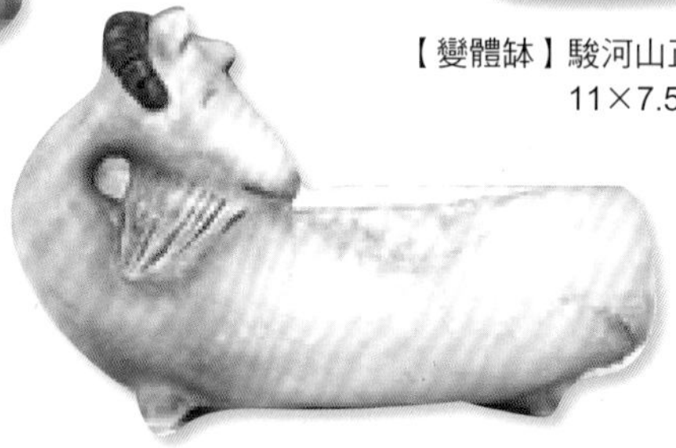

【變體鉢】辻輝子變體鉢
9.5×6×6.1cm

引出樹木魅力
趣味十足的小品鉢盆世界

若以人來比喻盆栽，那麼鉢盆就可比喻衣裳。將樹木種入鉢盆裡，才能稱為盆栽。其次，搭配適合樹木氛圍的鉢盆，才能構成「精美的盆栽」。小品盆栽外型小巧，卻能欣賞到多采多姿表情。能夠引出其魅力的則是鉢盆。

和一般盆栽使用的鉢盆一樣，小品盆栽使用的鉢盆也可大致分成素燒盆與釉藥盆，通常松柏類盆栽使用素燒盆，其他雜木類則適合搭配釉藥盆。

泥鉢盆是以未經過釉藥處理的陶土燒製而成，又稱高溫燒製鉢盆（瓦盆），可依顏色分成朱泥盆、紫泥盆、黑泥盆、白泥盆等。釉藥盆種類非常多，顏色與設計造型各有不同。表面畫上圖畫的「繪鉢」則是賞心悅目的鉢盆。

小品鉢外型小巧，創作者更容易發揮巧思而充滿玩心，花盆形狀也豐富多元。超乎盆栽用花盆刻板印象的「變體鉢」也不少。

盆栽愛好者以「鉢映絕佳」形容鉢盆與植株的絕妙搭配。若是因為「鉢映」而苦惱，那就表示您已經成為一位不折不扣的盆栽愛好者了。

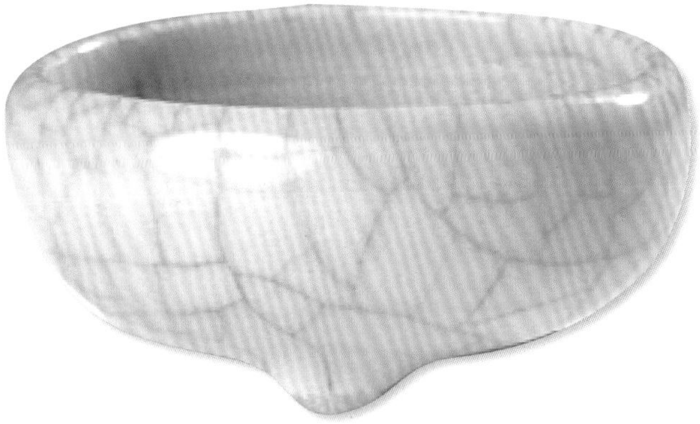

【釉藥盆】町直青磁貫入丸缽　7.5×3cm

【釉藥盆】一蒼織部輪花式缽　7×4cm

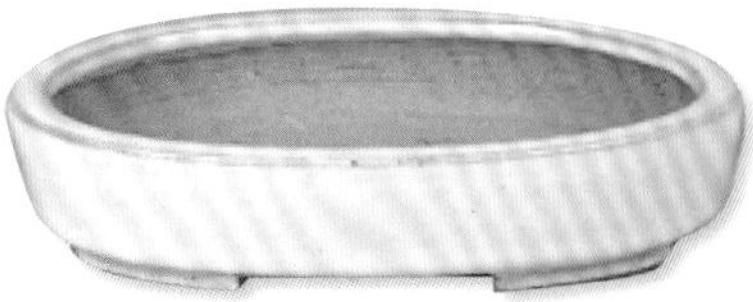

【釉藥盆】壹興白交趾切立橢圓缽　14.9×11.4×2.8cm

【釉藥盆】英明鈞窯釉長方缽
8.5×6.5×2.6cm

【釉藥盆】服部琉璃釉六角缽
9.2×8.2×3.9cm

【釉藥盆】英明雞血釉陣笠丸缽
6.5×3cm

【釉藥盆】屯洋黃釉下方丸缽
5×7cm

【釉藥盆】美功均窯釉橢圓缽　12×8.7×2.5cm

【釉藥盆（繪缽）】月香赤繪隅入切足長方缽
14.9×11.7×3.2cm

【釉藥盆（繪缽）】彥山人染付外緣段足六角缽
8×8×2.8cm

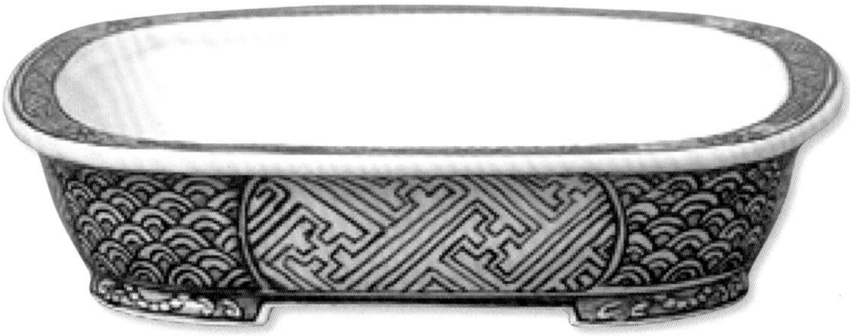

【釉藥盆（繪缽）】荻原勝山染付古典模樣長方缽　10.5×9×2.5cm

【釉藥盆（繪缽）】祥石染付五彩唐子圖圓缽
12.5×5cm

「使用盆栽用鉢盆時的栽種方法」

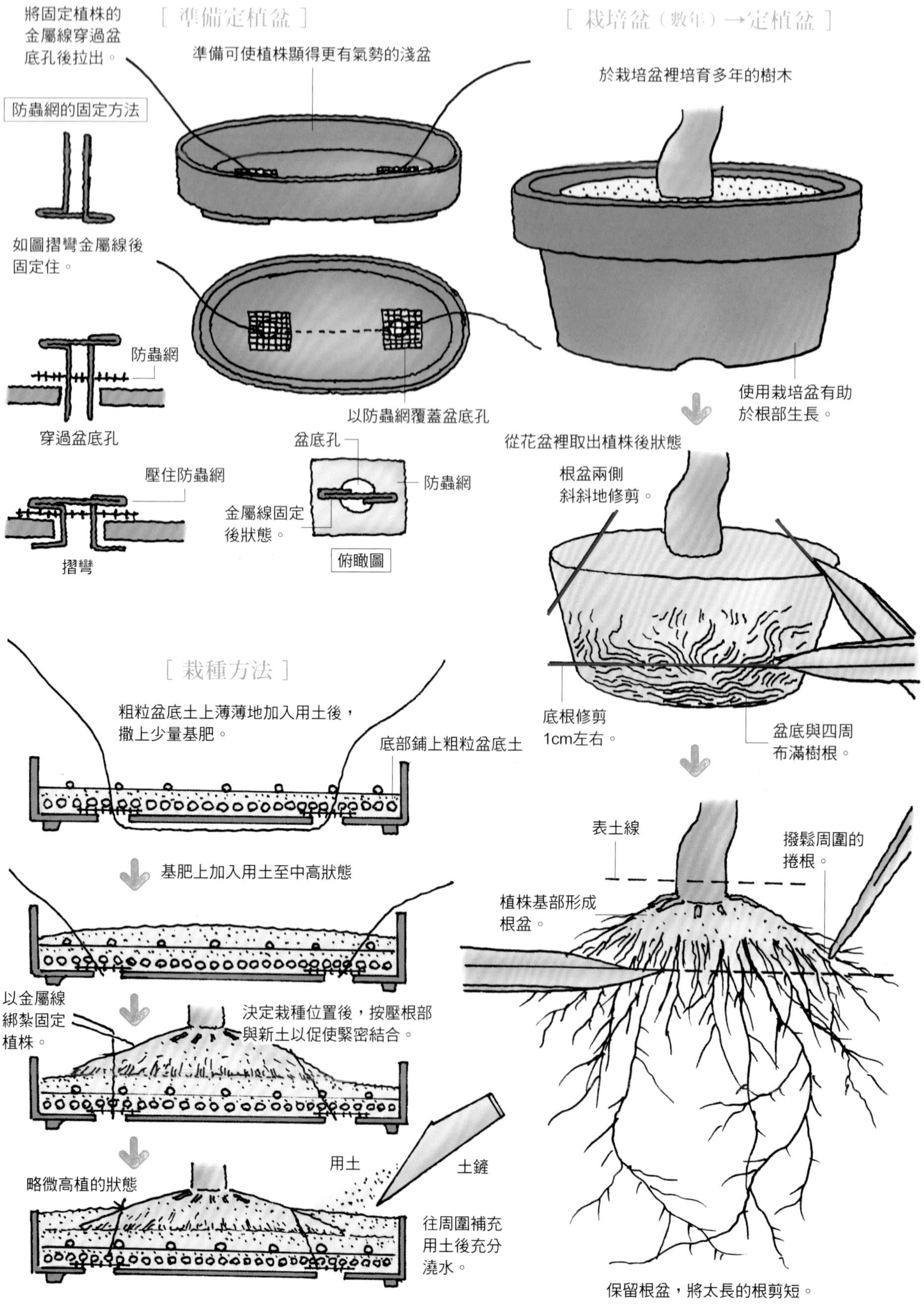

［ 準備定植盆 ］
將固定植株的
金屬線穿過盆
底孔後拉出。
準備可使植株顯得更有氣勢的淺盆
防蟲網的固定方法
如圖摺彎金屬線後
固定住。
防蟲網
穿過盆底孔
以防蟲網覆蓋盆底孔
壓住防蟲網
摺彎
盆底孔
防蟲網
金屬線固定
後狀態。
俯瞰圖
［ 栽培盆（數年）→定植盆 ］
於栽培盆裡培育多年的樹木
使用栽培盆有助
於根部生長。
從花盆裡取出植株後狀態
根盆兩側
斜斜地修剪。
底根修剪
1cm左右。
盆底與四周
布滿樹根。
表土線
撥鬆周圍的
捲根。
植株基部形成
根盆。
保留根盆，將太長的根剪短。
［ 栽種方法 ］
粗粒盆底土上薄薄地加入用土後，
撒上少量基肥。
底部鋪上粗粒盆底土
基肥上加入用土至中高狀態
以金屬線
綁紮固定
植株。
決定栽種位置後，按壓根部
與新土以促使緊密結合。
略微高植的狀態
用土
土鏟
往周圍補充
用土後充分
澆水。

植株小巧卻能健康成長的調教方法

盆栽樹木為什麼需要修剪、彎曲、削切呢？

和採用盆植方式的植物不一樣，創作盆栽的植物上能夠欣賞到小巧卻充滿巨木相與古木感等意趣。因此必須配合樹種適度地維護整理。

［纏金屬線］

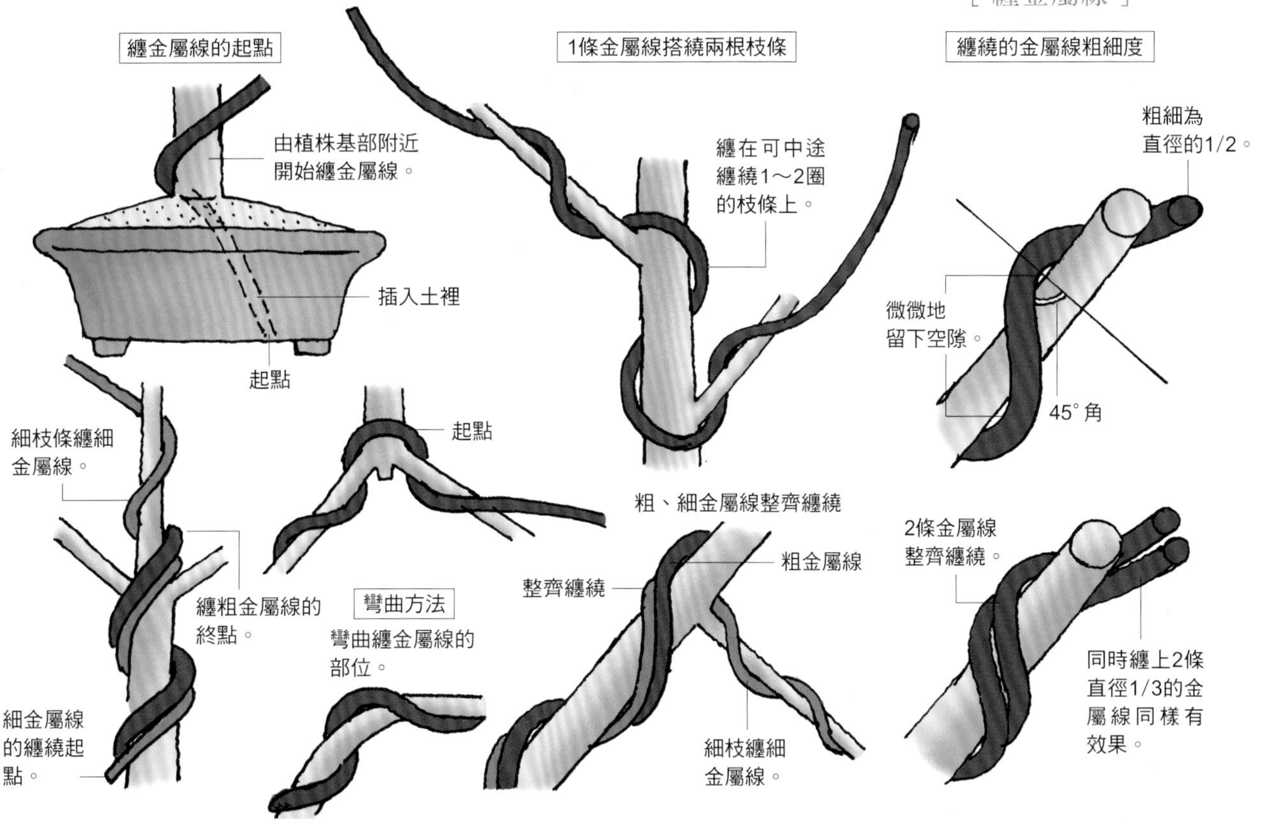
纏金屬線的起點
由植株基部附近開始纏金屬線。
插入土裡
起點
1條金屬線搭繞兩根枝條
纏在可中途纏繞1～2圈的枝條上。
纏繞的金屬線粗細度
粗細為直徑的1/2。
微微地留下空隙。
45°角
細枝條纏細金屬線。
起點
纏粗金屬線的終點。
細金屬線的纏繞起點。
彎曲方法
彎曲纏金屬線的部位。
粗、細金屬線整齊纏繞
整齊纏繞
粗金屬線
細枝纏細金屬線。
2條金屬線整齊纏繞。
同時纏上2條直徑1/3的金屬線同樣有效果。

引出植株優點的維護管理與技巧

創作盆栽與栽培其他園藝植物的維護管理方法明顯不一樣，創作盆栽時，必須往枝幹上纏金屬線以形成曲線，或以刀具削掉枝幹上的某些部分。

盆栽觀賞上極為重要的要素之一為，植株必須展現隨著樹齡增長，長期面對大自然環境嚴峻考驗的經年變化之美。為了凸顯盆栽植株的經年變化之美，必須刻意地處理出宛如遭到風雪侵襲而彎曲，或部分樹皮因此而剝落的狀態，將主幹處理成「舍利幹」，以枝條形成「神枝」等，做出更精采的表現。

其次，創作盆栽時，新梢好不容易才長出，一到了夏季卻必須剪短，秋季至春季的休眠期間，又得將枝葉剪得短短的，也就是必須經常修剪。為了表現出小巧卻充滿巨木、古樹的姿態，必須刻意地處理出植株上混雜生長著細小枝葉的狀態，或絕對不容植株上出現徒長枝等情形。

更重要的是定期修剪，定期修剪是創作盆栽時長期維持小巧樹型，並且確實提昇植株風格的不二法門。

盆栽樹木為什麼需要修剪呢？

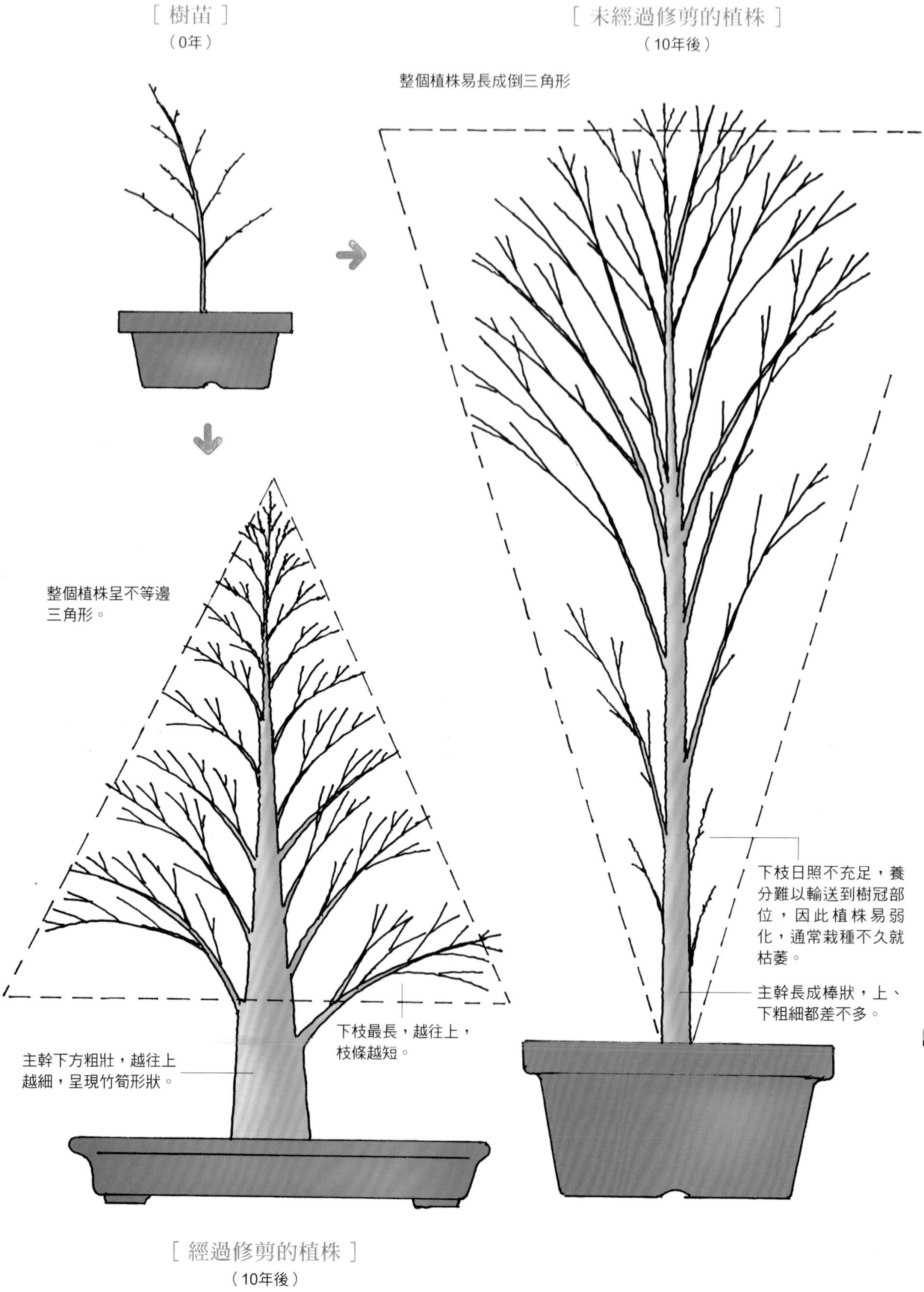

[樹苗]
（0年）
[未經過修剪的植株]
（10年後）
整個植株易長成倒三角形
整個植株呈不等邊三角形。
下枝日照不充足，養分難以輸送到樹冠部位，因此植株易弱化，通常栽種不久就枯萎。
主幹長成棒狀，上、下粗細都差不多。
下枝最長，越往上，枝條越短。
主幹下方粗壯，越往上越細，呈現竹筍形狀。
[經過修剪的植株]
（10年後）

盆栽樹木為什麼需要彎曲呢？

[表現植株歷經大自然嚴峻考驗的樣貌]

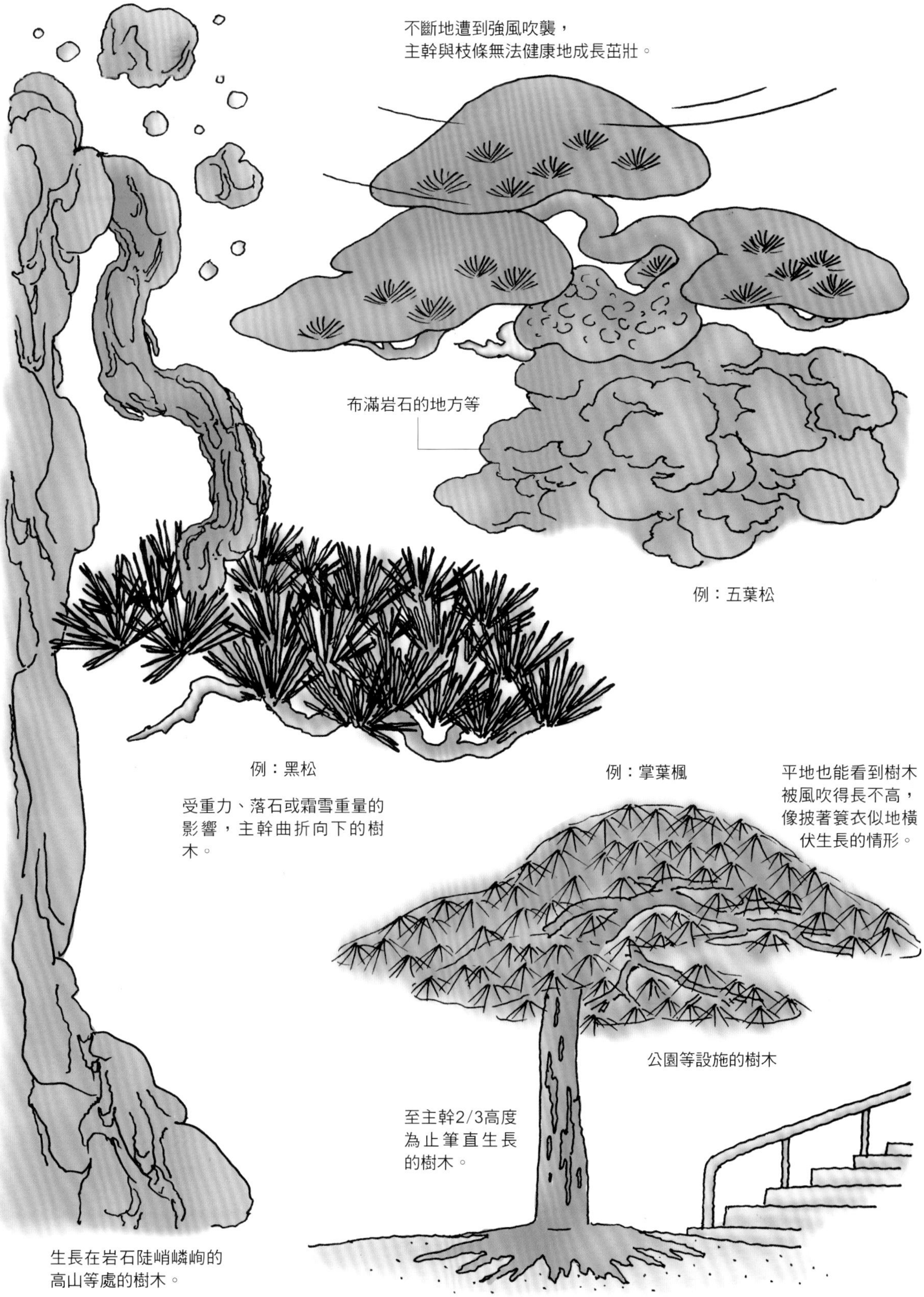
不斷地遭到強風吹襲，
主幹與枝條無法健康地成長茁壯。
布滿岩石的地方等
例：五葉松
例：黑松
受重力、落石或霜雪重量的影響，主幹曲折向下的樹木。
例：掌葉楓
平地也能看到樹木被風吹得長不高，像披著簑衣似地橫伏生長的情形。
公園等設施的樹木
至主幹2/3高度為止筆直生長的樹木。
生長在岩石陡峭嶙峋的
高山等處的樹木。

盆栽樹木為什麼需要削切呢？

[樹木自然形成舍利（幹）的過程]

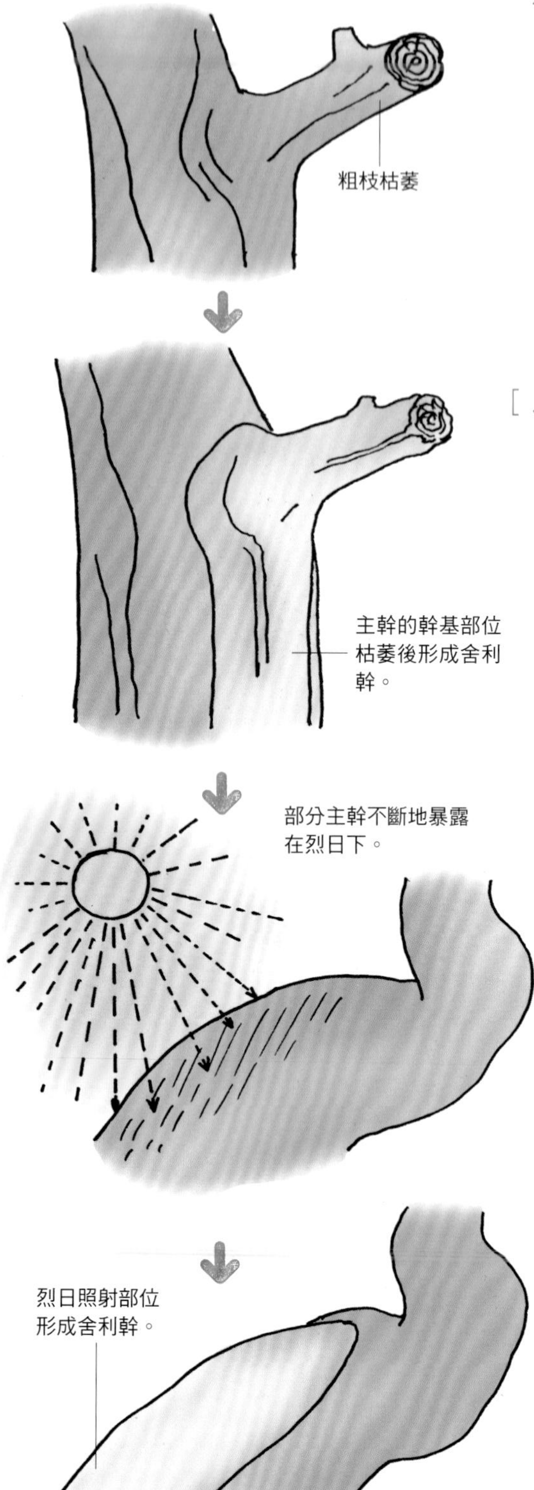
粗枝枯萎
主幹的幹基部位枯萎後形成舍利幹。
部分主幹不斷地暴露在烈日下。
烈日照射部位形成舍利幹。

[舍利（幹）與神（枝）]

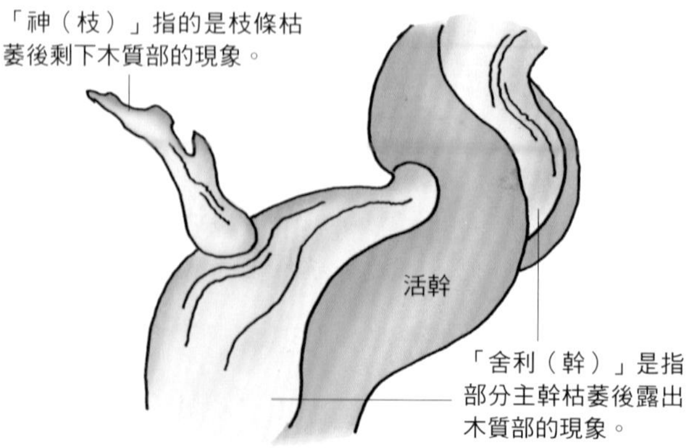
「神（枝）」指的是枝條枯萎後剩下木質部的現象。
活幹
「舍利（幹）」是指部分主幹枯萎後露出木質部的現象。

[以人工方式形成舍利（幹）與神（枝）的過程]

例：真柏

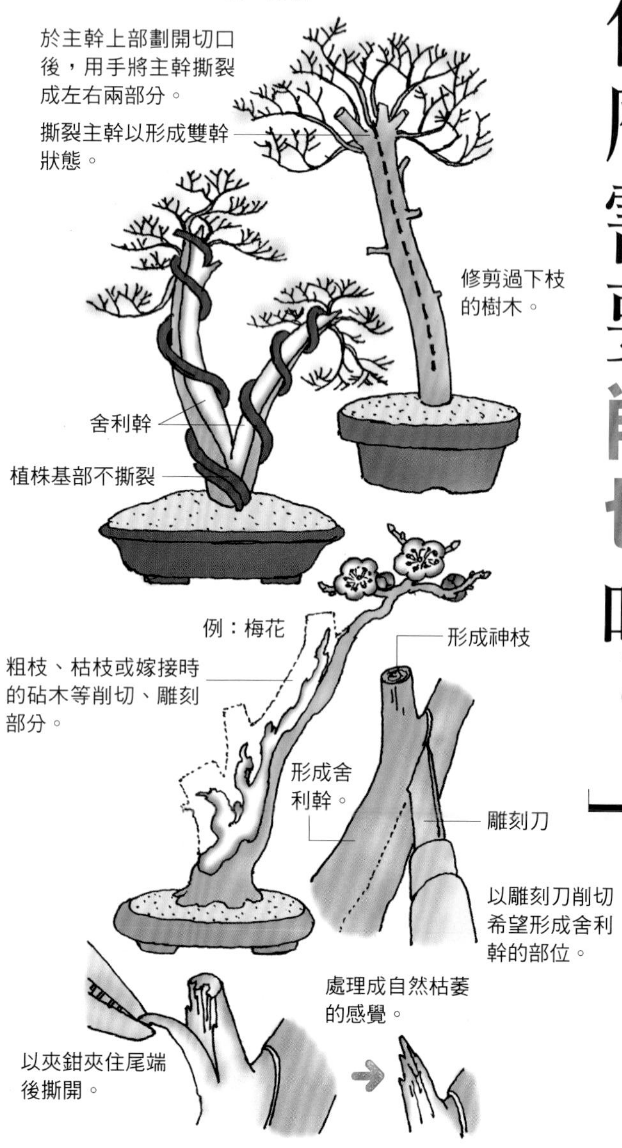
於主幹上部劃開切口後，用手將主幹撕裂成左右兩部分。
撕裂主幹以形成雙幹狀態。
修剪過下枝的樹木。
舍利幹
植株基部不撕裂
例：梅花
粗枝、枯枝或嫁接時的砧木等削切、雕刻部分。
形成神枝
形成舍利幹。
雕刻刀
以雕刻刀削切希望形成舍利幹的部位。
處理成自然枯萎的感覺。
以夾鉗夾住尾端後撕開。

預防病蟲害以維護盆栽健康

盆栽的健康診斷

盆栽樹木與生長在大自然中的樹木一樣，時時刻刻都面臨著病蟲害等風險的考驗。
了解因應對策是盆栽愛好者必須具備的基本要務。

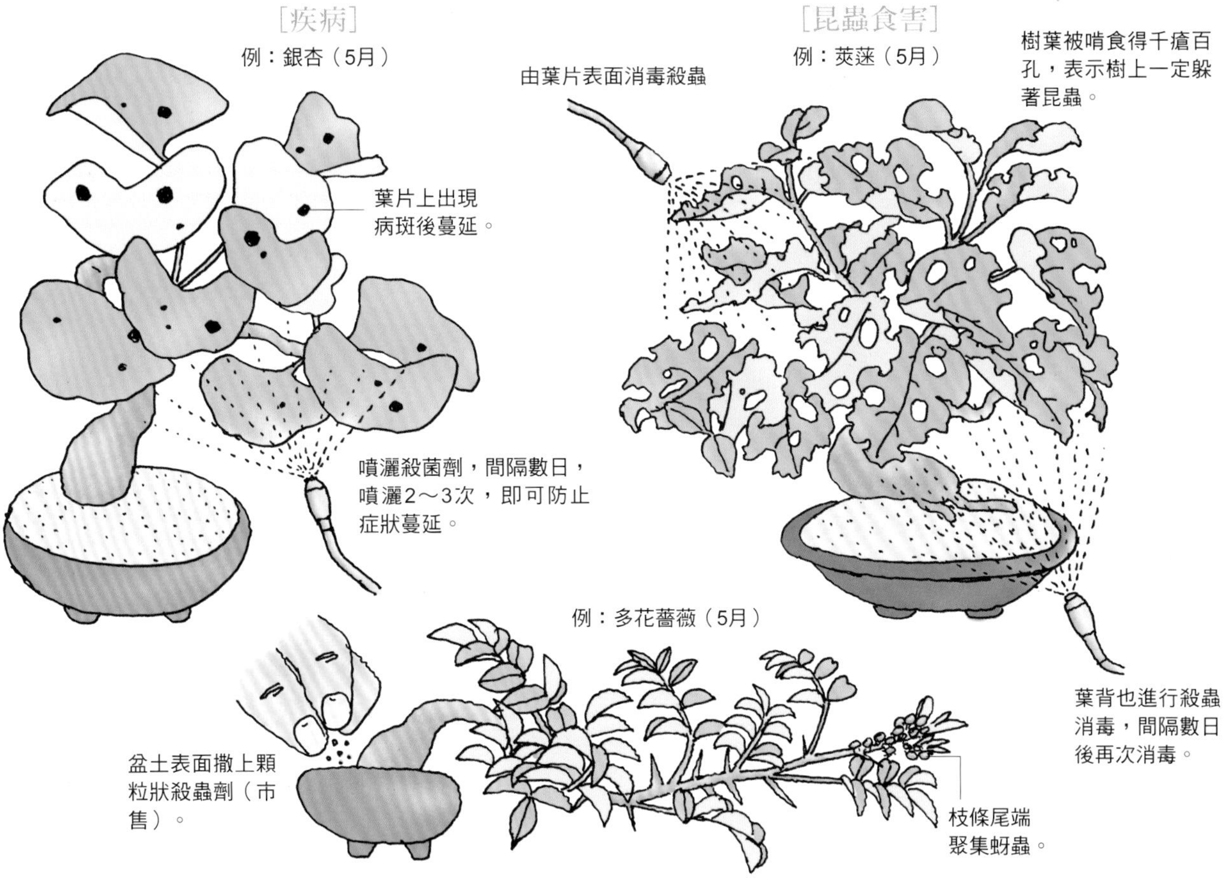
[疾病]
例：銀杏（5月）
葉片上出現病斑後蔓延。
噴灑殺菌劑，間隔數日，噴灑2～3次，即可防止症狀蔓延。
[昆蟲食害]
例：莢蒾（5月）
由葉片表面消毒殺蟲
樹葉被啃食得千瘡百孔，表示樹上一定躲著昆蟲。
葉背也進行殺蟲消毒，間隔數日後再次消毒。
例：多花薔薇（5月）
盆土表面撒上顆粒狀殺蟲劑（市售）。
枝條尾端聚集蚜蟲。

全面性觀察 正確的因應對策

包括盆栽在內，採用盆植方式的植物，和生長在大自然環境中的植物一樣，都必須時時刻刻地面對著昆蟲食害與疾病等侵襲的危險性。春季至夏季期間是害蟲活動力最旺盛，植物最容易罹患病蟲害的時候。春季至秋季期間定期地噴灑藥劑，事前防範即可避免植物遭到病蟲害的侵襲。

另一方面，初學者比較不容易辨別，最容易混淆的是病蟲害與植物的生理障礙。創作盆栽時，經常會碰到「植株好像不太有活力」、「葉子顏色不夠亮綠」等情形。這些情形通常是因為盆土裡出現腐根現象而引發。最令人困擾的是出現植株腐根現象時，症狀不容易發現，往往無法即時地採取因應對策。出現腐根症狀的盆栽，通常是因為澆水後，水無法順利地滲入盆土裡而引發。澆水後，水無法滲入盆土裡，加入的水很難變乾，盆土表面隨時都呈現濕漉漉的狀態。土壤環境惡化後，根部生長環境也跟著惡化，必須儘快移植。

除草、殺蟲、消毒的方法

噴霧器（手壓式）
冬季消毒劑
噴霧劑
氣霧劑
噴霧式
藥劑容量2L
粒劑
藥劑容量1L
水和劑
乳劑
殺蟲劑
殺菌劑
展著劑
[噴灑方法]
避免風大的時候噴灑
避免吸入藥劑成分
[稀釋用具]
漏斗
量杯
移液器
免洗筷
殺蟲或殺菌劑
水
稀釋殺蟲、殺菌劑，裝入噴霧器後噴灑。
狀似草坪的雜草也頑強生長。
[除草]
高大雜草利用刀尖連同根部一起挖除。
鑷子

肥料的種類與施肥方法

[液肥的調法]

以棍棒充分地攪拌

油粕　3kg
骨粉　1kg
魚粉　500g
米糠　500g

水

容量45L的容器

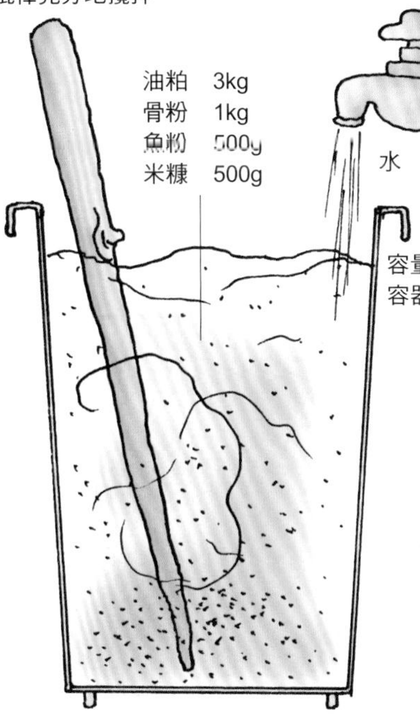

每個月1次，
以棍棒攪拌均勻。

隔著塑膠布，
加蓋後密封。

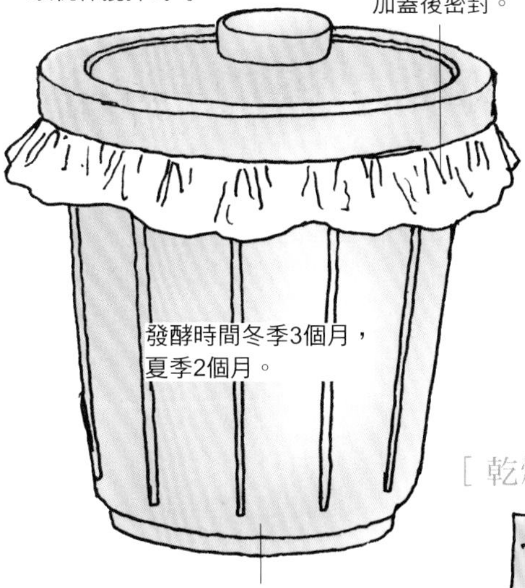

發酵時間冬季3個月，
夏季2個月。

塑膠桶

骨粉　1kg

魚粉　500g

必備物品

粉狀油粕　3kg

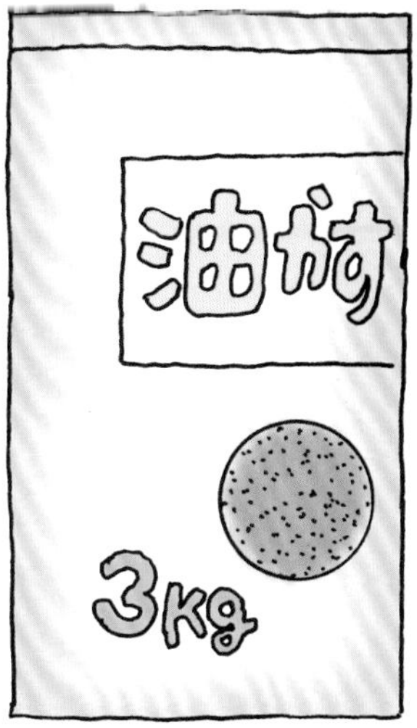

米糠（碾米時取得）
500g

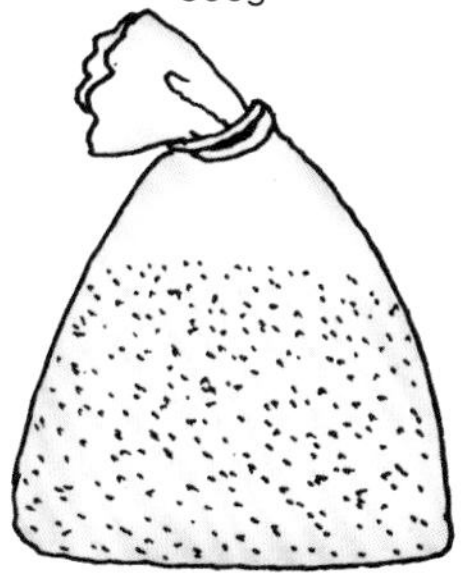

※促進發酵，
無法取得也無妨。

作法

液肥噴灑器

稀釋成10～100
倍後撒在盆土
表面。

※使用市售品亦可

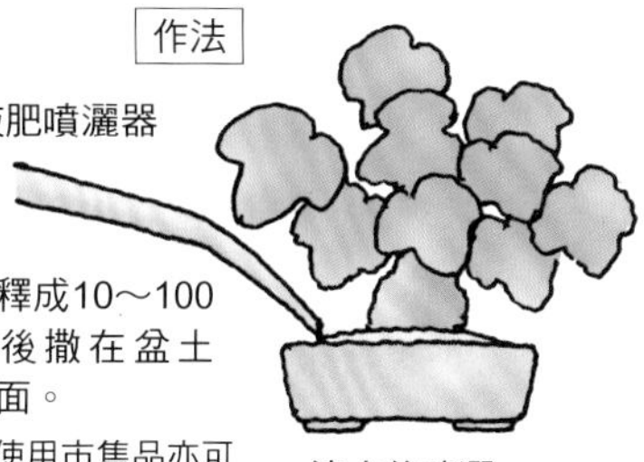

澆水後噴灑

[乾燥固體肥料（市售品）]

肥料三要素（氮磷鉀）
成分均衡，可直接使用。

將置肥施於盆邊

[調配肥料]

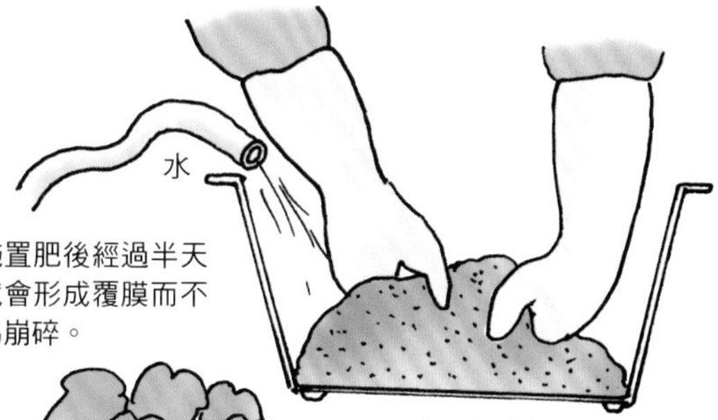

水

施置肥後經過半天
就會形成覆膜而不
易崩碎。

粉狀油粕　6
骨粉　3
魚粉　1

松柏類、觀葉類使用
比例。花卉類、果實
類使用時，需增加骨
粉比例。

澆水後施肥為佳

利用免洗筷將置肥
施於盆邊。

特別公開

盆栽創作正式展開！

盆栽素材60樹種

不管多麼了不起的盆栽，追根究柢都是從一棵小樹苗開始栽培起。親手栽培盆栽時，通常都是從苗木＝取得素材開始展開。本單元相關介紹是以書中介紹過的樹種為主，針對盆栽創作起點的素材，列舉出60個樹種進行深入淺出的介紹。腦海中想像著未來樹姿，好好地為自己挑選一盆最喜愛的樹木吧！

一歲大花紫薇
扦插4年　樹高約5cm

栽種後1～2年就開花的一歲大花紫薇，花期長，別名百日紅，顧名思義，夏季至初秋都能欣賞到鮮紅色花朵。

條通木（奧多摩產）
扦插3年　樹高15～20cm

與迎春花、棣棠花並列早春最具代表性的黃色花。如果進行強度修剪就不開花，建議栽培成植株恣意生長狀態以欣賞美麗的花朵。

皺皮木瓜（多摩產）
扦插5年　樹高約12cm

曾為皺皮木瓜（貼梗海棠）寶庫的東京西部多摩丘陵產扦插素材。皺皮木瓜易突變，這是開五枚花瓣的單瓣淺橘色花的最基本品種。

四照花（富士山產）
扦插5年　樹高約20cm

與繡球花、梔子花並列妝點梅雨季節的三大人氣花樹。以狀似花瓣的巨大白色花苞最具特徵。

四季開多花薔薇
實生5年　樹高約12cm

不僅在盆栽界，就連園藝種都算稀少的四季開多花薔薇。花後修剪，枝條尾端會再度開花。

黃金雀
實生5年　樹高約15～20cm

原產於中國的美麗花樹。因為一到了春天，植株上就開滿黃色花朵，就像是成群的雀鳥停在樹上而得名。

圓錐繡球（箱根產）
實生4年　樹高約25cm

植株強健，容易栽培，花朵酷似繡球花的樹種。枝條生長後常用於創作文人木型盆栽，容易開花。

石榴
實生5年　樹高約10cm

自江戶時代起就廣受喜愛的古典園藝植物石榴。以扦插素材較常見，這是相當難能可貴的實生素材。果實味道甜美。

木瓜梅「東洋錦」
實生5年　樹高約8～10cm

木瓜品種中最具知名度的「東洋錦」。開白底紅色條紋花朵，同時開出紅花時最迷人。

斑葉白花長壽梅
實生3年　樹高約5～7cm

和一般紅花品種或白花皺皮木瓜不同，是潛藏著系統突變神祕面紗的白花品種。葉片上有黃白色斑紋。

銀杏
實生3年　樹高約12cm

實生樹苗而難辨雌雄。即便雌株也必須經過20多年栽培才會結果，以幹模樣和秋天的黃葉最具觀賞價值。

枹櫟（多摩產）
實生5年　樹高約15cm

雜木林的代表性樹種，會結出橡實的樹木。耐心等待，可結出碩大果實。

源平粉花繡線菊
扦插5年　樹高20～25cm

紅白花朵開在同植株上，自古以來就相當出名的品種。發芽能力絕佳，耐修剪。

山茶花（秩父產）
扦插4年　樹高約12cm

以插芽方式繁殖，植株基部自然形成柔美曲線，栽培多年依然能自由彎曲的劃時代茶花素材。

山椒薔薇（箱根產）
實生5年　樹高約20cm

只自生於日本富士箱根山區的日本固有種野玫瑰。以碩大又美麗的粉紅色花朵最具魅力。

木瓜海棠
實生5年　樹高約10cm

原產於中國的果樹，特徵為果實碩大且散發著香氣。栽培小品時會開花，但不容易結果。

小葉胡頹子（富士山產）
實生5年　樹高約12cm

秋季的紅色果實最令人期待的落葉胡頹子。建議植株長大，結過果實後才修剪。

梔子花
扦插5年　樹高約10cm

葉片小，節間短，俗稱小梔子。六、七月開出香氣怡人的白色花。

黃葉棣棠花
扦插3年　樹高約12cm

從新芽到落葉，枝條上始終掛著鮮黃色葉片的稀少品種。春天通常開出山金黃色花朵。

照葉野玫瑰
（茨城縣大洗海岸產）
扦插5年　樹高約8cm

相較於野玫瑰品種中最常見的野玫瑰，葉片更有光澤，花朵更大。

火刺木
實生5年　樹高約10cm

原產於中國南部的原種橘擬。受到園藝品種排擠而越來越少見的稀有素材。

小檗（秩父產）
實生4年　樹高約12cm

小品尺寸，適合創作道地盆栽的優良樹種。秋天的漂亮紅葉媲美衛矛。

深山莢蒾（富士山產）
實生3年　樹高約15cm

意思為「深山裡的莢蒾」，植株小於平地莢蒾，適合用於創作盆栽。

照葉紅花野玫瑰
（茨城縣大洗海岸產）
扦插5年　樹高約10cm

出自無刺實生自然樹的突變種。開紅色多花瓣的漂亮花朵。

木防己（多摩產）
實生3年　樹高約25cm～

一到了秋天，樹上就結實累累地掛著酷似葡萄的藍黑色果實，近年來即便小品也相當受歡迎的樹種。蔓性特性最適合用於創作懸崖樹型的盆栽。

西南衛矛（奧多摩產）
實生4年　樹高約6cm

古時候曾被用於製作弓箭而得日文名「真弓」。因秋末的桃色果實，以及從果實中探出頭來的紅色種子而廣受歡迎。

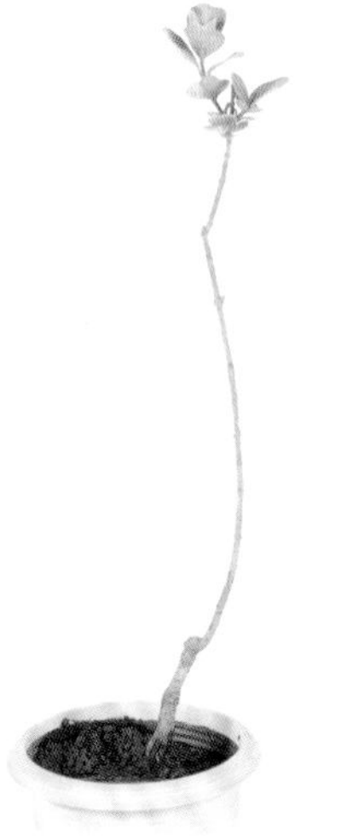

單葉蔓荊（茨城縣大洗海岸產）
實生3年　樹高約25cm

群生於海岸邊沙地上的濱海植物。粗糙主幹充滿古樹感，夏季綻放淡淡的藍紫色花更是美不勝收。適合創作文人木型盆栽。

二季開照葉野玫瑰
（富士山產）
扦插5年　樹高約8cm

六月與九月開花，每年開兩次花的照葉野玫瑰。整體小巧，適合用於創作小品盆栽。

伊呂波紅葉（秩父產）
實生5年　樹高15～20cm

盆栽界所謂的山楓，通常指此樹種。以充滿掌葉楓特色的纖細枝葉最吸引人。

香橙（多摩產）
實生3年　樹高約15cm

柑橘類植物中最耐寒，抗病能力也很強的樹木。精心栽培長大後期待長出果實。

豆柿
實生5年　樹高約40cm

栽培小品盆栽時，結果狀況也相當良好。江戶時代就開始栽培的澀柿樹。

冬青
扦插4年　樹高約20cm

聖誕裝飾使用的西洋冬青。秋末成熟的紅色果實為冬季最珍貴色彩。

日本南五味子（多摩產）
扦插5年　樹高約10cm

正式名稱為實葛。以秋末的大紅色集合果與黑褐色粗糙幹肌最值得欣賞。

欅樹（多摩產）
實生4年　樹高約20cm

與掌葉楓、三角楓並列最具代表性的落葉樹盆栽樹種。適合以姿態柔美纖細的倒帚型為栽培目標。

小葉葛藟（多摩產）
實生3年　樹高約10cm

相當於葡萄原種的蔓性珍貴樹種。秋天的紅葉最美，開花後也確實地結果。

紅斑小檗
扦插5年　樹高15～20cm

紅葉般紅色葉片上有綠色斑紋的珍品。春天賞花，秋天可欣賞紅葉與紅色果實。

落霜紅（富士山產）
實生3年　樹高約15cm

花與葉都酷似梅花，日文俗稱梅擬。落葉後好長一段時間還能欣賞枝頭上的漂亮紅色果實。

山女貞（富士山產）
實生5年　樹高約15cm

自生於山區的高山性水蠟樹。易分枝，適合用於創作纖細樹型。

澤蓋木（奧多摩產）
實生4年　樹高15～20cm

為秋天增添色彩的漂亮琉璃色果實魅力十足。成長後才用於創作盆栽即可提昇結果效果。

日本石楠（富士山產）
實生5年　樹高約30cm

道地的日本石楠，秋色越濃，深紅色小果實顏色越豔麗。

枸橘
實生5年　樹高約15cm

芸香科中相當珍貴的落葉樹。雌株栽培長大後，必須耐心等待七至八年才會結果。

小真弓（富士山產）
實生5年　樹高15～20cm

衛矛的同類，原種為幹枝上未長翅。秋季的紅色果實與紅葉最吸睛。

澤四手（秩父產）
實生5年　樹高約10cm

千金榆類植物中最耐寒，枯枝較少的樹種。一到了秋天就長出鮮黃色葉而亮麗無比。

唐楓
實生5年　樹高約10cm

江戶時代以後，一談到園藝品種三角楓，就是指此品種。體質強健，可長久維持纖細姿態。

合花楸（富士山產）
實生4年　樹高約15cm

日本東北、北海道地區最普遍栽種的行道樹。秋季可欣賞鮮豔的紅葉與紅色果實。

垂絲衛矛（奧多摩產）
實生4年　樹高15～20cm

秋天的紅色果實與紫紅色紅葉最吸睛。枝條具備往斜上方生長特性，適合創作文人木風樹型。

黃實酸實（富士山產）
實生5年　樹高約20cm

酸實為堪稱日本蘋果原種的野生種。秋天的果實與春天的白花都賞心悅目。

黑松（大洗海岸產）
實生5年　樹高約15cm

與一般栽培方式恰好相反，以少量肥料栽培出纖細枝幹，可自由彎曲塑型的素材。

油杉（輕井澤產）
實生5年　樹高約12cm

有別於日文名為春榆的園藝品種，道地的油杉。讓人想起高原上充滿清新舒爽氛圍的樹木。

山椒（富士山產）
實生2年　樹高約15cm

熟悉的辛香料。栽培盆栽也能享受美好香氣，葉、果實都能當做辛香料。

赤四手與犬四手櫪的中間品種（富士山產）
實生3年　樹高約20cm

可欣賞紅色嫩芽，枝幹長粗壯的速度快，兼具兩種優點的雜交品種。

日本花柏（多摩產）
實生5年　樹高約15cm

檜木的同類，比檜木更適合創作柔美姿態的優良樹種。

日本八房杉
扦插5年　樹高約12cm

幕末時期成功栽培的矮種杉木。枝葉纖細，適合創作小巧樹型的盆栽。

紅豆杉（富士山產）
實生5年　樹高約12cm

散發深山幽玄氛圍，體質強健，耐修剪，很適合創作小品盆栽的樹種。

臭常山（秩父產）
實生5年　樹高約8cm

芸香科落葉灌木，常見於石灰岩地帶。散發柑橘般獨特芳香味道。

柃木（多摩產）
實生5年　樹高約10cm

紅淡比的同類，祭祀活動常用樹木。葉片小，節間短，容易維持樹型。

赤松（富士山產）
實生4年　樹高約10cm

富士山的赤松帶實生樹苗，經過2年的栽培與彎曲成形的素材。充滿赤松柔美意象，適合用於創作懸崖型盆栽。

山皂莢（多摩產）
實生5年　樹高約15cm

江戶時代就廣為庭園栽種的樹種，充滿清涼意象。以多刺的樹幹和扁平果實最值得欣賞。

朴樹（多摩產）
實生3年　樹高約15cm

寺社、舊街道兩旁常見的巨木。比櫸木更適合創作氣勢雄偉優美的樹型。

大紅葉（秩父產）
實生5年　樹高約20cm

植株大於山楓（伊呂波紅葉），以強健體質與充滿野趣為最大魅力的掌葉楓。

學習盆栽圈的術語，深入了解，邁向嶄新里程碑

盆栽用語解說

赤玉土
由火山灰土壤中篩選出來的土壤。由於鐵質成分氧化而呈紅褐色，因為呈團粒結構（粒狀），保水性、排水性俱佳，是園藝栽培廣泛採用的土壤。

油粕
大豆、菜籽等作物榨取油脂成分後的殘渣。富含氮，完全發酵後廣為園藝、盆栽愛好者使用。

荒皮性
樹皮粗糙，充滿老樹意趣的狀態。亦指具備樹皮粗糙特性的樹種。

新木
又稱「荒木」、「粗木」，指素材階段的種木。

筏吹型
樹型之一，樹木倒掉後，樹幹上的枝條往上生長，看起來宛如主幹的樹型。

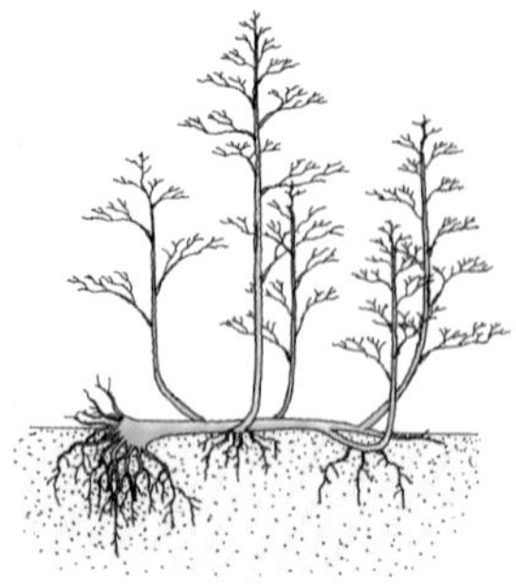

附石型
樹型之一，為了提昇野趣、增進自然風韻而將樹木種在石頭上的盆栽。＝石附型。

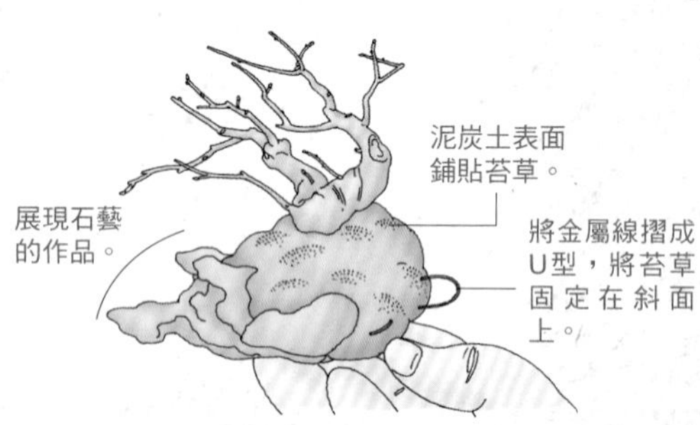
泥炭土表面鋪貼苔草。
將金屬線摺成U型，將苔草固定在斜面上。
展現石藝的作品。

一年枝
春天發芽後長成枝條。＝新梢。從春季開始到生長停止的這段期間稱為新梢。接著經過夏季、秋季、冬季，到了隔年春天，原本的新梢再次成長時，就成為二年枝。

第一枝
最靠近植株基部，最主要的役枝，通常為植株上最粗壯、最長的枝條。朝著枝頭方向，依序長出第二枝、第三枝。

忌枝
容易影響樹姿與盆栽協調美感的枝條。是修剪的主要對象。

①交纏枝
枝條彼此交錯生長的狀態。＝交叉枝。

②逆枝
一般來說應該往主幹外側生長的枝條，卻於中途往相反方向（朝著主幹）生長的狀態。

③立枝
向上生長的枝條。從枝條上長出，垂直向上的部分。

④閂枝
往前後或左右呈一直線生長的枝條。

⑤平行枝
複數枝條由主幹往相同方向平行生長的狀態。

⑥車枝
主幹的某個位置同時長出三根以上枝條，宛如車輪輻條般生長的枝條。

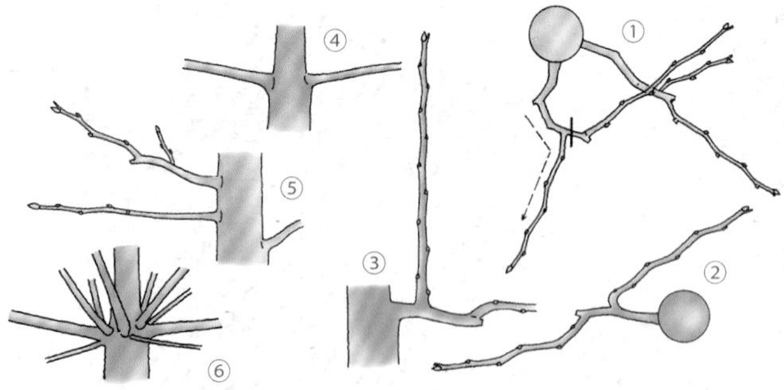
①
②
③
④
⑤
⑥

移植
將種在花盆裡的植株（包括素材）取出，整理生長變長的根部，換上新用土，重新種入花盆裡的栽培過程。請參照P．168。

栽種
將植株種入花盆裡的栽培作業。

內緣
花盆形狀之一，邊緣部分內縮進花盆裡側。

烏泥
未經過釉藥處理，充滿泥土韻味的泥盆。略帶灰色的淺茶色花盆稱烏泥。其他還有紫泥鐵紅的朱泥、桃花泥、綠泥等。

空洞
主幹因修剪等過程造成傷痕，之後腐爛產生孔洞，最後空洞化的現象。

營養生長
植物長高，莖部或主幹成長粗壯，枝葉茂盛生長稱營養生長。為了開花結果而長出花芽則稱為生殖生長。

腋芽
位於葉柄基部的芽。＝側芽。

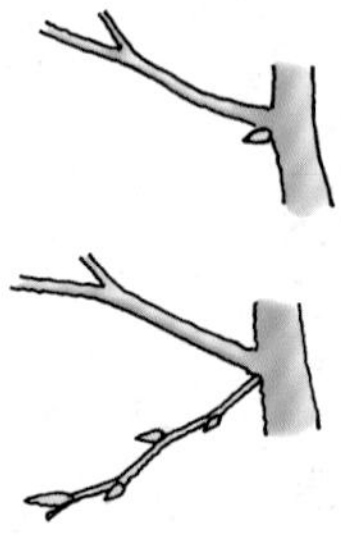

打枝

枝條生長狀況、呈現姿態、茂密程度相關用詞，狀態協調者稱「打枝情形良好」，是盆栽界的特有表現方式。林業所謂的「打枝」，是指砍除從主幹長出的枝條，因此需避免混淆。

修枝

為了整枝、採光、通風等目的保留必要枝條，修剪掉不必要枝條。＝修剪。

枝條恣意生長

指不進行摘芽、修剪，放任植物生長的狀態。只有尾端部位茂盛生長，易出現枝條中途小枝較少的情形，盆栽領域中屬於形狀不佳，不受歡迎的生長狀態。

枝伸展

指樹木的枝條大小、粗細程度，或往前後左右生長的枝條尾端長度，有時也用於表示測量最長部分的數據。

枝勢

表示枝條的姿態、形狀的協調狀態。狀態良好時稱「枝勢良好」。

分枝

由枝、幹分出的枝條或小枝。

縮剪枝幹

由枝條中途剪斷，大幅度縮小植株的修剪作業＝「回縮修剪」。

落枝

刻意地促使其往下生長的主要枝條。＝「低垂枝」。

禮肥

開花或結果後補充消耗掉的養分，避免植株衰弱，施以氮為主體的肥料。

改作

修剪、壓條等作業後，除改變樹型與大小外，還可透過改作，變更栽種角度或正面。改作通常於找到更好的枝勢後進行。

蛙腿枝

忌枝種類之一，指枝條分枝酷似青蛙U型腿的狀態。

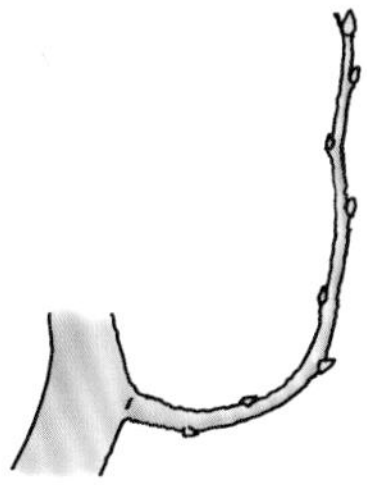

花芽

樹木的芽可分成開花結果與長出枝葉的兩種芽，花芽是指萌發後，將來會開出花朵的芽，日文俗稱「Hana-me」。

花芽分化

「分化」一詞意思為生物的細胞、組織、器官的型態或機能特殊化後，確立特異性的過程。盆栽樹種的花芽與葉芽分化大多於夏季進行。

萼片

花萼的各個部分稱萼片。花萼為植物相關用語，指花冠（花瓣或該集團）外側部分，請參照P．191。

花絲

支撐雄蕊花藥部分的絲狀蕊柄，請參照P．191。

花序

一根花軸上長出許多花朵的狀態，請參照P．191。

化學肥料

無機質原料經化學方式處理後，含植物生長所需氮、磷、鉀三大要素中的兩種以上成分的肥料，以數字表示所含要素比例。

花台

欣賞盆栽時，用於擺放盆栽的台子或桌子。

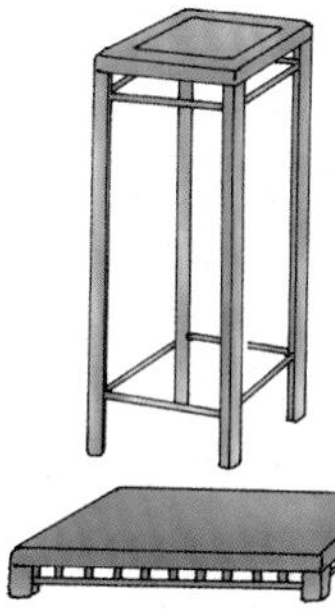

單側枝

由正面看盆栽時，枝條集中於主幹某一側的狀態。長成這種狀態當然不協調，但，其中不乏形成風飄型般單側枝長得很自然優美的樹型。

單側生長根

從正面看過去，植株的根部往左右任一側發達生長的狀態。

存活

移植後順利地長出根部，或扦插後確實發根的狀態。嫁接後，接穗與砧木切口確實癒合也稱為「存活了」。

鹿沼土

赤城山的火山噴發後，堆積於栃木縣至茨城縣海邊沿岸地區的火山輕石風化物，呈顆粒狀，保水性、透氣性俱佳。細粒鹿沼土常用於舖設扦插床。因鹿沼附近的土層特別厚而得名。

皮性

指的是樹皮素質與狀態。有錦性、荒皮性、龜甲性等呈現。如果樹皮粗糙而漸漸地顯出老樹感，會以「外層質感不錯」或「具有古色」來形容。

緩效性肥料

效果緩慢發揮的肥料，又稱遲效性肥料，大多為有機質肥料。

寒樹

邁入冬季後，落葉樹葉片落盡，只剩下枝條的狀態。代表性樹種如櫸樹、掌葉楓、三角楓等。可輕易地看出雜木特有的纖細枝條配置，與新綠、紅葉並稱三大絕妙觀賞時期。

例：櫸樹

環狀剝皮

進行壓條時，於主幹或枝條上切劃淺淺的切口，再沿著切口剝掉一整圈樹皮的作業。剝皮部位的上方易長出不定根，請參照P．164。

觀賞盆

欣賞完成樹時使用的缽盆。盆栽創作過程中則是以「栽培用」素燒盆栽培樹木。一般都會經歷過栽培盆、暫時觀賞盆、正式觀賞盆等移植過程。請參照P．166至167。

灌水

澆水。為植物提供水分。

閂枝

忌枝種類之一。請參照P・180。

樹姿（木姿）

盆栽的形狀、姿態。

吸汁性害蟲

蚜蟲類、介殼蟲類等嘴部呈針狀，喜歡吸食植物樹液的害蟲。

矯正

植株藉由纏金屬線等，改變彎曲狀態或生長方向，枝幹塑型，調整枝態的作業。

共生菌

於植物根部的根圈或細胞內繁殖，為植物提供氮等養分，從植物得到碳水化合物等成分，與植物形成共生關係的菌類。

曲度

盆栽枝幹的彎曲程度。

彎曲（形成曲線）

藉由纏金屬線等方式將枝幹彎曲成理想曲線的作業。

植物具有疏於維護管理就會繼續生長的特性，日照與通風狀況良好就會邊促進生長，逐漸長成別具韻味的姿態，因此可說是調整植物姿態上極為重要的工作。請參照P・171。

曲幹型

主幹彎曲部位較多的盆栽樹型。＝彎曲部位特別多的模樣木。

短截修剪

截剪枝幹。尤其是將枝條修剪截短。＝「截剪」、「修剪」。

切接法

嫁接繁殖法之一。靠近盆土表面，往砧木的其中一側劃切一道深及形成層的切口，再將插穗插入該切口的繁殖法。

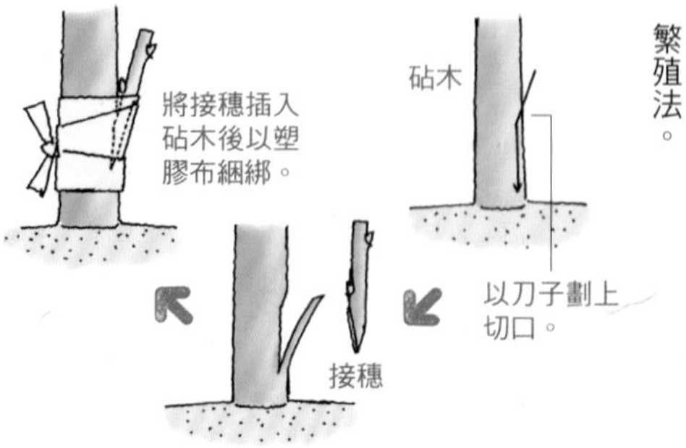
砧木
以刀子劃上切口。
接穗
將接穗插入砧木後以塑膠布綑綁。

縮剪枝條

植物修剪技巧之一，在枝條基部方向的芽的前方部位，剪掉枝條尾端部分，以促進該芽生長，栽培新子枝的方法。是枝條尾端更新不可或缺的作業＝回縮修剪。

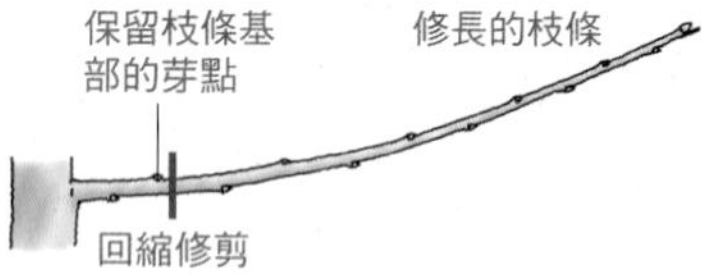
保留枝條基部的芽點
修長的枝條
回縮修剪

桐生砂

日本群馬縣桐生地區生產，鐵質含量高，含灰色輕石狀沙成分的園藝用土。兼具透氣性、排水性，篩出顆粒後混合赤玉土即可提昇排水效果。

緊靠枝

緊靠主幹似地生長的極短枝條，常見於細枝幹的文人木等風格特別的盆栽。

草類盆栽

不同於以木本植物創作的盆栽，指以枯萎後不會留下木質化主幹、枝條等部分的草本或草花植物創作的盆栽。

車枝

忌枝種類之一。請參照P・180。

形成層

與樹幹、根部長粗壯息息相關的分裂組織。位於輸送水分的木質部，與光合作用後輸送有用物質通道的韌皮部之間，細胞分裂最旺盛的部位。繁殖法之一的嫁接法，就是靠砧木與接穗的形成層接合而存活。構成韌皮部的管狀組織稱篩管，葉片行光合作用後形成的養分就經由該管輸送。光合作用係指植物吸入二氧化碳後，合成有益生物體物質的過程。

例：環狀剝皮

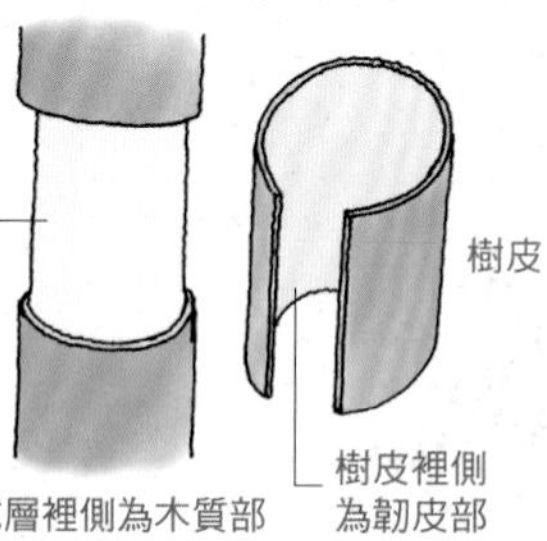
剝掉樹皮後留在枝幹上的黃綠色薄膜就是形成層。
樹皮
樹皮裡側為韌皮部
形成層裡側為木質部

化妝土

欣賞盆栽時，用於覆蓋盆土使盆栽顯得更美觀的細粒土。使用水苔也能達到相同作用。

結果習性

花芽或果實會長在幾年枝的哪個位置等特性。

泥炭土

自生於河川、濕地等處的植物（主要為蘆葦）等堆積後形成的黏質土壤，富含纖維成分，常用於創作附石型盆栽或苔球。

懸崖型

盆栽的基本樹型之一，模仿附著在懸崖峭壁上生長的樹木姿態，指枝幹下垂後低於盆底的樹型。下垂後未低於盆底，往斜下方生長的盆栽稱「半懸崖型」。其次，下垂後未低於盆緣的盆栽稱「風飄型」。請參照P・157。

光合作用

具備綠色光合成色素的植物，利用光能，將空氣中的二氧化碳與根部吸收的水分，和成為碳水化合物後釋放出氧氣的作用。＝二氧化碳同化作用。

交叉枝

忌枝種類之一。＝交纏枝。請參照P・180。

喬木

有主幹，樹芯、樹的頂部距離地面（＝樹高）好幾公尺的樹種，二十公尺以上稱大喬木，然後依序為喬木、小喬木。一般在園藝方面稱樹高3公尺以上為喬木，2公尺以下稱灌木以區別樹種。

諧順

由植株基部開始，朝著上

部的樹芯越長越細的狀態稱「諧順良好」。諧順良好的樹木具大樹感，是廣受喜愛的樹型。

腰水
將整個盆栽放入裝著水的水盤等容器裡，讓植株經由盆底孔吸取水分的方法。夏季期間避免盆栽失水的最有效辦法。

雨天
不使用腰水，靠雨水補充水分。
倒扣水盤
紫藤類最容易缺水。
浸水程度約針孔2倍以上的腰水。以傍晚左右吸收完畢為大致基準。

互生
枝條或新芽交互地往前後左右生長，彼此的生長方向不一樣。一角楓類、石榴等。請參照P．192。

粗粒盆底土
又稱底土，顆粒最大（直徑7至10mm）的用土。用於促進盆底排水。小品盆栽使用顆粒約3mm左右的大小。

古渡
明治時代以前由中國輸入日本的缽盆。明治時期至大正時期輸入的缽盆稱「中渡」，大正末期至戰前輸入者稱「新渡」以清楚劃分。

根毛
密生於樹根尾端部分的絲狀組織，吸收水分與養分的部位。

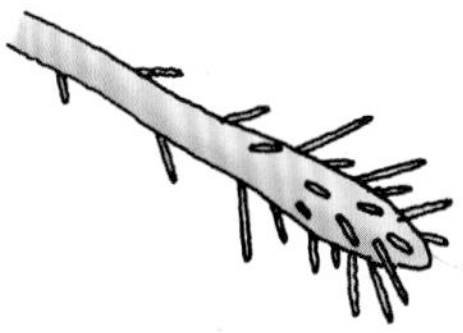

座
樹木根盤的根藝之一。癒合後已形成或即將形成塊狀的根部狀態。

細根
由側根長出的細小樹根。種子胚胎長出幼根後，成為筆直生長的主根＝直根，根旁長出側根，側根長出細根、根毛以吸收養分與水分。

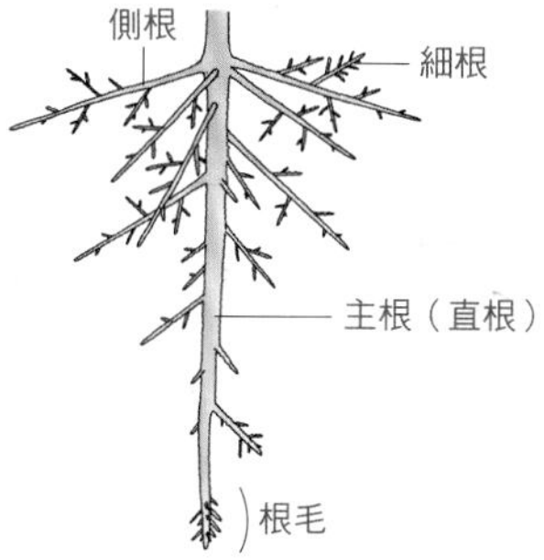
側根
細根
主根（直根）
根毛

逆枝
忌枝種類之一。請參照P．180。

複色品種
一棵樹上交互開出兩種以上顏色的花朵。皋月杜鵑、梅花、木瓜梅等盆栽常見。

延伸枝
長得特別修長粗壯，能夠調和樹姿、增添變化的枝條。

扦插
繁殖法之一，剪下樹木的枝、葉、根等部位後，插入土壤裡，促使長出根部。可繁殖和親木相同性質的樹木。請參照P．165。

插穗
扦插時使用的枝條。扦插枝條的用土稱「插床」。

插芽
繁殖法之一，剪下樹木或花草的新芽，插入土壤裡以促使長出根部的繁殖法。請參照P．165。

殺菌劑
預防疾病的農藥。

殺蟲劑
撲殺害蟲的農藥。

捌幹
植株基部原本長出一根主幹，遭逢天然災害或害蟲啃食後，主幹中途出現孔洞而分岔的現象。

三幹
一棵樹木的基部同時長出三根主幹的樹型。長出2根主幹時稱「雙幹」，長出5根主幹以上稱「叢生型」。

酸性土壤
呈酸性反應的土壤。大量使用化學肥料或農藥，土壤就容易酸化。此外，日本雨量較多的地區，土壤就容易酸化。施用草木灰或燻炭等就能中和酸性。

C／N率（碳率）
表示植物體內的碳（C）與氮（N）成分比例的數值。樹木較年輕時的成長（營養）生長期，碳素率較低，氮素率較高。邁入生殖生長期後，碳素率升高，氮素率降低。其次，該數值會隨著季節而變動，假設碳素為100g、氮素10g，C／N率為10。盆栽的話，碳素率隨著植物生長而升高。

空粒
未授粉，不具備發芽能力的種子。

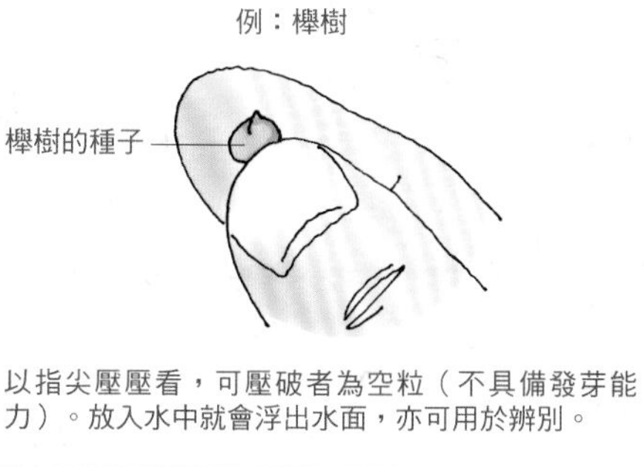
例：欅樹
欅樹的種子

以指尖壓壓看，可壓破者為空粒（不具備發芽能力）。放入水中就會浮出水面，亦可用於辨別。

同株受精
靠植株本身的花粉就能開花結果，於相同植株的花朵之間進行授粉，完成受精。

自交不親和性
無法靠植株本身的花粉開花結果，即便以植株本身的花粉授粉，依然很難受精而開花結果的特性。必須靠其他個體或其他種類的花粉才能受精。

下草
欣賞盆栽時常見的「添景」裝飾，配置在主樹旁的草類盆栽。請參照P．152。

栽培盆

希望枝幹更旺盛生長，用於培育過程中的缽盆。完成樹的樹勢減弱時，為了讓其恢復健康，也可以移植到栽培盆裡照料。

淺盆
深盆
中深盆

子房

雌蕊下方膨起，會結出果實的部位。子房裡的「胚珠」就是結果後形成「種子」的部位。

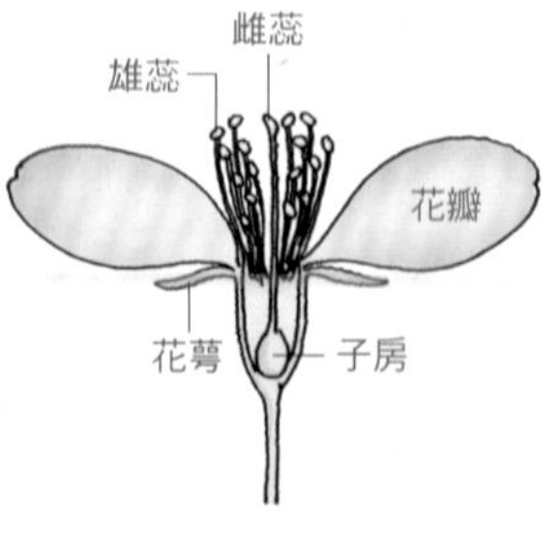
雌蕊
雄蕊
花瓣
花萼
子房

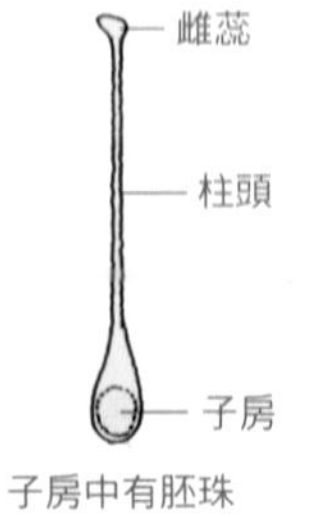
雌蕊
柱頭
子房
子房中有胚珠

姿態姣好的盆栽

長時間受到良好的管理與培育，樹姿優雅，枝條未出現徒長現象的盆栽。

斜幹型

盆栽的基本型之一，主幹傾向左右任一側的樹型。請參照P・156至157。

舍利幹

枝幹枯萎，木質部呈裸露白化現象的部分，常見於松柏等針葉樹盆栽，亦可以人工方式剝掉樹皮形成。＝舍利。請參照P・172。

雌雄異株

雄花與雌花分別開在不同的植株上，分成雄株與雌株的植物，如銀杏、落霜紅等。

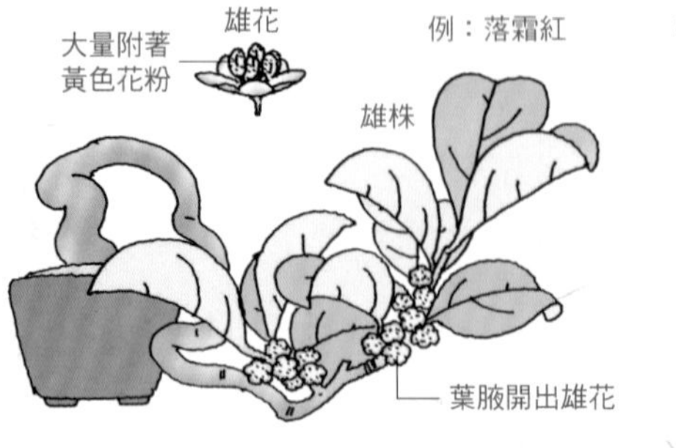
雄花
大量附著黃色花粉
例：落霜紅
雄株
葉腋開出雄花

交配：附近擺放雄株就會自然授粉。
雌株
葉腋開出雌花（花謝後結果）。
雌花
開出雌蕊很大的花朵。

雌雄混株

相同植株上開出同性花與單性花（雄花或雌花）的植物。

雌雄同株

相同植株上開出雄花與雌花的植物。

相同植株上開出雄花與雌花。
例：五葉木通
雌花
雄花
交配：以其他樹木的雄花接觸雌花的花蕊。
雌花
雄花

樹格

表現經過多年栽培而展現出老樹或大樹風格的程度。表現方式為「樹格非凡」等。

主幹

「叢生型」盆栽等，植株基部或基部附近長出複數主幹時，其中較粗壯、高挑的樹幹。

樹冠

在林業相關用語指的是樹木枝葉的整體輪廓。盆栽界所謂的「樹冠」，是指樹木頂端（頭部）的枝葉。請參照P・151。

樹型

創作盆栽的植株形狀。模擬大自然中的樹姿和風景，可大致分為直幹型、模樣木、懸崖型等。請參照P・156至157。

樹高

從樹木基部到樹芯（樹幹尖端、頂點）的高度。請參照P・151。

主根

種子胚胎長出幼根後長成。請參照P・183「細根」插圖。

樹芯

位於主幹尾端，樹木的頂點部分。＝頂部、芯。請參照P・151。

樹性

各樹種特有的性質。

樹勢

各樹種的生長（健康）狀態。

朱泥

帶紅色的素燒盆（燒製時不使用釉藥的缽盆。炻器）。

主脈

位於葉片中央的大葉脈。莖部維管束連結至葉片，將莖部的水分與養分輸送至葉片，再將葉片行光合作用（二氧化碳同化作用）後形成的碳水化合物，輸送至莖部。請參照P・191。

主脈
側脈

樹齡

樹木持續生長的年分。從年輪就能算出樹齡。

正木

由實生苗木或天然木栽培而成的盆栽，不含以扦插、嫁接、壓條等繁殖方法，或以不同植株的枝條嫁接後栽培的盆栽。正木是盆栽界評鑑盆栽的重要標準之一。

松柏類盆栽

黑松、五葉松、真柏、杜

松、杉木、檜木等常綠針葉樹盆栽之總稱。樹性強、樹格高，最具代表性的盆栽。

小品盆栽

通常指樹高20公分左右的小型盆栽。7至8公分以下則稱豆盆栽（迷你盆栽）。

常綠闊葉樹

葉片一年到頭都綠油油的樹木。因葉片表面的表皮層而呈現出光澤，又稱照葉樹。

常綠樹

樹葉壽命為一年以上的樹木。

常綠針葉樹

樹葉常綠且呈針葉狀的樹木。栽培盆栽的松柏類就屬於常綠針葉樹。

桌檯

欣賞盆栽時使用，設有桌腳的台子。高10公分左右稱「平桌」，30公分左右稱「中桌」，50公分至一公尺稱高桌。

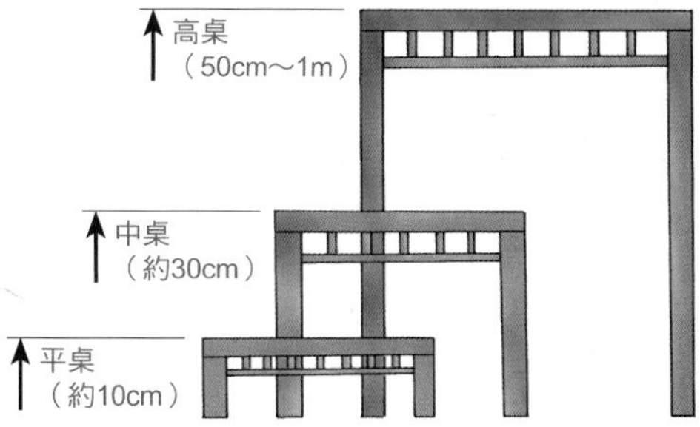
高桌
（50cm～1m）
中桌
（約30cm）
平桌
（約10cm）

芯

盆栽的頂部，又稱樹芯、「頭」。請參照P・151。

神枝

枝條枯萎後呈現白骨化現象。栽培松柏類盆栽時，可能以人工方式剝除樹芯或枝條等部位的樹皮，促使形成神枝，或於修剪不必要枝條時，保留一小段枝條基部，處理成神枝以營造老樹感。「舍利」則是指主幹部分的白骨化現象。請參照P・172。

新梢

今年長出的枝條。春天發芽後長成的枝條。＝一年枝。過了第二年後稱二年枝。

伸長生長

枝幹延伸，樹高增加的生長過程。枝幹長粗壯稱為「肥大生長」。

新渡

指大正末期至第二次世界大戰之前，由中國輸入日本的缽盆。明治時代以前輸入的缽盆稱「古渡」，明治中期至大正初期輸入的缽盆稱「中渡」。

滲透移行性殺蟲劑

將顆粒狀殺蟲劑施撒於盆土表面，殺蟲劑溶入水中後滲入土壤裡，植物根部會吸收藥劑成分，害蟲再吸食植物的汁液而達到殺蟲效果。

新芽長硬

春季期間長出新梢後，逐漸長成柔軟的枝條。枝條停止生長後，葉片漸漸地成熟，枝葉會跟著硬化並停止生長。

針葉樹

指樹葉呈針狀，或長出狹窄又堅硬的鱗狀葉子的樹木，杉木、檜木、松樹等常綠樹最常見。

水盤

陶瓷材質，形狀寬廣，盆身較淺的花盆。常用於裝飾附石型盆栽或水石。請參照封面。

液肥

成分溶解於水中的肥料。

素燒盆

以800℃左右高溫燒製而成，未使用釉藥的花盆。吸水性絕佳，適合植物生長。

整姿

針對枝條進行修剪、摘芽、纏金屬線等，藉此改變、調整盆栽形狀或方向的栽培作業。

生殖生長

為了促進開花、結果而促使植株長出花芽。

節

附著葉、枝、芽的部位稱為「節」。節與節之間稱節間。通常，越靠近枝條尾端，節間越短。修剪、摘芽時常用「2、3芽」、「2、3節」來表現。

【對生】

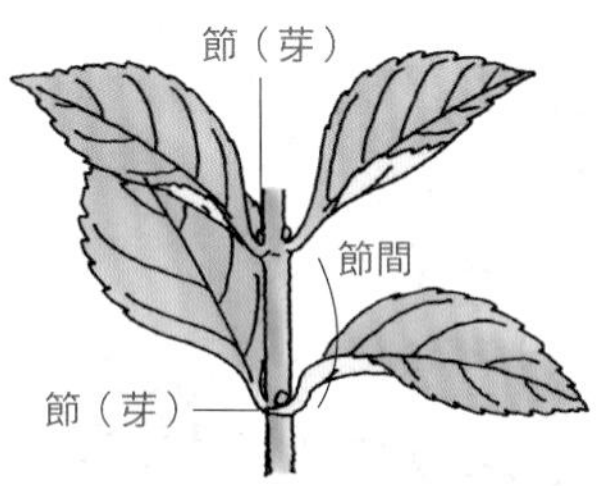
節（芽）
節間
節（芽）

【互生】

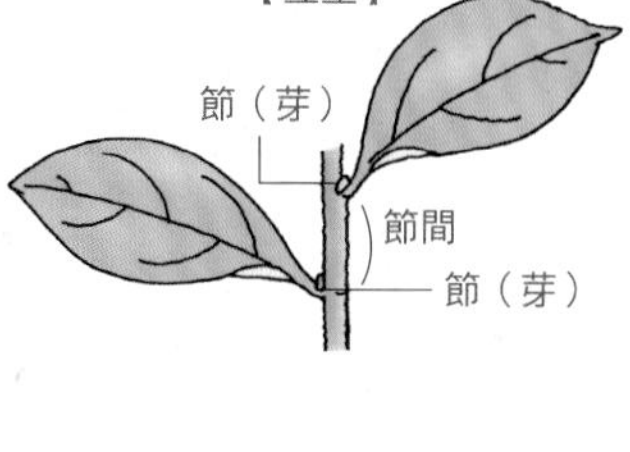
節（芽）
節間
節（芽）

石化

正確說法為「綴化」，指芽混雜生長的狀態。盆栽界通常稱為石化。

例：石化檜木

葉或莖部的集合看起來像石頭。

節間

長出葉、枝或芽的部位稱為「節」。節與節之間稱節間。

施肥

施撒肥料，為植物提供養分。

修剪（整枝修剪）

創作盆栽時，希望形成或

維持理想樹型，因而針對枝條進行的修剪作業。植株經過修剪即可進行改作，將大樹栽培成小樹。請參照P・170。

雙幹

植株基部同時長出兩根主幹的樹型，又稱「相生」。

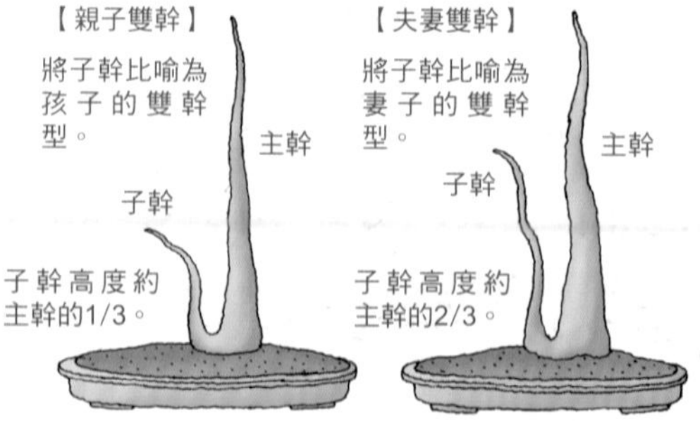

【夫妻雙幹】
將子幹比喻為妻子的雙幹型。
主幹
子幹
子幹高度約主幹的2/3。
【親子雙幹】
將子幹比喻為孩子的雙幹型。
主幹
子幹
子幹高度約主幹的1/3。

兩種類型都是從植株基部長出2根主幹。

雜木類盆栽

松柏類以外的樹木盆栽。

草本

樹木稱木本，相對於樹木的稱呼方式，可大致分成春天發芽後當年就枯死的一年草、隔年才枯死的二年生草本植物、以及地面上部分枯死，地面下部分還能存活多年的多年草。兩者都是木質部不發達，莖部壯大的程度有限，亦即所謂的「草」。

側芽

位於葉柄基部的芽。＝腋芽。

素材

即將種入盆裡的苗木或粗木（取材後未去皮、加工的樹木）。

砧木

嫁接樹木時，插入接穗的部分。

異株受精

因不同個體的花粉而授粉的現象。

托葉

對生於葉柄基部，具保護剛萌發嫩芽的作用。請參照P・192。

筍幹

主幹基部朝著樹芯呈現竹筍般極速變細的盆栽樹型。

幹基

盆栽鑑賞重點之一，指植株基部至第一枝之前的部位。盆栽界習慣以「幹基良好（不佳）」形容此部位的幹模樣或諧順。

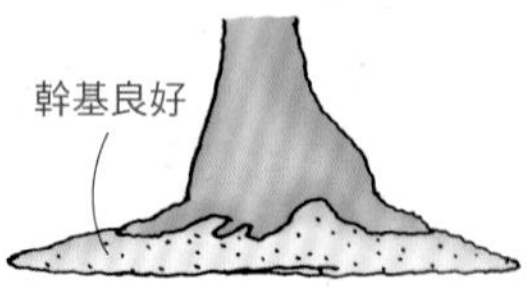

幹基良好

狸

加上枯萎的粗壯主幹，或處理成舍利幹、神枝的苗木素材後改作，宛如經過長年栽培（培育管理），狀似蒼勁老樹的盆栽。

種木

栽培盆栽的基本素材。種苗。

玉肥

油渣等加水調配後乾燥凝固成球狀的肥料。施撒於盆土表面，又稱「置肥」。市售玉肥品項眾多。

單幹型

只有一根主幹的盆栽。

短枝

節間極短，枝條部分每年生長相當有限，如銀杏、日本落葉松等。其次，松柏類等樹木長出針葉的基部薄皮稱為「袴」。

地板

欣賞盆栽之際，用於擺放花盆或水盤的平坦襯墊板。

頂芽

枝條（莖部）尾端的芽。

例：山毛櫸
頂芽

頂部優勢

萌芽力或枝條尾端生長速度特別強勁的特性，常見於喬木樹種。

直幹型

主幹筆直生長，無彎曲部位的樹型。

直根

種子內胚胎長出幼根後筆直地向下生長的樹根。側根、細根、根毛都是由該部位長出。

追肥

栽培盆栽時不使用基肥，視狀況需要追加的肥料。在農業與園藝領域指施用基肥後，於植物生長期間追加的必要肥料。

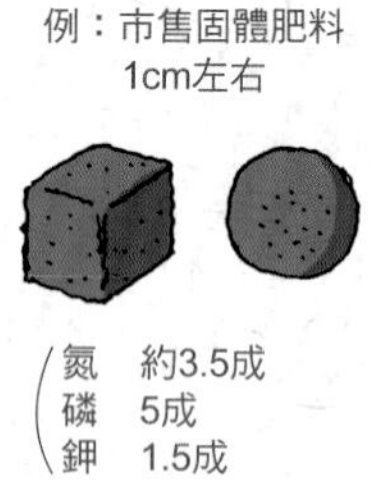

例：市售固體肥料
1cm左右
氮　約3.5成
磷　5成
鉀　1.5成

花卉、果實使用為主。以3號盆放一個為基準。

例：油粕固體肥料
1cm左右
氮　約7成
磷　2成
鉀　1成

松柏、雜木使用為主。以3號盆放一個為基準。

嫁接

繁殖法之一，將未長根的枝或芽，插入長根的植株莖部，促使彼此的形成層癒合的方法。請參照P・162至165。

附石

用於創作附石型盆栽的石材。

蔓性

長出蔓藤的植物，木本類的蔓藤植物稱作「藤本」。蔓性落霜紅、五葉木通、日本南五味子等都屬於蔓性植物。

定芽

生長於良好位置的頂芽與側芽。生長於其他位置的芽則稱為不定芽。

灌木

樹高數公尺以下，主幹不明確又無法成長粗壯，易形成叢生狀態的樹木。杜鵑花、木瓜梅、火刺木等。

泥缽盆

燒製過程中不使用釉藥的缽盆。外觀、色澤素樸典雅，栽培松柏類盆栽時，基本上都使用泥缽盆。

【添景】鳥型添景物與菱葉柿

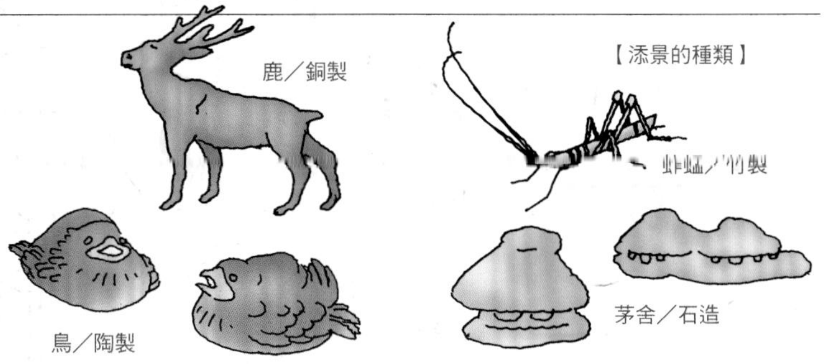

添景
由置於盆栽主樹旁的小物或擺件配置後構成裝飾的景致。

天神川砂
採自日本兵庫縣天神川上游的河砂。因其礦物特性透氣性絕佳，但不具保水性。

展著劑
噴灑殺蟲劑時使用，可促使藥物附著於葉片或莖部表面的藥劑（介面活性劑）。

擺件
營造盆栽景色的添景物，有人、魚、動物、昆蟲、佛像等類型的擺飾。

冬芽
度過寒冬後於隔年萌發的芽。

胴繩
盆身裝飾之一。狀似盆身纏繞著細繩。

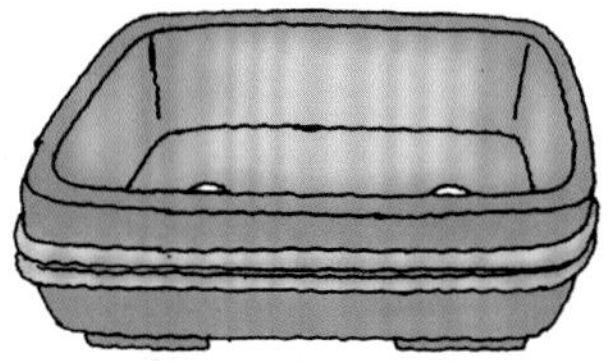

胴吹芽
由枝或幹長出的不定芽，或該處發芽後成長的枝條。＝胴吹。

由枝、幹中途長出的芽。

土壤孔隙率
假設土壤體積為100，土壤孔隙率是指土壤中所含水分或空氣體積的比率。

徒長
指枝條或莖部異常生長的現象。除疏於維護管理外，受到日照不足、通風不良、土壤的氮含量過高、新芽混雜生長等影響時就容易出現徒長現象。

徒長枝
生長趨勢異常的枝條。不定芽最容易長成徒長枝，是影響樹型的主要原因之一。

浸泡
將缽盆整體浸入水中的澆水法，能夠讓栽培用土整體確實吸收水分。

壓條法
植物的繁殖法之一，促使主幹中途長出根部後切下以取得素材的方法。請參照P・163。

撫角
花盆形狀之一，方形花盆的角上略帶渾圓的狀態。

海鼠缽
花盆表面處理成青色、白色霜降般紋路的日式花盆，或使用藍綠色釉藥的中國式花盆。

橢圓形海鼠釉缽

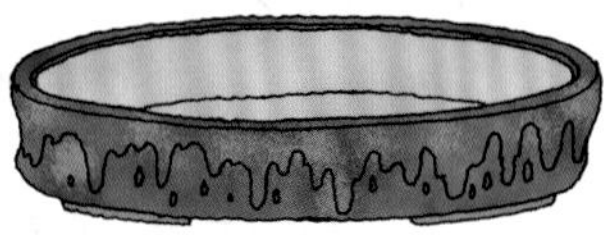

南京缽
瓷器經過釉藥處理後完成的中國式花盆。

長方形黃色南京釉缽

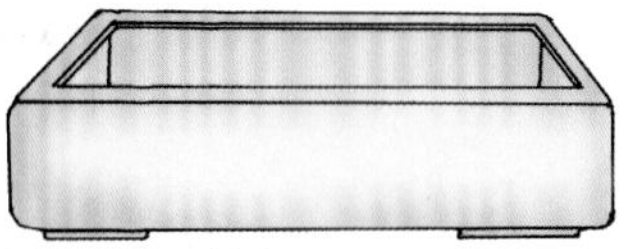

錦性
枝幹表皮爆裂後呈現粗糙狀態的特性。

露根
部分樹根浮出土壤表面的樹型。

洗根
栽培盆栽過程中，根部佈滿花盆時，取出種在花盆裡的植株，維持「根盆」狀態，擺在水盤裡，營造清涼感的盆栽。維持該狀態繼續栽培，待「根盆」表面長出青苔後，整個盆栽更為風雅。

根腐現象
排水狀況不良、過度施肥而導致根部枯萎的現象。病原菌入侵等也可能出現根腐現象。

〔主要原因〕
①長期疏於換盆，或錯過換盆時機等。
②用土不當而導致排水不良。

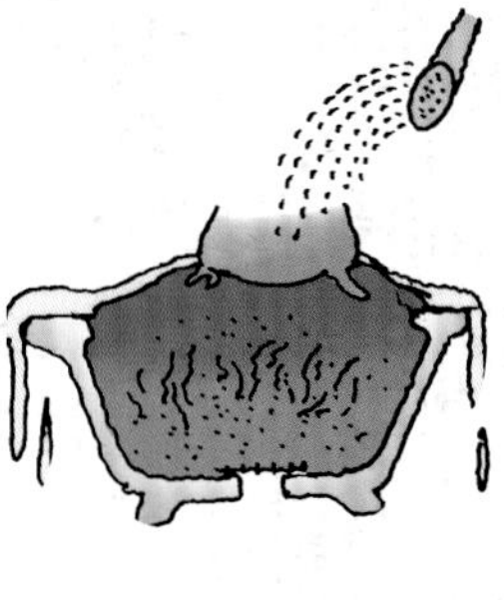

③過度施肥。

未考慮樹木狀態，施肥次數、分量不恰當。

④去除粗根

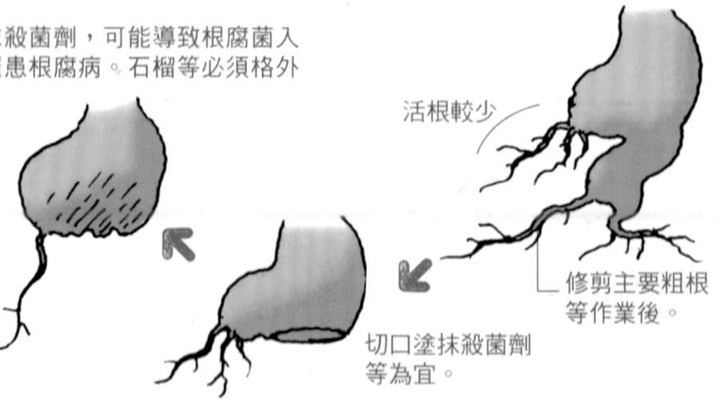
活根較少
修剪主要粗根等作業後。
切口塗抹殺菌劑等為宜。
未塗抹殺菌劑，可能導致根腐菌入侵而罹患根腐病。石榴等必須格外留意。

插根
繁殖法之一，切下根部後插入土裡。=匍匐根繁殖。

捩幹
樹幹擰轉生長的特性。北半球大多往右，南半球則是往左擰轉。

根阻塞
盆裡擠滿根部而影響樹木生長的現象。

連根
根部彼此連結生長而長出多枝樹幹的樹型。

根盤
浮出土壤表面的根部發育狀態，盆栽觀賞重點之一。表現根部緊抓大地的力道與安定感。

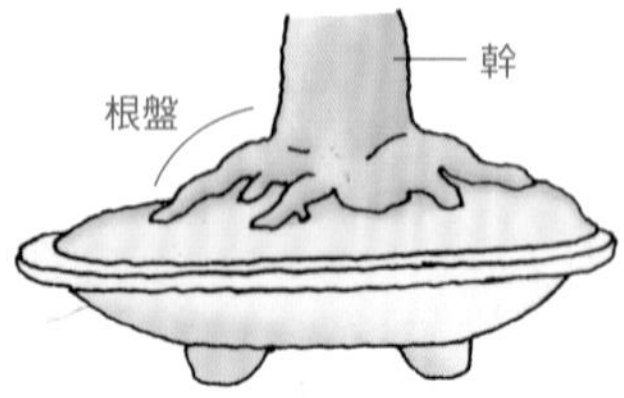
幹
根盤

匍匐根繁殖
繁殖法之一，切下根部後插入土裡。=插根法。

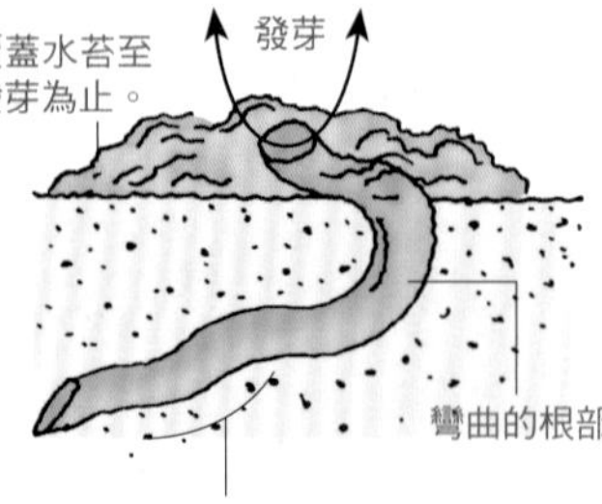
發芽
覆蓋水苔至發芽為止。
彎曲的根部
切除上面的小根

培養
適當地培育管理、栽培樹木。

剝葉
修剪作業之一，剝除葉片以促使雜木類密生小枝、長出小葉或再長新葉的方法。

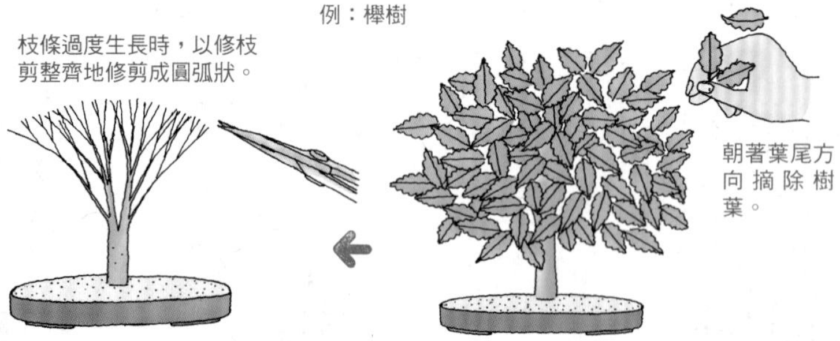
朝著葉尾方向摘除樹葉。
例：櫸樹
枝條過度生長時，以修枝剪整齊地修剪成圓弧狀。

白泥
以氧化鐵成分較少的泥土製造的淺黃色或淺灰色中國製陶盆。

播種
播下種子。

葉性
葉的大小、顏色光澤等特性。盆栽界稱葉片細小為「葉性良好」。

走根
相較於正常的根，長度極端異常的樹根。可趁移植時進行截剪。

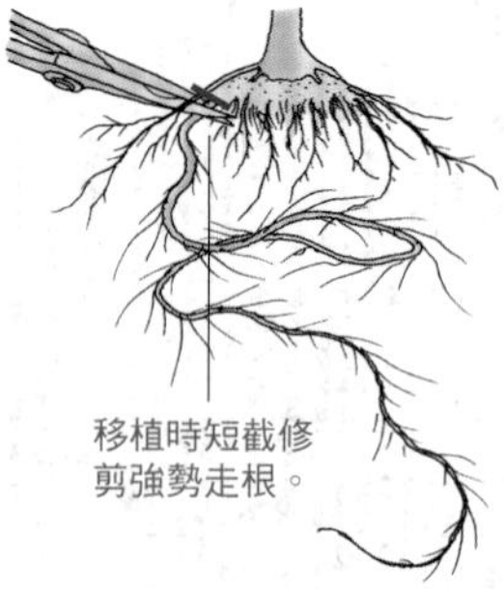
移植時短截修剪強勢走根。

種入花盆
將園子裡或插床等處栽培的種苗、苗木種到花盆裡的栽培作業。

缽映
觀賞盆栽時，表現植株與花盆是否充滿協調美感的用詞，表現方式如「缽映良好（不佳）」。

溢盆
懸崖型、半懸崖型常見，指枝葉超出盆緣範圍的現象。

八方根盤
根部往四面八方生長，充滿安定感的根盤。

摘除殘花
摘除謝掉後依然掛在枝頭上的殘花，目的為避免樹勢減退或預防病蟲害。皋月杜鵑等必須利用指甲，連同雌蕊基部（子房）一起摘除。=去除殘花。

花芽
會開出花朵的芽。植物用語稱「花芽」。

花卉類盆栽
花朵部分具觀賞價值的盆栽。

拔葉
黑松與赤松的整姿法之一。指切芽後長出二次芽，進入休眠期後摘除所有的老葉，再針對長得特別強勢的新葉進行的疏葉作業。請參照P．100~103。

葉水
往葉上灑水，具備清除汙垢與避免出現葉燒現象等作用。

葉燒
夏季期間受烈日與高溫之影響，葉的蒸散作用特別旺盛，根部吸水不充足時，出現整片葉子或局部枯萎的現象。

纏金屬線
樹木具備置之不理就繼續向上生長的特性，往枝幹上纏金屬線後進行橫伏調整，促使枝幹往側面匍匐生長，或彎曲、矯正方向、調整樹姿的作業。同時也是雕琢出大樹、老樹意趣，使植物姿態顯得更優雅的作業。請參照P・171。

蟠幹
指彎曲程度甚於模樣木樹型，基部附近粗壯複雜，宛如蟠捲在一起的大蟒蛇的主幹。

半懸崖型
枝與幹下垂程度不如懸崖型，枝條尾端位於盆底線前後或上方的樹型。

盤根
指樹根彼此結合成塊的狀態。三角楓、掌葉楓、山毛櫸等樹木常見。

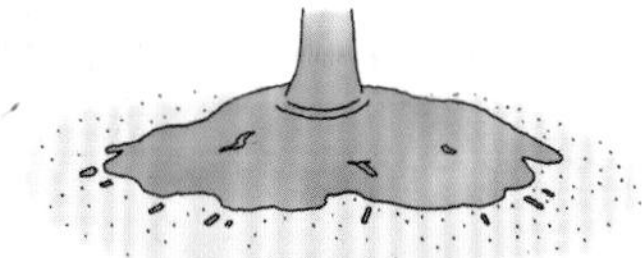

引根
從主幹傾斜側相反方向長出的根。以強而有力地支撐主幹，根盤分布良好者為佳。

蘖枝
由植物的基部長出的不定芽。易形成徒長枝。＝幹生枝

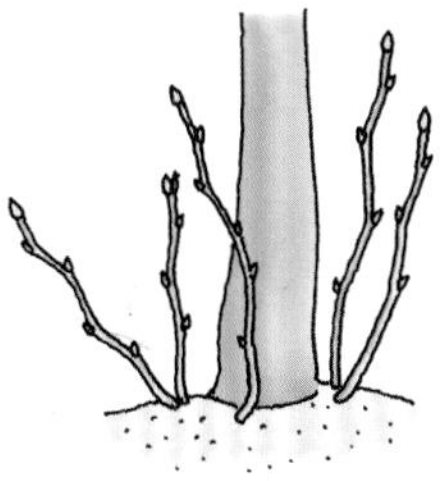

生長肥大
枝幹生長過於粗壯的現象。

肥培
刻意地提供適合該植物的肥料與水分的栽培方式。

肥傷
施肥過量導致根部周圍水分所含肥料濃度太高，引起根部受損後成長狀況變差的現象。

斑葉
葉片上有兩種以上顏色的條紋或斑塊的樹葉。

例：東瀛珊瑚

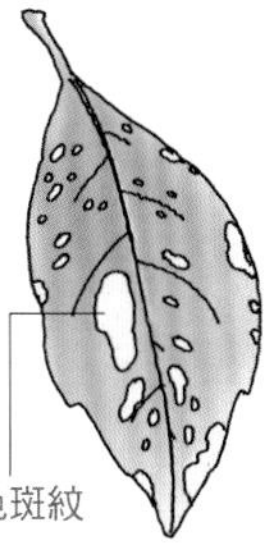
黃色斑紋

風飄型
枝幹被強風吹襲似地往同一個方向傾斜的樹型。傾斜程度大於斜幹。請參照P・157。

不定芽
由正常（定芽）以外位置長出的芽，樹勢較強或較年輕的樹木等常見。由植株基部長出不定芽時又稱「蘖生」。

懷枝
由樹木的內側長出，顯得若不禁風的枝條。懷枝混雜生長時易影響通風與樹型，因此，發現後應立即修剪。

腐葉土
落葉或小枝堆積後經過分解而成為土壤狀態，既可當做栽培用土，亦可用於改良土壤。園藝店就能買到人工處理的腐葉土。

文人木型
盆栽樹型之一，主幹纖細，枝條數也少。完全修剪掉不必要的枝條，充滿侘寂意趣的樹型。請參照P・157。

平行枝
忌枝種類之一。請參照P・180。

酸鹼值（pH）
表示土壤與水中氫氧濃度的符號，中性為pH7，酸性為數值小於7時，數值越小濃度越高。鹼性為數值大於7時，數值越大，濃度越低。通常，持續施用肥料、農藥後，土壤就容易呈酸性。添加石灰、草木灰、燻炭等物質，即可將土壤中和成鹼性。必須視植物需要調整土壤pH值。

苞
包覆花蕾的葉。位於花或花序的基部。

例：山茱萸

狀似花瓣的苞
位於苞中心的才是花

萌芽
植物長出新芽。＝發芽。

倒帚型
狀似倒立掃帚的樹型。

接穗
嫁接在砧木上的嫩芽或枝條。

前枝
往盆栽正面生長的枝條。屬於忌枝。

豆盆栽
樹高10公分以下的盆栽。＝「迷你盆栽」。

圓幹
形狀扁平表面無傷的主幹。

幹模樣
主幹的彎曲狀態。

實生
播種繁殖方法之一。「實生3年」指播種後第三年的苗木。不需要特別照顧，推薦初學者採用。但需要好幾年才會發芽。

水苔
生長在濕地上的苔蘚類。綠色，葉的吸水能力強。除園藝界廣泛作為保水材料的白色水苔外，還包括國外生產進口的乾燥水苔。

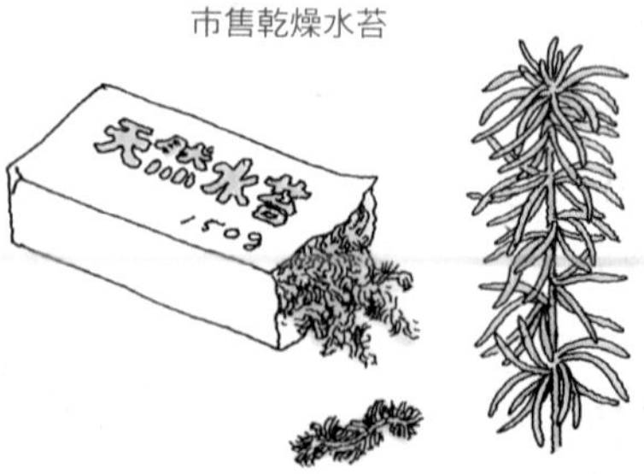
天然水苔
1509
市售乾燥水苔

綠
松樹類的芽或葉子展開前的新芽。摘除該部分以調整芽強度的作業稱摘綠。請參照P・100～103。

果實類盆栽
果實部分具觀賞價值的樹種。

芽動
指植物出現萌芽徵兆。

抹芽
抹除不需要的芽。

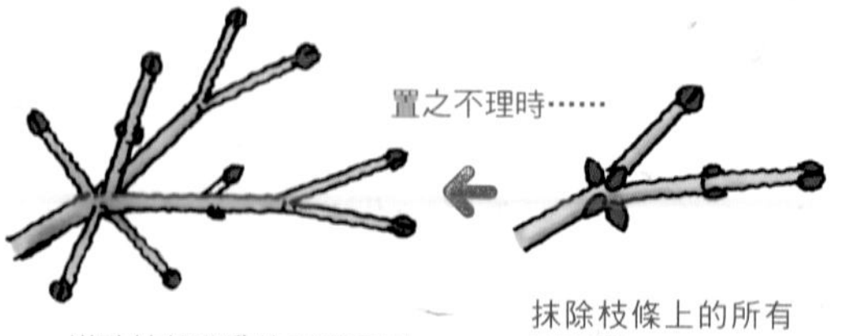
置之不理時……
抹除枝條上的所有不定芽
導致枝勢混亂的主要原因

切芽
由新芽基部剪斷，目的是使植株的萌芽力更平均、增加枝條數、長出相同長度的葉子，是栽培黑松時的重要工作，又稱「短葉法」。春天長出新芽後，於六月左右進行一次修剪，然後栽培新長出的二次芽，可針對各種目的廣泛運用的栽培技巧。基本上，切芽時需抑制強芽，扶助弱芽的生長。長出二次芽後摘除不必要新芽的疏芽作業稱為「抹芽」。

摘芽
摘除新芽以抑制生長的栽培方法，又稱「摘綠」、「摘除蠟燭芽」，目的為增加小枝，促使長出較小的葉子。

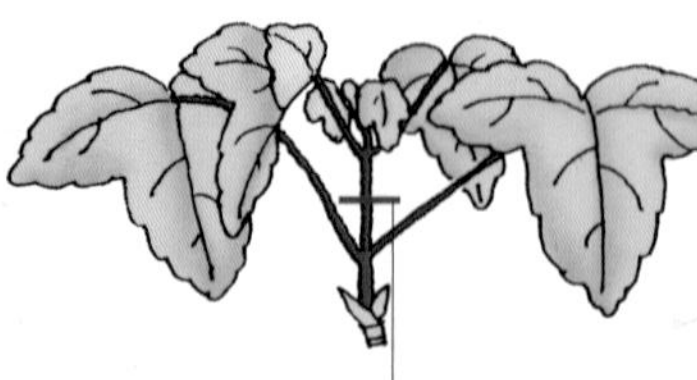
留下1節，摘除枝條尾端的芽。

栽培期間
栽培盆栽過程中常見「栽培期間三十年而漸入佳境」等表現方式。

元肥・基肥
栽種植物前，先施以植物生長的必要肥料，大多使用緩效性有機肥料。

模樣木
主幹往前後左右彎曲的樹型。彎曲狀態特別明顯的樹型稱曲幹。請參照P・156。

役枝
觀賞上，構成盆栽樹型不可或缺的枝條。

幹生枝
不定芽，尤指由植株基部長出的不定芽，易形成徒長枝，＝蘖枝。

八房性
相較於相同樹種的一般品種，明顯矮化，枝葉較短、較密集生長的品種。常見於五葉松、蝦夷松、杜松等松柏類，雜木類也不乏八房性品種。

例：八房杜松

山採
將原本生長在山中，適合作為盆栽素材、具有發展性的自然木採集回來。

有機肥料
原料為天然動植物的肥料。大多為緩效性、遲效性肥料。

癒合促進劑
避免病原菌由切口處入侵，修剪樹木後塗抹，促使形成癒合組織（植物受到傷害後增生以覆蓋住傷口的組織）的藥劑。

葉腋
葉子連結莖部部位的基部。位於基部內側。葉子附著莖部部分的分叉處長出的芽稱為腋芽。

葉芽
新芽成長後只會長出葉子的枝條（莖）。

用土
栽培植物的土壤。

葉柄
連結葉片與莖部的部分，為莖、葉輸送養分的通路。請參照P・192。

合植型
表現樹林風景等的盆栽樹型。一個花盆裡栽種兩種以上的相同樹種或不同樹種。

靠接法
嫁接方法之一，以附著根部狀態下的樹枝為接穗的嫁接繁殖方法。適當時期為春季，削切枝條側面後作為接穗，與同樣削切側面的砧木緊密貼合，栽培至秋季後，兩者的癒合組織就會相互癒合。

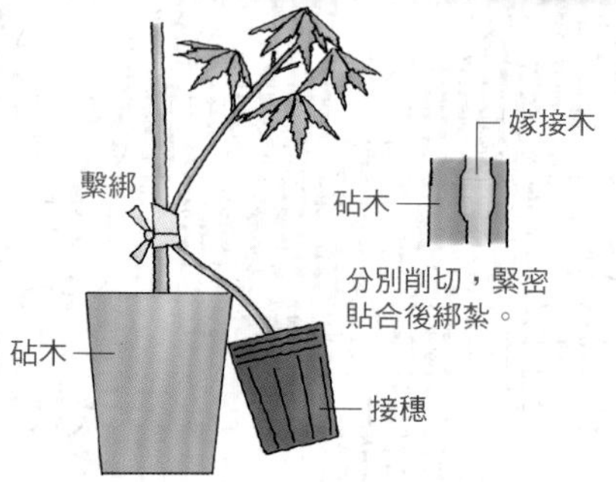
繫綁
嫁接木
砧木
分別削切，緊密貼合後綁紮。
砧木
接穗

若木
尚未經過多年的栽培，還感覺不出老樹氛圍的未完成盆栽。

【花序形狀】

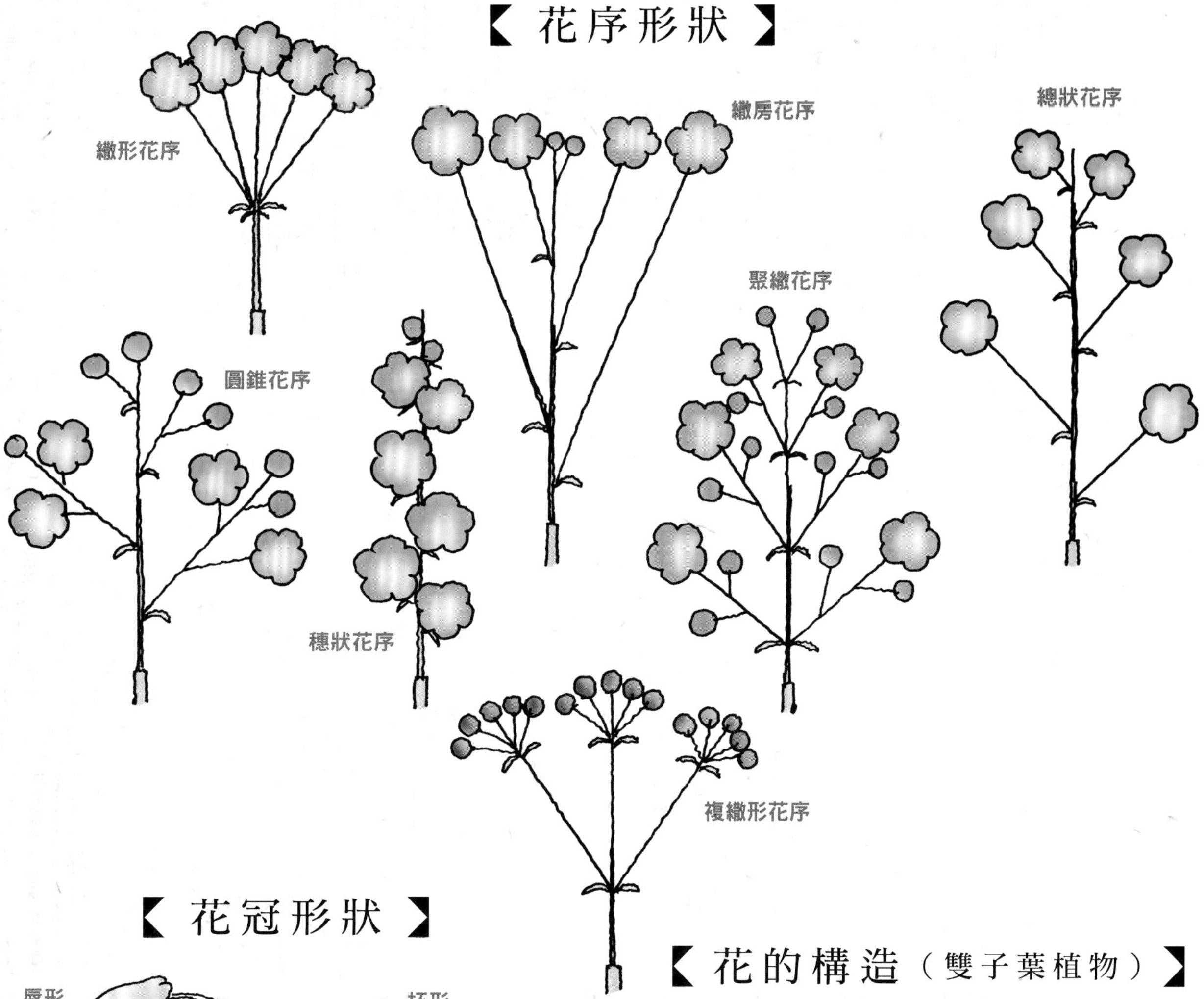
繖形花序
繖房花序
總狀花序
聚繖花序
圓錐花序
穗狀花序
複繖形花序

【花冠形狀】

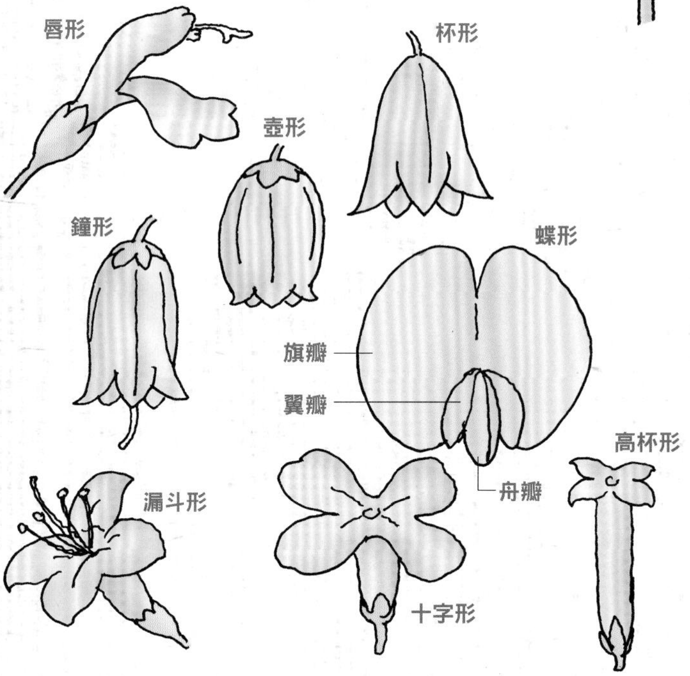
唇形
杯形
壺形
鐘形
蝶形
旗瓣
翼瓣
舟瓣
高杯形
漏斗形
十字形

【花的構造（雙子葉植物）】

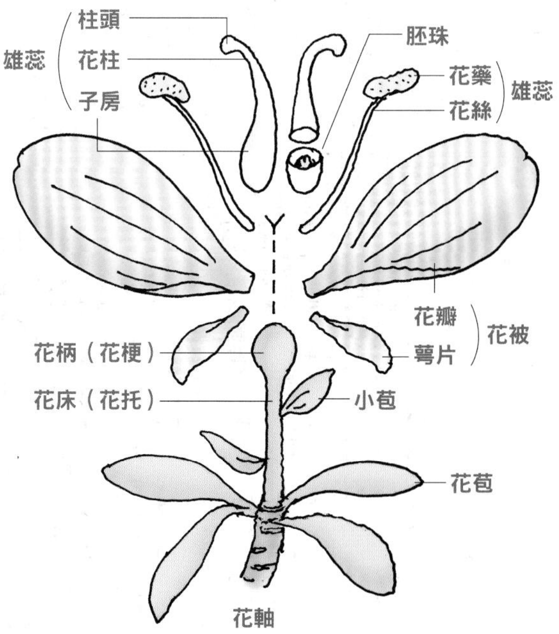
柱頭
花柱
子房
雄蕊
胚珠
花藥
花絲
雄蕊
花瓣
萼片
花被
花柄（花梗）
花床（花托）
小苞
花苞
花軸

【葉的各部位名稱與生長狀態】

有無葉柄　葉的各部位名稱　葉的生長狀態　葉脈的種類

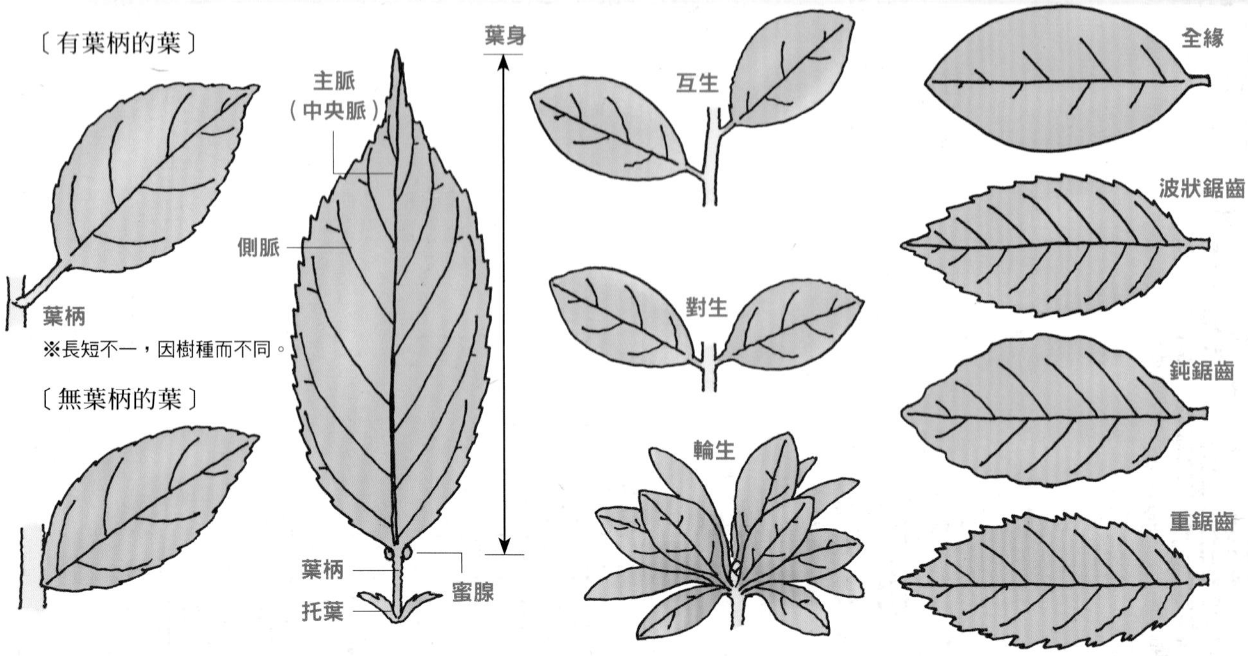

〔有葉柄的葉〕
葉柄
※長短不一，因樹種而不同。
〔無葉柄的葉〕
葉身
主脈
（中央脈）
側脈
葉柄
蜜腺
托葉
互生
對生
輪生
全緣
波狀鋸齒
鈍鋸齒
重鋸齒

【葉形種類】

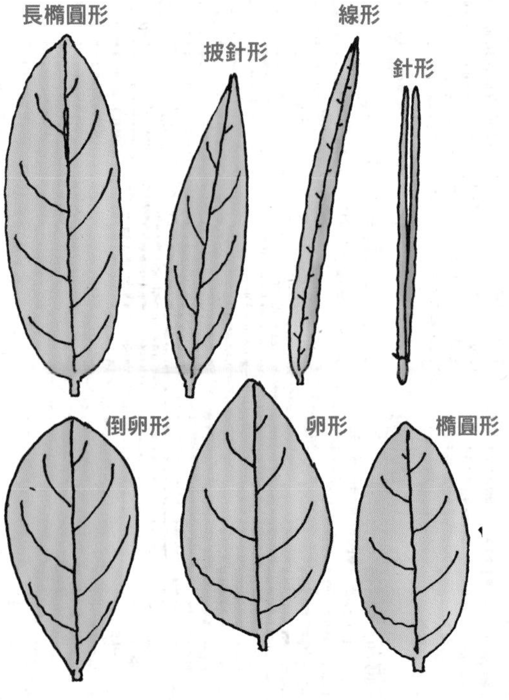

長橢圓形
披針形
線形
針形
倒卵形
卵形
橢圓形

【複葉種類】

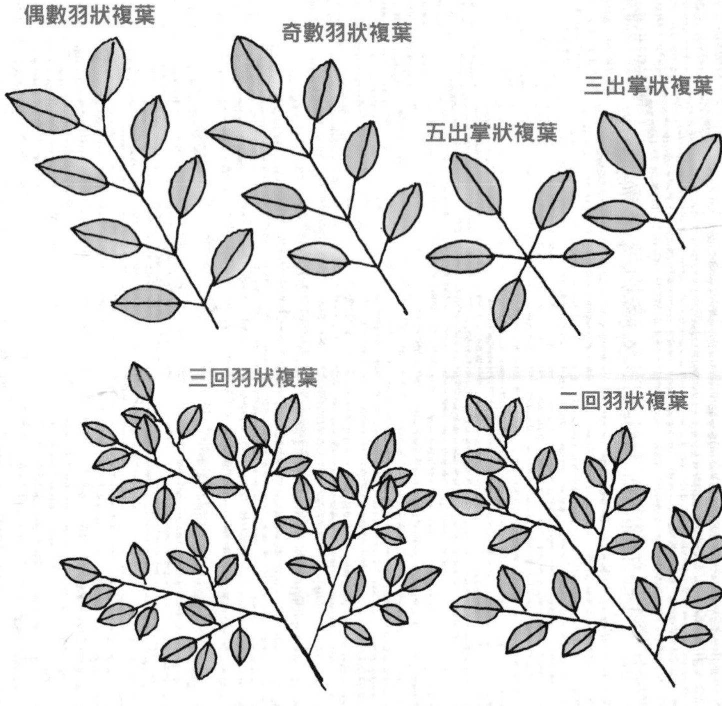

偶數羽狀複葉
奇數羽狀複葉
三出掌狀複葉
五出掌狀複葉
三回羽狀複葉
二回羽狀複葉

索引

園藝書叢推薦

14.8×21cm　128 頁
彩色　定價 280 元

室內園藝綠化樂

各類型的基本種植以及組合盆栽技巧全部提供給您，簡易上手不慌張。介紹百種迷你植物，用創意組合打造居家環境，用綠意滋潤忙碌的生活。讓一盆綠意緩和大家疲憊的心。除此之外，本書也將為大家介紹許多享受玻璃瓶微景觀植栽樂趣的方法！現在就讓我們一起來享受與迷你植栽在一起的每一天吧！

14.8×21cm　128 頁
彩色　定價 280 元

小品盆栽造景樂

盆景是日本傳統文化藝術的一種，在海外也越來越受世人喜愛。雖然有興趣嘗試，卻有種只能遠觀的深奧感。這就是盆景給人的印象。但事實不然，實際栽培後，您將會發現其實盆景比想像中簡單許多。比賽中得獎的盆景需要長年累積的經驗與技術，但初學者只需盡情享受創意盆景的樂趣就好。

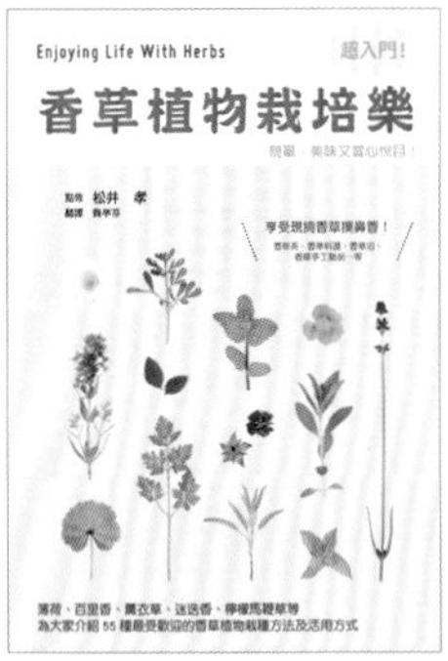

14.8×21cm　128 頁
彩色　定價 280 元

香草植物栽培樂

香草的迷人芳香既能舒緩心情，對身體也非常溫和。香草茶、香草葡萄酒、芳香包、香薰浴鹽等等，香草的用途廣泛多元，能養顏美容，也能促進新陳代謝有益身體健康。現在就讓我們一起來享受美麗的香草生活。

21×25.7cm　160 頁
彩色　定價 350 元

雜木庭園設計 享受美好自然生活

充滿了生物跡象的雜木庭園，每天每季都在變化，是個不斷生長、自然環境豐富的居住場所。日常生活中的身旁大自然，對於在這地方長大的孩子們而言，可發現各種不同的事物，是個重要的學習場所；對於大人而言，是個使日常生活成為豐富心靈的療癒與安居的場所。

瑞昇文化
http://www.rising-books.com.tw

＊書籍定價以書本封底條碼為準＊
購書優惠服務請洽：
TEL：02-29453191 或 e-order@rising-books.com.tw

PROFILE

群 境介（Gun Kyousuke）

1943年生於群馬縣。插畫家。25歲左右開始從事園藝、盆栽插畫創作。最初是從播種栽種（實生）曾呂（觀葉植物）開始，之後接受插畫委託30年，從事盆栽雜誌相關工作也達40年之久，採訪過日本全國各地的花匠，悉心學習盆栽實用技巧，並走訪各種植物的原生地。因而對迷你盆栽產生濃厚的興趣，三十歲左右開始自行栽培，與太太（群幸子）兩人攜手，歷經四十年的栽培，自家庭園裡已有五千餘件盆栽，品種多達四百五十餘種，每一種植物都成為創作插畫圖解的最佳範本，是日本第一位秉持豐富經驗，將植物栽培過程化為插畫，長年以來深受盆栽愛好者、對盆栽有興趣者信賴的專家。

〔主要著作〕
西東社／《盆栽入門》
農山漁村文化協會／《ミニ盆栽コツのコツ（栽培迷你盆栽的秘訣）》《3年でできるミニ盆栽（三年就能完成的迷你盆栽）》《マンガミニ盆栽（漫畫迷你盆栽）》

※希望更深入地了解盆栽的樹種別，請參考
《図解群境介のミニ盆栽》1～10卷　中文版《打造我的迷你盆栽樂園》瑞昇文化
《MAILLOT BONSAI》（法文版 迷你盆栽1～4卷）

TITLE

小樹盆栽技法

STAFF

出版　瑞昇文化事業股份有限公司
編著　盆栽世界編輯部
譯者　林麗秀

總編輯　郭湘齡
責任編輯　徐承義
文字編輯　黃美玉　蔣詩綺
美術編輯　謝彥如　孫慧琪
排版　二次方數位設計
製版　昇昇興業股份有限公司
印刷　桂林彩色印刷股份有限公司

法律顧問　立勤國際法律事務所　黃沛聲律師

戶名　瑞昇文化事業股份有限公司
劃撥帳號　19598343
地址　新北市中和區景平路464巷2弄1-4號
電話　(02)2945-3191
傳真　(02)2945-3190
網址　www.rising-books.com.tw
Mail　deepblue@rising-books.com.tw

本版日期　2021年10月
定價　500元

國家圖書館出版品預行編目資料

入門小樹盆栽技法：全彩插畫解說書 / 盆栽世界編輯部編著；林麗秀譯. -- 初版. -- 新北市：瑞昇文化, 2017.11
200面；21 x 25.7公分
ISBN 978-986-401-205-3(平裝)

1.盆栽 2.園藝學

435.11　　106017843